Der rationelle Wiesenbau,

dessen Theorie und Praxis.

Der

rationelle Wiesenbau,

dessen Theorie und Praxis.

Von

L. Vincent,

Königl. Preuß. Oekonomie-Rath, Wiesenbaumeister der Pommerschen ökonomischen Gesellschaft, und corresp. Mitglied der Königlichen Centralstelle für die Landwirthschaft in Württemberg.

Nur der Gehorsam gegen die Naturgesetze macht
den Menschen zum Herrn der Naturkräfte.

Dritte gänzlich umgearbeitete Auflage.

Mit 14 Tafeln Abbildungen.

Leipzig,
Verlag von Veit & Comp.
1870.

Vorrede.

In den meisten Wirthschaften, in denen nicht mit Hülfe künstlicher Düngungsmittel Korn allein und Handelsgewächse, sondern auch Fleisch, Milch, Wolle und andere im Leben unentbehrliche Bedürfnisse produzirt werden sollen, hat der Futterbau eine sehr große, lange noch nicht allgemein genug anerkannte Wichtigkeit. Es würde sonst z. B. in Preußen, wo die Landwirthschaft in den letzten Jahrzehnten so bedeutende Fortschritte gemacht hat, gewiß nicht so viel Vieh u. s. w. eingeführt, so schlechtes Fleisch gegessen werden, als wirklich eingeführt und verzehrt wird. Alles, was zur Vermehrung des Futterbaues beiträgt, fördert daher die Kultur. Nicht ganz mit Unrecht sagte ein alter erfahrener Mecklenburger Landwirth: In der Oekonomie giebt es drei Hauptsachen, die erste ist Futter, die zweite Futter, und die dritte erst recht Futter! Futter giebt Dünger, und viel Futter vielen Dünger. Dasselbe sagt auch Liebig, nur mit anderen Worten, wenn er den Landwirthen vorwirft, ihre größte Kunst bestehe zur Zeit darin, den Acker recht schnell und recht gründlich seiner werthvollsten Nährstoffe zu berauben, und wenn er deshalb von ihnen verlangt, daß sie demselben vollen Ersatz gewähren sollen für die im Korn, Fleisch u. s. w. verkauften Mineralien. Dieser Ersatz kann nur durch Dünger gewährt werden. Dem Landwirth kommt es aber nicht allein auf die Wirksamkeit desselben an, sondern wesentlich auch auf dessen Preis. Wird der Dünger zu theuer, so werden die Reinerträge des Bodens zu klein. Er wird daher vielfach die Anschaffung von billigem Futter dem Ankauf kostbarer künstlicher Düngungsmittel vorziehen, zumal ihm dabei die Gelegenheit geboten wird, durch eine rationelle Ausnutzung des Futters den Preis des Düngers noch zu ermäßigen.

Nun gehört zu den Mitteln, auf eine sehr lohnende und verhältnißmäßig billige Weise vermehrte Futtermassen zu schaffen, vorzugsweise die Bewässerung der Wiesen. Keine andere Melioration gewährt dauernd einen so großen Nutzen.

Die Bewässerung der Wiesen ist indessen durchaus nichts Neues. Das frühere Ausgrünen und die höheren Erträge vieler überflutheten Stellen auf Aeckern und Wiesen mußten schon frühzeitig die Aufmerksamkeit der Ackerbau Treibenden erregen. Sie forderten von selbst zur Nachahmung der natürlichen Verhältnisse, zur Einrichtung künstlicher Ueberwässerungen auf, welche man, nachdem es einmal versucht worden, nach und nach immer mehr zu vervollkommnen bestrebt war. In manchen Gegenden ist daher das Wässern der Wiesen auch schon uralt. Dennoch blieb der Wiesenbau, wie die Landwirthschaft im ganzen, reine Empirie. Nirgends hatte man bestimmte Grundsätze. Jeder Wiesenbauer arbeitete nach eigenen Ansichten in der Ueberzeugung, es seien die besten. Hier wurde das Wesentliche in dem bloßen Naßmachen des Bodens, am andern Orte in einer bestimmten Form der Oberfläche gesucht. Ob neue Anlagen einen günstigen oder ungünstigen Erfolg haben würden, blieb mehr oder weniger dem Zufall überlassen. Wenn dann die wirklichen Erfolge den gehegten Hoffnungen nicht entsprachen, so wurden die Ursachen eines solchen Mißlingens überall gesucht, nur nicht auf dem rechten Fleck. Darum mißlangen auch fast überall die Berieselungsanlagen, sobald deren Umfang ein gewisses Maaß überschritt. In Folge dessen konnte der Wiesenbau trotz seiner außerordentlichen Nützlichkeit und trotz großen Gewinnes doch nur eine beschränkte Ausdehnung gewinnen. Wenn er auch irgendwo für einige Zeit einmal Mode wurde, so hörte mit dem Verschwinden der Mode in der Regel auch das Wiesenbauen auf, um nach einer längeren Reihe von Jahren wieder auf die Tagesordnung zu kommen, und nur in wenigen Landstrichen, in denen das Bedürfniß ganz besonders groß war, und die Verhältnisse dafür vorzugsweise günstig lagen, erlangte er weitere Verbreitung und ging in Fleisch und Blut des Volkes über.

So trostlos, wie es mit der Praxis war und blieb, eben so trostlos stand es lange Zeit auch mit der Literatur darüber. Nachdem Joh. Fried. Meyer in seiner gekrönten Preisschrift, nachdem Thaer und Schwerz einen ersten Impuls gegeben, beschränkte man sich im allgemeinen auf bloße Wiederholung, wenn nicht gar auf Abschreiben dessen, was jene bereits gesagt. Höchstens wurde eine Beschreibung der verschiedenen Handgriffe, die der Autor gesehen oder erlernt hatte, manchmal auch verbessert zu haben glaubte, hinzugefügt. Verstieg sich einer der Herren in seinen Metamorphosen etwas über das Hergebrachte hinaus, so theilte er Ikarus Schicksal. Nirgends gab es, und nirgends verlangte man eine stichhaltende Theorie des Wiesenbaues, nirgends auf Kenntniß der zusammenwirkenden Naturkräfte basirte Prinzipien; kurz, kam auch in dieser Beziehung nicht wenig, so kam doch wenig Gutes zu Markt, und noch heute fehlt dem richtigen Verständniß die wünschenswerthe Verbreitung. Es ist ja so leicht, Gräben machen zu lassen, in denen das Wasser hinterherläuft! Dazu braucht man ja weiter nichts zu verstehen, als etwas Nivelliren! Von diesen Gräben aus läuft es dann selbst auf die Wiesen! Was braucht man also mehr?

Bei der allgemein wissenschaftlichen Strömung, von der die ganze Landwirthschaft in neuerer Zeit ergriffen ist, konnte sich indeß auch der Wiesenbau dieser Richtung nicht lange entziehen. Die Nothwendigkeit einer gründlichen Beantwortung der Frage: **Wodurch wird beim Wiesenbau ein genügender Ertrag sicher und für die Dauer gewährleistet?** trat täglich um so mehr in den Vordergrund, als man bei dem steigenden Werthe des Grund und Bodens sich nach und nach daran gewöhnte, bedeutende Kapitalien auf Urbarmachungen und Verbesserungen zu verwenden, dabei aber, wie bei allen anderen industriellen Unternehmungen, ein möglichst geringes Risiko und möglichst hohe Zinsen verlangte. Das Bedürfniß ruft immer die Mittel zur Befriedigung desselben hervor. Daher mußte sich auch, hergeleitet aus den hierher einschlagenden mathematischen und Naturwissenschaften, und basirt auf aufmerksame vorurtheilsfreie Beobachtung und richtige Würdigung der täglich sichtbaren Erscheinungen auf guten und schlechten Rieselwiesen eine genügende und richtige Theorie herausbilden, deren Anwendung in einer bewußten Praxis die schönsten Erfolge herbeizuführen, nicht verfehlen konnte.

Diese Ueberzeugung ließ mich, nachdem ich im Jahre 1837 die bekanntesten Rieselgegenden in Hannover, im Siegenschen, in der Lombardei u. s. w. durchreist, und nachdem ich die Regeln und Gründe, überhaupt das, was ich wünschte, vergeblich gesucht, nach 13jähriger eigener Praxis und ausschließlicher Beschäftigung in diesem Fache mit meinem rationellen Wiesenbau hervortreten, und darin den Versuch machen, die oben angeführte Frage nach allen Seiten hin, wenn auch in gewissen Beziehungen noch hypothetisch zu beantworten. Seitdem sind wieder einige zwanzig Jahre vergangen — Zeit genug, die damals gegebenen Regeln anzuwenden, zu prüfen, die Erfolge zu beobachten, das Mangelhafte kennen zu lernen und zu verbessern.

Der 1845 darin ausgesprochene Fundamentalsatz, das ceterum censeo des Wiesenbaues, einer Rieselwiese müsse, wenn sie dauernd die möglichst höchsten Erträge geben solle, eine entsprechende Quantität von Wasser zugeführt werden, und zwar eine solche Quantität, als zur Fettwässerung der Wiese gebraucht wird, hat sich so vollständig bewährt, daß sich um diesen Angelpunkt jetzt der ganze Wiesenbau dreht. Hatte ich früher die Vorherbestimmung der Pflanzen, welche auf verschiedenem Boden bei Anwendung verschiedenen Wassers, sich nach der Ausführung einer Berieselungsanlage finden müssen, für das Ziel der Bestrebungen des Wiesenbauers gehalten, so hat sich diese Aufgabe durch die zweckmäßige Anwendung dieses Satzes auf eine kaum glaubliche und darum um so mehr überraschende Weise beinahe von selbst gelöst. Nun die Lösung da ist, ist sie vollständig folgerecht und erklärlich.

Damit ist aber im Wiesenbau eine Sicherheit des Erfolges erreicht, wie in keinem anderen Zweige der Landwirthschaft. Die verlangte Quantität von Gras findet sich mit geringen Abweichungen alle Jahre, weil man die Bedingungen der Vegetation fast eben so, wenn nicht in manchen Beziehungen noch mehr in der Hand hat, als der Gärtner auf seinem Mistbeet! Diese Sicherheit hat dem Wiesenbau in Pommern, nachdem er dort alle Stadien der Neuerungen, erst Ueberstürzungen, dann Mißtrauen, endlich Vorurtheil dagegen, durchgemacht, ein solches Vertrauen erworben, daß selbst die bäuerlichen Wirthe mancher Dörfer, und viele kleine Bürger der Städte einstimmig zu Genossenschaften zusammengetreten, und mit Anlagen von mehreren Hundert Morgen aus freien Stücken bereits vorgegangen sind, und daß immer neue Genossenschaften sich bilden. Im Jahre 1854 sind von mir allein 1500 Morgen, auf einzelnen Gütern 150 bis 180 Morgen Rieselwiesen in der einjährigen Campagne vollkommen regelrecht gebaut worden. An manchen kleinen Flüssen z. B. der Grabow, sind auf diese Weise nach und nach Tausende von Morgen zur Rieselung vollständig eingerichtet, und bald wird es in der Pollnower Gegend keine unberieselte Wiese mehr geben. Das macht das Beispiel, welches die Leute vor Augen haben, der große Erfolg der vorhandenen Anlagen. Um einen Maaßstab dafür zu geben, will ich nur anführen, daß die Königl. Regierung zu Cöslin in Schloßkämpen alljährlich Wiesen verpachtet, welche ich vor 25 Jahren angelegt habe. Während die unberieselten kaum $12^1/_2$ Sgr. pro Morgen bringen, wurden bei steigender Konkurrenz für den Morgen Rieselwiesen, welcher vor der Melioration auf hohen Moorbülten mit Haidekraut, mit Schweineposß, verkümmerten Kiefern und dergl. bewachsen war, im letzten Jahre 12 bis 17 Thlr. bezahlt.

In mehr bevölkerten Gegenden, wie auf der Talle bei Paderborn sind für Wiesen, welche auf mit Haidekraut bewachsenem Sande von mir angelegt waren, sogar schon 30 Thlr. pro Morgen Pacht gegeben worden.

Ist nun auch das Fundamentalprinzip richtig, und hat dasselbe deshalb auch seine vollständige Geltung behalten müssen, so hat sich doch in den Folgerungen daraus, in der Anwendung der abstrahirten Regeln und in der Erklärung der auftretenden Erscheinungen durch die weitere Entwickelung, durch neuere Beobachtungen u. s. w. manches verändert, ich glaube auch verbessert. Manches, was früher nur Vermuthung und Hypothese war, hat sich bestätigt, manches dagegen hat fallen müssen. Es ist der Wiesenbau im Laufe der Jahre überhaupt mehr ein abgerundetes Ganzes geworden, mehr zum Abschluß gekommen. Deshalb können aber auch die jetzigen Ansichten nicht überall und in allen Punkten mit den früher ausgesprochenen übereinstimmen. Das ist bei einer eben in der Entwickelung begriffenen neuen Sache kaum anders möglich. Der geneigte Leser möge mir daraus keinen Vorwurf machen, sondern in diesem offenen

Geständniß den Beweis erkennen, daß es mir vor Allem um Erforschung der Wahrheit und um zweckmäßige Ausbildung dieses wichtigen Zweiges der Landwirthschaft zu thun ist.

Doch ich will dem Urtheile desselben nicht weiter vorgreifen, ich wünsche nur, daß er das kleine Werk nicht unbefriedigt aus der Hand lege!

Der Verfasser.

Inhalt.

III. Entwässerung.

IV. Voraussichtlicher Erfolg.

V. Die Gräben und Grippen.

VI. Herstellung der geneigten Ebenen.

Zweiter Abschnitt.

Praktische Ausführung des Wiesenbaues und der dazu gehörigen Arbeiten.

I. Vorarbeiten.

II. Das Nivelliren.

Vierter Abschnitt.

Kosten der verschiedenen Arbeiten.

Fünfter Abschnitt.

Unterhaltung und Pflege der Wiesen.

Einleitung.

Unter Wiesenbau im engeren Sinne, und von dem wird in dem Folgenden nur die Rede sein, versteht man die Kunst, Wiesen so einzurichten, daß durch Hinaufleiten von Wasser deren Ertrag erhöht wird. So mannigfach verschieden in Beziehung auf Boden, Lage, Wasser u. s. w. die örtlichen Verhältnisse sich auch herausstellen, so ist dieser Zweck bisher doch eigentlich nur auf zweifache Weise zu erzielen, versucht worden, und zwar entweder durch Ueberstauung, oder durch Ueberrieselung. Erst in neuester Zeit sind Versuche gemacht worden, die Wässerung auch auf regelmäßig und systematisch drainirten Wiesen anzuwenden.

1. Stauwiesen.

Die überstaute Wiese wird vollständig unter Wasser gesetzt, und dasselbe darauf, je nach der natürlichen Lage des Terrains oder nach Maaßgabe der Einrichtung, so angehalten, daß es zur Höhe von einigen Zollen bis zur Höhe von mehreren Fußen ansteigt. Die Wiese ist also während der Zeit der Ueberstauung vollständig in einen mehr oder weniger tiefen See verwandelt.

Ueberstauungen werden in der Regel nur an solchen Orten angelegt, wo ein temporärer Zufluß bei nassem Herbst- und Frühjahrswetter eine fortdauernde Benutzung des Wassers unmöglich macht. Deshalb hängt auch die Dauer derselben gewöhnlich von der Zeit dieses Zuflusses ab, namentlich entscheidet derselbe darüber, ob schon im Herbste, oder im Frühjahre damit begonnen werden kann. Das einmal angesammelte Wasser sucht man dagegen so lange festzuhalten, bis die kälteste Zeit des Frühjahrs, die härtesten Nachtfröste vorüber sind, also bis Anfang oder Mitte Mai.

Die Kosten der Anlage von Stauwiesen sind in der Regel verhältnißmäßig geringe. Sind die Wiesen nur einigermaßen eben, und haben dieselben nicht allzuviel Gefälle, so ist mit der Anfertigung eines Stauapparats, einer nicht großen Verwallung und einiger Gräben alles gemacht, was dazu nöthig ist.

Die überstauten Wiesen bringen in den ersten Jahren zuweilen recht gute Erträge. Sie lassen aber gemeinhin bald wieder nach, und gehen um so schneller zurück, je weniger für gründliche Trockenlegung gesorgt worden ist, je schneller und je mehr also der Boden durch das darin hängen bleibende, nur durch Verdunstung fortzuschaffende Wasser wieder ausgekältet wird. Eine eigentliche Ausnutzung der im Wasser gelösten Pflanzen-Nahrungsstoffe findet darauf nicht statt, da nur ein geringer Theil desselben in den Boden eindringt, und mit den Pflanzenwurzeln in Berührung kommt. Nur die vom Wasser mitgebrachten und dasselbe trübenden Sinkstoffe fallen, nachdem es zur Ruhe gekommen, zu Boden, und können bei genügender Masse sehr vortheilhaft werden. Von dem Gehalt an suspendirten Körpern hängt daher auch gewöhnlich die Wirksamkeit des benutzten Wassers ab.

Ein anderer Vortheil, den das Wasser den Stauwiesen gewähren soll, ist der Schutz gegen den Frost. Gerade dies macht aber besondere Vorsicht nöthig. Ist nämlich der Wasserzufluß nicht groß genug, die überstaute Wiese den ganzen Winter hindurch hinreichend zu versorgen, hört derselbe auf, nachdem sich bei anhaltender Kälte eine Eisdecke gebildet hat, und liegt diese lange auf dem ungefrorenen Boden trocken auf, so vergeht das Gras, und der Schutz wird zum Verderben.

Den vollen Ertrag einer guten Wiese geben sie jedoch, da auch die Qualität des gewonnenen Futters gewöhnlich nur als mittelmäßig bezeichnet werden kann, niemals, und in Gegenden, in denen späte Nachtfröste vorkommen, niemals sicher, denn die unter dem schützenden Wasser angetriebenen und darum verweichlichten jungen Gräser, und darunter besonders die gewöhnlich in großer Menge auftretenden Riedgräser (Carices) erfrieren entweder bei eintretenden Nachtfrösten, wenn nämlich das Wasser zu früh abgelassen worden ist, und bedürfen dann wieder längerer Zeit, diesen Schaden nachzuholen, oder das dichte Untergras fault aus, wenn bei warmem Wetter, aus Furcht vor den Nachtheilen jener Nachtfröste, das Wasser zu lange gehalten wird.

Eine andere Art der Anstauung, eigentlich eine Anfeuchtung des Bodens von unten her, durch Aufhalten des Wassers in den Gräben, bis auf $1^1/_2$ Fuß Höhe unter dem Rande derselben, welche von manchen Seiten her, namentlich in Ost-Preußen von dem Herrn von Kobylinski-Wöterkeim schon früher, und wiederholt in neuerer Zeit empfohlen worden ist, giebt nur an einzelnen Orten unter bestimmten Verhältnissen, und auch hier nur in den ersten Jahren höhere Erträge. Für die fortgenommenen Ernten kann dadurch dem Boden niemals Ersatz gegeben werden. Das ist aber die erste Bedingung, wenn dauernde Erträge verlangt werden. Bei dieser Benutzungsweise kann das Wasser nur die in dem Boden vorhandenen Nahrungsstoffe auflösen, und zuerst in reichlicherer Menge, als sonst, an die Pflanzen überführen, es muß aber dadurch eine Erschöpfung des Bodens nur um so früher eintreten. An sehr vielen Orten hat eine solche Anstauung des Wassers gar keinen Effekt, namentlich da, wo der Boden der Wiesen aus magerem Moostorf besteht. Wie jede bloße Anfeuchtung macht sie das wiederholte Düngen der Wiese nöthig.

2. Berieselung.

Während das Wasser auf den Stauwiesen steht, muß es über die Rieselwiesen in größerer oder geringerer Stärke, jedoch so, daß es das Gras niemals vollständig bedeckt, und mit mehr oder minder großer Geschwindigkeit fortfließen. Da, wo ein beständiger Zufluß die Möglichkeit der Berieselung gewährt, ist dieser Art von Bewässerung unter allen Umständen der Vorzug einzuräumen.

Dieselbe kann indessen auf verschiedene Weise eingeleitet werden. Es lassen sich danach die Anlagen in wilde Rieselung, in Kunstbau, in die Wässerung drainirter Wiesen und in rationellen Wiesenbau eintheilen.

a) Die wilde Rieselung.

Die wilde Rieselung ist in ihrem rohen Zustande wohl die erste und auch die einfachste Art der Ueberwässerung gewesen. Durch einen bloßen Stau im Bache oder Flusse wurde zuerst das Wasser zum seitlichen Austreten gezwungen. Waren die Ufer eben und flach, so überströmte dasselbe ohne weitere Hülfe größere Flächen. Ein zweiter oder dritter Aufstau wiederholte dies, nachdem das Wasser wieder in das ursprüngliche Bett zurückgeflossen war, wo es erforderlich schien. Wo aber bei stärkerem Seitengefälle des Terrains das Ueberwässern hierdurch allein nicht in der gewünschten Weise und Ausdehnung erfolgte, wurden von diesen Staupunkten ab Gräben, entweder horizontal oder mit Gefälle abgeleitet, und darin das Wasser den entfernteren, sonst nicht erreichbaren Wiesentheilen zugeführt. War das Terrain außerdem auch noch uneben, so wurden von diesen Zubringern wieder andere Gräben und Grippen abgezweigt, das Wasser dadurch auf die höchsten Stellen geleitet, und so möglichst gleichmäßig über die ganze Fläche verbreitet. In den Gründen und an den tieferen Stellen, wo das überrieselnde Wasser sich wieder ansammelte, und nicht genügenden Abfluß hatte, da nahmen einige Entwässerungsgräben und Rinnen dieses schädliche Wasser auf, und führten es wieder fort. So wurden die Anlagen mit der Zeit mehr und mehr vervollkommnet. In Westphalen, in den Rheinprovinzen und in andern Gegenden wurde die Sorgfalt bei der Ausführung noch weiter getrieben. Die Gräben wurden des bessern Aussehens wegen nach dem Schnur gerade und parallel gemacht, und danach der ganze Wiesenboden mit vieler Mühe und großen Kosten (60 bis 70 Thlr. pro Morgen, 240 bis 280 Thlr. pro Hektare) umgearbeitet, und auf das mühsamste planirt. Die Einrichtung blieb aber trotz dieser vielen Arbeiten immer nur die einer wilden Rieselung. Denn das Karakteristische derselben, das der rohesten wie der fleißigsten und sorgfältigsten Anlage Gemeinsame ist und bleibt immer die große Breite der überrieselten Fläche. Sobald die Flächen **eine der Qualität, d. h. dem Düngergehalte des Wassers nicht entsprechende, zu große Breite haben, ist die Berieselung eine wilde.**

Der Erfolg solcher wilden Berieselungsanlagen ist selten ein genügender. Nur in der Nähe der Wässerrinnen wächst gutes Gras in genügender Fülle. In einiger Entfernung davon läßt der Graswuchs nach. Die Gramineen machen den Riedgräsern Platz, und auch diese werden nach den Abzügen hin immer dünner, während hier, wenn die Breite gar zu groß wird, der Mooswuchs bis zur größten Ueppigkeit zunimmt. Der **durchschnittliche Ertrag** ist also im günstigsten Falle **nur mittelmäßig.** Ist der Wasserzufluß nur schwach, so besteht der ganze Vortheil oft allein darin, daß die bewässerte Wiese früher grün wird, als andere, ein Vortheil, der eben so oft später dadurch, daß das in den Gräben gehaltene Wasser den Boden auskältet, oder der erforderliche Schutz des zeitig angetriebenen Grases gegen Nachtfröste und kaltes Frühjahrswetter nicht gewährt werden kann, wieder aufgehoben wird. Es sind sogar schon Fälle vorgekommen, daß auf diese Weise bewässerte Wiesen schlechter geworden sind, als sie vorher gewesen. Die wilde Rieselung giebt also mit einiger Sicherheit nur da genügende Erträge, wo es bei dem Zufluß von wenigem aber **sehr düngerreichem Wasser** nur darauf ankommt, dasselbe möglichst weit zu verbreiten, da, wo dasselbe zu dem Ende in kleinen Rinnen nur für kurze Zeit bald nach der einen, bald nach einer andern Stelle der Wiesen hingeleitet zu werden braucht. Sie wird an solchen Orten dann eigentlich zur rationellen. Diese Erfahrung ist hier in Pommern vor 20 bis 30 Jahren auf Tausenden von Morgen mit theurem Gelde erkauft worden.

Wilde Rieselungen werden übrigens gewöhnlich zuerst in den Gegenden angelegt, in denen der Wiesenbau etwas Neues ist, wo man sich noch nicht entschließen kann, bedeutende Kapitalien auf solche Meliorationen zu verwenden, oder, in der Meinung, etwas ganz Neues zu produziren, auf die Erfahrungen in andern Gegenden keine Rücksicht nimmt, und die bekanntesten Thatsachen ignorirt. Wunderbar ist es dabei nur, daß sogar die sogenannten Kultur-Techniker so oft in diesen Fehler verfallen. Werden dann mehrere solcher Anlagen auf zu großen Flächen ausgeführt, und haben sie, wie natürlich, keinen zufriedenstellenden Erfolg, so werden sie gewöhnlich Veranlassung, daß sich zuerst ein Mißtrauen und dann ein Vorurtheil gegen die Wässerung überhaupt bildet, und daß dadurch die Ausbreitung auch eines bessern Wiesenbaues für längere Zeit aufgehalten wird.

b) Der Kunstbau.

Diese geringen Erfolge der wilden Rieselung waren zu sehr in die Augen fallend, die Enttäuschung zu empfindlich, als daß nicht auf Abhülfe hätte gedacht werden sollen. Man sah bei der wilden Rieselung, daß das Wasser nur auf einer kurzen Strecke von der Wässerrinne ab gutes Gras hervorbrachte, und machte deshalb die breiten Flächen immer schmaler, planirte sie sehr sorgfältig, und gab ihnen mehr oder weniger Gefälle. Diese Flächen waren entweder nach einer Richtung geneigt, Hänge, oder sie lagen dachförmig auf beiden Seiten einer und derselben Wässerrinne, Rücken. Durch gerade Gräben und Rinnen wird ihnen das nöthige Wasser zugeführt. Sie erhalten eine willkürliche, jedoch immer nur geringe, in neuerer Zeit an manchen Orten sogar zu geringe Breite, ein willkürliches Gefälle, und eine willkürliche Lage. Unvollkommene Nivellir-Instrumente und Mangel an Uebung im Gebrauch derselben ließen keine gehörige Uebersicht über die Höhenverhältnisse größerer Flächen zu, daher wurden nach generellen, oft oberflächlichen Nivellements zu Hause die Pläne gemacht, und nach diesen Plänen die Wiesen umgearbeitet. Die im Wege liegenden Höhen mußten dann abgetragen, Niederungen ausgefüllt, kurz, die Fläche in die beabsichtigte Form hineingearbeitet werden. Das ist der sogenannte Kunstbau, wie er in der Lombardei, im Siegenschen, in der Lüneburger Heide u. s. w. vielfach ausgeführt ist und noch ausgeführt wird.

Die großen dabei vorkommenden Erdbewegungen veranlassen bedeutende Ausgaben. Daher sind die Kosten des Kunstbaues in der Regel viel höher, als sie es bei mäßigen Höhenveränderungen sein würden. So kostete die Berieselungsanlage von 60 Morgen Wiesen beim Stifte Keppeln im Siegenschen, wenn ich nicht irre, 6000 Thlr. und mancher Hannoversche Bauer giebt noch heute 120 Thlr. und mehr für den Umbau Eines Morgens seiner Wiesen aus.

Verhinderten bei der wilden Rieselung die geringen, oft ganz ungenügenden Erträge eine schnelle und weite Verbreitung des Wiesenbaues, so trugen beim Kunstbau die großen Kosten die gleiche Schuld, denn wer würde 40 bis 60,000 Thlr. für die Melioration von 400 bis 600 Morgen Wiesen in solchen Gegenden auszugeben wagen, wo man für diesen Preis große Güter kaufen kann. Er blieb daher auch auf solche Gegenden, welche bei einer dichten Bevölkerung großen Mangel an Wiesen und kleinen Besitzstand hatten, beschränkt. Werden doch im Siegenschen die Rieselwiesen nach Quadrat-Ruthen gemessen, und glaubten da die Leute vor nicht langer Zeit noch, man wolle ihnen etwas vorreden, wenn man von Hunderten von Morgen sprach.

Die im Verhältniß zu der geringen Ausdehnung der künstlich gebauten Wiesen gewöhnlich bedeutende Wassermenge ist in vielen Fällen der Grund, warum der Ertrag derselben so häufig befriedigend ausfällt. Dadurch wurde die vorgefaßte Meinung der Kunstwiesenbauer bestärkt, daß auf die richtige Form der Oberfläche im Wiesenbau alles ankomme. Dennoch waren und blieben, trotz Herstellung der richtigen Form, die Erträge oft ganz schlecht, sie geriethen um gar nichts besser, als die der wilden Rieselungen, sobald die Anlagen auf große Flächen ausgedehnt wurden, dem vorurtheilsfreien Beobachter allerdings Beweises genug, daß die Form allein das Wesen des Wiesenbaues keineswegs ausmache. Jedenfalls sind die Anlagekosten des Kunstbaues immer zu hoch, weil sich bei einem anderen Verfahren den Plan zu entwerfen, dasselbe Resultat auf billigerem Wege erzielen läßt. Heutzutage gehört der Kunstbau nur noch zu den Liebhabereien, und kostet, wie jede andere Liebhaberei, nur viel Geld.

c) Bewässerung drainirter Wiesen.

Seitdem der große Nutzen der regelmäßigen und systematischen Drainirung des Ackers, und der Benutzung der gebrannten Thonröhren dabei allgemeine Anerkennung gefunden, hat man dieses Verfahren auch auf den Wiesen anzuwenden, und mit dem Bewässern in Verbindung zu bringen versucht. Namentlich hat ein Herr Petersen in Wittkiel bei Kappeln in neuester Zeit viel Reklame für eine von ihm erfundene Methode der Wässerung drainirter Wiesen gemacht, und viele laute Anhänger gefunden. Obgleich oder weil ich die Sache trotz des großen Embarras, mit dem sie in die Welt getreten, nur für eine ephemere Erscheinung halte, muß ich hier doch etwas näher darauf eingehen. Die Zeit scheint nicht fern zu sein, wo sie zu ihren Vätern versammelt werden wird, und schon melden sich Stimmen, welche das Thema: Es ist nicht alles Gold, was glänzt, variiren. Herrn Petersen's Verfahren ist kurz folgendes:

Bei der Trockenlegung des Ackers hat man sich jetzt ganz allgemein dahin geeinigt, daß die Richtung des stärksten Gefälles auch die beste Richtung der Drainstränge sei. Herr Petersen macht es bei der Drainirung seiner Wässerwiesen gerade umgekehrt. Er sucht mit dem Nivellir=Instrument die Horizontalen des Terrains. Diese Horizontalen geben ihm die Richtung der Saugdrains. Sie werden von den mit dem stärksten Gefälle bergab gehenden Sammeldrains durchschnitten. Außerdem wird ihnen nach diesen zu eine größere, am todten Ende eine geringere Tiefe gegeben. Dadurch bekommen sie etwas Gefälle. An jedem Verbindungspunkte der Saug= mit den Sammeldrains ist nach Art der jetzt kaum noch gekannten Brunnenstuben ein hölzerner Kasten eingesetzt, in welchen von den beiden Seiten die Saugdrains und von oben her der Sammeldrain einmündet, und aus dem die Fortsetzung des letzteren das Wasser abführt. Mittels eines konischen thönernen Verschlusses kann der Abfluß durch den zuletzt erwähnten Sammeldrain verhindert, und damit die Thätigkeit der Drains vollständig aufgehoben werden. Das findet jedesmal statt, sobald gewässert werden soll. Wird nun von oben her Wasser zum Rieseln zugeführt, und das geschieht immer durch den von oben her kommenden Sammeldrain, so tritt es aus diesem zuerst in den hölzernen Kasten, und steigt, da der Abfluß daraus versperrt ist, in demselben so hoch an, bis es mit der Höhe der Zuleitung im Gleichgewicht ist, und — liegt diese höher, als die obere Oeffnung des Kastens, aus dieser und über die Oberfläche der Wiese heraus. Es ergießt sich dann nach beiden Seiten durch die da angebrachten Oeffnungen des Kastens in die gerade über den Saugdrains horizontal liegenden Wässerrinnen und rieselt von diesen aus über die darunter liegende Wiesenfläche.*)

Herr Petersen benutzt dazu das Wasser, welches er beim Drainiren des Ackers gewinnt, und legt den Hauptaccent auf das Anfeuchten des Bodens. Nun liegt es auf der Hand, daß, wenn die tiefer liegende und und darum von Natur feuchtere Wiese zu trocken wird, und der Anfeuchtung bedarf, die Drains aus dem Acker schon lange kein Wasser mehr liefern. Zu solchen Zeiten würde vielleicht sogar dem Acker eine Anfeuchtung noch dienlicher sein, als der Wiese. Herr Petersen hat also zur Zeit der wirk=

*) Das ist die ursprüngliche Idee des Herrn Petersen, die er in Wittkiel überall durchgeführt hat. Jeder seiner Anhänger und Schüler verbessert aber, verändert wenigstens, der eine dies, der andere etwas anderes, so daß zuletzt unter seinem Namen vieles in der Welt existirt, was er selbst, wie ich nach seinen eigenen Aeußerungen ganz bestimmt versichern kann, vollständig verläugnet.

lichen Noth nicht einmal etwas zum Anfeuchten. Die kleineren Teiche von wenigen Quadratruthen, die er bei sich dazu reservirt, sind mehr Spielerei, als ausreichend, waren auch, als ich dort war, schon abgelaufen. Darum hat er auch auf einer natürlichen Wiese bei Wittkiel, die er zuerst mit den nöthigen Drains und Stau-Apparaten eingerichtet hatte, durch die Wässerung allein keinen bedeutenden Mehrertrag erzielt. Wenn Herr Petersen dem Besucher daher jetzt überall sehr schön stehendes Gras vorzeigt, so muß das noch einen andern Grund haben. Den hat es auch wirklich, und Herr Petersen erklärt selbst, daß die Bewässerungsanlagen allein nicht genügen, daß vielmehr noch eine recht gründliche Schwarzbrach-Bearbeitung, wohl gar verbunden mit einer Düngung, einer Mergelung oder dergleichen vorhergehen, und eine Ansaat von einigen 30 Pfd. Gras- und Kleesämereien geschehen müsse. Selbstverständlich ist, daß, da die Anfeuchtung nichts giebt, sondern nur das Gegebene gründlicher wieder nehmen hilft, jene Operation von Zeit zu Zeit wiederholt werden muß. Es wird mithin aus diesen Anlagen etwas ähnliches, wie in der Lombardei die sogenannten Sommerwiesen, d. h. von Zeit zu Zeit zu Gras niedergelegter Acker, und es bleibt deshalb wohl zu erwägen, ob es nicht vortheilhafter ist, dieses Grasland hier, wie dort als Acker zu behandeln und zu benutzen. In unseren an Regen nicht so armen Gegenden hängt der ganze Effekt von der Kraft im Boden, von der Düngung ab, nicht von der Anfeuchtung, und es kann nicht zweifelhaft sein, daß für den ausnahmsweisen Nutzen einer bloßen Anfeuchtung die Einrichtungskosten zu hoch werden. Wie der Körner-Erdrusch 1868 nachweist, schaden uns heiße und trockene Jahre auf der Trockenlegung bedürftigem, und deshalb drainirten Boden nicht nur nicht, sondern erweisen sich der Vegetation immer günstiger, als nasse.

Wenn man nun aber auch über einen beständigen Wasserzufluß zu verfügen hätte und diesen nach der Petersenschen Methode den Wiesen zuführen könnte und wollte, so kann und darf auch bei dieser Einrichtung der Boden doch nur angefeuchtet werden. Darin liegt eben der große Fehler der ganzen Einrichtung. Darüber noch einige Worte.

Das Wasser steigt, vorausgesetzt, daß es im Bache, Flusse u. s. w., aus dem es entnommen wird, höher liegt, als die Wiese, da der Abzug in dem ableitenden Rohre verschlossen ist, in dem Steigekasten von unten her in die Höhe, und fließt nach den Seiten in die Wässerrinnen ab. Dieselbe Kraft, welche es im Steigekasten in die Höhe drückt, wirkt aber auch von innen her auf die Stoßfugen der oberhalb des Verschlusses in den Kasten einmündenden offenen Saugdrains, und drückt es von hier aus durch die Poren des

Bodens, wie durch kommunizirende Röhren, nach allen Richtungen hinaus, wo nicht ein größerer oder mindestens gleicher Gegendruck entgegenwirkt. Nun liegt jeder Punkt der Oberfläche der zu berieselnden Wiese aber niedriger, als der Ausfluß des Steigekastens oder der Wässerrinnen, denn von hier aus soll das Wasser ja erst dahin fließen, der Druck von unten her dahin findet einen geringeren Gegendruck und ist mithin überwiegend. Das Wasser muß von den Stoßfugen aus sich aufwärts bewegen, und wenn es ginge, über die Oberfläche hinaussteigen. Versuche man nur, den Steigekasten gerade bis zum Ueberlaufen gefüllt zu halten, ohne daß Wasser oben hinaussteigt. Der Boden wird schon naß werden, naß bis an die Oberfläche. Etwas langsamer, als es im Steigekasten in die Höhe kommt, wird dies anfangs gehen, weil eine größere Adhäsion in den Poren des Bodens zu überwinden ist, aber mit der Zeit kommt es gewiß dahin, und verhindert dann das Eindringen des über der Erde überlaufenden Rieselwassers in den Boden, und damit die Berührung desselben mit den Pflanzenwurzeln. Diese sind mithin nur auf das im Boden in die Höhe quellende Wasser angewiesen. Das wird aber auf diesem Wege nicht blos verarmt, weil es die wichtigsten Pflanzen-Nahrungsstoffe, Phosphorsäure, Kali und Ammoniak durch Absorption zuerst an den Untergrund abgiebt, sondern auch noch mit andern wohl gar schädlichen Stoffen, kohlensaurem Eisenoxydul, Modersäuren und Extractivstoffen geschwängert. Mit diesen reich beladen kommt es endlich in den Bereich der Pflanzenwurzeln. Es bedarf wohl keines Beweises, daß diese Körper den Pflanzen nicht nur nichts nutzen, sondern schaden. Wir sehen häufig die Folgen, wenn irgendwo das Grundwasser in die Höhe quillt. Darum sind länger andauernde Wässerungen bei dieser Einrichtung nicht anzurathen, und nur in der kurzen Zeit, welche zwischen dem ersten Ueberlaufen des Wassers aus den Wässerrinnen und dem langsamen Ansteigen desselben durch den Boden liegt, kann das Wasser einen günstigen Einfluß ausüben. Diese Zeit ist aber zu kurz, als daß die Pflanzen in derselben etwas nennenswerthes schöpfen könnten. Bei so verdünnten Lösungen, wie sie das Rieselwasser darbietet, gehören lange Wässerungsperioden dazu. Die Petersensche Wässerung kann daher auch in diesem Falle nur als eine anfeuchtende gegeben werden. Es war daher nur natürlich, daß die Wittkieler Wiesen durch die Wässerung allein nicht vorwärts kommen konnten.

Trübes Wasser dazu zu verwenden, ist immer gefährlich, und frühere oder spätere Verstopfungen der an beiden Enden offenen Sammeldrains können nicht ausbleiben.

Wollte man nun aber auch von der Petersenschen Idee, die Drains zur

Bewässerung zu benutzen, ganz absehen, und die Einrichtung dazu über der Erde durch besondere Zuleitungsrinnen treffen, nun so würde eine solche Anlage meistentheils zu der Kathegorie der wilden Wässerungen zu rechnen sein, weil, nachdem die Thätigkeit der Drains aufgehoben ist, das Wasser von Rinne zu Rinne nur regulirt wird und die gänze überwässerte Fläche nur als eine Breite betrachtet werden darf. Es wird dann das vorher darüber Gesagte Anwendung finden.*)

Will man aber die Verschlüsse nicht zumachen, und doch in offenen überirdischen Zuleitungen so viel Wasser hinauftreiben, daß es aber die Fläche überwässert, nun — dann ist es eben keine Petersensche Anlage mehr, sondern das gerade Gegentheil davon, dann entstehen daraus Anlagen ähnlicher Art, wie ich sie mehrere Jahre vor der Geburt der Petersenschen Methode bereits selbst habe ausführen lassen, und wie ich sie noch heute einrichte. Es bedarf dann allerdings der unrichtigen Lage der Drainstränge nicht. Sie können ganz nach denselben Regeln gemacht werden, welche sich bei der Entwässerung des Ackers bewährt haben. Sie besorgen dann die Entwässerung zu jeder Zeit, und bleiben auch während der Wässerung in voller Thätigkeit. Es kommt dann nur zuweilen darauf an, diese Thätigkeit zu mäßigen, damit sie nicht zu viel Wasser verschlucken. Die Zuleitung des Wassers und dessen Vertheilung geschieht über der Erde durch offene Gräben und Rinnen, so daß man mit verschiedenen Quantitäten von Wasser operiren kann.

Diese Art der Wässerung gestattet die größeste Ausnutzung des Rieselwassers in kurzen oder langen Wässerungs-Perioden, wie es gerade das Bedürfniß erheischt, und bedarf daher am wenigsten Wasser.

Sie erfordert kein bedeutendes Anlage-Kapital, und ist selbst da noch anwendbar, wo nur temporäre Zuflüsse gegeben sind, namentlich aber da, wo sonst nur Stauwiesen angelegt werden könnten. Sie ist einfacher, und darum auch leichter in Ordnung zu halten, und einer geringeren Aufsicht bedürftig, als andere Wässerwiesen. Der Wiesenwärter vermag darum größere Flächen zu übersehen. Endlich ist die Werbung und Abfuhre des Heues leichter, auch gestatten sie die Anwendung von Gras-Mähmaschinen.

Leider ist diese Einrichtung nicht überall anwendbar, doch davon später!

d) Der rationelle Bau.

Die Unsicherheit in den Erträgen, die zwar nicht selten, doch nicht immer guten Erfolge des Kunstbaues, so wie die gewöhnlich ganz unge-

*) Nach den Mittheilungen eines Freundes, der in diesem Jahre in Wittkiel gewesen ist, trifft Petersen selbst jetzt die Einrichtung; er nähert sich also solchen Formen, die längst vor seinem Auftreten dagewesen sind.

nügenden der wilden Rieselung beweisen, daß das wichtigste Moment für die reiche Grasproduktion noch in etwas anderem, als in dem Anfeuchten des Bodens, oder in einer bestimmten Form der Oberfläche, also in irgend einem bisher noch nicht berücksichtigten Faktor gesucht werden müsse. Der rationelle Wiesenbau findet diesen, wenn auch nicht allein, doch vorzugsweise in dem Düngergehalt des Wassers. Er erkennt daher seine erste und wichtigste Aufgabe darin, dem Wasser die Pflanzen-Nahrungsstoffe, welche es dem Acker und Untergrunde geraubt hat, für die Kultur des Bodens wieder abzunehmen und nutzbar zu machen, Stoffe, welche in den verschiedenen künstlichen Düngungsmitteln jetzt so viel gesucht und gebraucht, und so theuer bezahlt werden.

Der rationelle Wiesenbau hat deshalb keine bestimmte Schablone für die äußere Form. Eines paßt sich nicht für alle! Er wählt die der wilden Rieselung oder des natürlich regelmäßigen Wiesenbaues bei sehr düngerreichem Wasser, wie es z. B. die Zuckersiedereien und Kartoffelstärke-Fabriken u. dergl. m. liefern, er baut schmale Rücken und Hänge, nähert sich also den Formen des Kunstbaues, wenn bei der Disposition über gewöhnliches Bach- oder Flußwasser so viel natürliches Gefälle vorhanden ist, daß durch oft wiederholtes Aufbringen des Abwassers eine Ausnützung desselben möglich und vorauszusehen ist, er richtet flach liegende drainirte Wiesen zur Wässerung ein, sobald die verlangte Ausnutzung des Wassers auf andere Weise nicht so vollständig zu erreichen ist, oder wo es sich darum handelt, einem wirklich ungenügenden Zufluß seinen mitgenommenen Dünger wieder abzunehmen.

Er geht dabei davon aus, daß eine lukrative Gewinnung der Pflanzen-Nahrungsstoffe, aus so verdünnten Lösungen, wie sie das Rieselwasser in der Regel nur darbietet, mit keinen künstlichen Mitteln, sondern nur durch lebende Organismen, d. h. durch Pflanzen möglich ist, und daß gerade diejenigen dazu die geschicktesten sind, welche bei ihrem natürlichen Vorkommen unter ähnlichen Verhältnissen am üppigsten gedeihen und am meisten bringen, mit andern Worten — die Wiesengräser, daß also die Berieselung der Wiesen der geeignetste Weg zu dem vorgesteckten Ziele ist.

Rationell ist mithin jeder Wiesenbau, bei welchem der zugeführte Dünger, und dem entsprechend die zugeführte Quantität von Wasser in richtigem Verhältniß zu der bewässerten Fläche steht. Deshalb ist seine Aufgabe zunächst die Ermittelung der zur Produktion einer bestimmten Menge von Futter erforderlichen Wassermenge.

Aus dieser entwickelt derselbe sichere Prinzipien zur Bestimmung der Breite, Länge, Höhe der Rücken und Hänge, und der Größe des ganzen Graben- und Grippensystems. Der rationelle Wiesenbau überläßt nichts der Willkür und dem Gutdünken, sondern führt alles auf mathematischem und naturwissenschaftlichen Wege auf ganz bestimmte Regeln zurück, deren Entwickelung der Vorwurf für das folgende Werk ist, auf Regeln, welche der Praxis einen sichern Anhalt gewähren. Die richtige Anwendung dieser Regeln hat immer und überall den höchstmöglichsten Ertrag zur Folge. Non nisi in hoc signo vinces!

Der rationelle Wiesenbau sucht aber auch, indem er das Gute und Zweckmäßige, welches die eine oder andere Wiesenbaumethode besitzt, annimmt, und nur das Irrationelle derselben vermeidet, diese sicheren Erfolge besonders dadurch auf eine möglichst billige Weise zu erreichen, daß er den Plan zum Bau der Wiesen so viel, wie möglich, der natürlichen Lage des Terrains anpaßt, und damit die nothwendigen, aber immer sehr theuren Erdbewegungen auf das geringste Maaß beschränkt. Wird es auf diese Weise möglich, dem Kunstbau gegenüber an Anlagekosten ganz bedeutend zu sparen, so ist es darum doch gerade nicht nöthig, in Formen zu verfallen, welche das Auge beleidigen. Dem äußern Ansehen nach muß sich vielmehr der rationelle Wiesenbau zum Kunstbau etwa verhalten, wie ein Englischer Park zu einem Garten in alt Französischem Styl.

Was nun den Erfolg der rationell gebauten Berieselungsanlagen betrifft, so kann ich jetzt, nun 25jährige eigene Erfahrungen vorliegen, nur erklären, daß dieselben bei richtiger Behandlung und gehöriger Unterhaltung gar nichts zu wünschen übrig lassen. Die Erträge der Wiesen werden je nach den klimatischen Verhältnissen die möglichst höchsten. Auch die Qualität des gewonnenen Futters ist, da die produzirten Gräser überall zu den edelsten Arten der Gramineen gehören, gut. Endlich ist auf diesen Erfolg mit einer viel größeren Sicherheit zu rechnen, als bei jeder andern Kultur, weil die wichtigsten Bedingungen des Gedeihens, die Pflanzennahrung, Feuchtigkeit und Wärme, in der Hand des Menschen liegen. Kurz, es giebt wenige landwirthschaftliche Meliorationen, welche eine solche Empfehlung verdienen, als der rationelle Wiesenbau.

e) Der natürlich regelmäßige Wiesenbau.

Werden für den rationellen Bau nur die Gräben und Rinnen gemacht, unterbleibt dagegen das regelrechte Planiren der Flächen, so erhält man einen natürlich regelmäßigen Wiesenbau. Er ist also gewissermaßen eine Skizze dessen, was er eigentlich werden muß, das Gerippe des rationellen.

Durch konsequentes Fortbilden mittels des durch die Räumung gewonnenen Materials läßt sich dieser Bau mit der Zeit auch in einen vollständig fertigen rationellen umwandeln. Allein die dazu erforderliche, unwandelbar auf das gesteckte Ziel hinarbeitende, eiserne Konsequenz habe ich bisher fast nirgends angetroffen, und nachdem ich die ersten 10 Jahre meiner Praxis nur solche Anlagen ausgeführt, es aufgegeben, und seither es vorgezogen, sie gleich fertig und vollkommen herzustellen und abzugeben. Nur beim Hangbau gehen der rationelle und der natürlich regelmäßige Bau manchmal ganz in einander über.

Erster Abschnitt.

Theorie des Wiesenbaues.

I. Das Wasser.

Allgemeine Bemerkungen.

§. 1.

Das Wasser ist nicht allein ein ganz wesentlicher Nahrungsstoff der Pflanzen, sondern auch der Vermittler der anorganischen und organischen Natur. Nur in Wasser gelöst, können, auch wenn man mit Liebig eine gewisse Selbstthätigkeit der Pflanzen annimmt, die Nahrungsmittel aus dem Boden von den Pflanzen aufgenommen werden. Daher die Wirksamkeit des Regens, und darum das Gießen des Gärtners. Manche regenarme Gegenden danken dem Wasser allein die Möglichkeit ihrer Existenz oder den hohen Grad ihrer Kultur. So die Oasen in den Wüsten, größere Landstriche in Spanien, dem südlichen Frankreich, der Lombardei u. s. w. Natürlich hat an solchen Orten, wo dies der Fall ist, das Wasser einen höheren, und allgemeiner anerkannten Werth, als an anderen. Es wird da zum vollständigen Handelsartikel, es wird verpachtet und verkauft. So weit sind wir allerdings noch nicht vorgeschritten. Mag auch der Werth desselben in mancher Beziehung hier wirklich geringer sein, als dort, immer bleibt er doch noch hoch genug, um ihn mit dem größten Vortheil auszubeuten, und es ist nur zu bedauern, daß dies nicht schon lange und in größerer Ausdehnung, als bisher, geschehen ist. Die Wirkungen, welche hier verlangt werden, sind allerdings anderer und zwar mannigfaltigerer Art, als in jenen Gegenden, es wird nicht so ausschließlich nur ein Anfeuchten des Bodens, sondern mehr erstrebt, und deshalb ist es geboten, vor allem auf den verschiedenen Einfluß des Wassers näher einzugehen.

Die düngende Wirkung des Rieselwassers.

§. 2.

Es ist eine allgemein bekannte Thatsache, daß die Jauche, welche man auf die Wiesen fährt, daß das Regenwasser, welches den Dünger schlecht angelegter Misthöfe auslaugt, und damit geschwängert auf jene hinauffließt, einen ungemein günstigen Einfluß auf den Graswuchs ausüben. Niemand ist über den naheliegenden Grund dieser Erscheinung im mindesten zweifelhaft. Ein Jeder findet ihn in dem Düngergehalt dieses Wassers. Warum nicht auch in dem Wasser unserer Quellen, Bäche und Flüsse? Chemisch rein ist nicht einmal das Regenwasser, viel weniger noch alles andere, welches mit dem Erdboden in unmittelbarer Berührung gewesen ist. Seitdem Saussure, Sprengel, Liebig und andere Naturforscher bewiesen haben, daß alle Stoffe, aus denen sich die Pflanzen aufbauen, und welche darin gefunden werden, von denselben nur aus dem Boden und aus der Luft aufgenommen werden, daß also auch die Mineralien, wie Kali, Kalk, Talkerde, Phosphor-, Schwefel- und Salpetersäure, Eisen u. s. w. für das Wachsthum derselben unentbehrlich nothwendige Nahrungsstoffe, also Dünger sind, wird nicht allein in jedem Wasser, welches diese Mineralien enthält, ein gewisser Düngergehalt anerkannt, sondern es wird, da ein jeder Boden Ersatz für die mit den Ernten fortgeführten Stoffe verlangt, wenn er dauernd fruchtbar bleiben soll, gerade der Zuführung dieser Stoffe der Haupteffekt des Wassers auf den Rieselwiesen zugeschrieben werden müssen. Diese bei der ersten Auflage dieses kleinen Werkes im Jahre 1846 bereits aufgestellte These hat in der neueren Zeit die sicherste wissenschaftliche Bestätigung gefunden. Auf verschiedenen chemischen Versuchsstationen, in Hohenheim, Regenwalde, Möckern und Dahme ist nämlich seit mehreren Jahren der Versuch im Gange, unsere Kulturpflanzen, wie Hafer, Gerste, Mais, Erbsen, Buchweizen u. s. w. in Wasser, oder in indifferenten Medien durch Wasser zu erziehen, welchem die verschiedenen zu ihrer Ernährung nothwendigen Mineralien zugesetzt sind, und hat das Resultat ergeben, daß dieselben darin nicht allein ganz kräftig gedeihen und reichliche Früchte bringen, sondern daß dieselben dies auch bei Anwendung sehr verdünnter Lösungen vermögen, daß es aber andererseits auch wieder ganz unmöglich ist, sie in die Höhe zu bringen, daß sie selbst im Wasser vertrocknen und eingehen, sobald ein wesentlich nothwendiger Nahrungsstoff fehlt.

Das Rieselwasser ist nun in der Regel eine solche, aber sehr verdünnte Lösung. Wenn gleich es wahrscheinlich ist, daß das oben angeführte Gesetz auch dafür gilt, so könnte doch der Einwand gemacht werden, daß es eben noch nicht bewiesen sei, daß die Grenze der Konzentration, welche noch mit Vortheil zu benutzen, nicht über dem gewöhnlichen Bach- und Flußwasser liege. Auch hierüber ins Klare zu kommen, ist auf der Regenwalder Station schon früher der Versuch gemacht, Hafer in Rega(Fluß)wasser zu erziehen. Die Pflanzen blieben zwar schwach, brachten aber mehrere reife Früchte. Jetzt ist seit 3 Jahren derselbe Versuch mit Gras im Gange, und hat recht gutes, vollkommen normal entwickeltes Gras gegeben. Bemerkt mag hierbei noch werden, daß das Wasser der Rega durchaus nicht zu dem reichen gehört. Wie in den meisten kleinen Flüssen hier in Pommern, ist es immer hell und klar; auch nur abgestandenes Wasser verwendet worden. Daneben wurde derselbe Versuch mit reinem Brunnenwasser gemacht, welches im Ganzen reicher ist, und vorzugsweise einen größeren Salpetersäure-Gehalt nachweist. Auch dieser Versuch ist gelungen, und das Gras womöglich noch kräftiger gewachsen, als das andere, wogegen ein dritter Versuch, bei welchem Flußsand mit destillirtem Wasser begossen wurde, den Beweis lieferte, daß es auf die Dauer damit nicht geht, und das bloße Anfeuchten nicht hilft.

Damit ist entschieden nachgewiesen, daß die Pflanzen aus den in dem Rieselwasser enthaltenen Nahrungsstoffen sich direkt zu ernähren, wohl befähigt sind.

In jedem Wasser bilden sich ferner unter Einfluß des Lichtes, der Wärme ꝛc. Organismen, welche die darin enthaltenen Stoffe zu ihrer Ernährung gebrauchen, gewissermaßen konzentriren. Mit dem Rieselwasser werden auch sie auf die Wiesen geführt. Ein Theil derselben bleibt darauf zurück und wird zu Dünger. Die dadurch gewonnene Masse ist nicht groß, allein — eines kommt zum andern.

Außerdem hat man aber in neuerer Zeit auch noch erkannt, daß mancher Boden, wozu auch der meiste Wiesenboden zu rechnen, die Fähigkeit besitzt, gerade die werthvollsten Pflanzen-Nahrungsstoffe, Phosphorsäure, Ammoniak und Kali dem Wasser durch Absorption zu entziehen und festzuhalten, und sie zu einer länger dauernden Quelle der Pflanzenernährung zu machen, den Boden damit zu bereichern, zu kräftigen. Hat aber der Boden erst Kraft und wird er in Kraft erhalten, d. h. finden die Pflanzen darin die nothwendige Nahrung zu jeder Zeit in reichlicher Menge und in entsprechender Form, so bringt er nicht allein die möglichste Menge kräftiger Pflanzen hervor, sondern dieselben widerstehen auch allen nachtheiligen Einflüssen der Witterung u. s. w. am besten und längsten, er bringt sie auch am sichersten hervor. Vom Acker weiß das jeder Landwirth. Dasselbe gilt auch von den Wiesen. Die chemische Analyse weist aber fast in jedem Wasser, selbst in dem klaren Quellwasser mehr oder weniger von den verschiedenen Pflanzen-Nahrungsstoffen nach. So hat ein stets klarer aus tiefstehendem Sande entspringender und nur von sandigen Ufern begrenzter Bach bei Kuhtz in

Hinterpommern nach der Analyse des Professor Dr. Birner und Professor Marchand in 1 Cubikfuß, also in 66 Pfd.

Gips	1,043
Schwefelsaures Kali	0,167
Chlornatrium	0,713
Chlorkalcium	0,074
Kohlensaures Eisenoxydul	0,121
Kohlensauren Kalk	0,171
Kohlensaure Talkerde	0,221
Phosphorsauren Kalk	0,068
Kieselerde	0,083
Organische Substanz	0,500
zusammen	3,161 Mgr.

In derselben Menge enthält ein besseres Bachwasser bei Czarnikauer Hammer im Großherzogthum Posen, dessen Quellen im mergelreichen Boden liegen nach Bertels:

Gips	0,138
Kohlensauren Kalk	4,525
Kohlensaure Talkerde	0,831
Chlornatrium	0,244
Eisenoxydul	0,131
Kieselerde	0,594
Thonerde	0,043
Schwefelsaures Kali	0,119
Humussäure und Ammoniak	0,132
Stickstoffhaltige organische Reste	0,462
zusammen	7,219 Mgr.

Ein Cubikfuß gutes aber klares Quellwasser bei Priddargen in Hinterpommern nach einer Analyse des Professor Marchand:

Kieselerde	1,304
Kalk	1,440
Talkerde	0,542
Thonerde	0,916
Eisenoxydul	0,194
Natron	0,122
Kali	0,113
Chlor	0,357
Latus	4,988 Mgr.

Transport	4,988
Schwefelsäure	0,163
Kohlensäure	1,864
Organische Substanzen	2,111
zusammen	9,126 Mgr.

Ein Cubikfuß des Flußes Ale nach Professor Johnston in Schottland:

Organische Stoffe	0,972
(Schwefelsaures) Kali	0,933
Gips	0,355
Kohlensaurer Kalk	2,933
Kohlensaure Talkerde	0,556
Chlormagnesium	1,013
Eisenoxydul	0,311
Schwefelsäure	0,800
Chlor	0,200
Kieselsäure	0,133
zusammen	8,206 Mgr.

Ein Cubikfuß des Riglawburn sogar nach demselben:

Organische Stoffe	1,433
(Schwefelsaures) Kali	0,400
Natron und Chloride	1,075
Gips	1,633
Kohlensaurer Kalk	4,067
Kohlensaure Talkerde	2,022
Chlormagnesium	0,694
Eisenoxyd	0,333
Schwefelsäure	1,000
Chlor	0,917
Kieselsäure	0,178
zusammen	13,752 Mgr.

Wenn in vielen dieser Analysen keine Phosphorsäure angegeben wird, so ist wohl anzunehmen, daß danach nicht gesucht, oder daß sie nur in geringer, kaum bestimmbarer Menge im Wasser vorhanden ist. Ist doch ihre Anwesenheit selbst im Drainwasser vom Professor Krocker nachgewiesen. Diese Geringfügigkeit der Menge von Phosphorsäure kann vielleicht als weniger ins Gewicht fallend betrachtet werden, seitdem bewiesen ist, daß die Pflanzen dieselbe auch aus der größten Verdünnung aufzunehmen, ja die Lösung daran vollständig zu erschöpfen vermögen.

Ueberdies enthält jedes Wasser Ammoniak, oder besitzt wenigstens die Fähigkeit, dasselbe aus der Luft zu absorbiren.

Die Menge der in einem Cubikfuß Wasser gelösten Pflanzen-Nahrungsstoffe ist scheinbar höchst unbedeutend. Sie gewinnt aber bei näherer Betrachtung eine sehr große Bedeutung, sobald man die Masse von Cubikfußen berechnet, welche in einer gewissen Zeit wegfließen. Die Rega, ein kleiner Hinterpommerscher Küstenfluß, schüttet z. B. an seinem Ausfluß in die Ostsee bei mittlerem Zufluß etwa 400 Cubikfuß per Sekunde.

Besitzt das Wasser derselben nur einen mittleren Gehalt von 6 bis 7 Grammen per Cubikfuß, so entführt sie in jedem Jahre der Kultur

1,500,000 Centner

des allerwerthvollsten Düngers, eine Quantität, welche eine reiche Ernte von 400,000 bis 500,000 Morgen, also schlechtgerechnet einen Werth von 3 bis 4,000,000 Thlrn. repräsentirt. Ganz Deutschland verliert auf diese Weise jährlich viele 100 Millionen Centner, und Milliarden an Werth. Nichts beweist schlagender, als diese wenigen Zahlen die außerordentliche Wichtigkeit der Benutzung des Wassers. Sie beweisen, daß überall im Lande selbst noch größere Düngermassen, als auf den Guano-Inseln Peru's nur der erlösenden Arbeit harren, um nutzbringend zur Verbesserung des Bodens, und dadurch zur besseren Ernährung der Menschen, und zur Erhöhung des allgemeinen Wohles beizutragen, in national-ökonomischer Beziehung also produktiv zu wirken. Sie beweisen ferner, daß die Millionen von Thalern, welche für käufliche Düngungsmittel aus dem Lande gehen, erspart oder wenigstens im Lande selbst umgesetzt werden könnten, daß endlich die Gesetzgebung derartige Meliorationen auf alle mögliche Weise zu erleichtern, namentlich sie von den Fesseln oft nur eingebildeter Widersprüche, welche heute noch so hemmend entgegenwirken, zu befreien, bestrebt sein sollte. Die jetzt vielfach besprochene Frage, ob Abfuhre der Kloakenstoffe aus den großen Städten, oder Kanalisation und Abschwemmung, steht überall auf der Tagesordnung und hat natürlich auch in den landwirthschaftlichen Kreisen das regste Interesse hervorgerufen. Es liegen ja hier die Verluste in ihren großen Dimensionen klar vor Augen, und doch ist dieser Schaden fast geringfügig zu nennen gegen den, den unsere Bäche und Flüsse herbeiführen, der aber immer noch viel zu wenig beachtet wird.*)

*) Es wird von Manchem immer noch daran gezweifelt, ob das Kloakenwasser auch mit Vortheil zur Bewässerung zu verwenden ist. Darüber liegen indessen schon so viel praktische Beweise und Erfahrungen vor (bei Cöslin wurde vor 20 Jahren schon eine

Jedenfalls ist die Gelegenheit, Nutzen aus denselben zu ziehen, viel verbreiteter, als die Möglichkeit, die Kloakenstoffe wieder zu verwerthen, und deshalb sollte man glauben, das Interesse zur Sache müsse allgemein und groß sein. Dem ist aber nicht so. Wenn nur die Bäche u. s. w. nicht schon zu Großvaters Zeiten so vorbei gelaufen wären!

Noch mehr aber ist es zu bedauern, daß es heutzutage trotz der schlagenden Beweise der wissenschaftlichen Versuche, trotz der auf den ausgedehntesten Flächen gemachten Erfahrungen, noch Männer giebt, welche, obgleich sie die Wissenschaft repräsentiren wollen, nicht allein an der Richtigkeit dieser Lehren zweifeln, sondern sogar dagegen eifern, weil sie die vorliegenden Thatsachen nicht kennen, und so der guten Sache und sich selbst unendlich schaden. Wollte doch jeder Grundbesitzer, dem die Natur dazu die Gelegenheit geboten, das recht beherzigen, wollte er doch bedenken, daß er durch zweckmäßige Benutzung des Wassers einen herrenlosen, unbenutzt weglaufenden, ohne bedeutende Kosten zu erhebenden Schatz festzuhalten im Stande ist! Was würde der Landwirth dazu sagen, wenn jemand seinen Viehdünger auf dem Hof verfaulen ließe, um die Kosten der Abfuhre zu sparen? Und doch handelt dieser gerade eben so, wie jener, der den Dünger im vorbeifließenden Wasser ungenutzt weglaufen läßt. Das chemisch reine Wasser vertritt nur die Stelle des Düngerwagens, welcher die Pflanzennahrung an den Ort ihrer Bestimmung bringt, und der Arbeitsleute, welche ihn auf der Rieselwiese verstreuen und überall vertheilen.

Es ist aber ferner noch zu beachten, erstens, daß diese Stoffe in Wasser gelöst, also in einer Form den Pflanzen dargeboten werden, in der sie unmittelbar assimilirbar sind, und zweitens in einer solchen Verdünnung, und das ist eben so wichtig, daß sie denselben nicht nachtheilig werden können. Daß dies so ist, und daß diesen Stoffen vorzugsweise der günstige Erfolg der Rieselung zugeschrieben werden müsse, das beweist das schnelle Vor-

mit Rinnsteinwasser aus der Stadt berieselte Wiese 6mal gemäht und in England werden jetzt an vielen Orten die Kanalwässer in derselben Weise auszunutzen gesucht); die Frage wird durch jeden Versuch so entschieden bejaht, daß ein Zweifel daran gar nicht mehr möglich ist. Darin liegt aber auch der Schwerpunkt der Sache gar nicht. Die Schwierigkeit liegt, mögen die Abfallstoffe abgefahren oder weggeschwemmt werden, in der Bewältigung der großen Massen. Sind dieselben klein, so ist die Ausnutzung auf beiderlei Weise ganz leicht, aber der zur Verwendung nothwendige Raum wird bei den großen Massen so groß, die Entfernungen dadurch so weit, oder die Kosten, das Kloakenwasser zu heben, so groß, daß dadurch die Rentabilität der Benutzung zweifelhaft wird. Sie hört sogar ganz auf, wenn die damit bewässerten Flächen zu klein sind. Es kommt dann noch hinzu, daß, wenn dies der Fall, ein Theil des Wassers unvollständig ausgenutzt wird und daß damit die Uebelstände zwar vermindert, aber nicht gehoben werden.

wärtsgehen auch der mit stets klarem Wasser berieselten Wiesen. Zu konzentrirte Lösungen leicht löslicher Salze und der Humussäuren kommen glücklicherweise nur ausnahmsweise und sehr selten vor. Es gehören dahin die Grubenwasser in den Bergbau-Distrikten, der Abfluß der Pochhämmer und mancher Torfmoore, und manche zu viel Kochsalz enthaltende Quellen. Sie können das Wasser zum Berieseln vollkommen unbrauchbar machen, weil sie in dieser Form von den Pflanzen aufgenommen, sie vergiften, oder, wie manches Moorwasser, nur eine magere Haideflora, höchstens einige Riedgräser, hervorzurufen und zu erhalten vermögen.

Die Sinkstoffe, der Schlick, d. h. die feineren vom Wasser mechanisch mit fortgerissenen suspendirten Erdtheilchen, welche dasselbe zu Zeiten namentlich bei Fluthen, trübe machen, sind ebenfalls dem Dünger hinzuzurechnen, den das Wasser mitbringt, wenn sie auch nicht als unmittelbare Pflanzennahrung angesprochen werden können. Daß das Wässern mit trübem Wasser, wenn nur die mitgebrachten Sinkstoffe nicht so groß sind und so hoch aufgeschwemmt werden, daß sie den Boden versanden, und die Grasnarbe ersticken, oder zur Unzeit gegeben, das Gras verschlämmen, und dadurch ungesund machen, nur vortheilhaft ist, ist eine zu allgemein bekannte Sache, als daß daran noch gezweifelt werden könnte. Viele sehr schöne Flußwiesen liefern hierfür den thatsächlichen Beweis.

Sehr eingehende Beobachtungen über die Massen von Pflanzen-Nährstoffen, welche dem Boden durch das abfließende Wasser entführt werden, hat in neuerer Zeit Herr Mangon in Frankreich gemacht. Derselbe weist z. B. nach, daß der Var das Jahr hindurch durchschnittlich in jedem Cubik-Meter Flußwasser 3577 Grm. Schlamm abschwemmt, im Gesammtgewicht pro Jahr von 18 Millionen Tonnen, mit einem Volumen von 11 Millionen Cubik-Meter. Diese Masse würde 55000 Hektaren 0,02 Meter hoch zu bedecken im Stande sein. Außer diesem Schlamm fließen darin fort 792000 Tonnen gelöste Körper.

Die Marne führt durchschnittlich nur 74 Grammen in 1 Cubik-Meter Wasser, mit einem Gesammtgewicht von 168684 Tonnen pro Jahr, und 105427 Cubik-Meter Rauminhalt, und an gelösten Stoffen 721164 Tonnen.

Die Seine oberhalb der Vereinigung mit der Marne 39663 Grm. Schlamm im 3jährigen Durchschnitt pro Cubik-Meter. Gesammtgewicht pro Jahr 207463 Tonnen = 129600 Cubik-Meter. Dagegen hat dasselbe gelöst 1,110,687 Tonnen.

Alle diese Gewässer enthalten nicht unbedeutende Mengen von Stickstoff. Die gelösten Stoffe derselben entsprechen, wenn man auch annimmt, daß manche weniger wesentliche, manche andere aber in übergroßer Menge darunter vorhanden sind, zusammen dem Aschengehalt von 200 Millionen Centnern Heu, während die suspendirten außerdem 10 bis 15 Millionen Centner hervorzubringen vermögen. Beiläufig mögen sich diejenigen, welche nur im Schlamme der Flüsse den Dünger erkennen wollen, diese Verhältnißzahlen ad notam nehmen.

Die Sinkstoffe dienen sehr häufig, z. B. auf dem Sande, den Brüchern und Mooren ebensowohl zur chemischen wie zur physikalischen Verbesserung des Bodens, indem sie demselben entweder fehlende Stoffe zuführen, oder dessen Aggregatzustand verbessern, und wie jede Erddecke auf beraster Fläche, das Austreiben neuer Schosse und Stolonen, und damit die Bestockung des Grases befördern. Sie können zuweilen sogar dazu benutzt werden, einen ganz neuen Boden zu schaffen.

Unter dem Einfluß der Luft, der Kohlensäure, der Wärme, auch wohl der Pflanzenwurzeln selbst werden sie später, wenn auch nur allmählich, in Pflanzennahrung umgewandelt, da sie vermöge ihres feinen Korns und der dadurch dargebotenen bedeutenden Angriffsflächen schneller zersetzt werden, als die gröberen Bestandtheile des Bodens; steht doch nach Schulz die Fruchtbarkeit desselben in ziemlich direktem Verhältniß mit der Menge seiner feinsten abschlämmbaren Theile. Die Sinkstoffe werden mithin eine Quelle von Pflanzennahrung für diejenigen Zeiten, in denen nicht gerieselt werden darf, wenn also den Gräsern in dem Rieselwasser unmittelbar die nöthigen Stoffe nicht dargeboten werden können. Endlich erhöhen sie die durch die neueren Forschungen nachgewiesene Fähigkeit des Bodens die wichtigen Pflanzen-Nahrungsstoffe Ammoniak, Phosphorsäure und Kali festzuhalten. Dennoch sind sie zur Verbesserung der Wiesen nicht unumgänglich nöthig, denn auch klares Wasser, welches kaum Spuren davon mitbringt, wie das oben angeführte Kuhtzer Bachwasser, das Regawasser und andere, bringen, wenn auch erst bei Anwendung einer größeren Quantität, eben so gutes Gras.

Das Rieseln mit trübem Wasser erfordert eine größere Vorsicht, weil es den Boden erhöht. Das ist besonders da nachtheilig, und deshalb zu berücksichtigen, wo das Gefälle beschränkt ist, wo, wie z. B. im Siegerlande, Rieselwiesen und Triebwerke mit einander abwechseln. Hier wird durch eine solche Erhöhung des Bodens und Veränderung des Niveaus oft ein nachtheiliger Rückstau veranlaßt, welcher dann nur durch das Abkarren der aufgeschwemmten Erde wieder fortgeschafft werden kann. Daher wird, diese Arbeit zu vermeiden, dort das Rieseln mit trübem Wasser lieber ganz unterlassen.

Bei einer zweckmäßigen Berieselung soll das Material, welches zur Hervorbringung des Grases gedient hat, und in der Heuernte weggeführt ist, durch die im Wasser enthaltenen und davon herbeigeführten Stoffe wieder ersetzt werden. Es muß sich daher bei beständigen Rieselwiesen ein Gleichgewicht zwischen diesen dargebotenen Stoffen und dem Ertrage herausstellen.

Hieraus folgt, daß die erste Bedingung einer Berieselung, von welcher dauernder und hoher Ertrag verlangt wird, die ist, daß die nöthige Menge von Dünger zugeführt, daß also auch eine dem entsprechende Menge von Wasser über die Wiese hinübergerieselt werde. Je mehr Wasser gegeben werden kann, desto üppiger muß auch das Gras, natürlich bis zu einem gewissen Punkte, wachsen. Ueber diesen Punkt hinaus würde eine Wässerung mindestens Verschwendung, und jedenfalls dadurch nachtheilig werden, daß das überflüssige Wasser anderwärts höher hätte ausgenützt werden können. Reicht dagegen die aufgebrachte Wassermenge nicht aus, so muß neben der Rieselung noch mit Vieh- oder künstlichem Dünger nachgeholfen werden, wenn die Erträge lohnend bleiben sollen. Dies Verfahren findet man daher auch in der Lombardei bei allen tüchtigen Besitzern von Winterwiesen, deren hoher Ertrag durch gewöhnliches Wasser wohl kaum ersetzt werden kann, ganz allgemein im Gebrauch.

Diese Fundamentalsätze des Wiesenbaues bewähren sich in der Praxis überall. Dem, der die Schrift nur zu lesen versteht, schreibt das Rieselwasser auf jeder Rieselwiese selbst den deutlichsten Beweis dafür nieder, und zeigt auch dem Laien schon aus weiter Entfernung, wo zu viel und wo zu wenig Wasser hingekommen ist. Sie sagen aber auch dem Landwirth ganz untrüglich voraus, was er von einer solchen Melioration zu erwarten hat, und bewahren ihn vor hoffnungslosen Unternehmungen. Wer da nicht hören will — muß fühlen!

Nicht alle Gewässer sind einander an Güte, d. h. im Gehalt an Nahrungsmitteln gleich. Es kommt darin eine ungemeine Verschiedenheit vor. Bemerkt worden ist diese Verschiedenheit auch oft — und welchem aufmerksamen Wiesenbauer hätte sie entgehen können — allein es ist bisher der Grund derselben nicht erkannt worden. Ein Blick jedoch auf die vorher aufgeführten Analysen verschiedener Rieselwasser weist deutlich nach, daß in allen beinahe die nämlichen Stoffe enthalten sind, und daß demnach die nicht zu verkennende verschiedene Güte und Wirksamkeit von dem Mengenverhältniß derselben abhängig ist. Unter denselben scheint der Stickstoff eine eben so bedeutende Rolle zu spielen, als in dem Dünger für den Acker, denn dasjenige Wasser, welches aus Städten und Dörfern, und von fetten gedüngten Aeckern abfließt, sowie das Wasser aus den Kartoffel-Stärke- und anderen Fabriken, ohne Zweifel das an Stickstoff reichste, ist erfahrungsmäßig zum Rieseln ganz vorzüglich geeignet.

Als weitere Folge der obigen Auseinandersetzungen ergiebt sich ferner selbstredend, daß die Quantität des nothwendigen Wassers im umgekehrten Verhältnisse zur Qualität desselben stehet, d. h. daß wenig, aber düngerreiches Wasser eben so viel effektuirt, als eine größere Menge ärmeren Wassers.

Kennzeichen der Güte des Wassers.

§. 3.

Die Bestandtheile und den Gehalt des Wassers genau kennen zu lernen, ist allerdings die chemische Analyse wohl der sicherste Weg. Aus dem eben Gesagten leuchtet indessen ein, daß die Bestimmung der Qualität desselben nur durch eine quantitative Analyse geschehen kann, welche, um auch über den Gasgehalt u. s. w. des Wassers ein richtiges Bild zu gewinnen, unmittelbar an Ort und Stelle ausgeführt werden müßte. Auch genügt eine Analyse noch lange nicht. Die Qualität des Rieselwassers ist nicht zu jeder Zeit dieselbe. Es liegt auf der Hand, daß bei Regenzeiten Zuflüsse von den Feldern, aus den Dörfern u. s. w. eine Menge von Stoffen zuführen, welche bei anhaltend trockenem Wetter, so lange nur die Quellen die Gewässer speisen, nicht darin enthalten sind, und daß auch sie nach Maaßgabe der atmosphärischen Niederschläge außerordentlich verschieden ausfallen müssen. Um daher auf diese Weise eine Ansicht von dem durchschnittlichen Werthe des Wassers zu erhalten, würde eine große Menge von Analysen, und eine fortgesetzte Beobachtung der verschiedenen Wasserstände, als Kriterium des Zuflusses, nothwendig werden. Dadurch würde aber die Arbeit so zeitraubend, so umständlich und schwierig, daß dieses Mittel in der Praxis wohl niemals wird angewendet werden können. Man hat sich daher nach allerhand äußeren Kennzeichen umgesehen, um schon auf den ersten Blick die Güte des Wassers beurtheilen zu können.

Die meisten der bisher angegebenen Erkennungszeichen haben aber keine allgemeine Gültigkeit. So beurtheilt man z. B. im Lüneburgischen die Qualität des Wassers vielfach nach der Farbe des abgesetzten Schlickes, und hält es für gut, wenn dieser schwarz, für schlecht, wenn er weiß ist. Wie manches Wasser führt aber einen schwarzen Schlick, der allein aus fein zertheiltem armen Torfboden besteht, und darum wenig hilft, während ein anderes in seinen Wirkungen viel besseres Wasser aus reichen Mergellagern, bei bedeutendem Kalkgehalt, nach dem Entweichen von Kohlensäure einen weißen, aus Kalk bestehendem Schlick niederfallen läßt. Und wie verhalten sich diejenigen Gewässer, die gar keinen Schlick mit sich führen, und deshalb einen solchen auch nicht absetzen können, welche immer klar sind, und doch eine ganz vorzügliche Wirkung äußern können?

Eben so soll dasjenige Wasser gut sein, in welchem Seife schäumt. Ein solches Wasser nennt man gewöhnlich ein weiches. Aber fast alle Quellen, welche aus Mergellagern kommen, haben hartes Wasser, die Seife schäumt darin nicht, und doch sind sie oft zum Rieseln sehr gut.

In Gebirgsgegenden hält man ferner die Forellen-Bäche für sehr brauchbar. Das sind sie unstreitig auch; allein Flüsse, in denen keine Forellen leben, sind ebenfalls gut, oft noch viel besser. Alle diese Anzeichen haben daher nur eine sehr lokale Anwendung.

Einen viel sichereren und für die Praxis überall brauchbaren Maaßstab zur Beurtheilung der Qualität des Wassers bilden sowohl die im Wasser selbst, als auch die an dem Rande desselben, und auf den häufig überflutheten Stellen wachsenden Pflanzen. Ihre Existenz ist vorzugsweise auf die im Wasser enthaltenen Nahrungsstoffe angewiesen. Allerdings sind sie auf eine noch unerklärte Weise häufig Sammler einzelner, und zwar in sehr geringer Menge darin enthaltener Stoffe. Recht auffallend ist das z. B. bei den Fucus-Arten. In ihnen wird das Jod, von welchem im Meerwasser nur Spuren nachzuweisen sind, in großer Menge gefunden. Sie geben auf diese Weise zwar kein Bild der quantitativen Zusammensetzung des Wassers, deuten indessen mit ziemlicher Sicherheit auf die Bestandtheile desselben hin, und es ist nur zu wünschen, daß chemische Analysen dieser verschiedenen Pflanzen noch näher nachweisen, welche dies gerade vorzugsweise und in welcher Weise sie es thun.

So sind die Gewässer, in denen Ranunculus und Potamogeton-Arten, an deren Rande Glyceria spectabilis, Phalaris arundinacea u. s. w. sehr üppig wachsen, und welche auf den überflutheten Stellen einen kräftigen Graswuchs erzeugen, in dem die Poa und Festuca-Arten, Alopecurus pratensis, Glyceria fluitans und dergleichen Gräser vorherrschen, zum Berieseln ganz vortrefflich. Bei einer solchen Prüfung muß man indeß zuweilen auf manche Nebenumstände Rücksicht nehmen, wenn man sich nicht täuschen will. Beispielsweise mag nur darauf hingewiesen werden, daß auf sehr quelligen und nicht abgegrabenen Wiesen die überflutheten

Stellen, trotz der Güte des überströmenden Wassers, diese Gräser zuweilen doch nicht hervorbringen, weil die Nachtheile der quelligen Grundnässe größer sind, als die Vortheile jenes Fluthwassers. Es würde unrecht sein, deshalb auf eine geringere Qualität des Bach- oder Flußwassers zu schließen. Ueberhaupt läßt sich ein genaues Bild der verschiedenen Abstufungen und Uebergänge gar nicht auf dem Papiere wiedergeben. Es lassen sich die Zeichen nur andeuten. Jeder aber, der offene Augen zum Sehen und Vergleichen hat, wird bei einiger Aufmerksamkeit sich sehr bald ein Urtheil danach bilden können, und die gewünschte Scala für die Werthbestimmung daran finden. Einige Andeutungen mögen das erleichtern.

Im Wasser Myriophyllum, Veronica anagallis und Beccabunga, Glyceria aquatica, am Rande Butomus umbellatus, Sagittaria sind Zeichen eines guten, — Sium, Rumex, Cicuta, Mentha, Stachys, Alisma, Lythrum, Scirpus, Juncus Zeichen eines ziemlich guten Wassers. Dagegen ist das Wasser der Bäche ganz arm, wenn darin wenig oder gar nichts, und am Rande nur einzelne Büschel oder Halme magerer Riedgräser (Carex acuta, stricta u. dgl.) und Moose wachsen. Finden sich viel Konferven im Wasser, so ist es gewöhnlich gut, wenn diese grün, aber nur mittelmäßig, wenn deren Färbung braun ist. Eben so arm an Pflanzen-Nahrungsstoffen ist oft das Wasser der Binnenseen, welche, von Sandhöhen eingeschlossen, keinen lebendigen Zufluß haben, und an deren Rande nur etwas Rohr und einige Binsen wachsen. Chara ist ein Zeichen von kalkreichem, die Nymphaea-Arten von sehr langsam fließendem oder gar stillstehenden Wasser.

Auch kann aus der Beschaffenheit der Erdschichten, durch welche die Quellen streichen, auf die Qualität des Wassers geschlossen werden. Entspringen sie aus Mergellagern, so ist sie in der Regel recht gut. Es wächst darin Brunnenkresse, Nasturtium officinale, oft in sehr großer Menge. Wenn sie dagegen aus tiefstehendem mageren Sande gewissermaßen filtrirt zu Tage kommen, so steht ihr Wasser an Reinheit dem destillirten oft sehr nahe. Je mehr Dörfer und Städte ein Bach oder Fluß durchströmt, je fetter und kultivirter die anstoßenden Aecker sind, von denen bei Abgang des Schnees und bei Regenwetter das Wasser zufließt, desto größerer Nutzen ist von einer Berieselung damit zu erwarten. Je magerer dagegen der Grund der umgebenden Sandhöhen ist, in je weiterer Ausdehnung dieselben mit Wald oder Haide bewachsen sind, je mehr Zufluß aus sauren Mooren der Bach hat, desto ärmer ist dagegen sein Wasser.

Selten nur kommt Wasser vor, dessen Einfluß auf die Vegetation durchaus nachtheilig ist. Dasselbe ist in der Regel durch Abgänge gewerblicher Anlagen, wie bei Pochhämmern, vergiftet, oder es enthält eine zu große Menge leicht löslicher Salze wie die Grubenwasser, die Salzquellen u. s. w. oder zu viel Humussäure. Letzteres ist zuweilen der Fall, wenn es aus ausgedehnten und tiefstehenden Haide- und Hochmooren entspringt. Es sieht dann immer sehr dunkelbraun aus, doch ist diese Farbe durchaus nicht immer das Kennzeichen eines schlechten Wassers, da manches andere durch Elsbrücher und Buchforsten fließende, sehr brauchbare Wasser eine fast eben so intensiv dunkle Farbe hat, sieht doch die Jauche im Viehstall und das von den Höfen ablaufende Dungwasser ebenfalls dunkelbraun gefärbt aus. Glücklicherweise findet sich ganz unbrauchbares Wasser nur ausnahmsweise und gewöhnlich auch nur auf kleinen Strecken.

Verbesserung des Wassers.

§. 4.

Die Frage, ob sich das schädliche, das magere und düngerarme Wasser nicht verbessern lasse, ist mehrfach aufgeworfen. Auch sind schon öfter Vorschläge dazu gemacht. Man soll z. B. Jauche, oder das Regenwasser vom Hofe oder von der Straße in den Wässergraben hineinleiten, die gefallenen Thiere in denselben hineinwerfen und dergl. mehr. Es ist gewiß das Zuführen stickstoffhaltiger Körper, wie es die oben angegebenen Mittel wollen, ganz besonders wirksam, doch ist nicht allein die Möglichkeit der Anwendung solcher oder ähnlicher Mittel von lokalen Umständen abhängig, sondern sie sind auch nur im Kleinen ausführbar. Bietet sich indeß an einzelnen Orten dazu die passende Gelegenheit, so ist zu solchen Verbesserungen nur zu rathen. Von den Kadavern gefallener Thiere ist vielleicht auf keine andere Weise ein größerer Nutzen zu ziehen.

Noch schwerer und noch weniger im Großen ausführbar ist die Verbesserung der ganz schlechten, schädlichen Gewässer. Bei den Pochwerken leitet man das Abgangswasser in besondere Bassins, damit der nachtheilige Pochsand aus dem darin zur Ruhe kommenden Wasser sich ablagern kann. Die Grubenwasser aus den Steinkohlen-Bergwerken werden erst, wenn sie eine Strecke an der Luft gelaufen, und die nachtheiligen Salze niedergeschlagen sind, oder wenn sie mit anderem Wasser sich gemischt haben, wieder besser. Dasselbe gilt auch von den Abflüssen mancher Haidemoore, welche wieder brauchbar werden, wenn die darin enthaltenen Modersäuren sich höher oxydirt, und damit ihre nachtheiligen Eigenschaften verloren haben. Je mehr Berührungsfläche sie dabei der Luft darbieten, also beim raschen

Lauf über Kiesel u. dgl. m., desto schneller geht dieser Prozeß vor sich. Gewässer, welche Kochsalz und andere Salze, welche gelöst bleiben, und sich nicht niederschlagen, im Uebermaaß enthalten, können nur durch Verdünnung der Lösung, also durch Vermischung mit einer genügenden Quantität von anderem Wasser brauchbar werden. Künstliche Mittel zur Verbesserung sind hier überall nicht anwendbar, und in der Regel eine Verwendung erst dann möglich, wenn das Wasser sich von selbst gebessert hat.

Wiederholte Benutzung des Wassers.

§. 5.

Beobachtet man auf einer wilden Rieselung die Wirkung des überrieselnden Wassers, so sieht man zunächst den Wässergräben und Wässerrinnen das beste Gras. In einiger Entfernung davon nimmt der Graswuchs ab. Die Gramineen verschwinden. An ihrer Stelle treten Riedgräser auf. Noch weiter abwärts wird auch der Stand der letzteren immer dünner, das Moos nimmt zu, bis es endlich vollständig die Oberhand gewinnt. Je ärmer das Wasser, desto näher den Wässerrinnen rücken diese Erscheinungen zusammen, je reicher dasselbe, desto weiter erstreckt sich dessen günstige Wirkung; aber auch bei dem fruchtbarsten Wasser bleiben sie bei zu großer Breite trotz des großen Düngergehalts nicht aus. Diese Thatsache ist unbestreitbar richtig. Viele Wiesenbauer glauben deshalb, daß das einmal übergelaufene Wasser seine düngenden Bestandtheile vorn abgelagert habe, und weisen als Beweis dafür auf die stärkere Ueberschlickung in der Nähe der Wässerrinnen hin. Sie meinen, es sei, nachdem es einmal übergelaufen, deshalb auch zum Ueberrieseln nicht mehr brauchbar. Ein jeder Wiesentheil dürfe nur frisches Wasser erhalten, um Gras zu bringen. Das ist aber entschieden nicht richtig.

Es ist schon oben nachgewiesen worden, daß der vom Wasser mitgeführte und auf der Fläche obenauf liegen bleibende Schlick, nur ein Theil, und zwar ein entbehrlicher Theil des verlangten Düngers sei, und daß es wesentlich auf die darin gelösten Stoffe, welche aus dem Wasser nicht niedergeschlagen werden, sondern damit fortfließen, ankomme. Mit dem Rieselwasser gehen aber bei einer regelrechten Wässerung während 60 Rieseltagen viele 100 Centner derselben über einen Morgen Wiesen fort, von denen jedoch nur ein sehr kleiner Theil in den Boden eindringt, und mit den Pflanzenwurzeln auf kurze Zeit in Berührung kommt, so daß also auch nur höchst wenig von denselben aufgenommen, oder von dem Boden festgehalten werden kann. Nimmt man nun auch an, daß in einer sehr reichen Heuernte etwa 2 bis 3 Centner davon dem Rieselwasser entzogen werden, und ein anderer Theil durch den Boden absorbirt wird, so ist doch dieser Verlust im Verhältniß zur ganzen Masse so gering, daß er die Güte des Rieselwassers erst nach sehr oft wiederholter Benutzung vermindern kann. Die Befürchtung, daß das Wasser aus diesem Grunde nicht wieder zu brauchen sei, ist also unhaltbar. Unbesorgt um die Entziehung des Düngers kann das Wasser 30, 40mal und noch öfter zum Rieseln gebraucht, und wieder gebraucht werden. Es kann gar nicht zweifelhaft sein, daß es bei der nächsten Benutzung fast noch eben so kräftig düngt, als bei der ersten. Auch spricht eine andere eben so oft beobachtete und eben so unwidersprechlich richtige Thatsache für diese Ansicht. Ist nämlich das ein- oder mehrmals abgerieselte Wasser in einem Graben eine Strecke gelaufen, und wird es dann aus diesem von neuem über die Wiesen geleitet, so äußert es einen eben so günstigen Einfluß auf den Graswuchs, als bei der ersten Benutzung.

Das Auffallende dieser Erscheinungen hat Veranlassung werden müssen, eine andere Erklärung dafür zu finden. Herr v. Lengercke führt in seinem praktischen Wiesenbau aus, was auch Sprengel und andere schon früher ausgesprochen hatten, daß das Wasser während des Ueberrieselns zwischen dem Grase einen Theil der darin enthaltenen Gasarten an die Pflanzen abgebe, und dieselben aus der Luft wieder absorbire, während es einige Zeit in einem Graben weiterfließe. Allein auch diese Erklärung genügt eben so wenig, als die erste. Das Absorptionsvermögen des Wassers wird — ganz abgesehen davon, daß ein Mangel von Kohlensäure nicht stattfinden kann, weil sich der Humus und damit der Kohlenstoff, die Quelle fortwährender Kohlensäurebildung, auf der Wiese von Jahr zu Jahr vermehrt, und daß die Absorptionskraft des Wassers gegen Sauerstoff nicht so schnell wirkt, daß während des Laufens durch eine kurze Strecke in einem Graben und während einer ganz kurzen Zeit viel davon verschluckt werden könnte — um so größer sein müssen, eine je größere Oberfläche es der Berührung mit der Luft darbietet. Diese Oberfläche ist aber entschieden viel kleiner, wenn das Wasser in einem schmalen und tiefen Graben fließt, als wenn es in einer ganz dünnen Schicht über die ganze Oberfläche der Wiese verbreitet ist. Das Wasser müßte deshalb auch während des Ueberrieselns mehr Gase verschlucken können, als während des Weiterfließens in einem Graben.

Der Erscheinung muß also eine andere Ursache zu Grunde liegen. Vielleicht ist es folgende: Die Pflanzen entnehmen dem Wasser ihre Nahrung durch die Wurzeln. Diese kommen aber nicht mit demjenigen Wasser in Berührung, welches über der Erdoberfläche fort- und abläuft, sondern nur mit dem, welches in den Erdboden eingedrungen ist, und hier die Zwischenräume zwischen den Bodenpartikelchen ausfüllt. Davon tritt aber der größte Theil durch die Wand der hochliegenden Rieselrinne ein, sackt dann allmählich unter der geneigten Oberfläche des Rückens oder des Hanges immer weiter hinab, bis er endlich in die nächste Entwässerungsrinne hineingelangt. Derselbe verhindert, wenn schwach gerieselt wird, sogar das Eindringen des übrigen, oben überlaufenden Wassers fast ganz.

Es leuchtet ein, daß die Quantität dieses die Poren des Bodens füllenden Wassers nur eine geringe, und dessen Bewegung abwärts, gehemmt durch die Adhäsions-Kraft, nur eine langsame sein kann. Die Absorptionskraft des Bodens, die Fähigkeit der Pflanzen, die gelösten Pflanzen-Nahrungsstoffe direkt aufzunehmen, entziehen dem eingedrungenen und einige Zeit damit in Berührung bleibenden Wasser gleich zu Anfang einen großen Theil der darin enthaltenen Stoffe, und lassen es verarmt weiter fließen. An die Stelle der verlorenen treten andere minder werthvolle Körper, welche entweder im Boden in leicht löslicher Form vorhanden sind, oder durch die Gegenwart von Kohlensäure immer wieder neu sich bilden, oder bei der Absorption im Boden ausgetauscht werden, z. B. kohlensaures Eisenoxydul. Zunächst den Wässerrinnen ist diese Aufnahme gering, und darum von keinem Nachtheil. Je länger und je weiter aber das Wasser unter der Erde sich hinabzieht, je weiter also von der Wässerrinne entfernt, desto konzentrirter wird die Lösung, bis sie zuerst den Gramineen, weiterhin den Riedgräsern ungenießbar wird, und nur noch dem Moose gedeihlich bleibt. Darauf scheinen wenigstens die in den Entwässerungsrinnen sehr häufig sich niederschlagenden Massen von Eisenoxydhydrat hinzudeuten. Stürzt das übergelaufene Wasser nicht mit Heftigkeit in diese Rinnen hinein, so daß schon auf mechanischem Wege eine Vermischung mit dem aus dem Ufer hervorquellenden bewirkt wird, sondern gleitet dasselbe nur ganz schwach hinein, und wird dann aus dieser zweiten Rinne gleich, aber schwach weiter gerieselt, so haben die gelösten Stoffe nicht Zeit, sich niederzuschlagen, und fließen mit dem Wasser auf die Oberfläche der zunächst liegenden Rieselfläche hinauf. Sie lassen dann aber das von oben her schwach überrieselnde, spezifisch-leichtere und bessere Wasser gar nicht an den Boden heran, und mit den Pflanzen in Berührung kommen, sondern schlagen sich da zuweilen in solcher Menge nieder, daß die Oberfläche mit dem Niederschlag dick überzogen ist, und ganz roth aussieht. Der Graswuchs muß dadurch vergiftet und schlecht werden.

Bei dem starken Ueberrieseln geht dagegen schon während des ersten

Ueberlaufens im Boden selbst eine Mischung vor sich. Die Rasennarbe wird dadurch stark erweicht, ihre Poren öffnen sich, und machen auf diese Weise dem darüber fließenden Wasser das Eindringen in dieselben möglich. Schon hierdurch wird den Pflanzenwurzeln eine größere Menge besseren Wassers und damit reichlichere Nahrung angeboten. Das mechanische Moment, der Druck einer höheren Wassersäule wirkt hierbei mit. Die im Boden vor sich gehenden Auflösungen werden, weil die Flüssigkeiten über und unter der Erde sich ausgleichen, nicht so bald konzentrirt, und wenn sie in die nächste Rinne eintreten, durch die große Quantität des oben überlaufenden Wassers stark verdünnt. Durch diese Verdünnung allein werden sie schon zum wiederholten Gebrauch geeignet, sie werden es aber noch mehr, und die Mischung noch inniger und vollständiger, wenn das vereinigte Wasser vor der Wiederbenutzung eine Strecke im Graben geflossen ist. Manche Körper erhalten dabei auch Zeit, sich niederzuschlagen. Man sieht wenigstens häufig die Grabenwände mit einem festen gelben Ueberzuge sich bedecken, während das früher trübe Wasser klar weiterfließt. Der Nachtheil ist beseitigt, und der Nutzen des Rieselwassers wieder eben so groß, als beim ersten Aufbringen.

Die auflösende Kraft des Wassers.

§. 6.

Das Wasser vermittelt den Uebergang der anorganischen Bestandtheile des Bodens in die Pflanzen. Die Anfeuchtung des Bodens allein vermag aber nicht dauernd genügende Erträge zu schaffen. Der schon oben erwähnte Versuch in der Versuchs-Station zu Regenwalde, Gras auf Flußsand durch Begießen mit destillirtem Wasser zu produziren, bewies schon nach wenigen Jahren, daß der Boden dadurch erschöpft werde. Das Gras darauf wurde chlorotisch, nahm an Masse ab, und wurde schließlich nur unvollkommen ausgebildet. In der Praxis haben Bewässerungsanlagen auf Tausenden von Morgen, welche nicht genügendes Wasser hatten, und deshalb blos angefeuchtet werden konnten, diesen Beweis schon lange im Großen geliefert. In dürren, regenarmen Gegenden bedingt eine Wässerung häufig die Möglichkeit der Kultur überhaupt, in unseren Gegenden, wo es von Zeit zu Zeit regnet, wird eine Anfeuchtung zu diesem Zwecke dagegen nur selten und nur in kurzen trockenen Zeiten nöthig. Das Wässern auf den Wiesen entspricht dann dem Begießen des Gärtners. Das Wasser soll die im Boden angesammelten oder neu entstandenen Pflanzen-Nahrungsstoffe auflösen, genießbar machen, und an die Gräser überführen. Wenn nun auch die Wiesengräser mehr Feuchtigkeit, und daher einen feuchter erhaltenen Boden verlangen, als die auf dem Acker gezogenen tiefer wurzelnden Kulturpflanzen, so genügt es doch, wenn je nach der wasserhaltenden Kraft des Wiesengrundes jede fünfte bis achte Nacht einmal gerieselt wird. Nur ein ganz durchlassender heißer Sandboden verlangt in der größten Sommerhitze eine öftere, jeden dritten Tag wiederkehrende Ueberrieselung. Eine zweckmäßige Berieselung muß daher so eingerichtet sein, daß ein jeder Wiesentheil in solchen Zeitabschnitten das dazu nöthige Wasser erhalten kann. Außer den während der düngenden Wässerungen angesammelten Stoffen löst es aber auch die im Boden vorhandenen auf, vermittelt die Zersetzung und befördert damit deren Uebergang an die Pflanzen. Man sieht dies kaum irgendwo deutlicher, als auf denjenigen Rieselungen, welche weniger Wasser erhalten, als zu ihrer vollständigen Düngung erforderlich ist. Sie tragen in den ersten Jahren, trotz des mangelnden Düngers, reichere Ernten, als früher. Das geschieht aber nur auf Kosten des Bodenreichthums, indem das Wasser die im Boden vorhandenen Stoffe in größerer Menge den Pflanzen zugänglich macht. Die Bewässerung wirkt hier in ähnlicher Weise, wie eine gute sorgfältige Bestellung des Ackers. Da aber die Ernte im Heu weggefahren wird, ohne als Dünger zurück zu kehren, und da die mit dem Rieselwasser herbeigeführten Stoffe nicht ausreichen, die entführten zu ersetzen, so muß mit der Zeit Erschöpfung eintreten. Die im Boden enthaltenen Nährstoffe sind immer nur eine endliche Größe, darum wird auch der reichste Boden im Laufe einiger Jahre ausgesogen. Er kann auf die Weise ärmer werden, als er vor der Berieselung war. Die größeren Erträge der ersten Jahre haben keine Dauer, und gehen schließlich noch unter die früheren zurück. Wie oft hört man (gewöhnlich aus diesem Grunde) das Verdikt: das Rieseln hilft nur auf einige Jahre! Es leuchtet hieraus ein, daß das Düngen mittels der im Wasser vorhandenen Stoffe nicht allein viel wichtiger ist, als das bloße Anfeuchten, sondern auch, daß dazu viel mehr Wasser gehört, und daß es, wenn die zum Fettwässern nothwendige Quantität nicht vorhanden ist, zweckmäßiger erscheint, nur den entsprechenden Theil der Wiese zur Berieselung einzurichten, den übrig bleibenden aber in anderer Weise zu kultiviren. Jedenfalls werden dabei Anlage-Capital und Unterhaltungs-Kosten erspart. Wunderbar ist nur, daß eine richtige Einsicht in diese Verhältnisse — selbst den Kultur-Technikern — so oft fehlt. Es wird so oft für Mangel an Feuchtigkeit gehalten, was wirklich Mangel an Nahrung ist. Die Vegetations-Versuche in wässerigen Lösungen weisen ganz bestimmt nach, daß die Pflanzen vertrocknen, wenn ein zu ihrer Konstitution nothwendigen Stoffe fehlt, obgleich sie im Wasser stehen.

Es muß endlich hier noch erwähnt werden, daß dies Auflösungsvermögen des Wassers häufig zur Fortschaffung schädlicher Stoffe wirksam mithilft. Das ist namentlich bei neuen Anlagen auf ungesundem Boden der Fall, und tritt recht augenscheinlich in sehr eisenreichem Sand- und Haideboden, noch mehr zuweilen im Humusboden hervor. Aus jenem wird das durch die im Wasser enthaltene, oder aus dem Humus sich bildende Kohlensäure gelöste Eisenoxydul oft in großer Menge ausgewaschen, bildet dann in den Entwässerungsgräben große Wolken von Eisenoxydhydrat, und schlägt sich schließlich an den Grabenwänden nieder. Aus dem sauren Humusboden werden Modersäuren und Extraktivstoffe weggenommen. Sie färben das Wasser dunkelbraun, trüben es aber nicht.

Einfluß der Temperatur des Wassers.

§. 7.

Auch die Temperatur des Wassers ist bei der Benutzung auf den Rieselwiesen von großem Einfluß. Zunächst wirkt es vortheilhaft theils durch die eigene höhere Temperatur, theils durch die Bedeckung des Bodens, und dadurch als Schutzmittel gegen die niedere Temperatur der Luft, theils durch das Tropfbarwerden der daraus aufsteigenden Dämpfe erwärmend in kalten Nächten und bei Nachtfrösten. Darum muß stark und möglichst überall gerieselt werden, wenn im Frühjahr eine kalte Nacht dem jungen Grase gefährlich zu werden droht. Wie aber ein trüber Regentag die Nachtheile eines Nachtfrostes, der unvermuthet eingefallen, den Gewächsen auf dem Acker weniger empfindlich macht, so hebt auch ein tüchtiges Rieseln gleich nach dem Frost den Schaden, welchen derselbe der trocken liegenden Wiese gethan, beinahe wieder auf. Ist derselbe unvermuthet gekommen, oder ist nicht Wasser für die ganze Fläche vorhanden gewesen, so daß ein Theil der Wiese hat trocken liegen müssen, so ist früh am Morgen das Wasser umzustellen, und auf diesen trockenen Theil hinaufzulassen.

Aber auch zu jeder andern Zeit wird das Wasser mit Vortheil zum Rieseln verwendet, sobald es wärmer ist, als die Luft, weil es mit der Erwärmung des Bodens die Durchschnittstemperatur der Wiese erhöht, und damit eine lebhaftere Vegetation erzeugt. Das hat seine volle Gültigkeit zu allen Jahreszeiten, selbst bei regnigem Wetter, ja sogar im Winter, wenn nicht das Gefrieren des Wassers das Rieseln unmöglich macht, oder der

Boden noch nicht tief eingefroren ist. Auf gefrorenem Boden darf aber nicht gewässert werden, so lange nicht der Frost aus dem Boden weggethaut, oder Aussicht vorhanden ist, das vollständige Aufthauen durch das Rieselwasser zu erzwingen. Kann man dies letztere erreichen, so wird der Eintritt der Vegetationsperiode dadurch, daß die später eintretende Frühjahrswärme beim Schmelzen des Eises im Boden nicht gebunden wird, einerseits beschleunigt, und andererseits verlängert, im Frühjahr ein großer Vortheil. Wird dagegen der Frost durch das Rieseln nicht vollständig weggethaut, bleibt im Grunde eine Eisschicht, und friert dann der darüber erweichte und übersättigte Boden von oben her wieder, so hebt sich der letztere durch die Ausdehnung des gefrierenden Wassers, und zerreißt die in der unteren Eisschicht festsitzenden Wurzeln. Die Graspflanzen werden beschädigt und kranken lange Zeit, oder sterben ganz ab. Wer kennt nicht das Auswintern des Rapses, des Wintergetreides, des rothen Klees u. dgl.; Erscheinungen, die ganz die nämlichen Ursachen haben.

Die Frühjahrswässerung ist überhaupt der Temperatur des Wassers wegen die schwierigste. Während im Herbst eine Wiese durch das Rieseln niemals verdorben werden kann, man möchte denn vor Winter das Gras zu lang antreiben, so daß es später sich legt und ausfault, muß man im Frühjahr die größte Aufmerksamkeit und Vorsicht anwenden. Es ist zu dieser Zeit möglich, die Grasnarbe für mehrere Jahre zu verderben, das Gras fortzuwässern, und dafür nur Blattgewächse von geringem Futterwerth zu erzeugen.

Manche Quellen, welche aus reichen Mergellagern entspringen, machen hiervon eine Ausnahme. Sie können in der Nähe ihres Ursprungs, obgleich sie da gewöhnlich nur eine Temperatur von 6 bis 8 Grad Wärme haben, nicht allein mit großem Vortheil zum Rieseln benutzt werden, sondern man darf sie auch das ganze Jahr hindurch fast ununterbrochen auf derselben Stelle laufen lassen, wobei sich dann sehr häufig Glyceria fluitans in großer Menge einfindet. Wahrscheinlich ist diese Eigenthümlichkeit ihrem Gehalt an theils freier, theils aus doppelt kohlensaurem Kalk frei werdender Kohlensäure zuzuschreiben. Die niedrige Temperatur schützt im Sommer das dadurch erzeugte dicht stehende Gras vor dem Faulen. Solche Quellen können sogar bedeutende Strecken unter der Erde fortgeleitet werden, ohne von ihrer Wirksamkeit wesentlich zu verlieren. Ueber der Erde erstreckt sie sich aber auf keine weite Entfernung hin.

Anders verhält es sich wieder mit anderen Quellen, welche aus schlechtem Sandboden hervorbrechen. Sie wirken zuweilen in der unmittelbaren

Nähe ihres Hervortretens nachtheilig, werden aber besser, wenn sie erst eine Strecke gelaufen sind. An der Armuth des Wassers allein kann es nicht liegen, — wirken sie doch im Spätherbst, Winter und ersten Frühjahr oft günstig — eben so wenig an einem zu großen Gehalt von Eisenoxydul oder Mangonoxyd, oder anderen schädlichen Salzen. Diese Körper müßten sich nach dem Entweichen der zu ihrer Auflösung mitwirkenden Kohlensäure sehr bald niederschlagen, und leicht zu erkennen sein, doch sind diese Kennzeichen nicht da. Möglicherweise liegt auch hier die Ursache in der niederen Temperatur des Wassers. Sie enthalten in der Regel wenig freie Kohlensäure.

Einfluß auf den Stand der Pflanzen.

§. 8.

Endlich trägt das über eine Fläche kräftig fortrieselnde Wasser zum Zusammensinken des Bodens bei. Schwere Thonböden lagern sich dadurch in wenigen Jahren so fest zusammen, daß sie der Luft den Zutritt zu den Graswurzeln nicht mehr gestatten. Wiesen auf solchem Boden müssen deshalb im Ertrage nachlassen. Die Erfahrung bestätigt dies. Um einen dauernden Ertrag von ihnen zu erhalten, ist es nöthig, derartige Wiesen von Zeit zu Zeit wieder umzubauen, und den Boden dabei gehörig aufzulockern. Im Siegenschen nimmt man ziemlich allgemein zwanzig Jahre für einen passenden Zeitraum an.

Dagegen wirkt das rieselnde Wasser aus demselben Grunde auf den verschiedenen Humusboden-Arten entschieden günstig. Jeder humose Boden, Bruch, Moor u. s. w. hat die Fähigkeit, sehr viel Wasser aufzusaugen. Gefriert dies eingesogene Wasser, und dehnt es sich in Folge dessen aus, so kann dies nach keiner anderen Seite hin geschehen, als nach oben, mit andern Worten, der Boden hebt sich in die Höhe, er friert auf. Bei diesem Auffrieren zieht er die die Narbe bildenden Pflanzen in die Höhe, oft Fuß hoch.

Am deutlichsten läßt sich dies in gerodeten und zu Wiesen umgeschaffenen Elsbrüchern einige Jahre nach der Rodung, nachdem die feinen Faserwurzeln abgestockt sind, daran erkennen, daß die dickeren, früher nicht sichtbaren, mehrere Fuß langen, im Boden stecken gebliebenen Wurzeln nach dem vollständigen Aufthauen mit einem Male über der glatten Fläche weit hervorragen. Hier hielt der in die Höhe frierende Boden diese im Kern noch ziemlich holzigen Wurzeln fest, und zog sie mit in die Höhe. Nach dem Verschwinden des Frostes sackt der Boden zurück, die Wurzeln aber bleiben stehen, ragen nun weit über der Oberfläche empor, und lassen sich mit der Hand leicht herausziehen. Ganz ähnliche Erscheinungen zeigen Raps, Klee rc.

Während des Aufthauens sehen in manchen Brüchern sonst ebene Flächen ganz uneben aus, indem einzelne Stellen durch den Frost länger hoch erhalten bleiben, als diejenigen, auf denen der aufgethaute Boden schon zusammengesunken ist. Beim Hinübergehen über solche Flächen bricht man auch wohl durch den Frost hindurch, und sinkt dann plötzlich mehrere Zoll tief ein. Auf torfigen und bruchigen Rieselwiesen sind zu solcher Zeit die Ränder der Be- und Entwässerungsrinnen, welche ganz genau horizontal abgeglichen waren, hier einen halben Fuß höher, da so viel niedriger, zuweilen ganz aufgebogen, so daß die Ausgaben für das saubere Planiren der Flächen fortgeworfen zu sein scheinen. Das hat schon manchem neuen Wiesenbesitzer zuerst keinen kleinen Schrecken verursacht. Es ist aber damit nicht so arg, als es aussieht, denn so bald nur das Eis erst vollständig verschwunden, wird alles ohne weiteres Hinzuthun wieder glatt und eben.

Es ist aber eine bekannte Thatsache, daß, wenn dieser Frost mit hellem Sonnenschein aus solchem Boden verschwindet, der Grasertrag der Wiesen entschieden viel geringer ausfällt, als wenn Regenwetter das Eis wegschmilzt, oder wenigstens bald nach dem Aufthauen heftige Regengüsse eintreten. Diese günstige Mitwirkung der Nässe kann hier nur darin ihren Grund haben, daß der durch den Frost gehobene, und durch die Sonne aufgethaute leichte Boden bei anhaltend trockenem Wetter zu lose bleibt, und sich auf den Untergrund nicht fest genug auflegt, durch große Nässe dagegen beschwert und so hinabgedrückt wird, daß die gelösten und zerrissenen Wurzelfasern in Berührung mit frischer Erde wieder anwachsen können. Auf Rieselwiesen kann diese Wirkung durch das Rieselwasser herbeigeführt werden. Es darf jedoch erst nach dem vollständigen Aufthauen mit der Wässerung begonnen werden, weil das Wasser sonst unter der aufgefrorenen Narbe hindurchlaufen, hier den lockern Boden wegschwemmen, Rinnen ausreißen und dadurch die mit vielen Kosten hergestellte Ebenung der Fläche nun wirklich zerstören würde.

Nachtheilige Wirkungen des Wassers.

§. 9.

Abgesehen von dem Einfluß eines durch seine Bestandtheile schädlichen Wassers, von welchem schon §. 2 die Rede gewesen, glauben die Wiesenbesitzer gar oft, daß der Einfluß des sonst brauchbaren Wassers auf die Grasproduktion immer ein günstiger sein müsse. Dem ist aber nicht so! Es läßt sich durch eine unrichtige Anwendung desselben oft gar viel schaden. Schon §. 7 ist erwähnt, daß es möglich sei, im Frühjahr durch unrechtes

Rieseln den Graswuchs zu verderben. Dies ist häufig die Folge des zu starken Rieselns zwischen dem eben aussprießenden Grase bei hellem und warmen Sonnenschein, namentlich im April. Thatsache ist, daß dann das dichte Untergras vergeht, und Riedgräser, schlechte Blattgewächse, hier z. B. sehr häufig Cardamine amara, Rumex hydrolapatum (Wasser-Sauerampfer) u. s. w. den Boden beziehen. Aehnliches geschieht durch Aufwässern einer dicken Schicht von Konferven, sobald hernach nicht Wasser genug da ist, diese so lange naß zu halten, bis das Gras gehörig durchgewachsen ist. Diese Algen und Konferven entstehen nach einiger Zeit — sogar in einem Glase Wasser — sobald die Sonne recht hell hineinscheint. Sie bilden nach dem Trockenwerden eine dichte papierähnliche Haut, unter der eine jede Vegetation erstickt. Die Wiesennarbe kann dadurch auf Jahre verdorben werden.

Noch häufiger zeigt sich das Wasser nachtheilig, wenn Gräben und Rinnen zu Zeiten, in denen ohne Nachtheil nicht gerieselt werden darf, besonders bei heißem Wetter, voll Wasser gehalten werden. Daß dies nicht vermieden wird, ist oft ein Fehler der Anlage, eben so oft aber auch Faulheit der Wiesenwärter, welche die kleinen Feinde, d. h. die Maulwürfe ꝛc., nicht wegfangen, sondern durch die beständige Nässe abhalten wollen. Dieses Wasser, welches sich so zu unrechter Zeit in den hochliegenden Wässergräben und Rinnen ansammelt, oder gehalten wird, durchdringt den Erdboden nach allen Seiten bis zum eigenen Niveau. Es nimmt dabei die Natur des nachtheiligen Grundwassers an, das man, nachdem dessen Schädlichkeit allgemein erkannt worden ist, aus dem Acker und aus den Wiesen durch Drainirung mit großer Mühe, und mit bedeutenden Kosten zu entfernen, jetzt so eifrig bemüht ist. Der unter dem Niveau dieses Wassers liegende Wiesentheil wird vollständig ausgekältet, die besseren Gräser vergehen, die Riedgräser treten an ihre Stelle, und das Moos wuchert. Beobachtet ist diese Erscheinung oft genug, sie fällt zu sehr in die Augen, um übersehen werden zu können, allein die Ursache derselben ist nicht richtig erkannt. Anstatt gleich bei der Anlage durch gehörige Tiefe der Gräben für die genügende Entwässerung des Bodens, und nach jeder Wässerung für vollständige Entfernung des Füllwassers aus denselben, und damit für die Erwärmung des Bodens zu sorgen, machte man in dem Wahn, das Rieselwasser habe in kurzer Entfernung schon seinen Dünger verloren, die zu berieselnden Flächen schmaler und immer schmaler (in Hannover mitunter bis auf 6 Fuß = 2 Meter) und leitete dadurch eine Wasser-Verschwendung ein, welche auf den Ertrag der Wiesen noch viel nachtheiliger einwirkte, als jenes Auskälten.

Bestimmung der zur Berieselung einer gewissen Fläche nothwendigen Wassermenge.

§. 10.

Der von Liebig aufgestellte Satz, daß ein jeder Boden nur dann im Stande ist, dauernd Erträge zu liefern, wenn ihm vollständiger Ersatz für die in den Ernten entzogenen Stoffe gewährt wird, findet überall seine Bestätigung und in immer weiteren Kreisen Anerkennung, wenn auch manche Konsequenzen desselben von verschiedenen Seiten, und vielleicht mit Recht bestritten werden. Auf der Rieselwiese soll dieser Ersatz in den von dem Wasser zugeführten Pflanzen-Nahrungsstoffen bestehen. Es gehört dazu also eine bestimmte Quantität derselben, und diese wird repräsentirt durch eine bestimmte Quantität von Wasser.

Schon in den vorigen §§. ist der Nachweis gegeben, daß zur Anfeuchtung des Bodens, zum Schutz gegen Kälte, und zu den anderen mit der Rieselung verbundenen Zwecken eine viel geringere Quantität von Wasser genügt, als zum Fettwässern der Wiesen, und daß deshalb die düngende Wirkung des Wassers für die Bestimmung der zur Berieselung einer bestimmten Fläche nothwendigen Wassermenge die einzig maaßgebende bleibt.

Eine der wichtigsten Aufgaben des rationellen Wiesenbaues muß daher diese Bestimmung sein. Sie bildet das einzig sichere Fundament desselben.

Die richtige Lösung derselben wird hier in Preußen deshalb besonders nothwendig, weil das Gesetz vom 28. Februar 1843 über die Benutzung der Privatflüsse nicht allein ein bestimmtes Besitzverhältniß der Adjacenten am Wasser feststellt, sondern auch bei überwiegendem Landescultur-Interesse manche Einschränkung der Rechte anderer, Expropriationen und bei Zustimmung der Majorität sogar die zwangsweise Bildung von Genossenschaften gestattet. Fehlt dies Fundament, so kann es nicht ausbleiben, daß trotz des besten Willens, viele Besitzer unglücklich gemacht werden.

Früher war man der entgegengesetzten Ansicht. Man hielt es für allgemein einleuchtend, und Herr von Lengercke spricht das in seiner Anleitung zum Wiesenbau ganz offen aus, „daß hypothetisch-mathematische Annahmen „über das Verhältniß des Zuflusses zu der zu bewässernden Fläche bodenlos „und unbegründet ausfallen müßten. Man gehe", fährt derselbe fort, „viel „sicherer, wenn man sich in Ermangelung des eigenen Prüfungsaktes über „diesen Gegenstand bei einem Manne, dessen Verhältnisse und Beruf ein

„inwohnendes praktisches Gefühl, einen durch Erfahrung richtigen Blick „voraussetzen lassen, Raths erhole". Er sagt aber nicht, wo solche Männer zu finden sind. Zu einer solchen Ausbildung des praktischen Gefühls gehört aber unzweifelhaft vieles Beobachten, vieles Arbeiten, vieles Messen. Bei der geringen Ausdehnung der Kunstwiesen einerseits, und bei den mangelhaften Erfolgen der wilden Rieselungen andererseits war dazu aber weder Veranlassung noch Gelegenheit. Dazu kommt die sehr geringe, rein empirische Ausbildung des bei weitem größeren Theils der Wiesenbauer, die sie zu den nöthigen Beobachtungen und Messungen 2c. ganz unfähig macht. Es gab daher solche Leute, wie sie Herr v. Lengercke verlangte, nicht, es konnte sie nicht geben! Man war deshalb vollkommen rathlos. Wenn es auch unter den Wiesenbauern Leute von einem gewissen Rufe gab, und man sich an solche wandte, so blieb man bei neuen Anlagen doch immer auf den eigenen Geldbeutel angewiesen. Man blicke nur um sich, auf die vielen mißlungenen Anlagen der renommirtesten Meister, die in neuerer Zeit leider große Ausdehnung gewonnen, aber ein klägliches Ende genommen haben. Wie große Summen sind vielfach weggeworfen, und wie wenig ist im Ganzen damit erreicht, wie manche von der Natur gebotene günstige Gelegenheit ist, es ist nicht zu viel gesagt, in einer Weise verpfuscht, daß es kaum noch ein Mittel giebt, sie in das richtige Fahrwasser zurückzuführen. Prüfe deshalb ein jeder, der große Berieselungen machen lassen will, was für Händen er ein so wichtiges Werk anvertraut. Die Kenntniß der Wasser-Baukunst allein genügt noch nicht. Der rechte Wiesenbauer muß gleichzeitig Wasser-Baumeister sein, aber nicht jeder Wasser-Baumeister ist Wiesenbauer. Der geehrte Leser verzeihe mir diese kleine Abschweifung, aber — überlege sich die Sache recht gründlich, wenn er in der Lage ist, solche Meliorationen machen zu lassen, oder daran Theil zu nehmen.

Manche Wiesenbauer hatten ein dunkles Gefühl der Nothwendigkeit der Bestimmung der erforderlichen Wassermenge. Sie haben wirklich versucht, Zahlen zu geben. So verlangte z. B. Schenk im Siegenschen mit kühnem Griffe pro Morgen und Sekunde 16 Cubikfuß Zufluß, während andere Wiesenbauer, bescheidener in ihren Ansprüchen, mit 1 Cubikfuß in der nämlichen Zeit 20 und mehrere Morgen berieseln zu können glaubten, und noch andere wieder aus der überrieselten Fläche und der Stärke des überrieselnden Wassers ohne Rücksicht auf dessen Geschwindigkeit die erforderliche Quantität zu ermitteln versuchten. Alle diese Versuche sind jedoch nur Beweise der gröbsten Ignoranz. Solche Differenzen, wie die angeführten, sind zu groß, um auf Vertrauen Anspruch machen zu können.

Die gründliche Lösung der Aufgabe ist aber wirklich viel schwerer, als sie im ersten Augenblicke erscheint. Theoretisch allein ist sie nicht möglich. Daß nur ein Theil der Pflanzen-Nahrungsstoffe dem Wasser entzogen wird, liegt auf der Hand, allein der wie vielste Theil das ist, das läßt sich a priori nicht bestimmen, weil gar nicht zu ermitteln ist, erstens, der wie vielste Theil des rieselnden Wassers mit den Pflanzenwurzeln in unmittelbare Berührung kommt, zweitens, wie lange diese Berührung dauert, drittens, wie viel ihm in dieser Zeit von den Pflanzen an Nahrung direkt entzogen, und viertens, wie viel davon im Boden absorbirt und zurückgehalten wird.

Man kann darum auch nicht rückwärts schließen. Die von den Pflanzen aufgenommenen mineralischen Nahrungsstoffe lassen sich an dem Aschengehalt derselben erkennen. Das Heu von einem Morgen guter Wiesen liefert 2 bis 3 Centner (100 bis 150 Kilogr.) Asche. Es wird also diejenige Quantität von Wasser zur Berieselung erfordert, welche eben so viel Mineralien enthält. Es kommt aber nicht alles auf die Wiese gebrachte Wasser mit den Wurzeln in Berührung, und kein Wasser wird durch sie gänzlich erschöpft. Eben so wenig läßt sich aus diesen Gründen ein Multiplum jener Menge annehmen, und sagen, so und so viel mal muß diese Quantität im Wasser enthalten sein, es muß der Zufluß also eine solche Stärke haben.

Die nöthige Menge läßt sich vielmehr nur durch komparative Versuche feststellen. Vor allem muß man aber bei diesen Versuchen über das zu erreichende Ziel klar sein. Ist das nicht der Fall, so geht es damit eben so, wie es den Leuten in der Campine in Belgien gegangen ist, die Resultate werden unrichtig. Dort sind nämlich um 1850 mit außerordentlicher Genauigkeit, vielleicht mit zu pedantischer Genauigkeit Wassermessungen veranstaltet, und Zahlen gefunden worden, allein diese Zahlen sind viel zu klein gerathen. Das liegt aber sehr einfach darin, daß man dort, so wie jetzt Petersen, keineswegs eine Düngung, sondern nur eine Anfeuchtung der berieselten Wiesen bewirkte, und schon zufrieden gestellt war, wenn die auf dem frisch rayolten, wohl gar noch gedüngten Sandboden gesäten Gräser und der Klee besser wuchsen, als sonst in der Gegend. Von Rieselgras, d. h. von den Grasarten, welche einer guten Rieselwiese einen ganz bestimmten und besonderen Charakter aufdrücken, war — wie ich aus eigener Anschauung bezeugen kann — noch nicht eine Spur da, die Versuche waren also kaum begonnen. Die Resultate derselben können daher auch durchaus noch nicht als maaßgebend betrachtet werden.

Es würde sogar unrichtig sein, wenn man nur eine für alle Fälle gültige Zahl verlangen wollte. Denn da, wie schon §. 2 erwähnt, der

Düngergehalt des Wassers verschieden ist, wird, um denselben Effekt zu erzielen, von reicherem Wasser selbstverständlich weniger gebraucht, als von ärmerem. Die Versuche mit gleichen Massen von Wasser von verschiedener Qualität müssen also auch nothwendigerweise verschiedene Resultate geben. In diesen Resultaten muß sich indessen voraussichtlich eine gewisse Proportionalität herausstellen, so daß, wenn nur durch Versuche mit einem Wasser von bekannter Qualität erst ein richtiges Facit gefunden, auch die anderen sich aus dem Verhältniß ihres Gehaltes werden berechnen lassen.

Es kam also darauf an, zuerst mit irgend einem beliebigen Wasser einen Versuch vollständig durchzuführen. Die dazu bestimmte Fläche mußte aber dann so bewässert werden, daß der Graswuchs überall gleichförmig und üppig, und der Ertrag so hoch wurde, wie er auf den besten Stellen anderer Rieselwiesen vorkommt. Der Versuch war damit aber noch keineswegs zu Ende. Er mußte, nachdem dieses Ziel wirklich erreicht war, noch mehrere Jahre mit gleichen Wasserquantitäten fortgesetzt werden, zum Beweise, daß sich dieses Gras in gleicher Qualität und Quantität erhält. War auch dies der Fall, so konnte man ziemlich sicher annehmen, daß nicht zu wenig Wasser angewandt worden sei. Um nun aber auch noch darüber Gewißheit zu erlangen, daß nicht zu viel gebraucht, und von dem angewandten nichts verschwendet sei, mußte dann später der Wiese das Wasser in vermindertem Maaße gegeben werden. Ging bei Anwendung dieser geringeren Quantität der Ertrag nach einiger Zeit zurück, so war auch hierüber kein Zweifel mehr möglich. Der Zufluß mußte dann nach und nach und so lange verstärkt werden, bis der frühere Graswuchs wieder erzielt war.

Natürlich mußte zu diesem Versuche ein Boden ausgewählt werden, welcher zwar trocken und warm, doch nicht so durchlässig ist, daß ein bedeutender und in Rechnung zu bringender Theil des Wassers in den Untergrund versinkt, darauf absackt, und sich auf diese Weise der Beobachtung entzieht. Dieser Theil würde nur zu schätzen, eine solche Schätzung aber zu unsicher geblieben sein.

War man endlich hiermit im Reinen, so durfte die wirkliche Messung erst dann vorgenommen werden, wenn die Wiese vollständig durchgewässert, d. h. wenn der Abfluß so groß war, als der Zufluß, denn der Verlust durch Verdunstung ist voraussichtlich zu klein, um in Betracht gezogen werden zu können.

Unter anderen wurde hier ein Versuch mit diesen vielseitigen Rücksichten auf einer Fläche von 135 □Ruthen, also gerade ¾ Morgen Größe, ausgeführt. Der Boden war lehmiger Sand, die Fläche zu 9 Hängen von 10 Ruthen Länge eingerichtet, welche sämmtlich frisches und kein abgerieseltes Wasser bekamen. Die Qualität des Wassers war ziemlich gut, so daß ein jeder Hang eine Breite von $1\frac{1}{2}$ Ruthe erhalten konnte. Dieser Wiesenfläche wurde das Wasser durch einen vollkommenen Ueberfall zugeführt. Der obere Wasserspiegel im Wässergraben konnte als stillstehend angenommen werden. Der Ueberfall bestand in einem senkrecht stehenden Brettstück, in welches winkelrecht eine Schützöffnung von 10 Zoll Breite und 4 Zoll Höhe eingeschnitten war. Die bei einem solchen Ueberfall durchgehende Wassermasse M ist nach Eytelwein's Hydraulik, §. 106 $= \frac{2}{3}\ \alpha\ bh \sqrt{h}$, wobei der Contraktions-Coefficient α für eine dünne Wand $= 5{,}0$ also $\frac{2}{3}\ \alpha = 3{,}3$ angenommen wird. Die Breite $b = 10$ Zoll $= \frac{5}{6}$ Fuß und die Höhe $h = 4$ Zoll $= \frac{1}{3}$ Fuß, also $M = 3{,}3 \times \frac{5}{6} \times \frac{1}{3} \sqrt{\frac{1}{3}}$ giebt die Wassermenge für $\frac{3}{4}$ Morgen $= \frac{1}{2}$ Cubikfuß in einer Sekunde. Daraus berechnet sich der Bedarf für 1 Morgen $= \frac{2}{3}$ Cubikfuß per Sekunde.

Um nun aus diesem Resultate die für andere Verhältnisse erforderlichen Wassermengen weiter berechnen zu können, ist es zuvor noch nöthig, auf die Momente etwas näher einzugehen, durch welche der Wasserverbrauch bedingt wird. Dies geschieht:

1) durch die Breite der Flächen, über die das Wasser überrieselt,
2) durch das Gefälle dieser Flächen, als maaßgebend für die Geschwindigkeit des überfließenden Wassers, und
3) durch die Höhe, in der es darüber fortgeht.

Die Größe der beiden letzten Bedingungen ganz genau zu bestimmen, ist nicht möglich, es ist dies aber auch aus folgenden Gründen nicht wesentlich. Erstens differirt die Geschwindigkeit des überfließenden Wassers bei dem verschiedenen Gefälle, welches den überrieselten Flächen gegeben wird, und gewöhnlich nur zwischen $\frac{1}{2}$ bis 1 Zoll auf den Fuß Breite beträgt, nur unbedeutend. Die Geschwindigkeit des in offenen Gräben oder Flüssen unbehindert durch Staue und dergl. abfließenden Wassers verhält sich, wie die Quadratwurzel aus den Gefällen, d. h. erst bei vierfachem Gefälle läuft das Wasser darin doppelt so schnell, weil sich die doppelte Zahl von Wassertheilchen in der halben Zeit von den Wandungen und dem Boden losreißen muß. Rieselt das Wasser dünn über eine dicht begrasete Wiese, so findet es in jedem Grashälmchen einen Stau, und muß, weil die Friktion daran viel stärker, und eine viel größere Adhäsion zu überwinden ist, als in jenem Falle, der Unterschied in der Geschwindigkeit hier noch viel geringer sein. Das Wasser läuft mithin bei dem doppelten Gefälle von 1 Zoll pro

Fuß Breite auch nur sehr unbedeutend schneller über, als bei ⅛ Zoll. Fließt ein und dieselbe Wassermenge über eine etwas mehr geneigte Fläche, so wird die Vergrößerung der Geschwindigkeit nur unbedeutend, und das schnellere Fließen des Wassers kaum daran zu erkennen sein, daß es in etwas geringerer Höhe, ein wenig schwächer überzufließen scheint. Aber auch diese Ungleichheit wird häufig noch, wie weiterhin nachzuweisen bleibt, vollkommen überwunden werden. Die Geschwindigkeit des überrieselnden Wassers kann daher überall und ohne Besorgniß vor großen Fehlern als gleich angenommen werden.

Eine Messung der Höhe, in welcher das Wasser überrieselt, um daraus das Querprofil des überfließenden auch nur annähernd bestimmen zu können, ist eben so unmöglich. Aus dem wandelbaren Material, mit welchem der Wiesenbau es zu thun hat, Rasen und Erde, läßt sich für große Flächen niemals eine so genaue Ausgleichung der Wässerrinnen erreichen, daß dieselben überall ganz vollkommen gleichmäßig überschlagen, und Wasser abgeben, es läßt sich die Ebenung der Rücken und Hänge auch bei der sorgfältigsten Arbeit gar nicht in dem Maaße herstellen, daß das Wasser überall ganz gleich hoch überlaufen müßte. Geringe Differenzen sind hier unvermeidlich. Die Messung würde darum an verschiedenen Stellen ganz verschiedene Resultate geben. Glücklicherweise ist die Bestimmung dieser Höhe des überfließenden Wassers jedoch für die vorliegende Ermittelung eben so wenig wesentlich, wie die vorher gleichfalls als unausführbar nachgewiesene der Geschwindigkeit desselben. Da man es in der Praxis in der Regel mit sehr wechselnden Zuflüssen zu thun hat, und da man in den verschiedenen Jahreszeiten in verschiedener Stärke wässert, die Stärke der mittleren aber mit mathematischer Genauigkeit nicht festzustellen ist, so kommt es hier auf eine minutiöse Kleinlichkeit nicht an. Auch die Höhe kann aus den eben angegebenen Gründen überall als gleich groß angenommen werden.

Somit bleibt nur die Breite der Fläche, über welche das Wasser hinüber zu laufen, die allein maaßgebende Bedingung für die Konsumtion. Wenn auch eine überrieselte Fläche doppelt so breit, als eine andere, so wird die überschlagende Wässerrinne für beide doch nur gleich lang und gleich breit, führt also in beiden Fällen eine gleiche Quantität von Wasser zu. Es konsumirt jene, obgleich deren Flächeninhalt doppelt so groß ist, nur eben so viel Wasser, als diese. Es stehen also die Breiten mit dem Wasserbedürfniß in umgekehrtem Verhältniß. Da nun ein düngerreicheres Wasser auf eine größere Breite günstig wirkt, als ein ärmeres, davon aber zur Produktion einer gleich großen Grasmenge weniger gebraucht wird, so ist in dem breiteren

Bau das zweckmäßigste Mittel gegeben, von dem reicheren Wasser auf der gleichen Fläche eine geringere Quantität nicht blos gleichmäßig zu vertheilen, sondern den Bedarf auch der Qualität proportional zu machen, ohne den Erfolg zu gefährden.

Hiernach ergeben sich aus dem vorher durch den Versuch gefundenen Resultate die Wassermengen für andere Breiten leicht durch Rechnung. Der Bedarf pro Morgen ist, wenn die Flächen 1 Ruthe breit sind,

also für 1 Ruthe breite Hänge und 2 Ruthen breite Rücken 1 Cubikfuß per Sekunde,

für 1½ Ruthen breite Hänge und 3 Ruthen breite Rücken ⅔ Cubikfuß per Sekunde,

für 2 Ruthen breite Hänge und 4 Ruthen breite Rücken ½ Cubikfuß per Sekunde.

Auf Metermaaß berechnet, bedarf daher 1 Hektare, wenn er in 4 Meter breite Hänge oder 8 Meter breite Rücken eingetheilt ist, 0,12 Cubik-Meter,

bei 6 Meter breiten Hängen oder 12 Meter breiten Rücken 0,09 Cubik-Meter

und bei 8 Meter breiten Hängen und 16 Meter breiten Rücken 0,06 Cubik-Meter.

Die eben angegebenen Wassermengen rieseln auf den genannten Flächen gleichzeitig, gleichmäßig und mäßig stark. Sie können für den mittleren Wasserzufluß als Norm angenommen werden. Ist zu Zeiten, namentlich bei Herbst- und Frühjahrsfluthen der Zufluß stärker, so wird derselbe dankbar acceptirt. In manchen Zeiten ist ein stärkeres Rieseln nicht allein sehr vortheilhaft, da dann dadurch stärker gedüngt wird, sondern sogar geboten. Dagegen schadet es im Sommer, also in der Zeit des Wassermangels nicht, wenn der Zufluß etwas geringer ist, weil gerade dann die Wiesen fett sind, das Rieselwasser zum Auflösen der bereits vorhandenen Nahrungsstoffe dienen, und nur ausnahmsweise noch neue herbeiführen soll.

Neuere Wassermessungen an anderen Orten haben einen Konsum von 2 Cubikfuß per Sekunde ergeben. Bei diesem Zufluß wässern aber die Wiesen sehr stark, und das Gras läuft Gefahr, umgelegt zu werden, wenn eine solche Wässerung nicht auf diejenige Zeit beschränkt bleibt, in welcher sie gegeben werden darf, d. h. im Spätherbst und im ersten Frühjahr, das sind aber die Zeiten, in denen der Zufluß unserer Bäche und Flüsse gewöhnlich auch über mittel hinausgeht. Es gilt hier, wie überall, mit wenig hält man Haus, mit vielem kommt man aus.

Oft will aber eine Rieselwiese auch bei einem so bedeutenden Zufluß nicht ordentlich und stark genug überwässern. Dann liegt es aber an anderen Dingen, dann geht das Wasser auf unrechten Wegen über oder unter der Erde verloren. Entweder findet man die Ursache in mangelhafter oder verfallener Planirung der Flächen, dem Versacken aufgetragener Stellen, oder nicht beachtete Maulwurfsgänge tragen die Schuld, oder das Wasser läuft durch die undichten Schützen der Schleusen als Spillwasser hindurch. Oft wird das Wasser auf diese Weise thatsächlich nur durch die Rinnen und Gräben spazieren geführt, anstatt über die Wiese hinüber zu rieseln. Unter solchen Umständen kann die Wässerung, und mit ihr der Ertrag nur ein sehr ungleichmäßiger und darum verhältnißmäßig geringer werden. Zuweilen fallen sogar ganze Anlagen durch solche Nachlässigkeiten der Zerstörung anheim. In solchen Fällen genügen auch 2 Cubikfuß pro Morgen nicht.

Obgleich die oben angegebenen Wassermengen im ersten Augenblicke nur geringe zu sein scheinen, so sind sie in der That doch sehr bedeutend. Die zur Berieselung eines Morgens nöthige Quantität würde in 60 Rieseltagen ein Bassin von eben so großer Grundfläche 100 bis 200 Fuß = 31 bis 62 Meter hoch anfüllen. Betrachtet man dabei, wie wenig Wasser unsere Bäche schütten, so würden die berieselungsfähigen Flächen verschwindend klein ausfallen, wenn sich nicht durch abwechselndes Rieseln, durch rationelle Wiederbenutzung des abgerieselten Wassers, und durch sorgfältige Ausnutzung des Gefälles die erste Fläche noch oft vervielfältigen ließe.

Wird nämlich die verlangte Wassermasse von Zeit zu Zeit umgestellt, d. h. abwechselnd auf einer zweiten, dritten u. s. w. Abtheilung der Wiesen gebraucht, so daß, während die eine wässert, die anderen trocken liegen, so können dadurch je nach der Zahl dieser nebeneinander liegenden Abtheilungen zwei-, drei- u. s. w. mal so viel Morgen oder Hektaren mit demselben Zufluß berieselt werden, wie ihn die erste erhält. In unserm Klima dürfen jedoch bei gewöhnlicher Qualität des Wassers für den mittleren Zufluß nicht mehr, als drei Abtheilungen nebeneinander gelegt werden, weil sonst die Rieselzeit für jede einzelne zu kurz werden würde. Ein Cubikfuß (0,03 Cubik-Meter) frisches Wasser pro Sekunde reicht daher höchstens für 3 Morgen (0,76 Hektaren) 1 Ruthe (4 Meter) bis 6 Morgen (1,53 Hektaren) 2 Ruthen (0,055 Meter) breiter Flächen hin. Sind indessen die Einrichtungen so getroffen, daß bei Fluthen und dadurch im allgemeinen stärkerem Zuflusse mehrere Abtheilungen gleichzeitig berieselt werden können, und ist darauf zu rechnen, daß diese in großem Maaße und öfter eintreten werden, so kann die Anzahl der nebeneinander liegenden Abtheilungen dem entsprechend vermehrt werden. Das gilt auch da, wo düngerreicheres Wasser kürzere Wässerungszeiten, und ein wärmeres Klima mehr Tage im Jahr das Rieseln gestattet, und auf diese Weise eine größere Ausnutzung des Wassers möglich macht.

Wird endlich das auf der ersten Fläche benutzte, abgerieselte Wasser zu einer zweiten niedriger liegenden hingeleitet, so kann es, vorausgesetzt, daß dadurch auf der ersten kein nachtheiliger Rückstau verursacht, und keine Stelle derselben dabei überschwemmt wird, gleichzeitig mit der ersten eine zweite, und so fort eine dritte, vierte u. s. w. berieseln. Beiläufig hier die Bemerkung, daß auf solchen überstauten Stellen der Rieselwiesen kein, oder nur sehr wenig und schlechtes Gras wächst. Wie oft das Wasser zu benutzen, wie viel terrassenförmig untereinander liegende Flächen einzurichten sind, das hängt an jedem Ort von dem Gefälle des Terrains ab. Je stärker dasselbe, desto mehr Abtheilungen lassen sich untereinander einrichten.

Man wird dabei nur die Vorsicht zu gebrauchen haben, daß einem jeden einzelnen Theile außerdem auch das frische Wasser zugeführt werden kann, damit in den kurzen Wässerperioden des heißen Sommers die oberen Flächen nicht zu lange gerieselt, oder die unteren im Wässern verkürzt zu werden brauchen. Es vergeht nämlich über dem Füllen der Gräben, und über dem Vollsaugen des Bodens immer einige Zeit, ehe das Wasser gehörig über die Fläche fortrieselt. Dieser Zeitverlust wiederholt sich in jeder Terrasse oder Schicht. Liegen dann deren sehr viele, ohne eine besondere Verbindung, unter einander, so würde die erste so lange rieseln müssen, bis das Wasser über die übrigen fortgegangen, und auch die letzte vollständig überwässert ist, d. h. zuweilen zu lange. Wollte man dagegen nach den oberen sich richten, und das Wasser nur die gehörige Zeit hindurch auf diesen überlaufen lassen, so würden die unteren zu kurz kommen. Beiden gerecht zu werden, muß ein Zuleitungsgraben durch alle Schichten hindurchgehen, und die Möglichkeit gewähren, die oberen trocken zu legen, nachdem sie genug erhalten, und den unteren so lange und so viel frisches Wasser zuzuwenden, als sie eben bedürfen.

Schließlich muß hier noch bemerkt werden, daß auf eine solche Wiederbenutzung, und damit auf eine große Ausdehnung der berieselten Fläche nur da gerechnet werden darf, wo ein anderer Verlust an Wasser, als der durch Verdunstung oder durch das Vollsaugen des Bodens entstehende, nicht zu erwarten ist. Geht noch auf anderen Wegen Wasser verloren, z. B. dadurch, daß es in tief stehendem groben heißen Sande bis auf den darunter liegenden festen Untergrund gerade hinuntersinkt, und darauf bis zum Abzuge hinabsackt, so sind die Verhältnisse sehr vorsichtig zu prüfen, und die Arbeiten nur sehr allmählich fortzuführen, damit man sicher geht, daß nicht alles Wasser verschwindet, ehe es zu den untersten Abtheilungen hinabgelangt. Sehr ausgedehnte Anlagen auf solchem Boden gelingen selten. Namentlich ist in solchem Falle darauf zu achten, ob das zuzuführende Wasser immer hell und klar, oder ob es so trübe ist, daß sich erwarten läßt, daß die zu großen Zwischenräume zwischen den Sandkörnern des Bodens mit der Zeit zugeschlämmt, die Wege, auf denen das Wasser versinkt, dadurch verstopft, und der Boden mit der Zeit zum Rieseln immer geeigneter gemacht werden kann. Doppelt gefährlich bleiben aber solche Unternehmungen, wenn der Zufluß schwach, und das Wasser immer klar ist. Da kann es vorkommen, daß dasselbe nicht einmal zur Füllung eines Grabens ausreicht, geschweige denn zum Ueberrieseln zu bringen ist. Es ist übrigens nicht schwierig, solchen Sandboden und diese Gefahr zu erkennen, schwieriger dagegen, die Größe des Verlustes vorher zu schätzen. In der Regel geht hier Probiren über Studiren.

Diese Angaben gelten aber nur für solche Anlagen, welche in Rücken und Hängen gebaut sind. Hat das Terrain starkes Gefälle, so daß eine oft wiederholte Benutzung des Wassers möglich wird, so ist bei dieser Einrichtung auf eine entsprechende Ausnutzung desselben zu rechnen, und trotz der hohen Anlagekosten dagegen nichts einzuwenden. Die Erfahrung spricht an sehr vielen Orten und sehr entschieden dafür.

Man wird sich aber dabei der Erkenntniß nicht verschließen können, daß auf Wiesen mit sehr geringem Gefälle ein großer Theil des Wassers unausgenutzt verloren geht, um einen kleinen Theil desselben nutzbar zu machen. Für solche Gelegenheiten wird darum eine andere und zwar eine solche Einrichtung wünschenswerth, welche

1) eine größere Ausnutzung des Rieselwassers gestattet, und deshalb einer geringeren Quantität davon bedarf, und
2) wenn möglich, so wenig Kosten verursacht, daß es noch vortheilhaft bleibt, dem nur zeitweise zufließenden Wasser die entführten Düngerstoffe auch für den Fall zu entziehen, daß damit keine ganz vollkommene Düngung zu erzielen wäre.

Schon in §. 5 ist die Erscheinung konstatirt worden, daß das Wasser beim Ueberrieseln über breite Flächen in seiner Wirksamkeit mit der Entfernung abnimmt, bis es in zu großer sogar schädlich wird, und deren Erklärung darin gefunden, daß ein Theil desselben unter der Erde von der Wässer- bis zur Entwässerungsrinne sich hinabzieht, und auf diesem Wege seine Eigenschaften verändert. Das wird aber bei einer Einrichtung aufhören, welche das senkrechte Versinken des Rieselwassers von der Oberfläche in den Untergrund ermöglicht. Dabei wird das frische Wasser überall direkt mit den Pflanzenwurzeln in Berührung kommen, und überall Verhältnisse herstellen, wie sie auf anderen Wässerwiesen in der nächsten Nähe der Wässerrinnen vorhanden sind. Es würden dadurch die hier nach den Entwässerungsrinnen zu eintretenden Uebelstände in den tieferen Untergrund verlegt, und für die mit ihren Wurzeln nicht so tief hinabgehenden Pflanzen ganz unschädlich werden. Dabei ist es voraussichtlich gar nicht nothwendig, daß das Rieselwasser sehr schnell durch den Boden hindurch gehe, es kann vielmehr einer jeden Wurzelfaser hinreichend Zeit gelassen werden, aus dem frischen Wasser so viel zu schöpfen, als sie vermag. Alle suspendirten Erdtheilchen, alle organischen Gebilde, welche von dem Wasser herbeigeführt werden, werden außerdem noch auf der Oberfläche zurückbleiben, alle schädlichen Bestandtheile des Bodens und Untergrundes ausgewaschen werden, wenn es möglich ist, das Wasser von oben nach unten durch denselben hindurch zu filtriren. Daß hierbei an Wasserquantität gespart werden wird, bedarf kaum noch des Beweises, da jeder Tropfen angegriffen werden kann.

Das Mittel dazu ist das Drainiren der zu berieselnden Flächen. Die erste derartige Anlage habe ich im Jahre 1858 und seitdem mehrere selbst ausgeführt. Auch sind in Baden in den letzten Jahren nicht unbedeutende derartige Anlagen nach meinen Prinzipien gemacht worden. Es ist nur dem Techniker, welcher keine eigenen Wiesen besitzt, sondern gezwungen ist, die Versuche auf fremder Leute Kosten, oft fern von Hause zu machen, außerordentlich schwer, zu bestimmten Resultaten zu gelangen. Ich bin deshalb damit auch noch nicht zu Ende. Eben so wenig ist man in anderen Gegenden dazu gekommen. Wenn aber auch noch nicht alles, so steht doch soviel schon fest, daß man auf den geeigneten Terrains mit sehr viel weniger Wasser auskommt, als bei den früheren Wässerungen, und ich selbst habe solche Wässerungen mit $^1/_{10}$ Cubikfuß Wasser pro Morgen und Sekunde angelegt. Was ich bis jetzt davon gesehen, läßt hoffen, daß sich die Sache sehr gut machen wird. Uebrigens hat die bessere Qualität und die größere Quantität des Wassers dabei entschieden denselben Einfluß, wie bei der Anlage von Rücken und Hängen.

Vorläufig werde ich bei Verwendung unseres gewöhnlichen Bach- und Flußwassers bei dem vorher gegebenen Satze von $^1/_{10}$ Cubikfuß pro Morgen

= 0,012 Cubik-Meter pro Hektare und Sekunde bleiben. Die technischen Schwierigkeiten, die sehr geringe Wassermasse über eine größere drainirte Fläche gleichmäßig zu vertheilen, sind zu überwinden.

Wird die Drainirung dabei nach meinen Regeln (confr. Vincent, Drainage, 4. Auflage) ausgeführt, namentlich die Weite der Drains danach bestimmt, so sind dieselben bei 3 Fuß = 1 Meter Tiefe im Stande, das doppelte Wasserquantum, also 0,2 Cubikfuß pro Morgen oder 0,024 Cubik-Meter pro Hektare, abzuführen, wenn das Wasser die ganze Wiesenfläche überdeckt. Soll daher weniger Wasser consumirt werden, so muß der Abfluß durch entsprechenden Gegenstau so viel, wie nöthig, und damit durch Verminderung des Gefälles gemäßigt werden.

Es wird endlich auch zuweilen die Frage aufgeworfen, ob es sich lohne, das Rieselwasser durch Maschinen künstlich zu heben, und damit die Wiesen zu bewässern. Es giebt darauf keine bestimmte Antwort. Es kommt auch hierbei ganz wesentlich auf den Düngergehalt des Wassers an. Lohnt es sich, die Jauche nicht blos in das Jauchfaß zu heben, sondern gar noch mittels Pferd und Wagen auf das Feld zu fahren, so kann auch von sehr düngerreichem Wasser, unter Umständen so wenig erfordert werden, daß das künstliche Hinaufheben desselben auf die Wiese sehr rentabel ist. Ist das Wasser dagegen minder reich, und zur Beherrschung der Fläche hoch zu heben, so kann auch die Elle länger werden, als der Kram. Bei der Disposition über gewöhnliches Bach- oder Flußwasser kann man annehmen, daß die Kosten sich jährlich auf 10 bis 15 Thlr. pro Morgen oder 40 bis 60 Thlr. pro Hektare belaufen, wenn gründlich geholfen werden soll. Natürlich ist dabei die Anwendung von Dampfkraft vorausgesetzt, weil man nur durch diese die freie und uneingeschränkte Disposition über das Wasser zu gewinnen vermag.

Hebemaschinen, die durch Wasser getrieben werden, sind nur in Gebirgswassern bei sehr starkem Gefälle mit Vortheil anzuwenden. Es würde aber da, wo sie benutzt werden können, und benutzt werden, sich sehr viel mehr leisten lassen, wenn die Besitzer zu Genossenschaften zusammenträten und mit ihren Meliorationen gemeinschaftlich vorgingen. Für größere Wiesen-Komplexe sind sie nicht anwendbar, weil sie zu wenig leisten.

Hebemaschinen durch Wind zu treiben, ist noch viel weniger anzurathen. Herr Petersen macht jetzt zwar mit einem Windrade wieder einmal Reklame, wahrscheinlich aber mit eben so wenig dauerndem Erfolg, als früher. Man ist zu wenig Herr über die Kraft, und entbehrt sie oft, wenn gerade die Wässerung am nöthigsten. Schon vor 30 Jahren traf ich einen großen Holländer von einigen 60 Fuß Ruthenzeug, welcher, nachdem ein Schöpfrad in der Elbe (durch Wasser getrieben) sich als ganz ungenügend erwiesen, bei dem Herrenkruge in der Nähe von Magdeburg zur Bewässerung von 300 Morgen Wiesen aufgestellt war, und 6 Pumpen von 2 Fuß Durchmesser trieb. So große Hoffnungen man darauf gesetzt, so wenig haben sich dieselben erfüllt, und die Anlagen sind längst eingegangen, da die Renten nicht genügten.

Da bleibt nur die Dampfkraft übrig, deren Größe man wenigstens in der Hand hat, und die sich daher auch so steigern läßt, daß man, wenn auch mit bedeutenden Unkosten, doch den Zweck erreicht. Es wird dann die Frage, ob sie anzuwenden, ein reines Rechenexempel. Durch Verbesserung des Rieselwassers oder, wo des Reichthums desselben halber eine solche nicht nöthig ist, kann die Anwendung von Wasser-Hebemaschinen deshalb auch wohl vortheilhaft werden.

Bei einem solchen Unternehmen kommt es auch darauf an, ob die Maschine während der Zeit, in der die Wiesen kein Wasser bedürfen, noch zu andern Zwecken benutzt werden kann. Dadurch lassen sich die Generalkosten oft nicht unbedeutend vermindern.

II. Der Boden.

Allgemeine Bemerkungen.

§. 11.

Mit dem Rieselwasser tritt der Boden in Wechselwirkung. Er muß daher auch auf den Erfolg einer Berieselungsanlage einen gewissen Einfluß ausüben. Denselben genauer zu ermessen, denke man sich einen Theil desselben auf ein Filter gebracht. Wird dieser mit der genügenden Masse von chemisch reinem Wasser begossen, so löst dasselbe die überhaupt in Wasser löslichen Bestandtheile auf, und wäscht sie, wenn er lange genug ausgesüßt wird, fast vollständig aus. Die Anwendung der größeren Masse überwindet die chemische Verwandtschaft. Enthält das Wasser auch Kohlensäure, so wächst damit dessen lösende Kraft. Es werden dann noch manche andere Körper aufgelöst, und ebenfalls weggespült. Ganz ähnlich verhält es sich mit dem Boden einer Rieselwiese. Das in Masse hinaufgebrachte und wieder abfließende Rieselwasser nimmt einen Theil von den Bodenbestandtheilen hinweg. Es bleiben nur die in Wasser unlöslichen, und ein großer Theil der schwer löslichen zurück. Die Eigenthümlichkeit des Bodens, welche zum Theil in der Menge der darin enthaltenen leicht löslichen Verbindungen beruht, muß daher nach und nach verschwinden. Seine Bestandtheile werden indifferent, denn, wenn sich auch in einiger Zeit aus den Bodenbestandtheilen darin manche den früheren ähnliche lösliche Verbindungen von neuem bilden, so werden auch sie immer wieder ausgewaschen und weggeschwemmt.

Begießt man aber diesen auf das Filter gebrachten Boden mit einer Salzlösung, so läuft dieselbe nicht mehr so ab, als sie hinaufgebracht wurde. Entweder ist von dem gelösten Salze mechanisch etwas zurückgeblieben, es findet sich in geringerer Menge im Filtrat wieder, oder aber der eine oder andere Körper ist daraus entschwunden, durch Absorption vom Boden gebunden, und ein anderer dafür in die durchfiltrirte Flüssigkeit eingetreten. Gerade die wichtigsten Pflanzen-Nahrungsstoffe, Ammoniak, Kali und Phosphorsäure, gehören vorzugsweise dahin, und werden am stärksten festgehalten, während die in größerer Menge verbreiteten Salze, Natron, Kalk u. s. w. hindurchgehen. Die Drain- und Brunnenwasser geben davon ein anschauliches Bild.

Dem Rieselwasser gegenüber bildet der Boden der Wiese immer ein ähnliches Filter, das Wasser selbst, wie aus den §. 2 beispielsweise mitgetheilten Analysen hervorgeht, eine schwache Salzlösung. Die Wechselwirkung, in welche es zum Boden tritt, besteht also darin, daß dessen Bestandtheile ausgewaschen, aus dem Wasser aber wieder die absorptionsfähigen gebunden werden. Dazu kommt noch für den Humusboden hinzu, daß der Wechsel zwischen Trockenheit und Nässe und der beförderte Zutritt der Luft auf dessen Zersetzung einen gewaltigen Einfluß ausüben. Ein jeder Boden artet sich auf diese Weise vollständig um, gewinnt aber, da in den Wassern fast immer ähnliche Stoffe enthalten sind, auf allen Rieselwiesen eine gewisse Gleichartigkeit.

Was die Menge der auf diese Weise gebundenen und festgehaltenen Stoffe betrifft, so kommt es wesentlich auf die Qualität des Filters an. Je feinkörniger und je vielseitiger in seinen Bestandtheilen dasselbe zusammengesetzt ist, desto mehr muß zurückbleiben.

Bei der Beurtheilung eines Bodens für die Berieselung kommt es daher weniger auf seine chemische Zusammensetzung, als auf seine physikalischen Eigenschaften an.

Die Gras-Vegetations-Versuche in Regenwalde beweisen, daß auf durchaus nahrungslosem Quarzsande Graspflanzen kräftig zu wachsen vermögen, wenn ihnen auch nur gewöhnliches abgestandenes Flußwasser gegeben wird, und die praktische Erfahrung hat schon seit langer Zeit gezeigt, daß die Art des Graswuchses auf rationell eingerichteten Rieselwiesen ganz allein von der

Behandlung abhängt, welche man ihnen angedeihen läßt, und daß bei gleicher Behandlung eine Verschiedenheit des Bodeneinflusses sich nicht erkennen läßt.

Die Eigenschaften, welche der Werthschätzung des Bodens zu Grunde zu legen sind, bestehen daher darin, daß er

1) das Rieselwasser in größtmöglichster Menge in sich aufnimmt, also recht viel Poren hat,
2) dies Wasser durchgehen und durch neues ersetzen läßt, also nicht aus zu fettem Thon besteht,
3) dasselbe möglichst filtrirt, also feinkörnig ist,
4) außerdem viel daraus zu absorbiren vermag, selbst also aus recht verschiedenen Körpern zusammengesetzt ist, welche diese Fähigkeit besitzen,
5) der Luft und Wärme zugänglich, also von Natur trocken und warm, oder tüchtig abgegraben, d. h. durch Kunst warm gemacht ist,
6) den Pflanzen einen sicheren Stand gewährt.

Je mehr dieser Eigenschaften ein Boden in sich vereinigt, desto eher giebt er, wenn sonst die Anlagen richtig gemacht sind und gut behandelt werden, die höchstmöglichsten Erträge.

In wie weit die Behauptung mancher Landwirthe, daß das auf Torf und Bruchboden gewachsene Heu vom Vieh weniger gern, als das von erdigen Wiesen gefressen werde, auch für Rieselwiesen gelte, darüber kann, ehe nicht die verschiedenen Nährstoffe aus dem auf beiden Bodenarten gewonnenen Heu chemisch festgestellt sind, und ohne komparative Versuche wohl nicht entschieden werden. Nach den vorigen Betrachtungen sollte man fast glauben, daß es auf der Rieselwiese in Betreff des inneren Gehalts der Pflanze an Nahrungsstoffen ohne Einfluß sei, auf welchem Boden dieselbe gewachsen. Die äußere Erscheinung, d. h. das Vorkommen derselben Grasarten auf allen Bodenarten unter den verschiedenartigsten Verhältnissen scheint darauf hinzuweisen. Ueberhaupt ist die ganze These wohl zu bezweifeln. Es scheint dabei eine Beobachtung, die an und für sich richtig ist, nur falsch interpretirt zu sein. Die Moor- und Bruchwiesen liegen gewöhnlich naß. Es bleibt auch wohl Wasser darauf stehen. Wenn dann heißes Wetter eintritt, so fängt das Wasser an zu faulen, und, wie Fische in einem Teiche mit modrigem Grunde, so nimmt das in dem faulenden Wasser stehende Gras durch und durch einen modrigen Geschmack an, der dem nicht daran gewöhnten Vieh wahrscheinlich zuwider ist. Möglich auch, daß die bei Abschluß der Luft durch stagnirendes Grundwasser sich bildenden Modersäuren ebenfalls darauf Einfluß haben. Die Ursache liegt also dann nicht in dem Boden, sondern in dem darauf stehen gebliebenen Wasser, in dem Mangel an Entwässerung. Ist es doch eine bekannte Thatsache, daß das Vieh die Futtergewächse, welche auf einem warmen Boden gewachsen, lieber frißt, und dabei besser gedeiht, als bei dem Genuß derselben Pflanzen von kaltem und nassen Boden. Ich habe wenigstens schon öfter die Gelegenheit gehabt, zu beobachten, daß das weidende Vieh in den Brüchen und Mooren, wo es sonst das Gras nicht anrührte, sehr gern fraß, nachdem dieselben drainirt waren.

Der Werth der einzelnen Bodenarten läßt sich daher am besten darnach ermessen, wie sie den oben angegebenen Bedingungen entsprechen.

Der Sandboden.

§. 12.

Am allerwenigsten entspricht diesen Bedingungen der grobe, kiesige, heiße, tiefstehende Sandboden. Er eignet sich gar nicht zur Berieselung, wenn man nicht hoffen darf, die Zwischenräume zwischen den Sandkörnchen durch recht schlickreiches Wasser mit der Zeit zuschwemmen zu können. Das Wasser versinkt darin zu massenhaft, auch wenn der Zufluß verhältnißmäßig sehr bedeutend ist. Er gleichet dem Faß der Danaiden. Zuweilen ist es nicht einmal möglich, einen Graben darin zu füllen, geschweige denn zum Ueberlaufen zu bringen. In weiter Entfernung kommt das versunkene Wasser an niedrigen Stellen ganz unerwartet zu Tage, kältet den Boden da aus, oder versumpft ihn, oder veranlaßt Erdfälle, Bergrutsche, oder andere Nachtheile, und macht Entschädigung der Verletzten nothwendig. Sind neben einem solchen Sandboden andere berieselungsfähige Terrains vorhanden, so ist es in der Regel gerathen, jenen gar nicht zu bewässern, sondern mit Kiefern anzusäen. Die Wasserbenutzung darauf wird Verschwendung, wenn sich an andern Orten unverhältnißmäßig höhere Erträge damit gewinnen lassen.

Immer ist ein Sandboden, auf dem Nardus, Aira canescens und praecox, Sedum, Panicum, Euphorbia cyparissias, Carex arenaria, Elymus arenarius, Gnaphalium, Amophila, Lichen, Sticta und dergl. mehr wachsen, mit großer Vorsicht zu behandeln. Ein solcher Sand ist, wenn ihm die sparsame Pflanzendecke fehlt, oft Flugsand. Der Wind spielt damit. Hat man keine Wahl, und ist kein anderer Boden vorhanden, so dürfen, selbst bei reichlichem Zufluß, zunächst nur kleinere Flächen eingerichtet, und erst, nachdem man durch die Erfahrung die Ueberzeugung gewonnen, daß Wasser übrig sei, die Anlagen weiter ausgedehnt werden.

Ganz anders verhält sich aber derselbe Boden, wenn bei mäßigem Gefälle in nicht sehr großer Tiefe eine undurchlassende Schicht darunter liegt. In diesem Falle lassen sich die Zwischenräume zwischen den Sandkörnern mit Wasser ausfüllen. Der Boden nimmt dann viel Wasser auf, und läßt es leicht hindurchgehen. Die Kommunikation des darin enthaltenen mit dem oben darüber fortlaufenden macht sich ohne Schwierigkeit, und wenn er auch nicht viel von den im Wasser enthaltenen Stoffen absorbirt, gewährt er doch den Pflanzen einen sichern Stand. Er eignet sich daher in dieser Lage ganz gut zur Berieselung.

Je feinkörniger der Sandboden ist, desto mehr erfüllt er auch die bei jenem fehlende Bedingung, desto geeigneter ist er. Noch mehr ist dies der Fall, wenn er eine geringe lehmige Beimischung enthält. Die Erfahrung bestätigt die vorzügliche Qualifikation eines solchen lehmigen Sandbodens zur Anlage von Rieselwiesen überall. Noch schneller werden hohe Erträge erzielt, wenn ein solcher Boden außerdem Kalk oder Mergel enthält.

Auch der warme humose Sand, welcher häufig am Rande von Grünlandsmooren und Brüchern, und in Thälern, welche von schnell fließenden Bächen oder Flüssen durchströmt werden, vorkommt, liefert berieselt sehr hohe Erträge. Schon von Natur erzeugt ein socher Sandboden, sobald er nur durch häufige Regen die nöthige Feuchtigkeit hat, einen dichten, süßen Rasen, der aber bei dürrer heißer Witterung zuweilen ausbrennt und gelb wird.

Der kalte Sandboden hat im Untergrunde, und zwar in nicht großer Tiefe immer Grundwasser. Nach der Güte dieses Wassers, welches von höheren Gegenden her unter der Erde langsam zu- und weiterfließt, und welches theils durch den Druck von oben her, theils durch Kapillarität zu einer der Vegetation schädlichen Höhe, zuweilen bis an die Oberfläche emporsteigt, richtet sich gewöhnlich die Qualität des Bodens. Ist das Grundwasser reich an guten Pflanzen-Nahrungsstoffen, so hat der Boden, wenn er auch für den Anbau unserer Kulturgewächse zu naß ist, doch eine dichte Narbe von guten und nahrhaften Pflanzen, worunter gewöhnlich weißer Klee (Trifolium repens), Fioringras (Agrostis stolonifera), Alopecurus geniculatus, Poa annua und pratensis u. dgl. m. besonders vorherrschen. Ist dasselbe dagegen schlecht, d. h. einerseits arm an Mineralien, und nur reich an leicht löslichen Salzen (gewöhnlich kohlensaurem Eisenoxydul), so ist der Boden schlecht und bringt häufig ähnliche Gewächse hervor, wie das Hochmoor, z. B. Erica tetralix, Calluna vulgaris, Molinia coerulea, Eriophorum, Drosera, Ledum, Vaccinium uliginosum, verschiedene Scirpus-Arten, Polytrichium und Sphagnum. In ihm sind auch die Motive zur Hochmoorbildung gegeben, und oft läßt sich der Uebergang in dasselbe sehr deutlich erkennen.

In Folge großen Eisengehalts des Grundwassers ist ein solcher kalter Sandboden häufig sehr reich an Eisen, welches sich durch Erwärmung der oberen Bodenschichten, wobei sowohl das Lösungsmittel, die Kohlensäure, als auch das Wasser selbst durch Verdunstung entweicht, in einiger Tiefe unter der Oberfläche oft in solchen Massen niedergeschlagen vorfindet, daß derselbe nicht allein ganz dunkelbraun, beinahe schwarz aussieht, sondern daß dessen einzelne Sandkörnchen dadurch auch so fest miteinander verkittet sind, daß er nur mit der Hacke gehauen werden kann und dabei Funken giebt. An der Luft zerfällt und zersetzt er sich, und ist gelockert nicht unfruchtbar. Er bildet häufig eine weit verbreitete Schicht und macht den Boden unfruchtbar, bis er gebrochen und an die Luft gebracht ist. Auch berieselt zersetzt er sich langsam, und ist schädlich, wenn er der Oberfläche zu nahe liegt. Der kalte Sandboden, in welchem Raseneisenstein gewonnen, und zuweilen zur Eisenproduktion gebraucht wird, ist bei weitem noch nicht der schlechteste. Die gründliche Abgrabung desselben und damit die Entfernung des nachtheiligen Grundwassers ist die erste Bedingung jeder Kultur. Er wird niemals zu trocken, denn erstens lassen sich die Entwässerungsgräben des im Untergrunde gewöhnlich vorkommenden Triebsandes wegen niemals zu tief machen, und zweitens ist ihm, da ein Verlust durch Versinken des Wassers darin nicht zu besorgen, durch die Berieselung zu jeder Zeit auch wieder die nöthige Masse von Pflanzen-Nahrungsstoffen und Anfeuchtung zu geben.

Der Lehm- und Thonboden.

§. 13.

Der warme sandige Lehmboden unterscheidet sich von dem lehmigen Sandboden nur durch einen größeren Thongehalt. Er hat im Allgemeinen deshalb auch fast die nämlichen Eigenschaften, nur daß er etwas bindiger ist, als dieser. Dennoch gewährt er der Luft immer noch genügenden Zutritt zu den Pflanzenwurzeln, und entspricht daher den oben gestellten Anforderungen an einen guten Boden vollkommen. Daneben besitzt er bedeutende Absorptionskraft. Er eignet sich ebenfalls vortrefflich zu Rieselwiesen.

Je strenger der Lehmboden wird, je mehr sein Thongehalt zunimmt, desto mehr treten die Eigenschaften des letzteren in den Vordergrund. Er erweicht zwar durch das Rieselwasser bei lange dauernder Wässerung, allein er ist, das Gegentheil vom groben Sande, zu wenig durchlassend, läßt auch die einmal eingesogene Nässe sehr schwer wieder fahren, trocknet daher nur langsam aus, und zieht sich dabei so sehr zusammen, daß er große Spalten und Risse bekommt. Endlich schlämmt er mit der Zeit durch das Wässern so fest zusammen, daß keine Luft einzudringen vermag, und deren zum Pflanzenwachsthum nothwendiger Zutritt zu den Wurzeln aufhört. Nur wenn, und so lange durch künstliche Lockerung auch diese Bedingung erfüllt wird, ist er ertragsfähig.

Um denselben dauernd in tragfähigem Zustande zu erhalten, muß deshalb die künstliche Auflockerung von Zeit zu Zeit wiederholt, d. h. die Wiesen müssen in kürzeren oder längeren Zeitabschnitten wieder umgebaut werden. Im Siegener Lande, wo der Wiesenbau auf solchem thonigen Boden schon über ein Jahrhundert kultivirt wird, nehmen die erfahrensten Wiesenwirthe zwanzig Jahre als den äußersten Termin eines Umbaues an.

Noch mehr gilt dies vom kalten Lehm- und Thonboden, weil hier das Zusammenschlämmen in noch kürzerer Zeit stattfindet, als bei dem warmen. Es versteht sich wohl von selbst, daß auch hier eine gründliche Trockenlegung jeder weiteren Kultur vorangehen muß. Im Untergrunde enthält dieser Boden übrigens fast immer eine Wasser führende Triebsand- oder Schlickschicht, und in derselben Grundwasser, von eben so verschiedener Beschaffenheit, wie der kalte Sandboden und von dem nämlichen Einfluß auf die Gewächse, unter denen verschiedene Arten von Disteln (Cnicus), Nesseln (Urtica) und verwandte Pflanzen besonders üppig hervortreten. Zu einer gründlichen Trockenlegung desselben ist das Anzapfen dieser Wasser führenden Schicht durch hinreichend tiefe Gräben unumgänglich nothwendig.

Die nachtheiligen Eigenschaften des thonigen Bodens nehmen in demselben Verhältniß ab, in welchem dessen Humusgehalt steigt, so daß mancher humose Thonboden zu den fruchtbarsten zu rechnen ist.

Der Humusboden.

§. 14.

Zwischen dem, was man gewöhnlich Bruch, Moor, Moos, Torfmoor nennt, existirt eigentlich in ihrem äußeren Ansehen kein Unterschied. Es sind im Grunde nur lokale Bezeichnungen für ein und dieselbe Sache. Man thut darum wohl, sie mit dem allgemeinen Namen Humusboden zu bezeichnen, und versteht darunter einen jeden Boden, welcher überwiegend aus unvollkommen zersetzten Pflanzenresten besteht. Der Humusboden ist also aus Pflanzen entstanden, welche das Wasser sowohl lebend zu ihrer Ernährung als auch zur Erhaltung ihrer abgestorbenen Theile bedurften, dies Wasser mochte nun von Feldern, oder aus Bächen und Flüssen breit überlaufen, oder auf der Oberfläche, oder im Grunde mehr oder weniger stagniren, oder es mochte als Grundwasser der Oberfläche zu nahe kommen, oder an einzelnen bestimmten Stellen als Quelle vollständig zu Tage treten. Von dem Gehalte dieses Wassers an Mineralien und Pflanzennahrung, und von der Menge desselben, wurden die verschiedenen eigenthümlichen Pflanzen bedingt, deren Reste wieder die wesentlichen Bestandtheile desselben bilden. Schon aus dieser kurzen Geschichte der Entstehung desselben erklärt sich die sehr große Verschiedenheit in der Zusammensetzung und in der Fruchtbarkeit der verschiedenen Arten des Humusbodens, deren äußerste Klassen beinahe nichts miteinander gemein haben, als die dunkle schwarzbraune Farbe, die aber in allen sonstigen Eigenschaften so verschieden sind, wie Thonboden und Flugsand.

Umgekehrt kann man aus der Beschaffenheit dieser Bodenarten mit ziemlicher Gewißheit auf die Qualität des unter denselben befindlichen Grundwassers schließen, die Qualität des Bodens aber aus den darauf wild wachsenden Pflanzen erkennen.

So sind: Trifolium pratense und repens, Bellis, Lotus, Vicia, Lathyrus, Symphytum, Urtica, Arnica, Cnicus oleraceus, Ranunculus repens und auricomus, Caltha palustris, Poa pratensis und trivialis, Festuca pratensis, Alopecurus pratensis und geniculatus, Phalaris, überhaupt die besseren Gramineen, Menyanthes trifoliata u. s. w., kräftig wachsend, Zeichen eines sehr guten Bruchbodens. Ist derselbe mit Holz, darunter namentlich mit Erlen bewachsen, so kommen auch noch andere Ranunculus-Arten, Chrysosplenium, Ribes, Rubus, Prunus padus, Evonymus europaeus und dergl. m. darauf vor. Geringer ist er, wenn Parnassia palustris, Geum rivale, Spiraea ulmaria, Polygonum bistorta, Ajuga reptans, Lychnis flos cuculi, Galium palustre, Potentilla anserina, Trollius europaeus, Cardamine pratensis, Valeriana officinalis und dioica, Lythrum salicaria, Sonchus, Orchis latifolia, Triglochin maritimum, Cnicus pratensis, Inula, Ranunculus lingua, Myosotis, Aira caespitosa, Holcus lanatus, Epilobium u. s. w., von den Hölzern, Birken und Weidenstrauch; noch schlechter, wenn Calla, Pontentilla, Tormentilla, Epipactis, Orchis conopsea, Pedicularis palustris, Linum catharticum, Spergula nodosa,

Carex caespitosa, dioica etc., Comarum palustre, Mentha, Primula farinosa, Molinia coerulea und verschiedene Scirpus- und Juncus-Arten, Saxifraga hirculus (bei bedeutendem Kalkgehalt), Salix rosmarinifolia, Fichten u. s. w. darauf wachsen; endlich ganz schlecht, wenn nur verkümmerte Kiefern, Ledum palustre, Empetrum nigrum, Calluna vulgaris, Erica tetralix, Eriophorum, Vaccinium uliginosum und oxycoccos, Andromeda polyfolia, Myrica gale, Molinia coerulea, Betula pubescens und fruticosa, Polytrichium, Sphagnum und andere Moose darauf vorkommen. Dieser letzte bildet entweder den Uebergang, oder ist bereits Hochmoorboden. Verschiedene Equisetum-Arten kommen auf humosen Bodenarten ebenfalls und leider nicht selten vor.

Auf den Hochmooren endlich bildet Calluna vulgaris und Erica tetralix neben Sphagnum die vorherrschende Flora.

Für die Praxis, d. h. bei der Einrichtung zu Rieselwiesen besteht kein bedeutender Unterschied zwischen den verschiedenen Arten des Humusbodens, weil ihnen allen einige schlechte Eigenschaften gemeinsam sind.

Dahin gehört vor allem ihre Armuth an Mineralien. Zwar enthält mancher Humusboden einzelne Körper in verhältnißmäßig bedeutender Menge, Kalk z. B. so überwiegend, daß die Asche zum Mauern gebraucht wird, ein anderer so viel Kochsalz, daß er bei anhaltend trockenem Wetter, wie mit Glatteis bedeckt erscheint. Der Gips effloreseirt auf narbfreien Stellen zuweilen in solcher Menge, daß der Boden weiß überzogen ist, Eisenoxyd färbt die Asche ganz roth, und phosphorsaures Eisenoxydul-oxyd (natürliches Berlinerblau) wird von den Leuten an manchen Orten gesammelt, mit Leinöl angerieben, und zum Anstrich der Thüren und Fenster benutzt. Selbst an Stickstoff ist gewöhnlich kein Mangel. Eisenvitriol tödtet an einzelnen Stellen zuweilen die ganze Vegetation.

Aber selbst dieser Reichthum ist nur von untergeordneter Bedeutung, erstens weil die Masse der Mineralien im Verhältniß zu dem großen Volumen der organischen Reste im Humusboden immer nur sehr klein ist, wie das ja der Aschengehalt desselben auf das deutlichste nachweist, weil sie zweitens von der modrigen organischen Substanz eingeschlossen, und dadurch den Pflanzenwurzeln schwer zugänglich, und drittens, weil selten alle mineralischen Nahrungsstoffe, deren die Pflanze nothwendig bedarf, darin vertreten sind. Die in den chemischen Versuchsstationen im Gange befindlichen Ernährungsversuche der Pflanzen in wässerigen Lösungen haben aber ganz unwiderleglich nachgewiesen, daß die größte Menge derselben nicht genügt, wenn auch nur einer der nothwendigen Stoffe fehlt. Unsere Kulturpflanzen, und dazu sind die besseren Wiesenpflanzen in gewissem Sinne doch wohl auch zu rechnen, wachsen unter solchen Umständen durchaus nicht, sie werden trocken, und sterben ab, wenn die Nahrung des Samenkorns erschöpft ist. Dem Humusboden fehlt in den meisten Fällen das Kali.

Am ärmsten an Mineralien sind diejenigen Humusboden-Arten, bei deren Bildung überwiegend das Torfmoor (Sphagnum) thätig gewesen ist. Ich kenne solchen Boden, welcher ausgeworfen und trocken Jahre lang an der Luft gelegen, keine Spur von Vegetation zeigte. Ein solcher Boden giebt fast gar keine und nur eine sehr leichte Asche, welche großentheils aus Kieselsäure, etwas Kalk u. dgl. besteht. Seines spezifisch geringen Gewichtes halber schwimmt dieser Boden auf dem Wasser. Er quillt auf und hebt sich beim Rieseln mit dem Wasser so in die Höhe, daß dasselbe nicht über die Oberfläche überzurieseln vermag.

Wenig mehr enthält der Boden, dessen filzige Narbe fast nur aus Carex caespitosa besteht, zwischen welchem bei nasser Beschaffenheit Comarum palustre, Tormentilla erecta u. dgl. m. wachsen. Auch dieser Boden, oder eigentlich nur dessen Narbe ist so leicht, daß sie auf dem Wasser schwimmt. Darum hebt er sich mit dem Ansteigen des Rieselwassers zuweilen ganz eben so, wie der vorige. Er friert sehr leicht in die Höhe. Gewöhnlich ist hier der Untergrund fruchtbarer, als die obere Krume.

Bei diesen armen Humusboden hat das Bekarren mit einer $^1/_2$ bis $^3/_4$ Zoll (0,02 Meter) starken Erdschicht einen doppelten Nutzen, indem es dem Boden die fehlenden Mineralien zuführt, und durch das mechanische Moment der Belastung ihn niederhält, und dadurch das Ueberrieseln ermöglicht. Bei anderen Humusbodenarten, welche nicht in die Höhe schwimmen, und das Ueberrieseln aushalten, ist ein solches Bekarren nicht gerade nothwendig. Ich habe Moore, welche im natürlichen Zustande vorher nur Haidekraut, Schweinepost, Rauschbeeren, Wassermoos und verkümmerte Kiefern trugen, zu Rieselwiesen eingerichtet, welche jetzt nach 22jährigem Bestehen, ohne bekarrt zu sein, 12 bis 17 Thlr. an jährlicher Pacht pro Morgen tragen.

Soll der Humusboden aber gutes Gras bringen, so muß er zu Zeiten sehr kräftig gewässert werden. Rieseln mit zu wenigem Wasser wirkt geradezu nachtheilig.

Der Humusboden hat ferner eine sehr bedeutende Wasser haltende Kraft. Er besitzt die Fähigkeit, bis 200 Procent seines Trockengewichts an Wasser aufzunehmen. Dennoch zählt er, gründlich trocken gelegt, zu den durchlässigsten Bodenarten.

Kommt hierbei noch hinzu, daß das zur Entstehung und Erhaltung des Humusbodens mitwirkende Wasser einer Veränderung und Besserung desselben gerade entgegenwirkt, so leuchtet es ein, daß eine recht gründliche Entwässerung entweder vor seinem Umbau, oder wenigstens gleichzeitig damit vorgenommen werden muß.

Sonst hat das Abgraben gewöhnlich keine großen Schwierigkeiten, es wird sogar fast nirgends so leicht, als hier, nur müssen die Gräben auf der rechten Stelle und in den gehörigen Dimensionen gemacht werden. Sie wirken dann sehr oft auf ganz bedeutende Entfernungen. Je länger die Entwässerung der Berieselung vorangegangen, je mehr sich also der Boden ge- und zersetzt, und die nachtheiligen Modersäuren verloren hat, desto schneller und besser wirkt das aufgebrachte Rieselwasser.

Wird aber dem Humusboden durch tiefe Abgrabung das Wasser zu schnell entzogen, und derselbe dadurch gezwungen, in sehr kurzer Zeit sich zu setzen, und nach allen Richtungen zusammen zuziehen, so wird das oft Veranlassung, daß mehrere Zoll breite Risse und Spalten entstehen, welche viele Ruthen lang sind, und immer bis auf den festen Untergrund hinabreichen. Solche Spalten sind auf Rieselwiesen sehr störend, weil ganze Ströme von Wasser hineinstürzen und verloren gehen, und ihre Ausfüllung und Dichtung große Schwierigkeiten verursacht. Am zweckmäßigsten werden sie, wenn sie einmal vorhanden, mit fester Erde zugeschwemmt, und auf diese als oberste Schicht Rasen und Moder hinaufgebracht. In manchen Mooren treten sie in solcher Menge und Ausdehnung auf, daß deren Berieselung aufgegeben werden muß, auch entstehen sie zuweilen in recht trockenen Jahren, ohne daß die Abgrabung dazu Veranlassung gegeben, nur durch das Verdunsten des Wassers.

Fehlt aber die Vorfluth, und kann man deshalb die Entwässerungsgräben nicht tief genug machen, so wird die Trockenlegung stets unvollkommen. Die Haarröhrenkraft des Humusbodens und vor allen des Moostorfes der Hochmoore, in denen die Sphagnum-Pflanzen zusammenhängende, von unten bis oben hinaufgehende Röhrchen bilden, ist so groß, daß das Wasser darin 10 bis 20 Fuß in die Höhe zu steigen vermag. An diesen Sphagnum-Pflanzen läßt sich übrigens die Gründlichkeit der Trockenlegung mit großer Sicherheit und Leichtigkeit erkennen. Sie bleiben grün und lebendig, und enthalten auch bei der größten Dürre so viel Wasser, daß sich dasselbe aus einer Hand voll Moos stromweis ausdrücken läßt, so lange der Untergrund naß ist, sie werden dagegen ganz trocken, und brennen wie Zunder, wenn das Grundwasser vollständig fortgeschafft ist.

Eine andere nachtheilige Folge der Wasser haltenden Kraft des

Humusbodens ist in §. 8 bereits erwähnt worden, das Auffrieren desselben. Hätte der Boden diese Eigenschaft nicht, so würde er sich entschieden eben so gut zum Berieseln eignen, als der Sandboden. Spätes Wässern in den Winter hinein, so daß die Wiese ganz in Eis zu liegen kommt, d. h. Wasser und Boden zu einer Eismasse zusammenfrieren, schützt ihn gewöhnlich, doch nicht immer, davor. Ist derselbe aber einmal durch den Frost gehoben und dadurch unter der Grasnarbe hohl geworden, so hat dies außer dem oben erwähnten nachtheiligen Einflusse auf den Stand der darauf wachsenden Pflanzen auch einen Verlust an Zeit in der wichtigen Frühjahrswässerung zur Folge, einen Verlust an Dünger, der schwer zu ersetzen ist, weil nun mit dem Beginn dieser Frühjahrsberieselung so lange gewartet werden muß, bis der aufgethaute Boden zusammengesunken ist, und auf dem Untergrunde wieder festliegt. Wollte man diesen Zeitpunkt nicht abwarten, so würde alles Wasser zwischen der aufgefrorenen Narbe und dem unteren losen Untergrunde hindurchgehen, diesen wegspülen und dadurch die saubere Planirung der Flächen zerstören. Während auf anderem festen Boden der letzte Frost fortgerieselt, und der Eintritt der Vegetationszeit durch dieses Wässern beschleunigt wird, muß auf dem Humusboden das vollständige Aufthauen abgewartet werden.

Dieser Uebelstand wird dadurch, daß der Frost in dem humosen Boden viel schwerer und später aufthaut, als in jedem anderen, noch besonders vermehrt. Aus diesem Grunde ist auch der beste Bruchboden zur Anlage von Rieselwiesen weniger geeignet, als der feste. Trotzdem ist es immer noch vortheilhaft, ihn dazu einzurichten. Die Erträge werden darauf immer noch hoch genug, das Anlagekapital sehr reichlich zu verzinsen, ja sie geben bei hinreichend starkem Zufluß den anderen kaum etwas nach. Im allgemeinen verlangen aber die Rieselwiesen auf Humusboden eben ihrer schlimmen Eigenschaften wegen eine größere Aufmerksamkeit und Accuratesse in der Behandlung, als andere, und wenn möglich, mehr Wasser.

Endlich ist es noch eine unangenehme Eigenschaft des Humusbodens, daß das darin enthaltene Grundwasser häufig die dem Pflanzenwachsthum so nachtheiligen Modersäuren enthält. Bei gehöriger Trockenlegung und dadurch ermöglichten Zutritt des Sauerstoffs der Luft, oxydiren sie sich zwar bald höher, und verlieren dadurch ihren nachtheiligen Einfluß, aber der Boden behält die Fähigkeit, sie immer von neuem zu erzeugen, sobald durch Uebersättigung des Bodens mit stehendem Wasser der Luftzutritt wieder abgeschlossen wird. Darum ist auf solchen Rieselwiesen auch nichts nachtheiliger, als das beständige Vollhalten der Wässergräben mit Wasser.

III. Entwässerung.

Nothwendigkeit der Abgrabung.

§. 15.

Die Nachtheile des nassen Bodens sind bekannt. Ein jeder weiß, daß die Nässe des Grundes den zum Gedeihen der Pflanzen und zur Auflösung der Nahrungsstoffe des Bodens nöthigen Zutritt der Luft ausschließt, daß durch deren Verdunstung Wärme gebunden, Kälte und Nachtfröste erzeugt werden, daß die besseren Pflanzen vergehen, und weniger nahrhaften Platz machen, daß dieselben leichter befallen u. s. w. Daher ist in den vorigen §§. wiederholt darauf aufmerksam gemacht, daß der Boden sich um so mehr zur Anlage von Rieselwiesen eignet, je trockener und wärmer er ist, weil ihm bei zweckmäßiger Einrichtung gerade durch die Berieselung zu jeder Zeit die nöthige Anfeuchtung gegeben werden kann. Nasser und kalter Boden kann deshalb für die Wässerung niemals zu sehr abgegraben, er kann nie zu trocken gelegt werden. Ja, der von Natur trockene, oder der trocken gemachte Boden bedarf zum Hervorbringen eines bestimmten Ertrages von gutem Heu eine geringere Quantität von Wasser, als der nasse. So paradox dieser Satz auch klingt, so ist er demungeachtet doch richtig, denn es gehört, da die kältende Nässe des Bodens entschieden schädlich ist, zuerst immer eine Kraft dazu, die nachtheiligen Wirkungen derselben aufzuheben. Diese Kraft kann nur von dem Rieselwasser ausgeübt werden. Es muß also immer erst ein Theil desselben vorweggenommen werden, jene nachtheilige Einwirkung zu neutralisiren. Erst der übrige Theil, immer aber nur ein Theil des Rieselwassers wirkt hier vortheilhaft, auf dem warmen Boden unter sonst gleichen Verhältnissen das Ganze. Es kann nicht oft genug darauf aufmerksam gemacht werden, daß das Vollhalten der Wässergräben voll Wasser in der Zeit, wo nicht gerieselt wird, höchst nachtheilig wirkt. Das eben Gesagte ist ein neuer Grund dagegen. Die gründliche Trockenlegung bleibt daher bei jedem nassen Boden eine sehr wichtige Aufgabe.

Wie die Abgrabung auszuführen ist, ob dazu eigene Entwässerungsgräben erforderlich sind, oder ob diese durch Vertiefung der Wässergräben, welche nach Beendigung der Rieselung leer laufen, ersetzt werden können, ob offene oder einzelne verdeckte Gräben, oder regelmäßige und systematische Drainirung dazu anzuwenden, welche Lage und Richtung den Gräben dabei zu geben, das alles sind Fragen rein lokaler Natur, welche in dem einen Falle so, in dem anderen anders zu beantworten sind. Jedenfalls hängt der Erfolg der Abgrabung davon ab, daß, wie bereits früher angedeutet worden ist, die dazu nöthigen Gräben an der rechten Stelle und in den richtigen Dimensionen angelegt werden. Sie müssen das Uebel an der Wurzel anfassen. Daher muß dem Entwässerungsprojekte eine Untersuchung der Ursachen der Nässe vorangehen. Wenn gleich deren mehrere zusammenwirken können, so lassen sich doch vier wesentlich von einander abweichende Fälle unterscheiden:

1) Das Regen- und Schneewasser sammelt sich in einem Kessel und stagnirt darin.
2) Das Tagewasser fließt von höheren Gegenden zu und ergießt sich breit über größere flachliegende Terrains.
3) In weit verbreiteten Schichten zieht sich Grundwasser unter der Erde in zu großer Nähe der Oberfläche, zuweilen bis über dieselbe ansteigend, fort.
4) Es brechen Quellen an einzelnen bestimmt erkennbaren Stellen hervor.

Nächst dem Verhalten des Wassers in oder über der Erde hat die Lage und das Gefälle des Terrains auf die Abgrabung einen bestimmenden Einfluß. Derselbe wird sich indessen gleichzeitig mit der Besprechung der vorangeführten Fälle erledigen lassen.

Ableitung des stagnirenden Tagewassers aus rings umschlossenen Niederungen.

§. 16.

Sammelt sich in einer von höheren oder niedrigeren Hügeln oder Höhen rings umschlossenen Niederung, in einem Kessel Wasser, welches der Undurchlässigkeit des Untergrundes halber keinen genügenden Abfluß hat, und hier Teiche oder Seen, oder wenn diese nach und nach zugewachsen, Sümpfe oder Moor- und Bruchflächen mit stets horizontaler Oberfläche bildet, so ist weiter nichts nöthig, als diesem Sammelwasser mittels eines gehörig tiefen Grabens durch die umgebenden Höhen den fehlenden Abfluß zu verschaffen. Dazu ist zunächst ein richtiges Nivellement zur Prüfung der Möglichkeit überhaupt, sowie speziell zur Bestimmung der erforderlichen Grabentiefen aufzunehmen, und dabei zu berücksichtigen, daß die Vorfluth in einer solchen Tiefe geschafft werden muß, daß auch die im Grunde des Kessels auszuhebenden Gräben noch ablaufen können. In der Regel werden diese Gräben offen bleiben müssen, um das temporäre Ansammeln des bei heftigen Regengüssen und dem Abgange des Schnees von den umliegenden Höhen zusammenstürzenden Fluthwassers zu verhindern, oder wenn die Fläche zur Wässerung eingerichtet ist, das Rieselwasser abzuführen.

Daß die Kosten mit dem zu erwartenden Nutzen im Verhältniß stehen müssen, bedarf wohl kaum einer besonderen Erwähnung.

Andere Arten der Entwässerung solcher Kessel, z. B. durch Bohrlöcher, Senkbrunnen u. s. w., sind für andere Zwecke an manchen Orten zuweilen ausführbar und zweckmäßig. Soll aber ein solches Terrain nach seiner Trockenlegung noch bewässert werden, so reichen diese Mittel nicht hin, die Masse des Rieselwassers fortzuschaffen. Der ganze Kessel würde dadurch nur in einen See verwandelt werden. Diese anderen Entwässerungs-Methoden gehören daher nicht hierher.

Liegt der Grund der Niederung horizontal, wird er durch ein Bruch oder Moor von einiger Ausdehnung gebildet, wie das so häufig der Fall ist, ist zur Bewässerung verhältnißmäßig nur wenig Wasser disponibel, wird durch die anderen Einrichtungen dessen Umbau zu Rücken nicht geboten und — ist die genügende Vorfluth vorhanden, so kann an solchen Orten die regelmäßige und systematische Drainirung mit dem allergrößten Nutzen ausgeführt werden. Der offene Graben durch die umgebenden Höhen wird dadurch aber nicht entbehrlich, wenn er auch nicht ganz so tief gemacht zu werden braucht, als sonst. Es genügt, wenn seine Sohle zur Ableitung des Tagewassers bei heftigen Regengüssen u. s. w. mit der Oberfläche der Niederung abschneidet. Eine solche Entwässerung läßt sich auch mit einer Bewässerung sehr gut vereinigen. Doch davon wird später die Rede sein.

Ableitung des breit überlaufenden Tagewassers.

§. 17.

Auch in dem zweiten der oben angeführten Fälle, wenn nämlich von höheren Gegenden abfließendes Tagewasser sich breit über niedriger liegende Flächen ergießt, hat die Entwässerung keine Schwierigkeit. Hier wird es nur nöthig, am Rande der trocken zu legenden Flächen einen Fanggraben zu machen, in dem das von oben her zufließende Wasser aufgefangen wird. Hat dieser Graben Gefälle und Vorfluth, so läuft darin das Wasser von selbst ab. Ist er dagegen horizontal, so würde er sich ganz mit Wasser füllen, überall überfüllen, und auf diese Weise gar keinen Nutzen gewähren, wenn nicht durch einen besondern Vorfluthgraben für die Entfernung des Wassers daraus nach einem niedrigeren Punkte hin noch besonders gesorgt wird. Dasselbe muß auch und zwar von den niedrigsten Stellen aus geschehen, sobald der Graben aus irgend welchen Gründen, z. B. um ihn auf der Grenze zu haben oder dgl. m., über mehrere hohe Punkte weggeführt wird, und das Gefälle in der Sohle nicht nach einem einzigen Punkte hin zu schaffen ist.

Hierher gehört es auch, wenn das zufließende Wasser aus einem Bache oder Flusse herrührt, welcher hoch liegt, und bei der geringsten Vermehrung des Zuflusses durch Fluthen über die Ufer tritt, einen Theil seines Wassers in die anliegenden flachen Wiesen ergießt und diese dadurch versumpft. In diesem Falle ist das Querprofil, oder das Gefälle des Baches, oder beides im Verhältniß zur abzuführenden Wassermasse zu klein. Ersteres mag nun herrühren von einer Verflachung des Bettes durch Sand, welcher von demselben beständig mitgeführt und abgelagert wird, oder durch Verkrautung, oder durch andere Ursachen, immer beweist es einen Mangel der im Interesse der Landeskultur nothwendigen Wasser- und Strom-Polizei. In dieser Beziehung war früher im Allgemeinen Landrecht die Verpflichtung der Adjacenten nur zur Räumung der Gräben und Kanäle, nicht aber auch zur Räumung der Bäche und Flüsse ausgesprochen.

Wo es auf diese ankam, war daher, wenn nicht Lokalstatuten etwas Bestimmtes vorschrieben, nie etwas zu erreichen, es sei denn, daß man sich gütlich mit den Nachbaren vereinigte, oder, falls dies nicht ging, auf eigene Kosten so viel thun ließ, als möglich war. Jetzt ist in §. 7 des Gesetzes über die Benutzung der Privatflüsse vom 28. Februar 1843 zwar auch diese Verpflichtung ausgesprochen, allein unter Räumung wird in der Praxis eine Vertiefung des jetzigen Bettes nicht verstanden. Es wird also dadurch nur der jetzige Zustand erhalten, und höchstens einer Verschlimmerung desselben vorgebeugt. Eine Besserung desselben ist jedoch damit eben so wenig zu erreichen. In dieser Beziehung bleibt nach wie vor ein jeder noch eben so auf sich selbst angewiesen, als früher.

Der Mittel zur Abhülfe dieses Uebels giebt es mehrere. Sie sind oben durch Aufzählung der Ursachen desselben schon angedeutet, und bestehen entweder in Vergrößerung des Querprofils, also Verbreitung oder Vertiefung des Flußbettes ꝛc., oder in Vergrößerung des Gefälles durch Abkürzung des Laufes mittels Geradelegung des ganzen Baches, oder Durchstechung der Serpentinen. Welches von diesen Mitteln zu wählen, hängt von der Lokalität und den Verhältnissen ab. Die Vergrößerung des Profils, namentlich dessen Vertiefung, wird in der Regel nur sehr schwierig und mit verhältnißmäßig bedeutenden Kosten zu erzielen sein, weil die Ableitung des zufließenden Wassers vor den und um die zu vertiefenden Stellen herum, noch besondere Anstalten und Arbeiten erfordert, oder weil der Boden, wenn dies nicht geht, ausgebaggert werden muß. Dagegen ist auf das Ausziehen des Krautes (eine Arbeit, die durch Benutzung desselben als Düngermaterial wohl ziemlich bezahlt wird) mehr zu halten, als bisher gewöhnlich geschieht, und dasselbe, wenn nöthig, zweimal im Jahre zu wiederholen, eben so wohl, weil das Kraut das Profil verengt, also stauend wirkt, als auch, weil dasselbe in Sand führenden Bächen rc. die erste Veranlassung zur Ablagerung desselben, zu Unregelmäßigkeiten im Wasserlauf, Abbrechen der Ufer an einer Seite und Anhägerung an der anderen, Verflachung des Bettes u. dgl. m. wird.

Sehr reifliche Ueberlegung erfordert die Vergrößerung des Gefälles durch Geradelegung des ganzen Baches oder mittels Durchstechens der Krümmungen desselben, und zwar ganz besonders in dem Falle, daß die daran liegenden Wiesen in gewöhnlichen Jahren gute Erträge geben. In der Regel sind diese hohen Erträge nur Folge der zeitweisen Ueberschwemmungen, sie gehen aber gewöhnlich zurück, sobald den Wiesen die Fluthen entzogen werden. Das geschieht aber durch Anwendung des eben angegebenen Mittels gar leicht. Hier entscheidet ein einfaches Rechenexempel, ob die geringeren, aber sicheren Erträge den größeren, aber unsicheren vorzuziehen sind. Da hingegen, wo die Wiesen schlecht, der Wasserlauf nur klein, namentlich nicht tief ist und mit den versumpften Wiesen in gleicher Höhe liegt, da ist eine Geradelegung unter allen Umständen sehr angebracht. Werden die Wiesen später bewässert, so ist der Verlust durch das Entziehen der Fluthen nicht zu fürchten. Er wird durch das Rieselwasser überreichlich ersetzt. Bei einer solchen Geradelegung ist dann nur noch darauf zu achten, daß die geraden Linien des neuen Bettes so viel, wie möglich, auf die niedrigsten Stellen des neuen Terrains verlegt, und von den Seiten nicht Höhen abgeschnitten werden, deren Einrichtung zur Berieselung später unnöthigerweise, da sie wie Inseln aus den umgebenden Niederungen hervorragen, viel Kosten verursachen würde.

Leider ist eine solche Melioration nur für den Besitzer beider Ufer ausführbar, und auch dann nur, soweit die eigenen Grenzen reichen. Bilden Bäche rc. aber die Grenze, gehören also die Ufer verschiedenen Besitzern, und ist der Nachbar zur Theilnahme oder auch nur zur Erlaubniß einer solchen Geradelegung nicht zu bewegen, so muß schon in anderer Weise auf Hülfe gedacht werden. Durch Anlage eines Fanggrabens, Taf. I. Fig. 1. a b, läßt sich auch in diesem Falle das übertretende Wasser von den Wiesen abhalten. Allerdings bleibt dadurch der Wiesenstrich zwischen dem Flusse rc. und diesem Fanggraben den früheren Ueberschwemmungen ausgesetzt. Da jedoch erstens diese Fläche nicht groß ist, da zweitens die unmittelbaren Ufer und die abgeschnittenen Zungen als nächste Ablagerungsplätze für die durch die Fluthen mitgebrachten Sinkstoffe höher zu liegen, bessern Boden zu haben, und deshalb von Natur schon besseres Gras hervorzubringen pflegen, da drittens durch den Fanggraben der Untergrund derselben ebenfalls trockener gemacht, und ihr Ertrag durch diese Trockenlegung erhöht wird, und da viertens sich bei drohenden Witterungsverhältnissen das darauf gewonnene, keinenfalls massenhafte Futter ohne allzu große Schwierigkeiten auf die andere geschützte Seite des Fanggrabens hinüber transportiren läßt, so ist der Nachtheil nicht sehr groß, wenn dieser kleine Strich auch unsicher bleibt. Ein solcher Graben würde aber der Zerstörung zu sehr ausgesetzt sein, wenn man ihn unmittelbar neben und parallel mit den Ufern des Flusses ziehen wollte, weil das in den hohlen Krümmungen überstürzende und da vorzugsweise die Ufer angreifende Wasser gar leicht Durchbrüche verursachen, und aus dem neuen Graben ein neues Strombett auswühlen könnte. Um dies zu verhüten, muß er nicht allein mit Stauapparaten versehen sein, welche bei Fluthen geschützt werden und die Strömung darin zu mäßigen vermögen, sondern auch in angemessener Entfernung und in der durchschnittlichen Richtung des Flusses rc. so angelegt werden, daß die Serpentinen dadurch abgeschnitten werden. Eine solche Lage ist auch dann namentlich zweckmäßig, wenn man diesen Graben auf der Flußseite durch eine Verwallung gegen das überlaufende Wasser noch besonders schützt, die Wiesen also eindeicht. Bei allen Anlagen am fließenden Wasser soll man, dem fliehenden Feinde goldene Brücken bauend, für Fluthen Platz lassen, damit deren rasende Gewalt nicht angreifend auftritt. Darum müssen dieselben zwischen den Deichen genügenden Raum behalten, sich auszudehnen. An größeren Flüssen und Strömen können solche Eindeichungen nur dann von Nutzen sein, wenn sie in größerer Ausdehnung gemacht werden. Uebersteigen die dazu nöthigen umfangreichen und kostbaren Arbeiten die Kräfte der einzelnen Besitzer, so kann nur eine Vereinigung derselben zu Genossenschaften helfen. Gewöhnlich regelt ein eigenes, mit Gesetzeskraft versehenes Statut die Pflichten und Rechte der Interessenten an jedem Ort.

Bei der Anlage ziehe man ja sachverständige Techniker zu Rathe.

Ganz ähnlich liegen die Verhältnisse, wenn das Wasser im Bache rc. nicht durch Vernachlässigung des von Natur hochliegenden Flußbettes, sondern durch das Stauwerk einer Fabrikanlage, Mühle oder dergleichen künstlich in der nachtheiligen Höhe erhalten wird. Hier ist durch einen solchen Fanggraben, welcher unterhalb des Stauwerks ausmündet, ebenfalls geholfen.

Nach der Masse des abzuführenden Wassers richten sich natürlich die Dimensionen des Fanggrabens.

Unterwärts ist derselbe bis zu einem Punkte hinabzuführen, wo der Wasserspiegel des Flusses so viel tiefer liegt, als der Vorfluth halber nöthig ist. Liegt dieser Punkt nicht auf eigenem Grund und Boden, muß man, dahin zu gelangen, fremde Grundstücke durchschneiden, so müssen nach dem Vorfluth-Edikt vom 15. November 1811 die Besitzer dieser bei überwiegendem Landeskultur-Interesse gegen volle Entschädigung sich die Durchleitung eines solchen Vorfluthgrabens gefallen lassen, dessen Kosten natürlicherweise der Unternehmer allein zu tragen, so wie auch den vergrabenen Grund und Boden zu entschädigen, und die erforderlichen Brücken zu erbauen und zu erhalten hat u. s. w. Stößt man bei der Anlage dieses Grabens auf ein Hinderniß, welches dessen Fortleitung auf derselben Seite des Flusses nicht gestattet, z. B. ein hohes Ufer, eine Mühlenanlage oder dergleichen, so kann man mittels eines Tunnels unter dem Bache rc. hindurch nach der anderen Seite hinüber, und auf dieser dann so weit hinabgehen, als erforderlich. Vergleiche man hierzu Taf. I. Fig. 1., wo a b der Fanggraben auf dem einen Ufer durch den Tunnel c nach dem anderen hinüber und bei d in das Flußbett hineingeleitet wird; e ist ein Siel unter dem Deiche e f. Die flußwärts angelegte Verwallung geht über dasselbe und über den Graben fort, und schließt sich an die Höhen des Thalrandes an.

Von den lokalen Verhältnissen hängt die Art der Durchführung dieses Mittels ab. Daß Kosten und Nutzen dabei in einem richtigen Verhältnisse stehen müssen, versteht sich wohl von selbst.

Ableitung des in breiten Schichten unter der Erde sich fortziehenden Grundwassers.

§. 18.

Häufig liegt am Rande breiter und flacher Wiesenthäler und am Fuße sandiger, den Thalrand bildender Höhen eine weit verbreitete Schicht von Triebsand oder Schlick, in welcher Grundwasser streicht. Diese Wasser führende Schicht kann sehr verschiedenartig sein. Hier ist sie einige Zoll, an anderen Orten viele Fuß mächtig; hier wird sie durch eine aufliegende undurchlassende Schicht bedeckt, da bildet sie nur den unteren mit Wasser gefüllten Theil des durchlassenden Bodens. Immer aber liegt sie, wenn eine nachtheilige Wirkung im Graswuchs zu bemerken ist, nicht tief unter der Oberfläche, und versumpft von da aus oft große Flächen. Gewöhnlich ist das in der Nähe des Wiesenrandes der Fall, und große Nässe in den niedrigeren Theilen der Wiese nur sekundäre Erscheinung und Folge des von dort her zusammengesackten und stehen gebliebenen Wassers. Von dem Dasein einer solchen Erdschicht und von ihrer sonstigen Beschaffenheit und Tiefe hat man sich zuerst durch Nachgraben und Bohrversuche zu unterrichten, und die verschiedenen Höhen durch Nivellement zu vergleichen. Ein klares Bild der Sachlage ist nöthig, um auf der rechten Stelle den Fanggraben anlegen zu können, welcher dieses Grundwasser abfängt, denn die erste Bedingung der Wirksamkeit eines solchen Fanggrabens ist, daß er die Wasser führende Triebsandschicht entweder durchschneidet, oder, wenn sie dazu zu mächtig ist, wenigstens doch einige Fuß hineingreift. Je gleichmäßiger und je tiefer dies geschieht, desto sicherer, und auf desto weitere Entfernung hilft der Graben. Dieses Ziel läßt sich am besten erreichen, wenn in dem Terrain diejenigen Punkte gesucht werden, wo unter einer Decke des Wiesenboden von 2 bis 3 Fuß = 0,6 bis 1 Meter Stärke die Triebsandschicht anfängt, und wenn dann der Graben selbst eine Tiefe von 4 bis 5 Fuß = 1,3 bis 1,6 Meter erhält. Sollte die Wasser führende Schicht der Krume noch näher gefunden werden, so würde eine Tiefe von $3^1/_2$ Fuß = 1,1 Meter schon ausreichen. Man wird also die Richtung des Fanggrabens nach der Lage des Terrains zu bestimmen haben, und ihm, da diese Schichten gewöhnlich mit dem Gefälle des Thales zu korrespondiren pflegen, wenn irgend möglich, ein stetiges Gefälle zu geben, bemüht sein, daher ihn aber auch nur ausnahmsweise nach geraden Linien anlegen können.

Nach der Tiefe richtet sich dann die obere Breite desselben. Den Seitenwänden ist einfüßige Böschung zu geben. Nimmt man also die obige Tiefe und für die Sohle 2 Fuß = 0,6 Meter Breite an, so wird die obere mindestens 9 bis 12 Fuß = 3 bis 4 Meter gemacht werden müssen. Dient der Fanggraben zu keinem anderen Zwecke, als zur Entwässerung, so ist ein Gefälle von 6 bis 8 Zoll auf 100 Ruthen oder 0,04 bis 0,05 Procent das normale. Kann dasselbe etwas stärker gemacht werden, so erhält sich der Graben um so besser rein. Zu starkes Gefälle wird schädlich und nur Veranlassung zur Zerstörung der Ufer. Demselben aber ein schwächeres Gefälle zu geben, kann nur durch besondere Umstände, z. B. dadurch, daß überhaupt nicht so viel vorhanden ist, gerechtfertigt werden.

Haben jedoch, und das ist häufig der Fall, diese Fanggräben zu gleicher Zeit noch eine andere Bestimmung, indem sie als Zuleitungs- oder als Wässergräben dienen, oder sollen sie beide Zwecke zugleich erfüllen, so werden die eben gegebenen Regeln zur Bestimmung der verschiedenen Dimensionen in so fern etwas abgeändert, als ihre Tiefe dann mit Rücksicht auf die Entwässerung, ihre Breite und ihr Gefälle dagegen nach den Regeln, welche für die Zuleitungs- oder Wässergräben gelten, bestimmt werden.

Da der Fanggraben in der Tiefe in die Wasser führende Schicht einschneidet, und diese durch die Kraft des aus den Seitenwänden desselben heraus- und in den Graben mit starkem Gefälle hineinfließenden Wassers ausgespült wird, und nicht steht, so wird nicht selten eine Deckung der Ufer erforderlich.

Dies alles gilt aber nur für flach liegende Wiesen. Haben dieselben ein starkes Seitengefälle und tief stehenden Humusboden, unter welchem eine mächtige Triebsandschicht sich vorfindet, so reicht ein Fanggraben selten aus. Er wird sogar oft ganz entbehrlich, denn in diesem Falle sind Stichgräben, welche in entsprechender Entfernung von einander die Richtung des stärksten Gefälles der Oberfläche, und unten geringere, nach der Höhe zu zunehmende Tiefe bekommen, bis sie am obersten Ende einige Fuß tief in die Wasser führende Schicht einschneiden, wirksamer und daher zu empfehlen.

Im folgenden Paragraph wird darauf zurückgekommen werden.

Abgrabung bestimmt erkennbarer Quellen.

§. 19.

Die Versumpfung der Wiesen rührt sehr häufig auch von Quellen her. Hier streicht das unterirdische Wasser nicht in einer weit verbreiteten Schicht unter der Erde, sondern es kommt an einzelnen bestimmten Punkten wirklich zu Tage und läuft in Rinnen über der Oberfläche ab. Bei der Abgrabung derselben ist der Boden, aus welchem sie entspringen, und die Art ihres Auftretens von bedingendem Einfluß.

Am leichtesten macht sich dieselbe, wenn die Quelle durch den Ausfluß einer Wasserader in festem Boden gebildet wird. Hier kommt es nur darauf an, den rechten Punkt zu treffen und sie in genügend tiefem Graben zu fassen. Es ist mir schon vorgekommen, daß eine kleine Quelle zwischen zwei 7 Fuß tiefen, 2 Ruthen von einander entfernten Drainsträngen in die Höhe stieg und mehrere Jahre gebrauchte, ehe sie die nöthigen Wege nach den Röhren hinein fand, und die Oberfläche ganz trocken wurde. Die Wasserader war mit beiden Strängen nicht getroffen.

Schwieriger wird die Sache oft bei tief stehendem Humusboden. Dann führen die natürlichen Rinnsale nicht immer den ganzen Zufluß der Quelle, sondern oft nur einen Theil desselben ab, während ein anderer den Boden rings herum naß erhält. Der Abfluß über der Erde ist sogar oft kaum erkennbar. Er verbreitet sich zuweilen so weit umher und verschwindet im Grase oder Moose so, daß nur noch aus der Form der Oberfläche der Wiese auf das Dasein von Quellen geschlossen werden kann. So bilden sie z. B. mitten in einer flachen Wiese zuweilen kleinere oder größere Erhöhungen, Geschwüren ähnlich, von der Größe weniger Quadratruthen bis zu der von Tausenden von Morgen, welche auf ihren höchsten Punkten entweder ein mit Wasser angefülltes, manchmal tiefes Loch haben, in welchem man das in die Höhe Quellen des Wassers deutlich erkennt, oder, wenn dieser Ausfluß mit einer Gras- und Moosdecke überwachsen ist, da wenigstens am weichsten sind. In manchen Gegenden hat man für die letztere Erscheinung sogar eine eigene Bezeichnung, und nennt eine solche Quelle Wickelborn.

Zuweilen sind diese Erhebungen aber auch, wenn das Quellwasser nach ihrer Bildung an einer tieferen Stelle einen neuen Abfluß gefunden, trocken und fester geworden, und nur noch an der äußeren Form der Oberfläche und der Beschaffenheit des Untergrundes zu erkennen.

Liegen sie dagegen am Höhenrande, so erscheinen sie als mehr oder weniger steil und hoch ansteigende Ränder, welche den vorigen ähnliche, an die den Thalrand bildenden Berge sich anschließende Erhöhungen bilden, und gerade am Rande unmittelbar unter diesen Bergen am nassesten sind. Das ist vorzugsweise bei Wiesen und Brüchern mit humosem Boden der Fall.

Die Abgrabung solcher Quellen wird in der Regel sehr ungenügend ausgeführt. Ehe jedoch das einzuhaltende Verfahren näher angegeben wird, dürfte es zweckmäßig sein, die noch alle Tage und unter unseren Augen vor sich gehende Entstehung dieser Erhöhungen, welche sich auch in der Schichtung der kennbaren Bodenlagen und deren Neigung deutlich ausspricht, und ihre Beziehungen zu den Quellen näher zu betrachten.

Am Fuße eines Bergrandes, in welchem unter einer undurchlassenden, Taf. I. Fig. 2. A, eine Wasser führende Bodenschicht B liegt, hat das Wasser an einer Stelle a die erstere durchbrochen, steigt hier bis zur Oberfläche in die Höhe, bildet eine Quelle und läuft über der Erde ab. Entsteht an diesem Ausflusse der Quelle a durch Vegetation und dazwischen durch Ablagerung von Sand oder durch Niederschlag von Mineralien aus dem

Wasser (Eisenoxydhydrat, Kalktuff u. dgl. m.) oder durch andere zufällige Ursachen eine die Oeffnung a zwar deckende, aber immer noch durchlassende Schicht b, so wird das Quellwasser auf dem nächsten Wege in der Richtung a c zur Oberfläche in die Höhe dringen, und diesen Weg durch die Kraft, mit der es in Folge des Druckes aus dem Berge in die Höhe getrieben wird, am offensten erhalten.

Die Ursachen, welche die Decke b gebildet, wirken fort, es bilden sich die Schichten dd, ee, und so entsteht über a eine Erhöhung, welche nach und nach immer höher wird, und mit dem Wachsen nach dieser Richtung gleichzeitig nach Maaßgabe der Witterungsverhältnisse mehr oder weniger nach allen Seiten hin sich verbreitet. Gerade über dem Quellenpunkte a auf der Spitze der Höhe, sie mag in einer ebenen Fläche oder am Rande der Höhe liegen, bleibt bei stärkerem Zufluß der sichtbare und offene Ausfluß der Quelle, oder bei geringerem wenigstens die weichste oft durchbrüchige Stelle, wenn nicht durch irgend eine zufällige Veranlassung die Quelle einen anderen, niedriger liegenden Ausgang gefunden, und dadurch ihren ersten Ausfluß verlassen hat. Oft entstehen auch aus einer und derselben Wasser führenden Schicht des Untergrundes, wenn die deckende undurchlassende Schicht mehrere Oeffnungen hat, durch welche das Wasser emporsteigen kann, mehrere, scheinbar einzelne, im Grunde aber zusammengehörige, ähnliche Quellenhügel, welche theils in verschiedener Höhe liegen, theils, je nach der Menge des emporsteigenden Quellwassers, eine verschiedene Höhe und Ausdehnung haben.

Ganz ähnlich bilden sich die Quelllager, wenn auch der ansteigende Thalrand aus durchlassendem Boden besteht, und nur in dem unteren Theile desselben das Quellwasser streicht. Dann sackt sich das hindurchfließende Wasser in den Mulden des undurchlassenden Untergrundes, auf welchem jener aufliegt, zusammen, und kommt da, wo diese Mulde an die Oberfläche tritt, zu Tage. Taf. I. Fig. 3. a. Bildet sich hier auf ähnliche Weise, wie in dem vorigen Falle, eine Decke bb, welche das Austreten des Wassers bei a verhindert, und wirkt sie, weil aus irgend welchem Grunde das Wasser sie nicht zu durchbrechen vermag, zurückstauend, so steigt es im Berge höher an und fließt nun über bb ab. Die Schichtenbildung schreitet wie vorher fort, es bildet sich cc. Dadurch wird das Wasser im Berge wieder höher getrieben. Es läuft nun über cc ab u. s. w. Diese Schichten bb, cc werden in trockenen Jahren kürzer, in nassen länger, und daher bildet sich schließlich von e nach f ein oft sehr stark fallender Hang, über welchem dann die Quellen bei e zu liegen scheinen.

Die Art der Abgrabung solcher Quellen ergiebt sich hiernach von selbst. Man braucht nur von dem niedrigsten Punkte in Figur 2. und 3., etwa von g ab, so tief, als es die Vorfluth gestattet, und möglichst wenig ansteigend einen Graben aufwärts bis a zu führen, welcher die Wasser führende Schicht des Untergrundes an einem niedriger, als das zu entwässernde Terrain liegenden Punkte anschneidet, und ihr dadurch in gehöriger Tiefe einen genügenden Abfluß zu verschaffen. Zweckmäßig ist es im zweiten Falle immer, mit diesem Graben eine kurze Strecke über den bruchigen Rand hinfort, und in den Berg hinein zu gehen, weil man auf diese Weise die gesuchte Schicht gründlich zu treffen, sicherer ist, etwa bis h. Die Gräben werden dazu bei g mäßig tief und schmal, nach der Höhe zu aber dem Ansteigen des Terrains entsprechend immer tiefer und demzufolge auch breiter. Werden solche Gräben an der rechten Stelle und in den gehörigen Dimensionen angelegt, so übertrifft der Erfolg oft alle Erwartungen. Mir selbst ist es vorgekommen, daß dadurch sehr nassen und weichen Torfbergen das Wasser so schnell entzogen, und die Masse durch diese rasche Entwässerung zu einem so heftigen Zusammenziehen gezwungen wurde, daß sich auf jeder Quadratruthe mehrere Zoll breite und bis auf den festen Untergrund hinabgehende Spalten bildeten. An einem anderen Orte wurden beim Ausheben des Grabens in der Ecke bei h durch den Druck des Wassers, welches sich dadurch selbst Luft verschaffte, große Erdstücke in die Höhe geworfen u. s. w.

Die rechte Stelle läßt sich, wenn man einige Erfahrung und Uebersicht hat, unschwer erkennen. Hier mögen noch einige Fingerzeige, das Erkennen zu erleichtern, Platz finden. Hat man es mit einem einzelnen Quellenhügel, wie Fig. 2., zu thun, so dirigirt man den Graben auf dem kürzesten Wege von dem niedrigsten Punkte des Terrains direkt auf den höchsten Punkt dieses Hügels hin, und bestimmt durch Nivellement und Bohren dessen mögliche und nöthige Tiefe. Sind aber mehrere dergleichen Quellhügel vorhanden, so hat man, wenn es nicht unzweifelhaft in die Augen fällt, durch Nivellement den höchsten und den niedrigsten Punkt dieses ganzen Quellenterrains und die Größe der Differenz zwischen beiden zu suchen, und danach den entsprechend tiefen Graben nach dem höchsten Punkt hinzuführen. Gehören die verschiedenen Quellen zu einem und demselben Quellengebiet, so werden sie sämmtlich durch den einen Graben trocken. Ist das aber nicht der Fall, so sind die übrig bleibenden in derselben Weise zu behandeln.

Liegen die Quellen wie im zweiten Falle, am hohen Rande eines

Bruches, so muß man bei Bestimmung der Grabenrichtung die höheren Bergspitzen des Thalrandes in's Auge fassen, und die Gräben so, daß sie dem stärksten Gefälle des Abhanges folgen, auf diese hin dirigiren.

Unter den höheren Bergen (der Diluvialformation) liegt das Wasser in der Regel am höchsten, und drückt vermöge dieser hohen Lage nach allen Richtungen am stärksten.

Zuerst sind derartige Quellen-Abgrabungen durch den verstorbenen Herrn Pogge-Ziersdorf in Striesenow mit glücklichem Erfolge ausgeführt. Auch mir hat diese Manier unter allen anderen die besten und sichersten Resultate gegeben. Wenn der Untergrund aus tiefstehendem Triebsande besteht, so gelingt es zuweilen in eingesetzten Röhren das Wasser an solchen Stellen zum Steigen und an der oberen Oeffnung derselben zum Abfließen zu bringen.

Die größere Tiefe, welche diese Gräben nach der Höhe zu bekommen, macht auch eine größere obere Breite nöthig. Dazu ist die Böschung um so flacher zu machen, je weicher der Untergrund ist. Diese Gräben nehmen daher sehr viel Terrain weg, erfordern der auszuschachtenden großen Bodenmasse wegen viel Anlagekosten, und pflegen, was das schlimmste ist, bei der Anlage von Rieselwiesen sehr störend im Wege zu liegen.

Um diese Uebelstände zu umgehen, kann man, da es doch nur auf den genügenden Abzug in der Tiefe ankommt, sie verdeckt einrichten. Berücksichtigt man jedoch, daß in diesen Gräben an einzelnen Stellen oft bedeutende Wassermassen empor springen, und daß es nicht gut möglich ist, dieselben in die jetzt überall in solchen verdeckten Gräben angewandten Thonröhren hineinzubringen, weil die zu engen Stoßfugen zwischen denselben nicht den dazu gehörigen Raum gewähren, berücksichtigt man ferner, daß der Abfluß solcher Quellen ein beständiger ist, und daß sich Holz, abgeschlossen vom Luftzutritt, im Wasser sehr lange konservirt, so wird man, wenn Strauch in der Nähe zu haben ist, den Faschinen oft vor den Röhren den Vorzug geben. Will man jedoch gebrannte Thonröhren anwenden, so muß man eine hinlänglich starke Schicht von recht grobem, wo möglich gesiebten Kies oder kleinen Steinen darauf schütten, oder eine Schicht von Strauch darauf decken, in deren Zwischenräumen das Wasser so weit neben und über den Röhren hinfließen kann, bis es in einer größeren Zahl von Stoßfugen die nöthigen Oeffnungen gefunden hat, um in die Röhren hineingelangen zu können. Auch kann man die Quelle, wenn sie an einer Stelle ganz besonders stark aufsprudelt, in einen Brunnen einfassen, und von diesem aus die Röhren, jedoch so hoch legen, daß der mit dem Wasser spielend in die Höhe geworfene Sand nicht hinein treibt, und sie verstopft. Die Weite der Röhren muß natürlich so groß sein, daß sie das ganze Wasser zu fassen im Stande ist.

Entwässerung durch Drainirung.

§. 20.

Ueber die Anwendung einzelner verdeckter Gräben zur Ableitung der Quellen ist im vorigen Paragraph gesprochen. Solche verdeckte Gräben sind Drains, allein man versteht unter Drainirung in jetziger Zeit gewöhnlich die regelmäßige und systematische Anordnung solcher verdeckten Gräben, welche mit gebrannten Thonröhren ausgelegt werden, zur Entwässerung nasser Flächen. Hat nun auch die Erfahrung eines Vierteljahrhunderts den sichersten Beweis geliefert, daß keine Entwässerungs-Methode etwas ähnliches zu leisten vermag, so ist dieselbe doch keineswegs überall auf denjenigen Flächen anwendbar, welche später zur Bewässerung eingerichtet werden sollen.

Doch davon weiter unten!

Bei der Anlage der Drains braucht man sich um so weniger auf die Künsteleien einzulassen, welche Petersen bei seiner Bewässerungs-Methode anwendet, als dadurch der Erfolg gefährdet oder aber nur mit einem größeren Kostenaufwande gewonnen wird. Es gelten vielmehr für die Drainirung der Wiesen ganz die nämlichen Regeln, welche sich bei der Trockenlegung des Ackers überall bewährt und allgemeine Anerkennung gefunden haben.

Die Lage der Drains richtet sich nach der Oberfläche des Terrains. Ihre Richtung ist die des stärksten Gefälles desselben.

Ihre Tiefe wird zunächst durch die Vorfluth, und wenn diese in genügendem Maaße vorhanden ist, durch die Tiefe bestimmt, in welcher das Grundwasser sich vorfindet. Unter 3 Fuß = 1 Meter sollte sie aber niemals betragen, damit die Röhren in kalten Wintern der Gefahr des Einfrierens, und im Sommer der Verstopfung durch Einwachsen von Wurzeln perennirender Wiesenpflanzen möglichst wenig ausgesetzt sind.

Da die Trockenlegung in den Wiesen nicht in dem Maaße verlangt wird, wie auf dem Acker, und da der Wiesenboden sehr oft recht durchlassender Natur ist, so kann die Entfernung der Stränge von einander in der Regel verhältnißmäßig groß gewählt werden. Wo nicht schwerer Thon den Untergrund bildet, werden daher $1^1/_2$ bis 2 Ruthen = 5 bis 7 Meter Entfernung für jeden Fuß = 0,3 Meter Tiefe der Drains genügen.

Wie groß dieselbe an solchen Orten zu wählen, an denen ungenügende Vorfluth es nicht gestattet, mit den Drains bis in die Wasser führende Schicht des Untergrundes hinabzugehen, muß dem Ermessen des Technikers in jedem lokalen Falle überlassen bleiben.

Das stärkste Gefälle des Terrains bedingt auch das Gefälle der Drains. Ist dasselbe nicht ausreichend, die Lage der Wiese sogar vielleicht horizontal, so ist das nöthige Gefälle durch verschiedene Tiefe, am todten Ende eine geringere, nach dem Ausfluß hin zunehmende, künstlich herzustellen. Als Minimal-Gefälle kann im allgemeinen gelten:

für	$1^1/_4$ zöllige	Röhren	4	Fuß	—	Zoll	auf	100	Ruthen,
„	2 „	„	2	„	—	„	„	„	„
„	3 „	„	1	„	6	„	„	„	„
„	4 „	„	—	„	10	„	„	„	„
„	5 „	„	—	„	7	„	„	„	„
„	6 „	„	—	„	5	„	„	„	„

oder auf Metermaaß berechnet:

für	0,025	Meter	weite	Röhren	= 0,333	Procent,
„	0,050	„	„	„	= 0,167	„
„	0,075	„	„	„	= 0,125	„
„	0,100	„	„	„	= 0,07	„
„	0,125	„	„	„	= 0,05	„
„	0,150	„	„	„	= 0,034	„

Nur in Ausnahmefällen und bei großer Noth ist auf ein etwas geringeres Gefälle herabzugehen.

Auch hier, wie auf dem Acker ist es zweckmäßig, mehrere Saugdrains in Sammeldrains zu vereinigen, um dadurch die Zahl der gefährlichen Ausflußöffnungen möglichst zu beschränken.

Die Weite der Röhren wird durch die Größe der zu entwässernden Fläche, als maaßgebend für die abzuführende Wassermenge, und durch das Gefälle des Stranges bestimmt. Für die atmosphärischen Niederschläge ist 0,00625 Cubikfuß pro Morgen oder 0,000756 Cubik-Meter pro Hektare und Sekunde anzunehmen. Ist Grundwasser von irgend welcher Bedeutung vorhanden, so ist die Quantität des Zuflusses abzuschätzen, und bei der Berechnung der Röhrenweite der angegebenen des Schnee- und Regenwassers hinzuzurechnen. Bei der Beantwortung der Frage, bis zu welcher Weite der Röhren diesen der Vorzug vor den offenen Gräben zu gewähren, ist vorzugsweise auf den Geldbeutel Rücksicht geboten. Darum werden letztere vielfach da gewählt werden müssen, wo des geringen Gefälles wegen sehr große Röhren erforderlich werden würden.*)

Entwässerung durch Bohrlöcher u. s. w.

§. 21.

Von Elkington in Schottland wurde früher die Entwässerung der Grundstücke durch Bohrlöcher ausgeführt, beschrieben und empfohlen, und zwar in doppelter Weise, eben so wohl, um darin das Wasser zum Steigen, als auch, um es zum Versinken zu bringen. Ersteres geschieht, wenn eine Wasser führende Schicht zwischen zwei undurchlassenden eingeklemmt liegt, und die obere mit einem gewöhnlichen Erdbohrer an einer oder mehreren Stellen durchgebohrt wird. Taf. I. Fig. 4. ist AA die Wasser führende, BB sind die beiden undurchlassenden Schichten, und aa' Bohrlöcher durch die obere derselben. Liegen die Zuflüsse der eingeklemmten Schicht höher als a', so muß das Wasser im Bohrloche steigen, und aus demselben abfließen. Das sind artesische Brunnen im Kleinen.

Ist dagegen in einem Kessel so undurchlassender Untergrund, daß über demselben das Wasser stagnirt, so läßt es sich zuweilen durch die Durchbohrung der undurchlassenden Schicht mit einer trockenen und durchlassenden Schicht des tieferen Untergrundes in Verbindung bringen, und durch diese Operation das Versinken und Verschwinden des Wassers aus der obersten Bodenschicht in die Tiefe herbeiführen. In letzterem Falle genügen, wenn die undurchlassende Schicht wenig mächtig, manchmal ausgegrabene Löcher, oder wenn sie stärker, tiefere Brunnen. Taf. I. Fig. 5. ist AA die undurchlassende, BB die darunter liegende durchlassende Schicht des Untergrundes, aa sind die Bohrlöcher.

Das in die Höhe Bohren von Quellen läßt sich mit der Berieselung vereinigen, das Versenken des Wassers nie. Die Entwässerung solcher Kessel ist überdies schon §. 16 besprochen.

Wo dagegen der Untergrund aus tiefstehendem Triebsande besteht, da schwimmen die Bohrlöcher von den Seiten her immer wieder zu. Der Boden wird durch das Bohren selbst so weich und flüssig, daß der Bohrer zuletzt gar nichts mehr herausbringt. An solchen Orten glückt es zuweilen durch

*) Den, der sich über das Drainiren noch näher instruiren will, verweise ich auf mein kleines Werk: „Die Drainage, deren Theorie und Praxis. L. Vincent. 4. Auflage. Leipzig, Baumgärtner's Buchhandlung.

eingesetzte Röhren, welche bis auf den wässerigsten Theil der Triebsandschicht hinabreichen, das Wasser zum Steigen, sogar zum Ablaufen aus der oberen Oeffnung der Röhre zu bringen.

Werden die Röhren über diesen Theil der Wasser führenden Schicht hindurchgetrieben, so hört deren Fließen sehr häufig wieder auf, daher ist vor Uebereilung bei der Arbeit zu warnen. Mit Sicherheit ist der Erfolg nicht vorher zu wissen, es kommt auf einen Versuch an.

IV. Voraussichtlicher Erfolg.

Qualität und Quantität des zu produzirenden Futters.

§. 22.

Wirft man einen Blick zurück auf die oben §. 2 gegebenen Analysen des Wassers, so findet man in all den verschiedenen Gewässern die nämlichen Stoffe, mithin in diesem Wasser überall ein Angebot gleicher, wenigstens ähnlicher Nahrung an die auf den damit berieselten Wiesen wachsenden Pflanzen. Daß einzelne Körper darin zuweilen in überwiegender Menge vorhanden sind, z. B. der kohlensaure Kalk, ist meistentheils von keinem bedeutenden Einfluß, es sei denn, daß sie durch Uebermaaß den Boden vergiften, wie Kochsalz, die Modersäuren u. s. w. oder niedergeschlagen den Boden verderben, wie es durch manche Gewässer der Kalkformation geschieht. Das sind glücklicherweise aber nur Ausnahmen, von denen schon oben ebenfalls die Rede gewesen ist. Auch die physikalischen Eigenschaften des Bodens werden überall durch das Rieseln ziemlich gleichartige. Die Feuchtigkeit und Temperatur desselben, die Möglichkeit, der Luft den erforderlichen Zutritt zu verschaffen, der Schutz gegen kalte Witterung u. s. w., liegen überall in der Hand des Rieselwirthes. Sie können überall von ihm ziemlich gleich gemacht und erhalten werden. Die Eigenthümlichkeiten des Bodens verschwinden unter dem Einfluß des rieselnden Wassers. Man kann daher erwarten, daß einzelnen Gewächsen diese Verhältnisse ganz besonders zusagen müssen, daß darum bestimmte und zwar die nämlichen oder wenigstens verwandte Arten auf allen Rieselwiesen besonders üppig gedeihen, und durch kräftigen Wuchs und dichten Stand alle andern Pflanzen unterdrücken und verdrängen werden. Es läßt sich auch mit ziemlicher Sicherheit ebensowohl annehmen, daß dies dieselben Gewächse sein müssen, welche auf den besten Rieselwiesen des Siegener Landes, der Lüneburger Heide rc. wachsen, als auch aus einem Vergleiche der Flora auf den Wiesen dieser Gegenden mit der der Lombardei, darauf schließen, daß der Einfluß des dort so viel wärmeren Klimas weniger im Hervorbringen anderer Arten von Pflanzen, sondern mehr nur in deren schnelleren Nachwachsen sich äußere, daß also die Wiesen im Norden nur weniger oft gemähet werden können, als unter der wärmeren Sonne des Südens.

Diese Pflanzen der bessern Rieselwiesen sind vor allen: Poa trivialis, im Vorschnitt das dominirende und am meisten verbreitete Gras, welches den dichtesten Stand verträgt, und kaum $^1/_2$ Fuß = 0,15 Meter hoch schon anfängt, unten blaß zu werden, Poa pratensis, Festuca pratensis und elatior, Glyceria fluitans ($4^1/_2$ bis 5 Fuß hoch = 1,4121 bis 1,5690 Meter), Agrostis, bei fettem Wasser auch Alopecurus pratensis, Glyceria spectabilis, Phalaris arundinacea u. a. m.; alles Gräser der edelsten Art und von bekanntem Futterwerth.

Es fehlen darunter, wie unter anderen auch Schleiden ganz richtig bemerkt, die Leguminosen; allein es geht schon aus den Analysen des Wassers hervor, und wird durch den kräftigen Wuchs des auf neuen Anlagen, sogar im reinen Sande angesäeten und bewässerten rothen Klees, des auf Bruchboden oft beinahe ausschließlich auftretenden gelben Klees (Lotus), der Platterbse (Lathyrus pratensis) und anderer Pflanzen auch deutlich bewiesen, daß sie nicht darum vergehen, und späterhin fehlen, weil die zu ihrer Ernährung nöthigen Stoffe nicht vorhanden sind, sondern weil das schnell in die Höhe schießende Gras sie überwächst und ihnen keinen Platz, kein Licht und keine Luft läßt, sie also unterdrückt. Man findet zwischen dem Rieselgrase zuweilen Stengel von weißem Klee 3 Fuß = 1 Meter Länge, welche mit dem Grase in die Höhe gegangen, mit fußweit von einander entfernten Blättern.

Es bleibt darum zweifelhaft oder eigentlich wohl unwahrscheinlich, daß sich angesäete, wenn auch sehr nahrhafte Pflanzen, wie das von Schleiden empfohlene Mutterengras (Phellandrium mutellina) und der Alpenfrauen-Mantel (Alchemilla alpina), selbst wenn sie, wie diese, von natürlichen Wässerwiesen gewonnen sind, auf recht guten Rieselwiesen lange Zeit halten werden. Auch Kümmel (Carum carvi) wächst zuerst sehr gut. Vorherrschend bleiben aber immer die Gramineen. Die Qualität des erzeugten Futters muß daher eine gute werden.

Eben so zufriedenstellend wie die Qualität, muß auch die Quantität ausfallen. In der Nähe der Wässergräben, da, wo das Wasser frisch und in genügender Menge in die Wiesen tritt, steht sogar auf wilden Rieselungen das Gras immer gut und dicht. Lassen sich durch zweckmäßige Einrichtung ähnliche Verhältnisse, wie da an den besten Stellen, überall herstellen, läßt sich das Wasser in genügender Menge überall hinbringen und demselben seiner Güte entsprechend breite Flächen vorlegen, läßt es sich durch Drainirung sehr flacher Wiesen erreichen, daß das frische Wasser überall von oben nach unten versinkt, und möglichst ausgenutzt abfließt, so müssen die Wiesen bei richtiger Behandlung einen sehr reichlichen und durchweg ausgeglichenen Graswuchs hervorbringen. Ich halte es sogar bei Anwendung von reicherem Wasser für möglich, auf drainirten Wässerwiesen allein durch eine entsprechende Wässerung in nicht gar langer Zeit das hier so allgemein beliebte Mielitzgras (Phalaris arundinacea und Glyceria spectabilis) als dominirendes Gras hervorzurufen und zu erhalten, ohne es angesäet zu haben. Versuche darüber sind im Gange und scheinen diese Hoffnung zu bestätigen. Man wird nicht unbescheiden sein, wenn man im ersten Schnitt 25 bis 30, im zweiten 15 bis 20 Centner vom Morgen erwartet.

V. Die Gräben und Grippen.

Bestimmung und Eintheilung der Gräben und Grippen.

§. 23.

Die Gräben und Grippen dienen dazu, das zur Rieselung nöthige Wasser nicht allein den Wiesen im Ganzen, sondern auch jedem einzelnen Theile derselben den für ihn nöthigen Antheil zuzuführen, dieses Wasser gleichmäßig über die Fläche zu vertheilen, das übergerieselte Wasser (das Abwasser) wieder aufzunehmen, zusammenzuleiten, und endlich von der Wiesenfläche wieder zu entfernen.

Nach diesen verschiedenen Bestimmungen lassen sie sich eintheilen:

1) in Gräben, 2 Fuß = 0,6276 Meter und darüber breit und mindestens 1 Fuß = 0,3138 Meter tief.

   a) Zuleitungsgräben oder Zubringer. Sie erhalten Gefälle, und dienen dazu, den

   b) Wässer- oder Vertheilungsgräben das Wasser zuzuführen. Diese geben dasselbe an die Grippen ab. Sie werden horizontal, oder erhalten ein höchst geringes Gefälle.

   c) Die Entwässerungsgräben nehmen das abgerieselte Wasser wieder auf und führen es fort. Sie dienen außerdem zur Trockenlegung des Bodens.

2) In-Grippen oder Rinnen, unter 2 Fuß oder 0,6276 Meter breit, und höchstens 1 Fuß oder 0,3138 Meter tief. Analog den Gräben sind sie:

a) Zuleitungsgrippen. Diese führen mit Gefälle den

b) Wässergrippen, welche horizontal liegen, das Wasser zur Vertheilung über die Wiesenflächen zu, wenn die letzteren dasselbe nicht unmittelbar aus den Vertheilungsgräben erhalten.

c) Entwässerungsgrippen. Sie nehmen zunächst das abgrieselte Wasser auf, und führen es in die Entwässerungsgräben ab.

Allgemeine Bemerkungen.

§. 24.

Die Größe der Gräben muß sich natürlicherweise überall nach der fortzuleitenden Wassermenge richten, welche durch die beiden Faktoren Geschwindigkeit und Querprofil bedingt wird. Die Geschwindigkeit hängt vom Gefälle ab. Nach hydrostatischen Ermittelungen über die Bewegung des Wassers in Gräben und Flußbetten von ziemlich gerader Richtung und überall gleichen Querprofilen sind in Eytelwein's Hydraulik die folgenden Formeln entwickelt, welche nach angestellten Versuchen für unsere Zwecke mit der Wirklichkeit vollständig genügend übereinstimmen. Nur für große Ströme und die dort zusammenwirkenden Kräfte sind noch mehr Erfahrungen zu wünschen, ehe über die Bewegung des Wassers in den Krümmungen derselben bestimmte Regeln aufgestellt werden können. Für unsere Zwecke sind jene Eytelwein'schen Formeln eine unbestreitbare Autorität.

Darin bezeichnet

M die Wassermenge,
b die Breite des rechtwinkligen Profils,
h dessen Höhe,
c die mittlere Geschwindigkeit in einer Sekunde,
α das Gefälle für
λ die dazu gehörige Länge.

Hieraus wird die mittlere Geschwindigkeit

$$c = 90{,}9 \sqrt{\frac{bh}{b + 2h} \times \frac{\alpha}{\lambda}}$$

gefunden. Da die Wassermenge dem Produkte aus Querprofil und Geschwindigkeit gleich ist, so ergiebt sich daraus

$$M = 90{,}9\,bh \sqrt{\frac{bh}{b + 2h} \times \frac{\alpha}{\lambda}}$$

Beispiel: Ein 12 Fuß im Mittel breiter, 3 Fuß im Wasser tiefer Graben hat 4 Zoll Gefälle auf 100 Ruthen, wie groß ist dessen Geschwindigkeit in einer Sekunde und wie viel Wasser führt er in dieser Zeit?

Da bei allen solchen Ansätzen die gegebenen Größen als Fuße, oder Theile von Fußen auszudrücken sind, so ist für diesen Fall $b = 12$ Fuß, $h = 3$ Fuß, $\alpha = \frac{1}{3}$ Fuß und $\lambda = 1200$ Fuß, mithin

$$c = 90{,}9 \times \sqrt{\frac{12 \times 3}{12 + 2 \times 3} \times \frac{\frac{1}{3}}{1200}} = 2{,}14 \text{ Fuß und}$$

$$M = 90{,}9 \times 12 \times 3 \sqrt{\frac{12 \times 3}{12 + 2 \times 3} \times \frac{\frac{1}{3}}{1200}} = 77 \text{ Cubikfuß.}$$

Das für alle solche Fälle angenommene Zeitmaaß ist eine Sekunde.

Bei der Berechnung nach Metern ändert sich die Formel insofern, als statt 90,9 nur 50,5 in Rechnung zu stellen, also

$$c = 50{,}5 \sqrt{\frac{bh}{b + 2h} \times \frac{\alpha}{\lambda}} \text{ und}$$

$$M = 50{,}5\,bh \sqrt{\frac{bh}{b + 2h} \times \frac{\alpha}{\lambda}}$$

Beispiel: Ein Graben hat 3,76 Meter Breite, 0,942 Meter Tiefe und 0,028 Procent Gefälle, wie viel Wasser schüttet derselbe in der Sekunde?

$$M = 50{,}5 \times 3{,}76 \times 0{,}942 \sqrt{\frac{3{,}76 \times 0{,}942}{3{,}76 + 1{,}884} \times \frac{0{,}028}{100}} = 2{,}38 \text{ Cbk.-M.}$$

Man sieht aus einer Vergleichung des eben Gesagten mit dem, was andere Schriftsteller über den Wiesenbau darüber angeben, und was die praktischen Wiesenbauer thun, wie wenig die Herren mit den hydrostatischen Gesetzen vertraut sind, wie sehr sie bei der Ausführung größerer Anlagen, bei denen es hierauf doch wesentlich ankommt, fehl greifen müssen, und wie unsicher die Erfolge in ihren Händen nur sein können. Alles Schelten auf unhaltbare Theorien, alles Berufen auf praktische Erfahrung und praktischen Griff können diesen Mangel weder beschönigen, noch verdecken. Die Unrichtigkeiten sind mitunter wirklich zu stark.

Was würde z. B. ein Zuleitungsgraben, welcher nach Patzig's „praktischer Rieselwirth", Seite 126, = 4320 Quadratzoll Querprofil, mithin bei 10 Fuß mittlere Breite und 3 Fuß Tiefe hat, bei einem Gefälle von 10 Zoll auf 100 Ruthen für eine Wassermasse führen? Hier ist $b = 10$ Fuß, $h = 3$ Fuß, $\alpha = \frac{5}{6}$ Fuß und $\lambda = 1200$ Fuß, also

$$M = 90{,}9 \times 10 \times 3 \sqrt{\frac{10 \times 3}{10 + 2 \times 3} \times \frac{\frac{5}{6}}{1200}} =$$

$$2727 \sqrt{\tfrac{1}{768}} = 98 \text{ Cubikfuß}$$

in der Sekunde, also $3^1/_4$mal mehr, als die von Patzig angegebenen 30 Cubikfuß! Das Wasser würde eine mittlere Geschwindigkeit von 3,28 Fuß in der Sekunde haben, während Patzig nur einen Fuß annimmt. Wäre ein solcher Graben zulässig? Würde er nicht in kurzer Zeit durch seinen heftigen Strom die Ufer unterwühlen und abbrechen, und alle die Uebelstände herbeiführen, die in den reißenden Flüssen so kostbare Strombauten und Uferdeckungen nöthig machen? Was sollte wohl daraus werden, wenn das Wasser durch solche Gräben an verschiedene Interessenten vertheilt werden sollte; von denen jeder ein bestimmtes Recht geltend machen kann?

Die Geschwindigkeit des in Gräben fließenden Wassers ist nicht in allen Theilen des Querprofils eine gleiche. Sie nimmt in der Nähe der Wandungen und des Bodens ab, da eine gewisse Kraft dazu gehört, die Adhäsion der Wassertheilchen daran zu überwinden. Je stärker das Gefälle, desto größer muß diese Kraft werden. Bei doppelter Geschwindigkeit des fließenden Wassers müssen z. B. die doppelte Zahl der Wassertheilchen und jedes in der halben Zeit losgerissen werden. Die Geschwindigkeiten verhalten sich daher in offenen Gräben, wie die Quadratwurzeln aus dem Gefälle. In Gräben mit sehr geringem Gefälle (1 bis $1^1/_2$ Zoll auf 100 Ruthen oder 0,007 bis 0,01 Procent) ist aber diese Differenz eine sehr geringe. Das Wasser fließt am Boden fast eben so schnell, als an der Oberfläche, sogar dann noch, wenn die Sohle etwas ansteigt.

Die Berechnungen nach diesen Formeln stimmen um so mehr mit der Wirklichkeit überein, je weniger Widerstand das fließende Wasser an den Wandungen und dem Boden des Grabens zu überwinden hat, je passender die Form des Querprofils ist. Es ist unter den verschiedenen möglichen diejenige die zweckmäßigste, welche bei gleichem Flächeninhalt den kleinsten Umfang besitzt.

In dieser Beziehung müßte darum der Halbkreis das beste Profil abgeben. Demungeachtet wird es niemals ausgeführt. Breitere Gräben würden dabei eine zu große Tiefe erhalten, bei kleineren aber stellt sich durch das Nachfallen der Ufer ein ähnliches Profil von selbst aus anderen Formen heraus.

Dem Halbkreis am nächsten steht das halbe Sechseck, Taf. I. Fig. 6. Ein darnach gearbeitetes Profil paßt auch für manche Bodenarten recht gut, für andere ist die Böschung der Seitenwände noch zu steil, breite Gräben werden auch dabei noch zu tief. Da muß ein anderes mit flacheren Wandungen konstruirt werden, dessen Sohlenbreite gleich $\frac{1}{3}$, und dessen Tiefe gleich $\frac{3}{10}$ der oberen Breite gemacht wird. Taf I. Fig. 7. Ein solches Profil hat nur einen eben so großen Umfang, wie das halbe Quadrat, und steht also wieder dem halben Sechseck am nächsten.*)

Man ist indessen nur in einzelnen Fällen in der Lage, das Profil der Gräben ganz nach diesen Rücksichten bestimmen zu können. Gewöhnlich werden die Dimensionen derselben durch andere Momente bedingt. Da ist man gezwungen, solche Anordnungen zu treffen, daß sich die Gräben nur halten und nicht zusammenstürzen. Dazu giebt man ihren Wänden eine schräge Lage, Böschung oder Dossirung, und nennt diese, je nachdem die schräge Linie von einem auf der Sohle in dem Anfangspunkte der Böschungslinie errichteten Perpendikel Taf. I. Fig. 8. 9. 10. 11. ab ab auf einen Fuß Höhe um $^1/_4$, $^1/_2$, 1, 2 Fuß u. s. w. abweicht, eine $^1/_4$füßige, $^1/_2$füßige, 1füßige, 2füßige Böschung.

Bei größerem Zusammenhange des Bodens darf die Böschung steiler, bei geringerem muß sie flacher gemacht werden. So genügt für Torfboden auch in den tieferen Entwässerungsgräben eine $^1/_4$ bis $^1/_2$füßige Dossirung, bei strengem Lehm- und Thonboden eine $^1/_2$ bis $^3/_4$füßige. Für losen Sandboden muß sie 1 bis $1^1/_2$füßig gewählt werden. Ist der Graben aber zur Fortleitung großer Wassermassen bestimmt, so ist es rathsam, auch in festerem Boden die Böschung flacher, in der Regel füßig zu machen.

Zur Bequemlichkeit für den Gebrauch sind in der beigefügten Tabelle A die Wassermengen nach Cubikfußen, in der Tabelle A' nach Cubik-Metern berechnet, und zusammengestellt, welche Gräben von verschiedener Breite und Tiefe bei verschiedenem Gefälle führen. Es hätte sich in der letzteren vielleicht eine bessere Eintheilung treffen lassen, wenn man die Differenzen zwischen den ganzen Metern nach einem andern Maaßstabe, z. B. 1,00 — 1,25 — 1,5 — 1,75 — 2 u. s. w. getheilt, es schließt sich aber die gewählte mehr unserem jetzigen Fußmaaße an, und wird deshalb in der nächsten Zeit wohl noch bequemer für den Gebrauch sein. Will man das Resultat für eine andere Grabenbreite wissen, so wird sich durch eine leichte Berechnung

*) Theilt man bei einem halben Quadrat Taf. I. Fig. 7 die Seiten in 6, die Grundlinie in 12 gleiche Theile, und zieht von dem vierten und achten Theilungspunkte der letzteren c und e durch die Mitte der beiden Seiten g und f die Linien cd und eh, so erhält man die Böschungslinien, deren jede gleich 10 Theilen der Seiten und Grundlinie ist. Der Umfang dieses Profils hat also 24 Theile, wie der des halben Quadrates.

die proportionale Differenz finden lassen. Aus diesen Tabellen läßt sich eben so wohl die Wassermenge, welche ein Graben von gegebener Breite und Tiefe bei einem gegebenen Gefälle führt, als auch die Graben-Dimensionen, und das Gefälle, welches der Graben zur Fortleitung einer bestimmten Wassermasse erhalten muß, ersehen.

Die in der Tabelle aufgeführten Breiten sind jedoch mittlere. Wird nun die dem Graben zu gebende Böschung $^3/_4$, $^1/_2$ füßig u. s. w. mit der Grabentiefe multiplizirt, so giebt dies Produkt, zur mittleren Breite hinzuaddirt, die obere, davon abgezogen, die Sohlenbreite.

Beispiel: Ein Graben soll 66 Cubikfuß Wasser führen. Das demselben zu gebende Gefälle beträgt pro 100 Ruthen 3 Zoll. Er soll 3 Fuß Tiefe und $1^1/_3$ füßige Böschung erhalten, wie groß wird die obere und die Sohlenbreite? Nach Tabelle A wird unter den gegebenen Bedingungen die mittlere Breite desselben 12 Fuß. Die Tiefe 3 multiplizirt mit der Böschung $1^1/_3$ ist = 4, und diese zur mittleren Breite addirt, giebt die obere Breite = 16 Fuß, davon abgezogen die Sohlenbreite = 8 Fuß.

Oder in Metern:

Ein Graben soll 1,7006 Cubik-Meter Wasser führen. Sein Gefälle beträgt 0,021 Procent, und seine Tiefe 1 Meter, außerdem bekommt er $1^1/_2$ fache Böschung. Wie groß ist die obere und Sohlenbreite? Bei den gegebenen Dimensionen wird nach Tabelle A' seine mittlere Breite 3 Meter. Die Tiefe = 1 Meter mit $1^1/_2$ multiplizirt = 1,5 Meter, zur mittleren Breite hinzuaddirt, giebt 4,5 Meter für die obere, und davon abgezogen, 1,5 Meter für die Sohlenbreite.

Der Hauptzuleitungsgraben.

§. 25.

Der Hauptzuleitungsgraben dient zur Zuleitung des sämmtlichen zu benutzenden Wassers vom Flusse, Bache 2c. ab nach der zu berieselnden Wiese hin. Läßt sich das Wasser unmittelbar an dieser Fläche, ohne Schaden auf anderen Grundstücken zu verursachen, bis zu der für die Berieselung nothwendigen Höhe aufstauen, oder liegt das Wasser von Natur schon höher, als die Wiese, so ist ein Hauptzuleitungsgraben oft ganz entbehrlich. Dagegen kann derselbe an anderen Orten bei schwachem Gefälle des Flusses und hoher Lage der zu berieselnden Fläche viele hundert Ruthen lang gemacht werden müssen.

a) Gefälle des Hauptzuleitungsgrabens.

Das Gefälle, welches einem Hauptzuleitungsgraben zu geben ist, richtet sich nach der Höhe des Wasserspiegels oder der zulässigen Aufstauung an dem Punkte, von wo aus die Ableitung geschehen soll, über der höchsten Stelle des zu bewässernden Terrains. Aber nicht eine jede Höhendifferenz zwischen diesen beiden Punkten ist brauchbar. Ein zu großes Gefälle kann gefährlich und nachtheilig werden, indem es eine zu große Geschwindigkeit des im Graben fließenden Wassers zur Folge hat. Bei großen Wassermassen sollte eine mittlere Geschwindigkeit von mehr als 2 Fuß (0,6276 Meter) per Sekunde gar nicht zugelassen werden. Dem entspricht je nach der Größe der Quantität ein Gefälle von 2 bis 4 Zoll auf 100 Ruthen (0,014 bis 0,028 Procent). Ein Graben von 18 Fuß = 5,6484 Meter mittlerer Breite und 3 Fuß = 0,9414 Meter Tiefe, also von 54 □ Fuß = 5,319 □ Meter Querprofil, führt bei 3 Zoll Gefälle auf 100 Ruthen oder 0,021 Procent nach Tabelle A 106,28 Cubikfuß Wasser = 3,284 Cubik-Meter. Das Wasser darin hat also eine Geschwindigkeit von $\frac{106,28}{54}$, d. i. annähernd 2 Fuß = 0,6276 Meter. Hätte dieser Graben 6 Zoll oder 0,042 Procent Gefälle, so würde er 150,35 Cubikfuß = 4,6458 Cubik-Meter mit einer Geschwindigkeit von 2,8 Fuß oder 0,8786 Meter per Sekunde führen, diese letztere aber schon zu groß sein. Man wird daher besser thun, für eine so große Wassermenge das Profil zu erweitern und das Gefälle zu vermindern, z. B. den Graben 20 Fuß oder 6,2760 Meter im Mittel breit und 4 Fuß oder 1,2552 Meter tief zu machen. Er würde dann etwas über 2 Zoll Gefälle auf 100 Ruthen = 0,014 Procent bedürfen, und das darin fließende Wasser (150 Cubikfuß) eine Geschwindigkeit von 1,8 Fuß = 0,5648 Meter erhalten. Manchmal kann man diesen Zweck durch die Ableitung von einer weiter unterhalb belegenen näheren Stelle erreichen, und dabei an Grabenlänge ersparen, was demselben an Breite und Tiefe zugesetzt werden muß, so daß dadurch kaum Mehrkosten erwachsen, oder man kann, wenn das Wasser an dem zuerst bestimmten höchstgelegenen Punkte ausgehoben wird, durch Ersparung im Gefälle des Hauptzuleitungsgrabens ein größeres Terrain für die Berieselung gewinnen.

Läßt sich jedoch die Grabenlinie, welche das zu starke Gefälle hatte, nicht verändern, so muß man dasselbe durch den Einbau von Wehren in den Graben brechen, und die Gefahr der Zerstörung auf einzelnen, deshalb leicht zu schützenden Stellen, zu konzentriren suchen.

Für kleinere Wassermassen kann dem Hauptzuleitungsgraben ein bedeutend größeres Gefälle gegeben werden, weil diese kleineren Wassermassen lange nicht eine solche Kraft auszuüben vermögen, als die größeren, der Angriff derselben also auch bei weitem nicht so gefährlich und zerstörend wirkt. Auch hier kommt es auf den Zusammenhang des Bodens an. Je größer derselbe ist, ein desto größeres Gefälle im Hauptzuleitungsgraben ist zulässig. Im Thonboden und Torf darf dasselbe deshalb auch größer sein, als im Sande.

Für kurze Strecken und ganz kleine Wassermassen endlich giebt es gar kein Maaß, weil sich in dem dazu nöthigen, schmalen und flachen Graben die Sohle und die Seitenwände ohne allzu große Mühe decken und auf leichte Weise sichern lassen.

Das geringste zulässige Gefälle eines Hauptzuleitungsgrabens beträgt 1 bis $1^1/_2$ Zoll auf 100 Ruthen, oder 0,007 bis 0,01 Procent.

Einer besonderen Rücksicht bedarf es noch, wenn ein Zuleitungsgraben aus einem Bache, Flusse oder dergl. abgeleitet werden muß, ohne daß dieser durch eine darin erbaute Stauschleuse in einer bestimmten Höhe gehalten werden darf, oder die Ableitung nicht so tief gelegt werden kann, daß der Wasserspiegel im Zuleitungsgraben niedriger würde, als die Sohle des Baches. In diesem Falle läuft nur ein Theil des Wassers aus dem Flusse zc. in den geöffneten Graben hinein. Der übrige Theil, mithin weniger, als vorher, fließt in dem natürlichen Bette weiter. Diese geringere Wassermasse bedarf aber, da das Gefälle auch nach Entziehung des abgeleiteten Theils dem früheren gleich bleibt, und nur der andere Faktor, das Querprofil, veränderlich ist, ein kleineres Profil. Das Querprofil ist jedoch nur nach einer Seite hin einer solchen Veränderung fähig. Die Breite desselben bleibt nach, wie vor, die nämliche; die nothwendig erfolgende Verminderung des Flächeninhalts kann daher nur durch eine Verminderung der Tiefe des darin fließenden Wassers, durch das Fallen des Wasserspiegels hervorgebracht werden. Bei der Berechnung des Gefälles für den Hauptzuleitungsgraben ist hierauf Rücksicht zu nehmen, und zu ermitteln, um wie viel der Wasserspiegel im Flusse durch die Ableitung des verlangten Theiles sich senken wird. Geschieht dies nicht, so wird das Gefälle in der Oberfläche des Wassers im Graben geringer, als beabsichtigt. Derselbe wird zwar etwas Wasser, dasselbe jedoch bei weitem nicht in der gewünschten Masse ableiten.

b) Tiefe und Breite des Hauptzuleitungsgrabens.

Nächst dem Gefälle ist die Tiefe des Hauptzuleitungsgrabens zu bestimmen. Auch diese ist keineswegs willkürlich. Maßgebend dafür ist zunächst die Möglichkeit, ihn trocken zu legen. Seine Sohle kann also so tief gelegt werden, daß sie mit der Sohle des niedrigsten Vertheilungsgrabens, welcher aus jenem noch frisches Wasser erhalten wird, in einem Niveau liegt. Die Differenz der Höhe zwischen dem Wasserspiegel des Hauptzuleitungsgrabens und der Sohle dieses Vertheilungsgrabens giebt mithin die größtmöglichste Tiefe desselben.

Ihn noch tiefer zu machen, wird nur da nothwendig, wo der zu berieselnde Boden fast horizontal ist, der Graben also zu flach werden, und dieser zu geringen Tiefe wegen eine zu große Breite und ein zu schlechtes Profil erhalten würde. Nichts hemmt den Fluß des Wassers in den Gräben mehr, als eine zu geringe Tiefe, weil, wie schon vorher erwähnt, die Adhäsion des Wassers am Boden zu überwinden ist.

Wird dagegen bei bedeutendem Gefälle des Terrains die Tiefe nach der zuerst gegebenen Bestimmung zu groß, so liegt es in der Hand des Wiesenbauers, ihm eine beliebig geringere zu geben. Derselbe hat dann darauf Rücksicht zu nehmen, was in §. 24 über die beste Form des Querprofils gesagt worden. Möglicherweise wird aber auch die hiernach bestimmte Tiefe, wie oben bereits angedeutet, noch zu bedeutend werden. Wenn z. B. der Graben sehr tief in den aus schwimmendem Boden, Triebsand oder dergleichen bestehenden Untergrund hineingearbeitet werden müßte, um ein solches Profil herauszubekommen, so würde dadurch die Arbeit übermäßig schwierig und kostbar werden. Dann ist für größere Gräben 3 Fuß oder 1 Meter das geringste Maaß der Tiefe. Für kleine Wassermengen kann man die Gräben wohl flacher machen lassen, doch ist der freieren Bewegung des Wassers wegen immer die mit der Breite und der Festigkeit des Bodens nur irgend verträgliche größte Tiefe zu wählen.

Es bleibt nun noch die Breite des Hauptzuleitungsgrabens zu bestimmen. Gegeben ist dazu die Größe der fortzuführenden Wassermasse. Gefälle und Tiefe werden zuerst nach den vorher gegebenen Regeln festgestellt. Aus diesen Größen läßt sich die mittlere Breite, und aus dieser wieder die obere sowohl, wie die Sohlenbreite berechnen. Die Tabellen A und A' machen für die gewöhnlich vorkommenden Fälle diese Berechnung entbehrlich. Die auf diese Weise gefundene Breite wird für größere Wassermassen allerdings oft sehr bedeutend. So sind hier in neuerer Zeit Hauptzuleitungsgräben für ziemlich ausgedehnte Anlagen von 16 bis 24 Fuß (5 bis 7,5 Meter) Breite und von bedeutender Länge gar nicht selten ausgeführt worden. Der Erfolg hat aber den Beweis geliefert, daß sie durchaus nicht zu groß gerathen sind.

c) Lage des Hauptzuleitungsgrabens.

Da der Hauptzuleitungsgraben keine weitere Bestimmung hat, als das Wasser nach einem bestimmten Punkte hinzuführen, so wird hauptsächlich der Kostenpunkt entscheidend, und diejenige Lage desselben die beste sein, in der der Graben am billigsten herzustellen ist. Ob daher der kürzeste Weg, die gerade Linie, oder ob das Umgehen von Hindernissen in größeren oder kürzeren Bögen den Vorzug verdiene, darüber entscheidet eine einfache Rechnung. Auch werden zuweilen noch andere Rücksichten sich geltend machen. Wenn z. B. die Wahl frei steht, ob der Zuleitungsgraben durch ein Stück Acker hindurch, oder um dasselbe herum geleitet werden soll, so wird auch die Bequemlichkeit in der Bestellung hierbei zu berücksichtigen sein. An anderen Orten bietet vielleicht die Gelegenheit zu einer besseren Abfuhr des Heues u. dgl. m. ein hierüber entscheidendes Moment, kurz, die Lage des Hauptzuleitungsgrabens bleibt immer von den lokalen Verhältnissen abhängig.

Schließlich mag noch darauf aufmerksam gemacht werden, daß die Durchleitung des Grabens durch eine Niederung, in der der Graben verwallt, oder die Erbauung eines Gerinnes nöthig werden würde, möglichst vermieden werden muß. Ganz abgesehen von den Kosten, bleiben solche Stellen immer gefährlich, und sind, wo es angeht, zu umgehen Nur die Unmöglichkeit, auf einem anderen Wege zum Ziele zu gelangen, kann eine solche Einrichtung rechtfertigen.

d) Allgemeine Bemerkungen.

Zuweilen dient ein Hauptzuleitungsgraben, der am Rande des Wiesenterrains herumgeführt wird, gleichzeitig als Fanggraben zur Entwässerung. In diesem Falle erhält er die §. 18 dafür angegebene Tiefe. Aus dieser Tiefe berechnet sich das Minimum der Breite, welche er als Entwässerungsgraben haben muß. Ist diese nicht genügend, das erforderliche Wasserquantum zur Berieselung hindurch zu lassen, so muß dieselbe dem entsprechend größer gemacht werden.

Theils um gefährliche Fluthen abzuhalten, theils um in der Rieselzeit den Zufluß des Hauptzuleitungsgrabens bei wechselndem Wasserstande im Flusse oder Bache zu reguliren, oder ihn in Zeiten, wo nicht gerieselt wird, ganz abzuschließen, damit das Wasser daraus abgelassen und die Wiesen vollkommen trocken gelegt werden können, ist unweit der Ableitung, am Anfange des Hauptzuleitungsgrabens eine Schleuse zu erbauen. Sie wird nur da entbehrlich, wo dessen Sohle hoch über dem gewöhnlichen Wasserstande des Baches ꝛc. liegt, und dieser, um das Wasser in den Graben hineinzutreiben, so hoch angestaut werden muß, daß nach dem Oeffnen dieses Staues das Füllwasser aus dem ersteren rückwärts abläuft, und der Graben auf diese Weise wieder leer wird.

Kleinere Zuleitungsgräben oder Zubringer.

§. 26.

Die kleineren Zuleitungsgräben oder Zubringer sollen den Wässer- oder Vertheilungsgräben das Wasser zuführen. Sie werden aus dem Hauptzuleitungs- oder einem Wässergraben gespeist, welcher letztere dann gleichfalls als Zuleitungsgraben dient. Die Zubringer geben in der Regel kein Wasser an eine Wässerrinne zur Vertheilung über die Wiesen ab, und erhalten das stärkste Gefälle des Terrains, wo sie gerade nöthig werden. Ist dies Gefälle so groß, daß das fließende Wasser die Grabenufer und die Sohle ausreißt und zerstört, so sind sowohl diese, wie die Grabensohle zu decken (confr. §. 60).

Ihre Größe sollte sich, streng genommen, zwar nach der fortzuleitenden Wassermasse richten, doch ist es aus folgenden Gründen rathsam, sie etwas größer zu machen. Zunächst bedarf das darin fortzuschaffende Wasser weniger Gefälle. Durch diese Ermäßigung des Gefälles werden die Gefahren einer zu starken Strömung sehr oft, wenn auch nicht ganz aufgehoben, wenigstens vermindert. Eine weitere Folge davon ist, daß der Graben an seinem oberen Ende nicht ganz mit Wasser angefüllt wird, und daß deshalb vor der dort angebrachten, den Zufluß des Zubringers regulirenden Schleuse einige Zolle Druckwasser bleiben. Dieses Druckwasser treibt nicht allein das genügende Wasserquantum durch eine verhältnißmäßig kleine Schützöffnung hindurch, erfordert daher kleinere und daher billigere Schleusen, sondern gestattet auch, daß, wenn bei Ueberfluß von Wasser ein besonders kräftiges Rieseln nutzbringend erscheint, durch den Zubringer mehr, als das normale Maaß hindurch, und dem zu speisenden Wässergraben zugeführt werden kann. Aus demselben Grunde ist es auch in der Regel zweckmäßig, ihnen, obgleich sie ein stärkeres Gefälle haben, dennoch die Breite der Vertheilungsgräben zu geben, welche sie zu speisen bestimmt sind.

Ihre Tiefe wird selten unter 2 Fuß = 0,6276 Meter betragen dürfen, weil sie neben dem Zwecke der Wasserzuleitung während des Rieselns, auch nach dem behufs Trockenlegung der Wiesen erfolgten Abstellen, gewöhnlich die Vorfluth für das zur Füllung der Wässergräben benutzte, und das daraus zurück- und ablaufende Wasser zu gewähren haben. Sie wird sogar mindestens 3 Fuß = 1 Meter betragen müssen, wenn jene Wässergräben gleichzeitig als Entwässerungsgräben die Trockenlegung des Grund und Bodens bewirken sollen, und selbst diese Tiefe haben.

Da sie keine Grippen mit Wasser versorgen, so erhalten sie auf beiden Seiten eine kleine Verwallung von einigen Zoll Höhe. Liegt aber die Schicht, welche sie durchschneiden, höher, als der Wasserspiegel im Zubringer, so bedürfen sie einer solchen Verwallung nicht. Sie vertreten beim Rückenbau in diesem Falle gewöhnlich sogar die Stelle einer Entwässerungsrinne.

Wässer- oder Vertheilungsgräben.

§. 27.

Die Wässer- oder Vertheilungsgräben sollen das zur Berieselung der darunter liegenden Fläche nöthige Wasser vollständig gleichmäßig und nach Bedürfniß an die Wässerrinnen zu vertheilen. Unter allen Gräben erfordern sie gerade die größte Umsicht in der Feststellung ihrer Lage und Dimensionen, nicht allein, weil sie eine bestimmte Quantität von Wasser fortführen, und an verschiedenen Orten bestimmte Theile desselben abgeben müssen, sondern auch, weil davon die Größe der Bodenbewegung und damit die Höhe der Anlagekosten ganz wesentlich bedingt wird.

a) Gefälle der Wässergräben.

Die Kunstwiesenbauer sind über die Größe des Gefälles, welches die Wässergräben bekommen müssen, sehr verschiedener Meinung. Die Siegener halten, indem sie den Verlust an Terrain durch breite und tiefe Gräben fürchten, auf 100 Ruthen das sehr bedeutende Gefälle von 10 Zoll oder 0,07 Procent für nothwendig, während die Hannoveraner ihre Wässergräben vollständig horizontal machen. Jene mit Gefälle gearbeiteten schmalen und flachen Gräben schlagen aber nur bei einem ganz bestimmten Zufluß regelmäßig über. Jede Vermehrung desselben hat vornan ein bedeutendes Steigen des Wasserspiegels zur unausbleiblichen Folge. Der stärkere Zufluß stürzt dann in die ersten Rinnen hinein, während nach dem unteren Ende nicht mehr, als das gewöhnliche Wasser hin zu bekommen ist. Außerdem kann das Gefälle, welches dem Graben gegeben worden ist, auf andere Weise viel vortheilhafter benutzt werden. Darum ist die hannoversche Manier, sie horizontal zu legen, sehr oft vorzuziehen. Das Wasser bedarf aber zum

Weiterfließen immer einiges, wenn auch ein geringes Gefälle. Für eine kurze Strecke ist die Differenz mit der Horizontale eine sehr geringe, und kann beim Bau der Wiese unbeachtet bleiben. Darum ist diese hannoversche Manier aber auch nur für kurze Gräben anwendbar.

Erhalten dieselben eine größere Länge von dem Punkte ab gerechnet, an dem ihnen das nöthige Wasser zur weiteren Vertheilung zugeführt wird, so müssen sie Gefälle, und zwar 1 Zoll auf 100 Ruthen = 0,007 Procent erhalten. Zweckmäßig ist es trotzdem, ihnen auch in diesem Falle keine allzu große Länge zu geben. 50 bis 60 Ruthen = 188 bis 225 Meter ist für gewöhnlich das äußerste Maaß dafür.

Bekommen sie aber ihren Zufluß an verschiedenen nicht weit von einander entfernten Stellen, so sind sie ganz horizontal zu machen.

b) Tiefe der Wässergräben.

Eben so verschiedene Ansichten herrschen unter den Kunstwiesenbauern über die den Wässergräben zu gebende Tiefe. Die Siegener bauen dieselben auf, d. h. sie bilden die Seiten derselben durch kleine Verwallungen, so daß ihre Sohle mit der Oberkante der daraus gespeiseten Wässerinnen, in gleicher Höhe liegt, die Hannoveraner dagegen schneiden sie in den Boden so ein, daß der Wasserspiegel derselben mit jener Oberkante in einem Niveau ist. Auch hierbei ist die Manier der Siegener nicht die bessere. Erstlich können die aufgebauten Gräben eine nur geringe Tiefe erhalten. Das Wasser fließt aber in flachen Gräben, wie schon §. 25, b. nachgewiesen, immer schlecht. Zweitens ist die Höhe, welche das im Graben fließende Wasser hat, eben so verloren, wie vorher das Gefälle desselben. In gebirgigen Gegenden mag dasselbe überflüssig vorhanden sein, in flacheren Gegenden ist eine solche Verschwendung des Gefälles ganz unverantwortlich. Drittens aber ist es gar nicht zu vermeiden, daß das in diesen Gräben bei nassem Wasser sich ansammelnde, oder als Spillwasser der Schleusen hineintretende Wasser in die Wässerinnen hineinläuft und dieselben anfüllt, wenn man es auch auf der Wiese nicht haben will. Aus diesen kann es, da es daraus keinen Abfluß hat, nur durch Versacken oder Verdunsten wieder verschwinden. Schon §. 9 ist der große, hieraus entstehende Nachtheil des künstlichen Auskältens des Bodens erwähnt.

Dieser letzte Fehler genügt, ganz abgesehen von allen anderen, an und für sich schon, die aufgebauten Gräben ganz zu verwerfen, und den eingeschnittenen den Vorzug einzuräumen. Der Wässergraben muß sogar mindestens so tief eingeschnitten werden, daß er den Wässerrinnen zu allen

Zeiten reichliche Vorfluth zu gewähren im Stande ist, und daß, wenn auch etwas Wasser im Graben sich ansammeln sollte, dieses Wasser darin niemals so hoch steigen kann, daß es in die Wässerrinnen hineintritt. Beim Trockenlegen müssen dieselben vielmehr stets rückwärts in den Graben hinein ablaufen können, und auf diese Weise nach Vermögen zur Trockenlegung der Wiese beitragen.

Die geringste Tiefe der Wässergräben ist aus diesen Gründen $1^1/_2$ bis 2 Fuß = 0,4707 bis 0,6276 Meter.

c) Breite der Wässergräben.

Nachdem auf diese Weise das Gefälle, und davon abhängend die Geschwindigkeit, und die Tiefe bestimmt sind, bleibt, da auch die fortzuführende Wassermasse (§. 10) gegeben ist, nur noch die Breite der Wässergräben festzustellen übrig. So viel leuchtet von vornherein ein, daß sie, da die beiden ersten Faktoren überall ziemlich gleich groß sind, der fortzuschaffenden größeren oder geringeren Wassermenge ziemlich proportional werden muß. Dabei ist aber zu berücksichtigen, daß es ein großer Fehler ist, die Wässergräben zu klein zu machen. Geschieht das, so wird die Wiese niemals den vollen Ertrag gewähren. Maßgebend bleibt für die Größe der Wässergräben allerdings der Wasserbedarf der Fläche, aber man soll nie vergessen, daß zu Zeiten stärkere Wässerungen wünschenswerth und nützlich sind, und daß dazu mehr gehört, als der mittlere Zufluß, daß ferner die Wässergräben für kleine Flächen nicht sehr breit, und deshalb auch nicht tief werden können, daß aber gerade in den schmalen und flachen Gräben das fließende Wasser einen bedeutenden Widerstand zu überwinden hat, wenn dieselben rein sind, und daß das geringste Hinderniß darin doppelt störend wirkt, wenn das nicht der Fall ist. Darum werden verschiedene Regeln gelten müssen für große und für kleine Gräben.

Ist die Wiese zu 2 Ruthen breiten Rücken eingerichtet, so erhält der Wässergraben derselben

wenn sie bis 2 Morgen groß ist, $1^1/_2$mal so viel Fuß zur mittleren Breite, als die Fläche Morgen enthält, und 2 Fuß Tiefe,

bei einem Flächeninhalt von 3 bis 4 Morgen eben so viel Fuß mittlere Breite, als Morgen, und 2 Fuß Tiefe,

für 5 bis 6 Morgen $^3/_4$ mal so viel mittlere Breite und $2^1/_2$ Fuß Tiefe,

für 7 bis 8 Morgen $^5/_8$ mal so viel Breite und 3 Fuß Tiefe.

Für noch größere Flächen wird die mittlere Breite nach der Tabelle A bestimmt und derselben so viel zugesetzt, als für die stärkere Wässerung nöthig ist, d. h. für die Quantität von Wasser mindestens das $1^1/_2$fache der mittleren angenommen.

Aus der so bestimmten mittleren Breite läßt sich dann mit Berücksichtigung der erforderlichen Böschung (§. 24) die obere und Sohlenbreite berechnen.

Ist die Fläche in 3 Ruthen breite Rücken eingetheilt, so wird die Breite des Wässergrabens derselben gleich $^2/_3$, für 4 Ruthen breite Rücken gleich der Hälfte der nach den oben angegebenen Regeln bestimmten.

Ein Beispiel mag dies deutlicher machen. Der Wässergraben für eine Fläche von 5 Ruthen Breite sei 60 Ruthen lang, und dieselbe zu 2 Ruthen breiten Rücken eingerichtet. Sie hat also $5 \times 60 = 300$ Quadrat-Ruthen $= 1^2/_3$ Morgen Flächeninhalt. Die mittlere Breite des Grabens soll also $1^2/_3 \times 1^1/_2 = 2^1/_2$ Fuß werden. Wird die Böschung 1 füßig und die Tiefe 2 Fuß, so bekommt der Graben mithin $4^1/_2$ Fuß obere und $^1/_2$ Fuß Sohlenbreite. Ein solcher Graben führt bei 1 Zoll Gefälle auf 100 Ruthen über 3 Cubikfuß Wasser, das ist viel mehr, als gewöhnlich nöthig ist, da bei mittlerem Zufluß nur 1,67 Cubikfuß per Sekunde gebraucht werden. Die Folge davon wird sein, daß bei diesem normalen Zufluß im Wasserspiegel noch weniger als 1 Zoll Gefälle auf 100 Ruthen gebraucht, und deshalb die Vertheilung sehr regelmäßig werden wird, daß der Wasserspiegel aber auch bei bedeutend stärkerem Zufluß behufs einer recht kräftigen Rieselung nicht viel mehr von der Horizontale abweichen wird, weil das Wasser vornan im Graben kaum $^2/_3$ Zoll anzusteigen braucht, um das Doppelte zu leisten.

Auf Hektare und Meter berechnet sich dies Verhältniß für 7,5 Meter breite Rücken folgendermaßen:

Ist die Fläche bis		0,5	Hektare	groß,	so ist	der	Multiplikator	2
"	"	1	"	"	"	"	"	1,25
"	"	1,5	"	"	"	"	"	1
"	"	2	"	"	"	"	"	0,75

Das Produkt der Zahl der Hektare mit diesem Multiplikator giebt die mittlere Breite in Metern.

Ein Graben z. B. habe eine Fläche von 0,8 Hektaren zu speisen, so wird seine mittlere Breite $0{,}8 \times 1{,}25 = 1$ Meter. Die Fläche von 0,8 Hektaren bedarf bei mittlerem Zufluß $0{,}8 \times 0{,}12 = 0{,}096$ Cubik-Meter zur Berieselung. Ein Graben von 1 Meter mittlerer Breite führt bei einem Gefälle von 0,007 Procent und 0,66 Meter Tiefe 0,1487 Cubik-Meter.

Wasser. Zur stärkeren Bewässerung wird daher auch hierbei der Wasserspiegel wenig steigen, und die Vertheilung eine möglichst regelmäßige bleiben.

Sind die Flächen über 2 Hektaren groß, so findet für die Berechnung der mittleren Breite die oben angegebene Regel, mit Benutzung der Tabelle A', Anwendung. Die obere und Sohlenbreite werden daraus, wie vorher, berechnet.

Eben so werden auch für 11,3 und 15 Meter breite Rücken die auf obige Weise gefundenen Resultate mit $^2/_3$ und $^1/_2$ multiplizirt.

Die auf diese Weise gefundene Breite braucht aber nicht dem ganzen Wässergraben gegeben zu werden. Erhält derselbe nämlich sein Wasser auf dem einen Ende, so kann dessen Breite, weil bei jeder daraus gespeisten Wässerrinne ein Theil des Wassers abgegeben, und nur das übrig bleibende darin weiter geführt wird, allmählich geringer werden, bis der Graben nur noch der letzten Rinne Wasser zuzuführen, und deshalb auch nur die Breite dieser Rinne zu erhalten hat. Wenn das Wasser stets rein und klar, und im Graben alles glatt und sauber bliebe, so würde diese Breite vollständig genügen. Das ist aber nicht der Fall. Das in den Graben gefallene Laub, Reisig, trockenes Gras, Schlamm u. s. w. schiebt sich beim Anlassen des Wassers in demselben bis zum Ende fort, und füllt da den Graben oft ganz zu. Das auf den Seiten üppig wachsende und hineinhängende Gras verengt überdies das Grabenprofil, so daß die geringe Breite von 1 Fuß = 0,3138 Meter am untern Ende ganz unpraktisch und es rathsam ist, den Graben auch hier lieber etwas breiter zu machen. Dazu kommt, daß das vorher verlangte Minimum der Tiefe dem Wässergraben bei so geringer Breite nicht zu geben ist. Darum darf das unterste todte Ende eines Vertheilungsgrabens nicht unter 2 Fuß oder 0,6276 Meter breit gemacht werden.

Die Differenz zwischen der berechneten und der Breite am todten Ende wird dann auf die Grabenlänge regelmäßig vertheilt. So würden, auf das vorige Beispiel zurückgreifend, die ersten 10 Ruthen des 60 Ruthen langen Wässergrabens $4^1/_2$ Fuß, die nächsten 10 Ruthen 4 Fuß, 10 Ruthen $3^1/_2$ Fuß, 10 Ruthen 3 Fuß, 10 Ruthen $2^1/_2$ Fuß und die letzten 10 Ruthen 2 Fuß breit gemacht werden müssen.

Liegt nun die Oberfläche auf dieser Strecke annähernd horizontal, erhält der Graben aber an seinem Anfange 2 Fuß, am todten Ende nur $1^1/_2$ Fuß Tiefe, so steigt die Grabensohle faktisch bergan. Das hat aber auf die Regelmäßigkeit des Wasserflusses darin keinen Einfluß. Das Wasser fließt trotzdem auch auf der Grabensohle, fortgerissen durch die Adhäsion der Wassertheilchen, untereinander fast mit derselben Geschwindigkeit weiter, wie an der Oberfläche.

In derselben Weise berechnet sich die Abnahme der Breite des Grabens für breitere Rücken.

Ganz eben so verhält es sich bei dem Hangbau. Auch hier ist der Inhalt der Flächen, welche frisches Wasser bekommen, gleichbedeutend mit dem Wasserbedarf der Hänge und darum maßgebend. Aus diesem Flächeninhalt werden in der für die Rücken abgegebenen Weise die mittlere und daraus die obere und Sohlenbreite bestimmt. Sie wird auch in demselben Verhältniß für 1$^1/_2$ und 2 Ruthen (5,6 bis 7,5 Meter) breite Hänge eine geringere, wie das bei den 3 bis 4 Ruthen (11,3 bis 15 Meter) breiten Rücken angegeben ist.

Sollte indessen die Breite irgend eines Wässergrabens nach dieser Berechnung kleiner werden, als 2 Fuß (0,66 Meter), so ist dieses Maaß, als das geringste, doch festzuhalten.

Etwas anderes ist es aber, wenn der Wässergraben sein Wasser nicht an dem einen Ende, sondern an verschiedenen Stellen erhält, wenn er z. B. auf das Abwasser einer darüber liegenden Schicht angewiesen ist. Die Entfernung dieser Speisungspunkte von einander ist dann in der Regel keine große. Oft führen ihm die nur wenige Ruthen (7 bis 15 Meter) aus einander liegenden Entwässerungsrinnen das Wasser zu. Der Graben bedarf deshalb keiner großen Breite. In warmem Boden würde daher das Minimalmaaß eines Wässergrabens, d. h. 2 Fuß (0,66 Meter) dazu genügen. Da aber so schmale Gräben nur eine sehr geringe Tiefe bekommen können, und diese doch mindestens so groß sein soll, daß die Wässerrinnen nach dem Abstellen des Wassers rückwärts darin ablaufen können, wenn auch der Graben nicht immer ganz klar sein sollte, so ist es praktisch richtiger, für diese Art von Wässergräben eine Breite von mindestens 3 Fuß oder 1 Meter zu wählen.

Von den meisten Kunstwiesenbauern werden gegen diese Dimensionen eine Menge von Einwendungen gemacht. Zunächst wird den breiteren und tieferen Gräben vorgeworfen, es gehe dadurch zu viel Terrain verloren, ferner, sie vergrößerten die Kosten der Anlage sehr bedeutend, und endlich, es sei zu deren Füllung zu viel Wasser erforderlich, welches der Berieselung verloren gehe. Auf alle diese Vorwürfe läßt sich nur erwidern, daß sie nur zum Theil wahr und sehr übertrieben seien, und daß sie, wenn die oben entwickelten Prinzipien richtig, als ein nothwendiges Uebel mit Geduld ertragen werden müssen. Uebrigens erscheinen sie im ersten Augenblick viel schlimmer, als sie wirklich sind. Große Wassermassen bedürfen zu ihrer Fortbewegung natürlicher Weise auch großer Gräben, indeß werden große Wasserquantitäten eben auch nur für große Flächen erforderlich. Bei der großen Ausdehnung der Gutsflächen in unseren östlichen Provinzen, welche im Verhältniß zu den Grundstücken anderer Gegenden nur einen geringen Werth haben, welche aber sehr häufig große berieselungsfähige Terrains, und zu deren Bewässerung reichliches Wasser besitzen, ist es ganz gleichgültig, ob einige Morgen mehr oder weniger in Gräben liegen, wenn nur der Ertrag der übrigen vielen Morgen dadurch erhöht und gesichert wird. In anderen Gegenden, wo Grund und Boden viel kostbarer, ist der Besitz mehr getheilt. Die einzelnen Besitzungen sind kleiner, zu ihrer Bewässerung daher nur kleinere Wassermassen, und für diese kleinere Gräben erforderlich. Treten indessen an solchen Orten viele kleine Besitzer zu Genossenschaften zusammen, und werden dadurch große und zusammenhängende Wiesen-Komplexe geschaffen, so kann allerdings der Fall vorkommen, daß eine Parzelle mehr vergraben wird, als eine andere, wohl ganz verschwindet, und daß nur durch eine neue proportionale Vertheilung nach Ausführung der Anlagen die nothwendige Gleichmäßigkeit wieder hergestellt werden kann. Das ist nun einmal nicht zu ändern. Wollen die Interessenten viel Gras haben, so müssen sie viel Wasser geben, und zur Fortschaffung von vielem Wasser gehören größere Gräben. Der große Vortheil, den sie durch die Berieselung erstreben, ist auf keine andere Weise zu erzielen, darum mögen sie sich mit dem guten alten Rieselsprichwort trösten: an den den Knochen wächst Fleisch und an den Gräben Gras.

Ganz eben so verhält es sich mit den Kosten. Daß die Anfertigung eines größeren Grabens mehr kostet, als die eines kleineren, liegt auf der Hand. Allein die Kosten für die ganze Gräberei auf einer Rieselwiese betragen pro Morgen je nach der dazu erforderlichen Länge und Größe der Gräben zwischen 20 Sgr. und 2 Thlrn, pro Hektare 2 bis 8 Thlr. Die breiteren machen den Preis also nicht viel theuerer. Dieser höhere Preis kommt jedoch bei einer Höhe der Gesammtkosten des Umbaues der Wiesen in Kunstwiesen von 40 bis 100 Thlrn. pro Morgen, oder 150 bis 400 Thlr. pro Hektare kaum, und hier um so weniger in Betracht, als sich bei rationellem Bau auf andere Weise, und durch andere Anordnungen 20 bis 50 Thlr. pro Morgen, oder 80 bis 200 Thlr. pro Hektare ersparen lassen. Oft hängt sogar die Möglichkeit einer ausgedehnten Anlage von der Einrichtung eines großen und sehr kostbaren Zuleitungsgrabens ab.

Eben so wenig ist der letzte Einwand ein erheblicher, wenn er auch im ersten Augenblicke manches für sich zu haben scheint. Zahlen beweisen. Daher mag hier ein einfaches Rechenexempel folgen. Nach dem vorher angeführten Beispiel war für $1^2/_3$ Morgen Fläche ein vorne im Mittel $2^1/_2$ Fuß, am todten Ende $1^1/_2$ Fuß, im Mittel also 2 Fuß, und durchschnittlich (vorn 2 Fuß, am Ende $1^1/_2$ Fuß) $1^3/_4$ Fuß tiefer Graben erforderlich. Ein solcher Graben hat bei 60 Ruthen Länge 2 Fuß $\times$ $1^3/_4$ Fuß $\times$ 720 Fuß = 2520 Cubikfuß Inhalt. Die Siegener Kunstbauer würden dafür einen vorne 2 Fuß, am Ende $1^1/_2$ Fuß, durchschnittlich $1^3/_4$ Fuß breiten, 1 Fuß tiefen Graben gemacht haben. Derselbe hätte einen cubischen Inhalt von $1^3/_4 \times 1 \times 720$ Fuß = 1260 Cubikfuß gehabt, wäre also um 1260 Cubikfuß kleiner gewesen. Die Füllung des breiteren Grabens würde bei normalem Zufluß 12,6 Minuten länger gedauert haben. Aehnliche Verhältnisse stellen sich überall heraus. Was wollen aber einige Minuten mehr oder weniger den längeren Rieselzeiten von 8 bis 14 Tagen gegenüber sagen? Sogar bei der Wässerung einer Nacht kann dieser Zeitverlust dadurch ganz unschädlich gemacht werden, daß man das Wasser einige Minuten früher anläßt. Ueberdies ist ja nicht alles Füllwasser der eingeschnittenen Gräben verloren. Selbstredend kann dasselbe nicht zur Bewässerung der zunächst liegenden, wohl aber auf den unterhalb und niedriger belegenen Schichten verwendet werden. Daher ist bei etwas ausgedehnteren Anlagen auch nur das Füllwasser der untersten, letzten Wässergräben, also immer nur ein geringer Theil des Ganzen, und zwar ein Theil, welcher gewöhnlich schon zur Berieselung der oberen Schichten, oder bei kürzeren Wässerzeiten zur Füllung der oberen Gräben gedient hat, verloren. Nur auf Flächen mit sehr geringem Gefälle geschicht dies in etwas größerem Maße, aber gerade da tritt der Vorzug des rationellen Baues in anderer Beziehung recht glänzend hervor. Der Siegener Kunstwiesenbauer braucht z. B. zu einer Schicht erstens die Wassertiefe des aufgebauten Grabens mit 12 Zoll = 0,3138 Meter, zweitens das Gefälle dieses Grabens, in dem vorigen Beispiel 9 Zoll = 0,2354 Meter, drittens die Rückenhöhe von 8 bis 12 Zoll = 0,2092 bis 0,3138 Meter, endlich für das Gefälle der Entwässerungsrinnen und den Vorstand derselben wenigstens noch 4 Zoll = 0,1046 Meter, im ganzen 33 bis 37 Zoll oder 0,8630 bis 0,9676 Meter. Eine Fläche mit diesem Gefälle bedarf dabei überall frischen Wassers. Der rationelle Wiesenbauer ist bei dem nämlichen Gefälle in der Lage, drei bis vier Schichten unter einander zu legen, also das Wasser drei- bis viermal zu benutzen, mit anderen Worten, er verbraucht zur Berieselung einer so gelegenen, eben so großen Fläche nur den dritten bis vierten Theil des Wassers, welches der Siegener haben muß, oder rieselt mit dem nämlichen Zufluß eine drei- bis viermal größere Fläche eben so kräftig, und erreicht damit dann auch relativ dasselbe, im ganzen aber das 3 bis 4fache Resultat. Was will das bischen Füllwasser, welches etwa verloren geht, gegenüber einer solchen Ausnutzung und Ersparung des Wassers sagen?

Die bis dahin gegebenen Regeln zur Bestimmung der Breite der Wässergräben gelten für den Rücken- und Hangbau. Sie machen sich etwas anders für die Bewässerung drainirter Wiesen. Schon in §. 10 ist darauf aufmerksam gemacht worden, daß auf den letzteren die Möglichkeit einer höheren Ausnutzung des Wassers gegeben ist, und daß dem entsprechend weniger Wasser dazu gebraucht werde. Die Wässergräben brauchen deshalb auch nur geringere Quantitäten davon zuzuführen und zu vertheilen. Wollte man indessen die Dimensionen ihrer Querprofile nur nach der fortzuschaffenden Wassermenge berechnen, so würden dieselben ungemein klein ausfallen, so klein, daß das Wasser die in den Gräben unvermeidlichen Hindernisse, von denen schon vorher wiederholt die Rede gewesen, weder zu umgehen, noch zu beseitigen im Stande sein würde. Darum ist auch hier das Minimum der Breite zu 2 Fuß = 0,6276 Meter anzunehmen.

d) Lage der Wässergräben.

Der rationelle Wiesenbau würde seinen Namen nur halb verdienen, wenn er nicht die §. 22 besprochenen Resultate mit dem möglichst geringsten Anlagekapital zu erzielen im Stande wäre. Auch dieser Anforderung genügt derselbe vollständig, denn während im Siegenschen die durchschnittlichen Anlagekosten für einen Morgen auf 60 Thlr., pro Hektare 240 Thlr., im Hannoverschen auf 40 Thlr. = 160 Thlr. pro Hektare, sich belaufen, und bis 120 Thlr., 480 Thlr. pro Hektare, steigen, betragen dieselben beim rationellen Bau unter ähnlichen Verhältnissen durchschnittlich nur 30 Thlr. pro Morgen, 120 Thlr. pro Hektare, und nur an Orten, wo sehr viel Steine, oder sehr viel Wurzeln kurz zuvor abgetriebener Bäume die Arbeit ganz außergewöhnlich erschweren, kostet er, wenn nicht noch ganz besondere, außergewöhnliche Schwierigkeiten oder eine Liebhaberei des Bauherrn dazwischen kommt, 40 bis 50 Thlr., 160 bis 200 Thlr. pro Hektare, und nur in sehr seltenen Fällen noch mehr. Der allerhöchste Preis, welcher in Pommern bisher nur einmal auf einer größeren Anlage und unter den schwierigsten Umständen angelegt worden ist, wo steile und hohe Ufer die Zuleitung des Wassers, und Tausende von großen Steinen und Stubben die Arbeiten erschwerten, betrug pro Morgen 80 Thlr. (= 320 Thlr. pro Hektare). Dieser sehr bedeutende Unterschied von Anlagekapital liegt in der viel geringeren Erdbewegung beim rationellen Wiesenbau. Bedenkt man, daß jeder Zoll (0,026 Meter) Auf- oder Abtrag pro Morgen 3 Thlr. (pro Hektare 12 Thlr.) kostet, so wird man dies erklärlich und natürlich finden, denn was will ein Zoll auf einer größeren Fläche sagen, und wie oft müssen die Kunstwiesenbauer zur Herstellung ihrer geraden Linien mehrere Fuß (0,3 und mehr Meter) auf- oder abtragen! Diese Ersparung hat ihren Grund vorzugsweise in den Regeln für die Lage der Wässergräben. Macht doch schon Schwerz darauf aufmerksam, daß sich durch eine wohlüberdachte Richtung der Wässergräben manche Beschwerlichkeit beim Ebnen des Bodens beseitigen und manche Ausgabe ersparen lasse. Diese Regeln verdienen deshalb auch ganz besondere Beachtung.

Nur auf sehr ebenem und gleichmäßig fallenden Boden lassen sich dieselben ausnahmsweise nach geraden Linien ausführen. Auf jedem anderen werden sie krumm. Immer muß sich ihre Lage nach den Höhenverhältnissen des Terrains richten. Ihre Richtung wird durch Abstecken einer Horizontale gefunden, d. h. dadurch, daß man im Terrain die zusammengehörigen, in gleicher Höhe liegenden Punkte, aufsucht. Wollte man jedoch diese Punkte durch gerade Linien mit einander verbinden, so würde das nicht allein sehr schlecht aussehen, sondern es würde oft für die ferneren Arbeiten manchen Nachtheil haben, größere Kosten verursachen, die Werbung erschweren u. s. w. Den das Auge beleidigenden Krümmungen und Ecken, welche manche Wiesenbauer machen, soll daher hier keineswegs das Wort geredet werden. Es läßt sich den krummen Linien mit großer Leichtigkeit eine hübsche und gefällige Form geben. Um diese herauszubekommen, braucht man den abgesteckten Horizontalpunkten nicht allzu ängstlich und genau von Pfahl zu Pfahl zu folgen. Von dem Gefälle des Terrains hängt es ab, ob man mehr oder weniger von denselben abweichen darf. Bei geringerem Gefälle darf dies 1 bis 2 Ruthen = 3,7656 bis 7,5312 Meter nach oben oder unten von den abgesteckten Horizontalpfählen geschehen. Taf. I. Fig. 12 seien z. B. a. b. c. d. e. f. die mit dem Nivellir-Instrumente gesuchten Horizontalpunkte, so würde A. B. C. oder A' B' C', wie es gerade mit den folgenden Punkten paßt, die Grabenlinie werden können. Je stärker das Seitengefälle ist, desto näher muß man an den angesteckten Punkten festhalten, und die Linie lieber etwas darüber, als darunter legen. Der Graben würde also bei der nämlichen Lage der Horizontalpunkte Fig. 13 a. b. c. d. e. f. die gezeichnete Richtung erhalten müssen. Es wird sich dann häufig so einrichten lassen, daß wenn auf einer Stelle die Grabenlinie oberhalb eines

Pfahles abgesteckt worden ist, sie nicht weit davon wieder unter den nächsten trifft, damit der dort erfolgende Abtrag an der hier entstandenen niedrigen Stelle, mithin in der Nähe untergebracht werden kann. Mit etwas Geschmack und Uebersicht lassen sich auf diese Weise sehr gefällige Formen darstellen, und eine so eingerichtete Rieselung verhält sich zu einem Kunstbau etwa, wie ein englischer Park zu einem Garten nach alt-französischem Stil.

Die zuweilen laut gewordene Besorgniß, daß das fließende Wasser in den Krümmungen der geschlängelten Gräben aufgehalten, und durch solche Störungen die Vertheilung unregelmäßig werde, hat keinen Grund. Erscheinungen, wie Wirbel, Widerströmungen u. s. w. treten in Folge der hohlen Ufer nur dann auf, wenn bei starkem Gefälle eine heftige Strömung sich daran bricht. In Gräben dagegen, welche, wie die hier verlangten Wässergräben, mit dem möglichst geringsten Gefälle angelegt sind, fließt das Wasser fast in allen Theilen des Profils mit gleicher Geschwindigkeit und Regelmäßigkeit ruhig fort, und greift nur in sehr scharfen Krümmungen die hohen Ufer etwas, aber sehr wenig an.

e) Nebenbestimmungen der Wässergräben.

Sehr häufig wird ein Wässergraben gleichzeitig zu anderen Zwecken, entweder als Zubringer, oder als Entwässerungsgraben benutzt.

Dient ein Wässergraben ganz, oder auf einzelnen Strecken gleichzeitig als Zuleitungsgraben für eine andere Fläche, so wird er, was Gefälle und Tiefe betrifft, wie jeder andere Wässergraben, und nur um so viel breiter gearbeitet, daß er das für die andere Fläche nöthige Wasser noch neben seinem eigenen Bedarf mit dem geringsten Gefälle bis zu dem bestimmten Punkte hinzubringen im Stande ist.

Dient er nach dem Abstellen des Wassers in denjenigen Zeiten, während welcher nicht gerieselt wird, als Entwässerungsgraben, so macht auch dieser Nebenzweck noch einige Abweichungen von den vorher gegebenen Regeln nöthig. Auch hier ist Rücksicht darauf zu nehmen, ob der Graben seinen Zufluß am Ende, oder an mehreren Stellen, oder überall erhält. Das erste ist z. B. der Fall, wenn der Wässergraben am Rande einer bruchigen Fläche, unter welcher sich in geringer Tiefe Grundwasser hinzieht (§. 18), gleichzeitig zum Abfangen dieses Grundwassers dient. Er erhält dann die Tiefe eines solchen Fanggrabens, d. h. er muß $1^1/_2$ bis 2 Fuß (0,4 bis 0,6 Meter) in die Wasser führende Schicht einschneiden. Nach der hierdurch bestimmten Tiefe richtet sich dann auch seine Breite, wenigstens darf er nicht schmaler gemacht werden, wenn auch eine geringere Breite genügte, die zum Rieseln nöthige Wassermenge darin fortzubringen. Reicht indessen seine nach der Tiefe bestimmte Breite für diese Wassermenge nicht aus, so muß natürlicher Weise so viel zugegeben werden, als dazu nöthig.

Aehnlich verhält es sich, wenn auf flachen Terrains ein Wässergraben einem größeren Hauptzuleitungsgraben parallel geht, und nur durch einen Wall oder Weg davon getrennt ist. Eine solche Einrichtung wird oft und namentlich da nöthig, wo mehrere, an einem und demselben Hauptzuleitungsgraben, neben einander liegende Hauptabtheilungen abwechselnd gerieselt werden. Der parallele Graben dient hier dazu, das aus dem fast immer voll gehaltenen Hauptzuleitungsgraben unter der Erde durchsickernde Wasser abzufangen und abzuleiten, sobald die anstoßende Fläche trocken liegen, eine folgende aber rieseln soll. Da es bei dieser Lage möglich wird, dem Wässergraben an mehreren Stellen Zufluß zu geben, so kann er überall eine gleiche Breite erhalten. Diese Breite muß aber der für den Fanggraben erforderlichen Tiefe von mindestens 3 Fuß entsprechen. Als Wässergraben erhält er eine ganz horizontale Lage.

Dasselbe ist der Fall, wenn der Wässergraben einer unteren Schicht gleichzeitig die Stelle eines Entwässerungsgrabens für eine obere vertritt, und sein Wasser aus den verschiedenen Entwässerungsgrippen der oberen Schicht, eigentlich also überall erhält. Auch hier hat diese Nebenbestimmung einen Einfluß auf seine Tiefe. Sie kann im trockenen warmen Sandboden $1^1/_2$ Fuß = 0,45 Meter, sie muß im feuchten Boden mindestens 3 Fuß (1 Meter) groß werden. Nach dieser Tiefe richtet sich seine obere Breite; sie wird daher 3 bis 5 Fuß = 1 bis 1,57 Meter sein müssen.

Entwässerungsgräben.

§. 28.

Die Entwässerungsgräben dienen theils zur Trockenlegung des Grund und Bodens, theils zur Ableitung des benutzten Rieselwassers, theils vereinigen sie beide Zwecke mit einander. Wo und in welcher Art dieselben anzulegen, um den Boden trocken zu machen, und welche Dimensionen ihnen dazu zu geben, darüber ist in §. 15 bis incl. 20 das Nöthige gesagt. Sollen sie dagegen nur das abgerieselte Wasser ableiten, oder sollen sie beide Zwecke vereinigen, so ist bei ihrer Anlage Folgendes zu berücksichtigen:

a) Gefälle der Entwässerungsgräben.

Die Entwässerungsgräben werden entweder horizontal, wenn sie einem Wässergraben parallel gehen, oder sie erhalten Gefälle, wenn sie mehrere unter einander liegende Schichten durchschneiden. Ersteres kommt nicht selten vor. Da, wo auf Flächen mit geringem Gefälle die Horizontalen, welche die Lage der Wässergräben bedingen, weiter aus einander liegen, als die zulässige Länge der Rücken, d. h. über 5 Ruthen (= 18,8 Meter) werden kleinere Wässer- und Entwässerungsgräben dazwischen gelegt (§. 35). Diese Entwässerungsgräben werden horizontal.

Eben so wird ein jeder Entwässerungsgraben horizontal, welcher einem Wässergraben parallel geht. Das kam auf den älteren Anlagen häufiger, doch auch jetzt noch auf Flächen mit sehr geringem Gefälle zuweilen vor, um den Boden nicht zu weit transportiren zu dürfen, und dadurch an Kosten zu sparen. Taf. IV. Fig. 7. ist eine solche Planlage gezeichnet. Die Rücken der obersten Schicht xx liegen wenig höher, als die der zweiten yy, und diese nur wieder wenig höher, als die der dritten zz. Hier schützen die Entwässerungsgräben ki und lm die oberen Schichten vor Ueberstauung aus dem zweiten und dritten Wässergraben. Zwischen ihnen und den Wässergräben bleibt zu dem Ende ein Wall liegen. Zuerst wurden diese Wälle, um für die Berieselung möglichst wenig Terrain zu verlieren, nur 6 Fuß breit gemacht. Allein bei dieser geringen Breite war die Werbung des darauf gewachsenen Futters schwierig und zeitraubend, indem zum Abhauen des Grases der gewölbten Oberfläche des Dammes wegen zwei Schwade gehörten, und viel Gras in die Gräben hineinfiel. Außerdem wurde deren geringe Breite in früher nassen und sumpfigen Brüchern nicht selten Veranlassung zu höchst bedeutenden und unangenehmen Reparaturen. Wurden nämlich die beiden nicht weit von einander liegenden Gräben kurz nach einander ausgehoben, und dadurch dem Boden mit einemmale das ihn aufschwemmende Wasser entzogen, so zog sich derselbe zuweilen so außerordentlich zusammen, daß er die schon in §. 14 erwähnten und besprochenen Spalten bekam, und zwar gewöhnlich in der Sohle des Wässergrabens, weil hier die zusammenhaltende Grasnarbe fortgenommen war. In solche Spalten läuft alles Wasser aus dem Graben hinein, und kommt dann an einer niedrigeren Stelle, oder in einem anderen Graben wieder hervor. Zuweilen fielen die Wälle sogar um, und senkten sich ganz und gar in den Entwässerungsgraben hinein. Es macht aber sehr viel Mühe, solche Spalten wieder zuzumachen. Zuweilen gelingt es gar nicht einmal. Dann bleibt schließlich nur die Verlegung des Wässergrabens und die Verbreitung des Walles als einziges Rettungsmittel übrig, ja es haben sogar schon Berieselungsanlagen auf Torfboden deshalb ganz eingehen müssen. Darum sind diese Wälle nach und nach immer breiter, erst 9 Fuß, zuletzt mindestens $1\frac{1}{2}$ Ruthen = 5,3 Meter breit gemacht worden. Um aber diese Flächen nicht ungenutzt liegen zu lassen, und das Ungeziefer, Mäuse, Maulwürfe u. dgl. m. davon abzuhalten, wurden sie zu Hängen eingerichtet. Zu dem Ende wurde längs dem Wässergraben Taf. IV. Fig. 7. eine kleine Verwallung von 3 Fuß = 1 Meter Breite, und 3 bis 4 Zoll oder 0,0785 bis 0,1046 Meter Höhe über dessen Wasserspiegel, und hinter derselben eine Wässerrinne für den Hang A genau so hoch wie die Rücken der dazu gehörenden Schicht angelegt, und durch einzelne Durchstiche aus dem Graben gespeist. Die untere Kante des Hanges A korrespondirte dann mit der Oberkante der Entwässerungsrinnen der oberen Schicht. Bei dem sehr geringen Gefälle des Terrains können aber diese Hänge nur ein ganz geringes Gefälle, von etwa 2 Zoll = 0,0523 Meter bekommen, und wässern darum schlecht, wenn sie etwas hoch gearbeitet sind, oder nehmen den Rücken sehr viel Wasser, wenn sie etwas zu niedrig liegen, und leiden leicht durch Rückstau. Das darf bei sorgfältiger Arbeit nun zwar nicht eintreten, sie haben aber unter allen Umständen den Fehler, daß sie das abgerieselte Wasser in ein anderes System hinüberführen, aus dem es bei partieller Wässerung nicht wieder zurück zu bekommen ist, bei geringen Zuflüssen ein großer Fehler. Auch geht bei dieser Einrichtung etwas Gefälle verloren. Darum vermeide ich sie jetzt, wenn irgend anders zu helfen. Wenn das aber nicht der Fall ist, so verzichte ich auf die Berieselung des Zwischenraumes zwischen dem Be- und Entwässerungsgraben, und mache einen Wall daraus, der dann als Heuweg benutzt werden mag. Die Breite dieses Heuweges wird $1\frac{1}{2}$ bis 2 Ruthen = 5,3 bis 7,53 Meter.

Wenn die Entwässerungsgräben mehrere unter einander liegende Schichten durchschneiden, erhalten sie das aus den lokalen Verhältnissen sich ergebende Gefälle. Ein Maaß für dessen Größe giebt es nicht. Zu stark wird es nur selten, weil es gewöhnlich gerathen ist, das abgerieselte Wasser durch zweckmäßige Wiederbenutzung zu verwerthen, deshalb dasselbe aus den Entwässerungsgräben an passenden Stellen wieder zur Wässerung herauszunehmen, und zu diesem Behufe Stauwerke darin anzubringen. In diesem Falle werden für den Rückenbau die einzelnen Strecken der Entwässerungsgräben zwischen den Stauwerken gewöhnlich horizontal. Für den Hangbau behalten sie Gefälle. Wird dieses zu groß, so daß das darin hinabstürzende Wasser deren Sohle oder Wandungen zu zerstören droht, so ist durch einzulegende Wehre das zuviel des Gefälles auf einzelne Punkte zu beschränken, oder, wenn es leichter sein sollte, die Ufer und die Sohle des ganzen Grabens zu sichern.

b) Tiefe der Entwässerungsgräben.

Ueber die Rücksichten, welche bei der Bestimmung der Tiefe der Entwässerungsgräben zur Trockenlegung nasser Terrains zu nehmen, ist früher (§. 15 bis 20) das Wesentlichste festgestellt. Es mag hier jedoch noch einmal wiederholt werden, daß gründliche Entwässerungen niemals durch flache Gräben zu erreichen sind. Man wird daher auch wohl thun, allen Entwässerungsgräben, sogar denen, welche nur zur Ableitung des abgerieselten Wassers dienen, eine verhältnißmäßig größere Tiefe zu geben, als gerade dazu nöthig ist, weil sich bei nassem Wetter in den hochliegenden Wässergräben fast immer noch etwas Wasser hält, und daraus erst nach und nach verschwindet, Wasser, welches den Boden wenigstens kühl, und so feucht macht, daß die Entwässerungsgräben den schädlichen Einfluß desselben während des Trockenliegens der Wiesen neben ihrem ersten Zweck doch noch wieder gut machen müssen. Eine Ausnahme macht in dieser Beziehung nur der sehr trockene, durchlassende, heiße Sandboden, in dem auch, ohne daß für einen besonderen Abfluß der Gräben gesorgt ist, das Wasser in kurzer Zeit vollständig versinkt. Ein solcher Sandboden hat überdies sehr wenig Bindigkeit, die Gräben darin verlangen zu ihrer Erhaltung eine flachere Böschung, würden daher bei großer Tiefe eine große obere Breite erhalten müssen, dadurch unnöthiger Weise nutzbares Terrain wegnehmen, und größere Kosten verursachen, als nöthig ist. In einem solchen Boden genügt daher eine Tiefe von 2 Fuß = 0,6276 Meter ganz vollkommen, in jedem andern dagegen müssen sie mindestens 3 Fuß oder 1 Meter tief gemacht werden. Sollte der Boden bei der Anfertigung der Gräben schlecht stehen, was bei schwimmendem Moder oder Schlick und Triebsand an quelligen, mindestens viel Grundwasser führenden Stellen oft der Fall ist, so mag man sie zuerst nicht ganz so tief und weniger breit machen, als sie eigentlich werden sollen, darf aber später, wenn alles sich abgesackt hat und zusammengewachsen ist, das Fehlende nachzuholen nicht versäumen. Ist hiermit die Tiefe der Entwässerungsgräben bestimmt, so versteht es sich von selbst, daß die anderen, welche jenen beim Trockenlegen der Wiesen die nöthige Vorfluth gewähren sollen, wenigstens eben so tief gemacht werden müssen.

c) Breite der Entwässerungsgräben.

Alle Entwässerungsgräben, welche das abgerieselte Wasser abführen sollen, nehmen, je weiter sie gehen, desto mehr von demselben, und zwar in demselben Verhältnisse auf, in welchem die Wässergräben es an die Fläche abgegeben haben. Sie müssen deshalb auch in demselben Verhältnisse an Breite zunehmen, wie jene schmaler werden, und zwar die mit den Wässergräben parallel laufenden bis zu dem Punkte, wo ihnen durch einen andern Graben das Wasser abgenommen und Vorfluth geschafft wird. Da sie aber eine größere Tiefe haben sollen, als die Vertheilungsgräben, so werden sie am todten Ende auch mit einer größeren Breite, als jene anfangen müssen, da sonst ihre Böschung zu steil werden und darum nachfallen würde. Das todte Ende eines Entwässerungsgrabens ist aus diesem Grunde 3 Fuß oder 1 Meter breit zu machen. Am andern Ende erhalten sie jedoch die Breite des die dazu gehörige Fläche mit Wasser versorgenden Vertheilungsgrabens, vorausgesetzt, daß dieselbe nicht unter 3 Fuß = 1 Meter beträgt. Diese Breite genügt immer, denn wenn der entsprechende Wässergraben auch überall voll läuft, der Entwässerungsgraben dagegen das Wasser einige Zolle unter der berieselten Fläche abführen soll, so wird er dies bei derselben Breite doch in gewünschter Weise thun, da er eine größere Tiefe und daher ein größeres Profil hat, wenn nicht durch irgend eine fehlerhafte Einrichtung das Wasser darin zu hoch angestaut, sondern für genügende Vorfluth gesorgt ist. Ueberdies kann das Wasser darin auch ohne irgend welchen Nachtheil ein etwas größeres Gefälle in seiner Oberfläche annehmen, und deshalb mit etwas größerer Geschwindigkeit fließen, als in einem Wässergraben. Wenn dadurch die wasserfreie Bort dann am oberen Ende etwas weniger hoch erscheint, so schadet das doch in keiner Weise.

Die Größe derjenigen Entwässerungsgräben, welche anderen nur die erforderliche Vorfluth verschaffen, richtet sich natürlicher Weise nach der fortzuschaffenden Wassermenge. Ihr Gefälle ist durch die Lage des Terrains gegeben, ihre Tiefe richtet sich nach der Tiefe derjenigen Gräben, denen sie Vorfluth gewähren sollen, also kann die Breite nach der Tabelle A bestimmt werden. Dabei ist aber nicht zu vergessen, daß sie bei kräftigem Rieseln mehr, als das normale Wasser führen müssen, trotzdem nie bis an den Rand voll laufen dürfen. Man muß sie daher auf eine verhältnißmäßig größere Wassermasse einrichten, und darf bei der Berechnung nur die Tiefe in Ansatz bringen, welche nach Abzug der freibleibenden Bort übrig bleibt.

d) Nebenbestimmmung mancher Entwässerungsgräben.

Die Entwässerungsgräben haben, wenn das abgerieselte Wasser weiter unterhalb wieder benutzt wird, die Stelle der Zuleitungsgräben zu vertreten. Sie werden dann an den geeigneten Stellen angestaut, und geben das Wasser wieder an einen Wässergraben ab. Auf ihre Größe hat dies gar keinen Einfluß. Ihre Breite und Tiefe wird ganz so bestimmt, wie vorher angegeben. Im Uebrigen werden sie in diesem Falle so behandelt, wie die Zubringer (§. 26).

Allgemeine Bemerkungen über die Grippen oder Rinnen.

§. 29.

Die Grippen oder Rinnen werden je nach den Umständen 6 bis 18 Zoll = 0,1569 bis 0,47 Meter breit, und verschieden, d. h. 6 bis 10 Zoll = 0,1569 bis 0,2615 Meter tief. Sie müssen beinahe senkrechte Wandungen erhalten, welche sich, da sie größtentheils in dem mit Graswurzeln durchwachsenen Boden liegen, auch gut halten. Flache Rieselrinnen haben nur auf neuen Anlagen in sandigem Boden einen Sinn, weil die tiefen in einem solchen Boden nicht stehen, sondern zusammenschwimmen, und dadurch von selbst flach, dann aber auch immer zu breit werden. Hier muß man sie daher zuerst auch schmaler, als sie eigentlich sein sollten, und ganz flach, d. h. 3 Zoll = 0,0785 Meter tief machen, und mit dem regelrechten Ausheben derselben so lange warten, bis eine Rasenfarbe gebildet und dadurch in der Oberfläche der nöthige Zusammenhang gewonnen ist. Erst, wenn dies geschehen, können sie regelrecht fertig gemacht werden. Auf älteren Anlagen wachsen die flachen Rinnen gar zu leicht, und um so schneller und um so dichter zu, je dungreicher das Wasser, und je fruchtbarer der Boden, je besser also die Wiese ist. Das darin fließende Wasser gebraucht dann des flachen Profils wegen ein stärkeres Gefälle, es bewegt sich darin weniger frei, und jedes Stückchen hineingetriebenen Bodens, jeder hineinfallende oder hängende Grashalm, Laub u. dergl. wirkt stauend viel nachtheiliger und macht das Ueberschlagen des Wassers stets unregelmäßiger, als in einer tiefen Rinne. Darum muß eine jede Wässerrinne so tief ausgehoben werden als möglich, und deshalb ein Profil erhalten, wie es Taf. II. Fig. 1. a. und b. gezeichnet ist. Eine Ausnahme machen nur die Zuleitungsgrippen, welche in losem Boden mit einem so starken Gefälle bergab gehen, daß selbst die geringen darin fließenden Wassermassen Ausrisse verursachen können, bei denen daher die Benarbung des Bodens und der Seiten als Schutzmittel gegen das Ausreißen nützlich wird. Auch diese Rinnen erhalten ein beinahe rechtwinkliges Profil, Taf. II. Fig. 2., sie werden aber nur wenige Zoll oder 0,07 bis 0,15 Meter tief.

Zuleitungsgrippen.

§. 30.

Die Zuleitungsgrippen oder Rinnen haben im kleinen die nämliche Bestimmung, wie die Zubringer. Sie führen den Wässerrinnen das nöthige Wasser zu, vertheilen aber selbst nie etwas davon auf die Wiesen. Daher erhalten sie das Gefälle des Terrains, oder das Seitengefälle des Rückens, und auf beiden Seiten eine kleine, 1 bis 2 Zoll = 0,0262 bis 0,0523 Meter hohe, flach abfallende Beuferung. Sie werden beim Hangbau und bei breiten Rücken angewendet. Damit sie beim Rieseln nicht hinderlich werden, erhalten sie eine möglichst rechtwinklige Lage gegen den Vertheilungsgraben oder die Wässerrinne, aus der sie ihr Wasser entnehmen, d. h. die Richtung des stärksten Gefälles. Die gewöhnliche Breite beim Hangbau ist 9 Zoll = 0,2354 Meter. Nur in seltenen Fällen wird eine größere nothwendig. Ihre Tiefe beträgt 4 bis 10 Zoll = 0,1046 bis 0,2615 Meter. Auf breiten Rücken können sie schmaler, 6 Zoll = 0,1569 Meter breit und etwas weniger tief gemacht werden. Ihr Wasserzufluß wird am bequemsten durch kleine Staubretter regulirt.

Wässergrippen oder Rinnen.

§. 31.

Die Wässergrippen sollen das Wasser auf die Wiesenfläche vertheilen. Da von der Gleichmäßigkeit der Vertheilung desselben, und dadurch des Düngers, die Ausgeglichenheit des Graswuchses, und damit die Höhe des Ertrages wesentlich abhängig ist, da also bei jeder guten Rieselanlage für eine solche möglichst gleichzeitige und überall gleich starke, für die möglichst gleichmäßige Vertheilung des Wassers gesorgt werden muß, und diese Vertheilung nur durch die Wässerinnen geschieht, so geht hieraus die Wichtigkeit der richtigen Anordnung und der saubersten Ausarbeitung derselben zur Genüge hervor. Man sollte nun meinen, daß im Bewußtsein dieser Wichtigkeit das beste schon lange herausgefühlt und herausprobirt sein, und über die Regeln zur Bestimmung des Gefälles und der Dimensionen derselben unter den Wiesenbauern eine gewisse Uebereinstimmung herrschen müßte. Dem ist aber nicht so. Die Siegener machen sie ganz anders, als die Hannoveraner, jene arbeiten sie flach und mit Gefälle, wie ihre Wässergräben, sehr selten und erst in neuerer Zeit horizontal, diese machen sie zwar immer horizontal, aber nicht selten viel zu lang. Es werden also bestimmte Regeln darüber erst zu entwickeln sein. Dabei ist Folgendes zu berücksichtigen:

Die mit Gefälle angelegten Wässerrinnen schlagen ganz eben so, wie die mit starkem Gefälle gearbeiteten Wässergräben, nur bei einem ganz bestimmten Zufluß regelmäßig über. Wird derselbe stärker, so läuft vornan das meiste, wird er schwächer, vorne gar nichts, sondern alles am untern Ende über. Das läßt sich bei jeder mit Gefälle gearbeiteten Rinne durch einen Versuch leicht nachweisen. Da nun von einer guten Berieselungsanlage verlangt werden muß, daß das Wasser trotz der zu verschiedenen Zeiten nothwendig werdenden verschiedenen Stärke der Wässerung immer möglichst gleichmäßig überriesele, dies aber bei den mit Gefälle gearbeiteten Wässerrinnen ganz unmöglich ist, so sind die horizontalen besser. Diese sind indessen in ihrer Fähigkeit, das Wasser fortzuführen, durch ihr geringes Profil beschränkt. Man darf ihnen deshalb auch nicht mehr zuleiten, als sie mit dem geringsten Gefälle fortzuschaffen im Stande sind. Der Wasserbedarf richtet sich aber nach der Größe der Fläche. Die Breite derselben ist durch die Qualität des Wassers bedingt, und die Länge derselben von der zulässigen Länge dieser Rinne abhängig. Die Frage, wie lang? ist jedoch nur durch Versuche und aus der Erfahrung zu beantworten. Durch diese hat sich herausgestellt, daß horizontale Rinnen von 10 Zoll Breite (0,2615 Meter) und 8 bis 9 Zoll (0,2092 bis 0,2354 Meter) Tiefe bis zu 5, höchstens 6 Ruthen = 18,828 bis 22,5936 Meter Länge diesen Anforderungen gut entsprechen und stets regelmäßig überschlagen. Diese kurzen Grippen haben überdies den Vorzug, daß sie sich sowohl bei der ersten Einrichtung viel leichter und gleichmäßiger abrichten, als auch später besser in Ordnung halten lassen, als die längeren. Aus diesem Grunde macht man sie, wenn auf beiden Seiten ein und desselben Wässergrabens Rücken in gleicher Höhe liegen, am besten noch kürzer, und zwar nach jeder Seite 4 bis $4^1/_2$ (= 15,062 bis 16,945 Meter), im ganzen also 8 bis 9 Ruthen (= 30,125 bis 33,89 Meter) lang. Länger als 5 Ruthen = 18,828 Meter dürfen sie nur in Ausnahmsfällen angelegt werden. Das gilt indessen nur für Rücken von 2 Ruthen = 7,5312 Meter Breite. Gestattet die Qualität des Wassers eine größere, so können sie etwas länger, d. h. für 3 Ruthen = 11,297

Meter breite Rücken bis 6 Ruthen = 22,594 Meter und für 4 Ruthen = 15,062 Meter breite Rücken bis 7 Ruthen = 26,359 Meter lang gemacht werden. Die längeren Rinnen erhalten dann, um sie zur Fortführung einer größeren Wassermasse noch geschickter zu machen, vorn eine etwas größere Breite. Die Wässerrinne des Rückens bleibet 4 Fuß = 1,2552 Meter vom Ende desselben zurück.

Auf die Länge der Wässerrinnen für Hänge wirkt noch etwas anderes bestimmend ein. Die mit bedeutendem Gefälle von oben herunterkommenden Zuleitungsrinnen führen in der Regel etwas Material, losgerissene Stückchen Boden, Sand u. dgl. mit herab, und legen es in den Wässerrinnen, in denen die Strömung schwächer, die Kraft es weiter fortzutreiben also geringer wird, vornan nieder. Dadurch wird die Wässerrinne an dieser Stelle sehr bald, und um so mehr verflacht, je länger der Hang, je größer also sein Bedarf an Wasser, je größer dessen mit der Masse proportionale Kraft ist, und je mehr Material dadurch herabgeschwemmt wird. Werden die Hänge jedoch nur kurz, und bedürfen sie deshalb weniger Wasser, so tritt das Zuschlämmen der Wässerrinnen später und in geringerem Maaße ein. Darum ist es gut, die Wässerrinnen für Hänge, wenn sie das Wasser am Ende erhalten, 4 bis $4^1/_2$ Ruthen = 15,062 bis 16,945 Meter, wenn es ihnen in der Mitte zufließt, im ganzen höchstens 8 Ruthen = 30,125 Meter lang zu machen. Das vornan in der Rinne abgelagerte Material muß oft herausgenommen werden, weil es die Vertheilung nach den Seiten hin unregelmäßig macht. Bei grober Vernachlässigung wird es Veranlassung, daß das Wasser in Masse entweder geradeaus über den Hang oder nach den Seiten über die Wälle fort in die nächsten Entwässerungsrinnen hineinstürzt, also ungenutzt verloren geht. Auch bleibt bei der Trockenlegung der Wiesen das Wasser, durch diese Verschlämmung am Ablauf verhindert, in den Wässerrinnen stehen. Wenngleich dasselbe durch einen kleinen Durchstich leicht in die nahe Entwässerungsrinne hinein und abgelassen werden kann, so sind und bleiben die vielen kleinen Durchstiche doch immer eine unangenehme Zugabe, und sind auf die Dauer nur mit Schwierigkeiten dicht zu erhalten. Beim Hangbau bleiben die Wässerrinnen 2 Fuß = 0,6276 Meter vom Ende des Hanges zurück.

Entwässerungsrinnen.

§. 32.

Die Entwässerungsrinnen tragen zur gründlichen Entwässerung des Bodens niemals viel bei. Sie haben deshalb auch nur die Bestimmung, während des Rieselns das Wasser aufzunehmen, und es den Entwässerungsgräben zuzuführen. Sie werden, wie die Wässerrinnen, in der Regel 10 Zoll = 0,2615 Meter breit, und erhalten 8 bis 9 Zoll = 0,2092 bis 0,2615 Meter Tiefe. Im Sandboden darf man sie eben so wenig, wie die Wässerrinnen, gleich bei der Anlage zur vollen Breite und Tiefe ausarbeiten, weil sie doch wieder zuschwimmen, ja es ist beim Hangbau mit starkem Gefälle zuweilen gerathen, sie vorläufig ganz fortzulassen, und mit ihrer Anfertigung zu warten, bis sich eine ordentliche Rasennarbe gebildet hat. Sie erhalten ein eben solches Profil, wie die Wässerrinnen.

Die Entwässerungsrinnen werden ebenfalls am besten ganz horizontal gelegt. Ihnen Gefälle zu geben, wie es die Siegener Kunstwiesenbauer thun, ist vollständig überflüssig und erschwert nur die Arbeit. Es genügt, wenn sie bei den angegebenen Dimensionen nur keine zu große Länge erhalten, und diese können sie nicht bekommen, wenn die Wässerrinnen, mit denen sie immer korrespondiren, regelrecht, also nicht zu lang gemacht worden sind. Ist während der Wässerung das Wasser in den Entwässerungsgräben, in die sie münden, nicht zu hoch angespannt, so führen sie das ihnen zufließende Wasser gut und so ab, daß immer noch genügend freie Bort bleibt. Das darin fließende Wasser braucht dazu eben so wenig Gefälle, als in den Wässerrinnen. Nach dem Abstellen des Wassers werden sie ganz trocken, da die tiefen Entwässerungsgräben ihnen Vorfluth gewähren.

Beim Rückenbau fangen sie 4 Fuß = 1,2552 Meter von dem Wässergraben entfernt an. Beim Hangbau wird ihre Lage durch die Lage der Wässerrinnen bestimmt, indem sie, parallel damit, nur durch einen kleinen, 3 Fuß = 1 Meter breiten Wall davon getrennt sind. Sie fangen hier 2 Fuß = 0,6276 Meter von der Zuleitungsrinne entfernt an. Diejenigen Entwässerungsrinnen, welche den mit den Wässerinnen parallel gehenden horizontalen Vorfluth verschaffen, erhalten das Gefälle des Terrains, werden 10 Zoll = 0,2615 Meter breit, 8 bis 9 Zoll = 0,2092 bis 0,2354 Meter tief, und nur, wenn das Gefälle sehr stark ist, wie die Zuleitungsrinnen mit großem Gefälle nach unten zu nur 4 Zoll = 0,1046 Meter tief. Sie halten sich in diesem Falle um so besser, je mehr sie mit Gras zugewachsen sind, und sind deshalb beim Räumen, so weit dies zur Erhaltung des Graswuchses darin nöthig ist, zu schonen.

VI. Herstellung der geneigten Ebenen.

Erklärung des Rücken- und Hangbaues.

§. 33.

In den letzten §§. ist nachgewiesen, wie das ganze Graben- und Grippensystem einzurichten ist, um einem jeden Wiesentheile das ihm zukommende Quantum von Wasser zur rechten Zeit zuführen zu können. Es wird nun noch nöthig, diejenigen Einrichtungen zu besprechen, welche erforderlich werden, damit sich dasselbe von den Wässerrinnen aus gleichmäßig über die Fläche vertheile, und nirgends stehen bleibe. Dies kann nur geschehen, wenn die Rinnen ihr Wasser über ebene und geneigte Flächen ergießen. Es ist daher zunächst die Anordnung, das Gefälle, die Lage und die Breite derselben zu bestimmen. Die Herstellung dieser ebenen und geneigten Flächen ist bisher von den Kunstwiesenbauern für ihre größte Kunst gehalten, ja man hat darin zuweilen sogar das Wesen des ganzen Wiesenbaues gesucht. Darum ist es, wenn auch natürlich, doch gerne anzuerkennen, daß die dahin gehörenden praktischen Arbeiten von ihnen, von dem einen zwar etwas umständlicher, als von dem andern, im ganzen doch ganz vorzüglich ausgeführt werden. Da aber nirgends ein festes, naturgemäßes, richtiges Prinzip erkannt war, und in der reinen Empirie die Hauptsache gesucht wurde, so wurden diese Flächen an dem einen Orte genau eben so gebaut, wie an dem anderen, gleichviel, ob genügend oder zu wenig, ob gutes oder schlechtes Wasser vorhanden war u. s. w., kurz der Kunstwiesenbau wurde reine Schablonenarbeit, und ist das auch bis heute noch geblieben, und darin ist auch die Ursache der verschiedenen, bald guten, bald schlechten, immer wenigstens unsicheren Erfolge zu finden, welche bisher erzielt worden sind.

Was nun die Neigung der Flächen selbst betrifft, so läßt sich dieselbe auf zweierlei Weise erreichen, und zwar entweder in der Weise, daß sie alle ein stetiges Gefälle nach einer Seite, oder so, daß sie, dachförmig auf beiden Seiten einer und derselben Wässerrinne liegend, nach zwei Seiten Gefälle bekommen. Die erste Anordnung giebt den Hang-, die zweite den Rückenbau.

Hang- oder Rückenbau?

§. 34.

Welcher von diesen beiden Bauarten der Vorzug gebühre, darüber sind die Meinungen der Kunstwiesenbauer getheilt. Während man im Westen und Süden von Deutschland bei gewöhnlich nicht unbedeutendem Gefälle des Terrains dem Hangbau (als einem wassersparenden Mittel) überwiegend den Vorzug einräumt, ist man im Hannoverschen und den flacheren Gegenden im Norden und Osten ziemlich allgemein überzeugt, nur durch Rückenbau könne der höchst möglichste Ertrag einer Rieselwiese erzielt werden. Alle berufen sich dabei, wie das von den reinen Empirikern gewöhnlich geschieht, auf ihre Erfahrung, und haben darin auch vollkommen Recht. Die Hänge der Kunstwiesen brauchen weniger Wasser, als ihre Rücken, aber sie geben auch nicht den vollen Ertrag. Man glaube aber ja nicht, daß damit die obige Frage schon entschieden sei. Wahr ist die Behauptung nur für ihre Art des Hangbaues. Diese muß also fehlerhaft sein, denn wie wäre es denkbar, daß gleiches Wasser, auf gleichem Boden, bei gleichem Gefälle, und bei sonst überall gleichen Verhältnissen nur darum verschieden wirken sollte, weil es hier auf beiden, da nur auf einer Seite einer Wässerrinne überläuft; denn das ist ja nur der einzige und wesentliche Unterschied zwischen Rücken und Hängen. Auch Thatsachen bestätigen dies Urtheil. Wenn eine Schicht Rücken am Ende mit einem halben Rücken schließt, so findet man diesen halben in allen Beziehungen den anderen ganzen durchaus gleich, und doch ist ein solcher halber Rücken nichts weiter, als ein Hang. Es giebt also auch Hänge, welche eben so gutes Gras tragen, als die Rücken, und damit wieder die Hannoversche Ansicht widerlegen, daß nur diese gutes Gras brächten. Der Fehler liegt ganz einfach in der Anordnung der Hänge der Kunstwiesenbauer, in der Art der Zusammenlegung mehrerer, also in der Einrichtung ihres Hangbaues. Hier den Beweis.

Bei den Hangwässerungen der Kunstwiesenbauer ist nämlich die Entwässerungsrinne des ersten Hanges Taf. II. Fig. 3. a b gleichzeitig die Bewässerungsrinne des zweiten, die Entwässerungsrinne dieses, c d die Wässerrinne für den dritten u. s. f. Das übergerieselte Wasser wird also in jeder neuen Rinne nur regulirt, und rieselt dann weiter. Wären die verschiedenen Rinnen nicht da, so würde das Wasser vielleicht eben so regelmäßig überlaufen. Es würde dies der Hang einer wilden Rieselung sein, wenn die Qualität des Wassers eine geringere Breite verlangte. Der Erfolg der Rieselung darauf würde vornan gutes Gras, weiter abwärts Riedgras und endlich unten Moos sein. Was wird nun durch die Anlage der regulirenden Rinne geändert? Wenig! Das unter der Oberfläche des ersten Hanges durchsickernde, manche Bodenbestandtheile auflösende Wasser tritt als ziemlich konzentrirte Lösung in die zweite Rinne ein. Spezifisch schwerer, bleibt es unten, und das von oben her überrieselnde Wasser läuft darüber fort, und mischt sich, wenn es nicht von einer hohen Bort hinabstürzt, damit nur wenig. Es läßt sich dies sehr deutlich erkennen, wenn der Boden viel Eisen enthält. Dann füllet sich die Wässerrinne des zweiten Hanges, welche das Abwasser des ersten aufnimmt, mit Wolken von Eisenoxydhydrat, welche auf den zweiten Hang hinaufschwimmen, und ihn gelb überziehen. Dieser ist daher schon auf vergiftetes Wasser angewiesen. Dieses Wasser tritt, da die Entwässerungsrinne gleichzeitig als Wässerrinne des zweiten Hanges dient, durch das Ufer unterirdisch in den folgenden Hang ein. In seiner derzeitigen Beschaffenheit, d. h. auf der oberen Strecke verarmt, und mit weniger wesentlichen oder gar schädlichen Körpern beladen, kann es bei seinem Weitergehen den Pflanzen nicht nützlich werden. Der Ertrag muß darum mit der Entfernung fast eben so sehr nachlassen, als bei der wilden Rieselei. Noch schlechter kommt der dritte Hang, und so weiter der vierte Hang fort. Bei einer solchen Einrichtung erhält überdies die ganze Hangfläche weniger Wasser, als eine gleich große Rückenfläche! Wird doch von manchen Wiesenbauern (Vorländer, Wehner und Andern) der Hangbau als wassersparendes Mittel ausdrücklich empfohlen!! Wie kann danach gutes Gras wachsen? Das ist, wenn sich die Verhältnisse auch nicht überall ganz so schlimm gestalten, wie eben beschrieben, doch mehr oder weniger überall der Fall, und vielfach auch schmerzlich empfunden.

Darum hat man diese Einrichtung dadurch zu verbessern gesucht, daß man durch eine besondere Zuleitungsrinne e f frisches Wasser aus dem Vertheilungsgraben hinableitete, welches dann nach beiden Seiten in die Wässerrinnen hineinfließen, sich mit dem darin enthaltenen Wasser vermischen, und dasselbe verbessern sollte. Die Wässerrinnen sind aber von dem überrieselnden Wasser bereits gefüllt. Es kann hier also nur dasselbe passiren, was geschieht, wenn man in ein volles Gefäß noch etwas hineingießen will. Hinein geht nichts mehr, und das hineingegossene zu viele läuft über. Das Wasser stürzt, da die Wässerrinnen schon voll sind, auf beiden Seiten der Zuleitungsrinne über, giebt hier einem schmalen Streifen der Wiese besseres Wasser, kann aber keinen wesentlichen Einfluß auf den Ertrag der Hänge im ganzen ausüben. Viel wird also dadurch nicht geändert. Während man an einigen Orten die Rücken schmaler und schmaler macht, um einen ausgeglichenen Graswuchs zu erzielen, läßt man hier das Wasser fast ohne Unterbrechung über eine viel zu breite Fläche laufen. Der Ertrag kann nicht anders, als mäßig ausfallen.

Man könnte allerdings dadurch etwas verbessern, daß man den ganzen Hang abwechselnd in zwei Abtheilungen rieselte. Würden nämlich zuerst die Wässerrinnen des zweiten, vierten, sechsten u. s. w. Hanges nur als Entwässerungsrinnen für den rieselnden ersten, dritten, fünften u. s. w. benutzt, und das Wasser um die nicht wässernden Hänge 1., 4., 6. herumgeleitet, dann die Rollen gewechselt, und während des Trockenliegens von 1., 3., 5. die Hänge 2., 4., 6. gerieselt, so würde der Ertrag zwar viel besser ausfallen, als wenn die ganze Fläche gleichzeitig gewässert wird, aber er wird nicht der möglichst größte werden, weil bei dieser Einrichtung sämmtliche Rinnen und der hochliegende Vertheilungsgraben beständig voll Wasser gehalten werden müssen, und weil dadurch wieder der Boden ausgekältet wird.

Nur bei sehr steilen Hängen ist eine solche Anordnung zu rechtfertigen. Da, wo aber das Gefälle nicht sehr stark ist, läßt sich doch eine noch bessere Einrichtung treffen. Denkt man sich in einer Schicht Rücken die eine Seite dieser Rücken ganz schmal, und zu einem Walle so weit erhöht, daß das Wasser nach dieser Seite nicht überschlagen kann, so hat man eine Hangwässerung, welche in der nämlichen Weise gewässert, ohne Zweifel eben so viel Gras bringen muß, als vorher die Rücken. Das liegt einzig und allein daran, daß das Wasser, nachdem es eine entsprechend breite Fläche überrieselt hat, in einer eignen Entwässerungsrinne weggeleitet wird. Wird daher bei dem Hangbau der Kunstwiesenbauer oberhalb einer jeden Wässerrinne, Taf. II. Fig. 4., ab eine besondere Entwässerungsrinne cd, cd für den darüberliegenden Hang angelegt, und durch eine Zuleitungsrinne ef von oben herunter jedem Hange frisches Wasser gegeben, so ist die Wässerung vollkommen in Ordnung. Haben dann die Hänge eine der Güte des Wassers entsprechende Breite, bekommen sie ihr genügendes Quantum davon, so müssen sie den vollen möglichen Ertrag der Wiese geben. Das giebt den rationellen Hangbau.

Der Zwischenraum zwischen der Be- und Entwässerungsrinne wird 3 Fuß = 1 Meter breit, Taf. II. Fig. 1 b. Die beiden Borten der Entwässerungsrinne a werden des bequemen Mähens wegen gleich hoch, die Borte des Walles 2 bis 3 Zoll = 0,0523 bis 0,0785 Meter höher, als der Wasserspiegel der Wasserrinne b eingerichtet. Der Graswuchs auf diesem schmalen Walle bleibt in der ersten Zeit von der Qualität des Bodens abhängig. Wenn dieser schlecht und mager ist, so dauert es einige Zeit, ehe jener gut wird, allein durch die Feuchtigkeit, und durch die Düngung mit der Räumerde aus den Grippen wird er auch hier bald besser, so daß dadurch, daß dieser Wall nicht gerieselt werden kann, kein Nachtheil entsteht.

Der rationelle Wiesenbau, dessen Aufgabe es ist, mit bedeutend geringeren Arbeitskräften, und daher auch mit geringerem Anlagekapital sicher zu leisten, was die Kunstwiesenbauer mit bedeutenden Kosten und doch nicht immer mit Glück erstreben, den höchstmöglichsten Ertrag der berieselten Wiese nämlich, wird daher in der Ueberzeugung, daß der Ertrag der Hänge und Rücken ganz gleich ausfallen muß, die Anordnung des einen oder anderen Baues nur von der Lage des Terrains abhängig erkennen, und an jeder Stelle dem weniger kostbaren den Vorzug geben.

Stellen aber die Kosten für beide sich ziemlich gleich, so verdient der Rückenbau den Vorzug, weil die Uebersicht über eine Schicht Rücken beim Rieseln viel leichter, und deren Unterhaltung bei weitem weniger schwierig ist, als die der Hangflächen von gleicher Größe, indem hier das Hindurchgehen des Wassers aus der Wässerrinne nach der nahe liegenden Entwässerungsrinne über und unter der Erde gar zu leicht Störungen und Wasserverlust verursacht, und eine ganz besonders aufmerksame Aufsicht und Unterhaltung erfordert.

Der Rückenbau.

§. 35.

a) Gefälle der Rücken.

In offenen Gräben verhält sich die Geschwindigkeit des fließenden Wassers, wie die Quadratwurzeln aus den Gefällen, d. h. erst bei dem vierfachen Gefälle verdoppelt sich die Geschwindigkeit desselben. Der Unterschied in der Geschwindigkeit des Wassers, welches über mit Gras bewachsene geneigte Flächen dünn überrieselt, muß ein noch viel geringerer sein, weil hier die zu überwindende Adhäsion an den vielen Grashalmen bedeutend größer ist, als dort an den bloßen Wandungen des Grabens. Er wird kaum meßbar sein, und sich höchstens daran erkennen lassen, daß das bei geringerem Gefälle etwas langsamer überlaufende Wasser scheinbar etwas stärker rieselt. Es kommt deshalb auch auf das Gefälle der Rücken wenig an, wenn nur das Wasser überhaupt darüber fort fließt, und nirgends stehen bleibt. Auf natürlich regelmäßig eingerichteten Rieselwiesen, auf denen die Rücken häufig ganz horizontal liegen, wächst trotzdem auch auf solchen Stellen recht gutes Gras, ein faktischer Beweis für die eben ausgesprochene Ansicht. Soll daher das Gefälle, die Höhe der Rücken bestimmt werden, so ist vorzugsweise auf die Nachtheile des in den hochliegenden Wässerrinnen stehen bleibenden Wassers Rücksicht zu nehmen, welche früher §. 9 besprochen. Es ist deshalb zweckmäßig, die Höhe der Rücken nach der möglichen Tiefe der Wässerrinnen einzurichten, damit jene Nachtheile möglichst geringe werden.

Darnach stellt sich das Totalgefälle der Seitenflächen folgendermaßen heraus:

Rücken von 2 Ruthen = 7,5312 Meter Breite erhalten eine Höhe von 6—7 Zoll = 0,1569 bis 0,1831 Meter = 4,17 bis 4,86 Procent,

Rücken von 3 Ruthen = 11,2968 Meter Breite erhalten eine Höhe von 7—9 Zoll = 0,1831 bis 0,2354 Meter = 3,24 bis 4,17 Procent,

Rücken von 4 Ruthen = 15,0624 Meter Breite erhalten eine Höhe von 8—10 Zoll = 0,2092 bis 0,2615 Meter = 2,78 bis 3,47 Procent,

oder für jeden Fuß Breite ungefähr $^1/_2$ bis $^1/_3$ Zoll.

Mancher Wiesenbauer, z. B. Schenk, schwärmte seiner Zeit für sehr hohe Rücken, eigentlich wohl nur aus Liebhaberei. Wie schon vorher angeführt, fehlt jeder stichhaltige Grund dafür. In der Regel liegt den Erfahrungen, auf die man sich beruft, eine Täuschung zu Grunde, und wird der Einfluß des stärkeren Gefälles mit dem der stärkeren Wässerung verwechselt. Hohe Rücken kosten nur mehr Arbeitslohn und involviren eine unnöthige Verschwendung des Gefälles, und damit des Wassers, welches sich in anderer Weise viel besser dadurch ausnutzen läßt, daß es öfter gebraucht werden, und dann eine jede Fläche davon mehr erhalten kann.

b) Breite der Rücken.

Vorweg mag bemerkt werden, daß unter dem Ausdruck: Breite der Rücken, immer die Breite der beiden Seitenflächen zusammengenommen zu verstehen ist.

Die Breite der Rücken richtet sich nach der Güte, dem Düngergehalt des Wassers, als maßgebend für die Weite, in der dasselbe auf den überrieselten Flächen günstig wirkt (vergl. §. 2). Auch bei der Benutzung von ganz armem Wasser läßt sich, wo nur die genügende Masse davon hinkommt, bis auf 1 Ruthe = 3,7656 Meter Entfernung ein günstiger Einfluß desselben auf die Vegetation beobachten. Daher ist die Breite eines Rückens von 2 Ruthen = 7,5312 Meter als die geringste anzunehmen. Sie schmaler zu machen, wie das im Lüneburgischen sehr häufig geschieht, wie es in der Campine in Belgien in großer Ausdehnung ausgeführt worden ist, ist nur eine Verschwendung von Wasser. Wächst auf 2 Ruthen = 7,5312 Meter breiten Rücken an den Entwässerungsrinnen schlechtes Gras, so ist die Ursache zunächst in etwas anderem zu suchen, als in der zu großen Breite der überrieselten Fläche, z. B. in unvollkommener Abgrabung des von Natur kalten Bodens, oder in künstlicher Auskältung durch unzeitiges

Vollhalten der Rinnen, in zu schwachem Ueberwässern, ungenügendem Wasserzufluß, zu seltenem oder unzeitigen Rieseln u. dgl. m.

Bei der Bestimmung der Breite von 2, 3, 4 Ruthen = 7,5312, 11,2968, 15,0624 Meter der Rücken für die verschiedene Qualität des Wassers, ist angenommen worden, daß jede Seitenfläche eine gewisse Zahl von Schwadbreiten haben müsse, damit beim Mähen der Länge nach nicht unnützerweise über die Rinnen, in denen kein Gras steht, weggehauen zu werden braucht. Dabei ist die Schwadbreite zu 6 Fuß = 0,1569 Meter angenommen, weil die Mäher bei größerer Breite zu hohe Schwadbalken stehen zu lassen pflegen, gutes gleichmäßiges Abmähen auf den Rieselwiesen aber ganz besonders verlangt werden muß.

Rücken von 4 Ruthen = 15,0624 Meter Breite erhalten in der Mitte einer jeden Seitenfläche eine kleine Regulirungsrinne, Taf. II. Fig. 5 aa, aa, der durch die Zuleitungsrinne cd von oben her noch etwas Wasser zugeführt werden kann, wenn es aus irgend welchem Grunde nach der Entwässerungsrinne zu nicht in der gehörigen Stärke überrieseln will. Diese kleinen Rinnen werden übrigens nur 4 bis 6 Zoll = 0,1046 bis 0,1569 Meter breit und etwa 4 bis 5 Zoll = 0,1046 bis 0,1308 Meter tief gemacht zu werden brauchen.

Wenn von manchen Wiesenbauern (Vorländer, Wehner u. s. w.) breite Rücken, ähnlich den Hängen, als wassersparendes Mittel anempfohlen werden, und deren Einrichtung da angerathen wird, wo der Zufluß, ohne Rücksicht auf dessen Qualität, quantitativ ein geringer ist, so ist das ein neuer Beweis, daß die Kunstwiesenbauer ihre Beobachtungen nicht richtig zu interpretiren verstehen.

Nur selten wird man Rücken von mehr als 3 Ruthen = 11,2968 Meter Breite anlegen. Auch bei entsprechender Qualität des Wassers ist es in der Regel besser, sie schmaler und weniger hoch zu machen, das Wasser früher wieder abzunehmen, schon da, wo dessen günstige Wirkung noch nicht aufgehört hat, dafür aber das Gefälle mehr auszunutzen, und das abgerieselte Wasser öfter auf niedriger liegende Schichten wieder hinaufzuleiten. Dann behält die berieselungsfähige Fläche beinahe dieselbe Ausdehnung, wie bei der Anlage der breiten Rücken, die Kosten werden aber geringer und der Ertrag in kürzerer Zeit ein ausgeglichener.

c) Länge der Rücken.

Die Rückenlänge richtet sich nach der zweckmäßigsten Länge der Wässerrinnen, welche in §. 31 zu 5 Ruthen = 18,8280 Meter und nur ausnahmsweise etwas länger festgestellt ist. Die Rinne hört 4 Fuß = 1,2552 Meter vom Ende des Rückens entfernt auf, also wird auch als gewöhnlich größte Länge des Rückens 5 bis 5½ Ruthen oder 18,8280 bis 20,7108 Meter anzunehmen sein. Liegen 2 Rücken auf beiden Seiten eines und desselben Wässergrabens einander gegenüber, so werden sie kürzer, und zwar nur 4 bis 5 Ruthen = 15,0624 bis 18,8280 Meter lang gemacht werden müssen. Diese Längen gelten für 2 Ruthen = 7,5312 Meter breite Rücken. Durften für breitere Rücken die Längen der Wässerrinnen etwas größer gemacht werden, so wird das auch für die Rücken selbst gelten, und diese bei 3 Ruthen = 11,2968 Meter Breite 6 bis 6½ Ruthen = 22,5936 bis 24,4764 Meter, bei 4 Ruthen = 15,0624 Meter Breite 7 bis 7½ Ruthen = 26,3592 bis 28,2420 Meter als äußerste Länge erhalten können. Eben so richtet sich auch die geringste zulässige Länge nach der Breite der Rücken. Sie beträgt

für 2 Ruthen	= 7,5312	Meter Breite	3 Ruthen	= 11,2968	Meter	Länge,
„ 3 „	= 11,2968	„ „	4 „	= 15,0638	„	„
„ 4 „	= 15,0624	„ „	5 „	= 18,8280	„	„

Sie kürzer zu machen, ist nicht zweckmäßig, da sich auf einem Terrain, auf welchem sie nicht einmal diese Länge würden erhalten können, der Hangbau besser macht.

d) Lage der Rücken.

Obgleich die Vortheile der Richtung der Rücken von Norden nach Süden nicht zu verkennen sind, da beide Seitenflächen derselben hierbei dem Einflusse des Lichts und der Sonnenwärme gleich sehr ausgesetzt sind, so ist dieser Vortheil doch nicht wesentlich genug, um ihn mit Aufwand bedeutender Kosten zu erstreben. Nur bei ganz horizontaler Lage der zur Rieselung einzurichtenden Flächen ist es möglich, und dann auch zweckmäßig, hierauf Rücksicht zu nehmen, und ihnen diese Richtung zu geben, weil hier allein die Lage der Wässergräben eine willkürliche ist. Auf jeder geneigten Fläche wird dieselbe durch die Lage der Horizontalen bedingt (§. 27).

Die Lage der Wässergräben bestimmt aber die Richtung der Rücken. Eine Fläche rieselt nämlich nur dann überall gut, wenn deren Form ein rechtwinkliges Parallelogramm ist, dessen eine Seite durch die Wässerrinne gebildet wird. Spitze Winkel, wie sie der rhomboidalen Form zugehören, wässern unvollkommen, und zwar um so mehr, je spitzer die Winkel werden. Daraus folgt von selbst, daß die Richtung der Rücken überall auf die Richtung der Wässergräben, vorzugsweise aber der Entwässerungsgräben eine möglichst rechtwinklige werden muß.

Die durch das Terrain bedingte Lage dieser Gräben ist aber größtentheils eine krumme. Sie macht deshalb auch verschiedene Richtungen in der Lage der Rücken nöthig. Dabei lassen sich hauptsächlich drei Fälle unterscheiden. Die Wässergräben

1) haben entweder mehrere von einer geraden Linie wenig abweichende Krümmungen,
2) oder sie haben eine entschiedene Krümmung einwärts,
3) oder eine solche nach auswärts.

ad 1) Im ersten Falle, wenn die Gräben mehrere geringe von der geraden Linie kaum abweichende Krümmungen haben, Taf. II. Fig. 6, kann eine gerade Linie ab gedacht werden, welche, die verschiedenen Biegungen durchschneidend, gewissermaßen die mittlere Richtung derselben ausdrückt. In diesem, dem einfachsten Falle, legt man die Rücken rechtwinklig auf diese Durchschnittsrichtung. Gehen dabei Wässer- und Entwässerungsgräben nicht parallel, so faßt man besser die Richtung des Entwässerungsgrabens ins Auge, weil die spitzen Ecken an den Enden der Entwässerungsrinne und neben dem Entwässerungsgraben entschieden unangenehmer sind, und viel schlechter durchwässern, als an dem Wässergraben, wo man von diesem aus allenfalls durch kleine Durchstiche nachhelfen kann.

Liegen mehrere Schichten, deren Gräben nicht ganz parallel sind, unter einander, Taf. II. Fig. 6., so sucht man die Durchschnittsrichtung für alle auf, cd, und legt die Rücken rechtwinklig auf diese, so daß sowohl die Wässerrinnen, als auch die Entwässerungsrinnen von oben bis unten eine gerade Linie, ef ef, bilden. Einige spitze Ecken sind dabei nicht ganz zu vermeiden. Man muß sie schon des bessern Aussehens wegen mit in den Kauf nehmen. Es ist nicht motivirt und sieht gar zu schlecht aus, wenn die unter einander liegenden Rücken eine verschiedene Richtung bekommen, und dabei nicht auf einander treffen, Taf. II. Fig. 6. ef, gh und ik.

Divergirt indeß die Richtung der Gräben mit dieser Durchschnittsrichtung zu sehr, würden die Winkel deshalb zu spitz, dann allerdings muß man das bessere Ansehen schon opfern. Die Aenderung in der Richtung wird nothwendig, ef und ik, doch sind die eben gegebenen Andeutungen auch dabei zu berücksichtigen. Für den zweiten Theil der Fläche wird eine neue Durchschnittslinie erforderlich, lm.

ad 2) Hat der Graben eine entschiedene Krümmung einwärts, so kommt es auf die Größe derselben an. Bildet derselbe nur einen sanften

Bogen, Taf. II. Fig. 7., so werden die Rücken am Wässergraben etwas schmaler, am Entwässerungsgraben etwas breiter, so daß die mittlere Breite die normale ist, und die Wässer- und Entwässerungsrinnen möglichst rechte Winkel mit den Tangenten an den Bogen bilden.

Wird der Bogen aber schärfer, Taf. II. Fig. 8., so würden bei einer solchen Einrichtung die Wässerrinnen am Wässergraben ganz dicht an einander rücken, und die Rücken am Entwässerungsgraben doch zu breit werden. Da ist es besser, zwei verschiedene Durchschnittsrichtungen a b und b c anzunehmen, welche die Schenkel des abgestumpften Winkels bilden, auf diese die Richtung der Rücken rechtwinklig anzunehmen, und dann die Vermittelung zwischen den verschiedenen Richtungen dadurch zu bewirken, daß man von den nach der vorigen Weise eingerichteten Wässerrinnen je zwei und zwei hufeisenartig mit einander verbindet, und diesem Verbindungsbogen Zufluß durch eine einfache Wässerrinne giebt.

ad 3) Hat endlich der Vertheilungsgraben eine entschiedene Krümmung nach auswärts, so kann man sich die beiden vorigen Fälle umgekehrt denken. Was dort, Taf. II. Fig. 7. und 8., Wässergraben war, wird hier Entwässerungsgraben, und umgekehrt der Entwässerungsgraben dort, hier Wässergraben. Eben so würden die Rinnen ihre Bestimmung vertauschen, die Wässerrinnen dort sind hier die Entwässerungsrinnen und umgekehrt.

Man kann aber in diesem Falle, sobald die Krümmung sehr scharf ist, auch einen kleinen Entwässerungsgraben, Taf. II. Fig. 9. a b, in die Ecke hineinlegen und bis an diesen die auf beiden Seiten winkelrecht auf die Durchschnittsrichtung derselben gelegten Rücken herangehen lassen. Einige spitze Ecken sind dabei nicht zu vermeiden. Am Ende des Entwässerungsgrabens bei a werden die verschiedenen Rücken durch einen kleinen Hang vermittelt.

Werden die Schichten zu breit, d. h. liegen der Wässer- und der dazu gehörige Entwässerungsgraben an einer Stelle oder überall weiter, als $5^1/_2$ bis resp. $7^1/_2$ Ruthen = 20,7108 bis 28,2420 Meter, also über Rückenlänge auseinander, so theilt man die Fläche entweder in zwei Theile, indem man der Länge nach einen Entwässerungsgraben für die obere, Taf. II. Fig 10. ab, und dahinter einen Wässergraben für die andere Hälfte, c d, anordnet, welcher letztere sein Wasser aus dem Wässergraben für die ganze Fläche erhält, und die Richtung der Rücken dann nach den oben gegebenen Regeln bestimmt, oder indem man winkelrecht aus dem Hauptwässergraben einen oder mehrere kleinere Wässergräben, Taf. II. Fig. 11. a b, ableitet, und aus diesen die auf beiden Seiten derselben anzulegenden Rücken speisen läßt.

Das abgerieselte Wasser vereinigt sich in den parallel mit den letzteren angelegten Entwässerungsgräben cd cd, welche es in den Entwässerungsgraben für die ganze Schicht abführen. Die Wässerrinnen werden dann annähernd parallel mit dem Hauptwässergraben. Längs demselben wird ein Hang, xx, eingerichtet, welcher bei der Abfuhre des Heues gewöhnlich mit Vortheil zu benutzen ist.

Wird eine Einrichtung wie Taf. II. Fig. 10. gewählt, so wird der Zwischenraum zwischen dem Vertheilungsgraben cd und dem Entwässerungsgraben ab 1/2 Ruthe = 1,8828 Meter breiter, als die halben Rücken, und zum Hange, oder zum eigenen Hauweg eingerichtet (§. 28).

Bei der auf Tab. II. Fig. 11. gezeichneten Einrichtung werden Gräben, damit Terrain und Kosten gespart. Sie verdient deshalb in der Regel den Vorzug.

e) Wo sind Rücken zu bauen?

Es bleibt nun noch die Frage zu beantworten, wo sind Rücken zu bauen? mit anderen Worten: wo verursacht deren Einrichtung weniger Kosten, als die der Hänge?

Die geringsten Kosten entstehen beim Wiesenbau immer da, wo die Oberfläche des Bodens am wenigsten verändert wird, wo daher zur Herstellung der verlangten Form die geringste Erdbewegung, der wenigste Ab- und Auftrag nöthig, endlich wo dieses Ausgleichungsmaterial am nächsten zu beschaffen, und an den Ort seiner Bestimmung zu transportiren ist.

Da nun das Seitengefälle des Rückens, er mag lang oder kurz sein, nur so groß ist, als das des Hanges, die Länge jenes aber immer größer, als die Breite dieses, so läßt sich schon von vornherein übersehen, daß der Rückenbau den Hängen da vorzuziehen ist, wo das Gefälle des Terrains geringe ist. Er wird um so billiger, je schwächer dasselbe ist. Darum lassen sich schmale Rücken auf ganz horizontalen Flächen am allerleichtesten einrichten. Hier braucht nur die Hälfte der Rückenhöhe, also 3—4 Zoll = 0,0785 bis 0,1046 Meter an der Entwässerungsrinne weggenommen, mit dem Spaten in der Mitte des Rückens zusammengeworfen und dann planirt zu werden. Da das Terrain horizontal liegt, wird auch der gleiche Abtrag überall einen gleich hohen Auftrag geben, und werden die Rücken gleiche, und zwar die vorher geforderte Höhe und das nöthige Gefälle erhalten, nur muß bei dieser Einrichtung schon bei der Anlage des Wässergrabens darauf gerechnet werden, daß das Wasser darin nach Ausführung des Baues einige Zoll (die halbe Höhe des Rückens) über der natürlichen Wiesenfläche wird angetrieben werden müssen. Etwas schwieriger wird hier der Bau breiterer Rücken dadurch, daß deren Gefälle, also auch Auf- und Abtrag, größer, und die Entfernung von der Entwässerungs- bis zur Wässerrinne, also auch der Erdtransport, etwas weiter ist.

Etwas mehr Erde ist zu transportiren, wenn das Terrain ein geringes, z. B. auf Rückenlänge, also auf 3 bis 5 Ruthen = 11,2968 bis 18,8280 Meter, oder bei breiten Rücken bis 7½ Ruthen = 28,2420 Meter 1 oder 2 Zoll = 0,0262 oder 0,0523 Meter Gefälle hat. Wollte man hier den Rücken nur eben so zusammenwerfen, wie vorher auf horizontalem Boden, so würden die Rinnen das Gefälle des Terrains erhalten. Da sie aber horizontal sein sollen, so müssen vorn noch einige Karren voll Erde weggenommen und nach hinten hingebracht werden, um den Rücken an seinem unteren Ende so weit zu erhöhen, als zur Herstellung der horizontalen Lage der Wässerrinne nöthig ist. An der Entwässerung oben ist eben so viel wegzunehmen, um dadurch auch hier das geforderte Gefälle des Rückens herzustellen. Um die Größe des Auf- und Abtrages zu berechnen, zieht man das natürliche Gefälle z. B. 2 Zoll = 0,0523 Meter von dem nothwendigen des Rückens 7 Zoll = 0,1831 Meter. Es bleiben hier 5 Zoll = 0,1308 Meter. Nun halbirt man den Rest. Das auf diese Weise gefundene Resultat, 2½ Zoll = 0,0654 Meter, giebt den Auftrag an der Wässerrinne vorn, und den Abtrag an der Entwässerungsrinne hinten in der Nähe des Entwässerungsgrabens. Eben so hoch muß das Wasser im Wässergraben über der ursprünglichen Wiesenfläche angetrieben werden.

Je stärker das Gefälle des Terrains wird, desto mehr Boden ist von oben nach unten hinzuschaffen. Die Grenze des Rückenbaues liegt mithin da, wo vorn nichts mehr aufgetragen wird, der Wasserstand im Vertheilungsgraben mit dem Terrain gleich hoch ist und der sämmtliche Abtrag von vorn als Auftrag zum Aufbauen des Rückens am unteren Ende gebraucht wird. Bevor jedoch diese Grenze in bestimmten Zahlen angegeben werden kann, ist daran zu erinnern, daß ein gewisses Maaß des gewachsenen Bodens ausgegraben, und dadurch gelockert einen ungefähr ¼ größern Raum einnimmt, als vorher, daß also 7 Zoll = 0,4831 Meter Abtrag nahezu 9 Zoll = 0,2354 Meter Auftrag geben. Hat das Terrain auf Rückenlänge 9 bis 10 Zoll = 0,2354 bis 0,2615 Meter Gefälle, so können deshalb 6 bis 7 Zoll = 0,1569 bis 0,2354 Meter hohe schmale Rücken so gebaut werden, daß sie vorn mit dem Terrain gleich hoch liegen, daß dann an der Entwässerungsrinne 6 bis 7 Zoll = 0,1569 bis 0,2354 Meter abgetragen und als Auftrag nach unten gebracht werden, und daß die dabei voluminöser gewordene Masse so viel ausgiebt, daß die Kante der Entwässerungsrinne am unteren Ende noch 2 bis 3 Zoll = 0,0523 bis 0,0785 Meter in die Höhe gebracht, und damit der nothwendige Vorstand derselben über dem Abwasser gewonnen werden kann, so daß also auch das Uebermaaß der durch das Auflockern gewonnenen Erde untergebracht, dem Rücken die verlangte Höhe geschafft, und sowohl die Wässer- als auch die Entwässerungsrinne horizontal gelegt ist. Da nun die geringste Länge der Rücken 3 Ruthen = 11,2968 Meter beträgt, so ist für schmale Rücken ein natürliches Gefälle des Terrains von 3 Zoll pro Ruthe oder annähernd 2 Procent das äußerste. Für breitere Rücken stellt sich ein ganz ähnliches Verhältniß heraus.

Da die Wässergräben, und damit die Grenzen der verschiedenen Schichten, Horizontalen sind, da mithin die Differenz in der Höhe zwischen je zwei unter einander liegenden überall gleich groß ist, so muß, vorausgesetzt, daß die Fläche ziemlich eben ist, Auf- und Abtrag auf jedem Rücken, der von der einen bis zu der andern hinabgeht, sich mit einander ausgleichen. Beide, Auf- und Abtrag, bilden dreiseitige Pyramiden, deren Grundflächen kongruent, und deren Höhen gleich sind, deren cubischer Inhalt daher auch gleich groß sein muß. Die äußerste Weite des Erdtransports ist hierbei die Entfernung von dem Wässer- bis zu dem nächsten Wässer- oder Entwässerungsgraben, die größte Höhe des Abtrages vorn an der Entwässerungsrinne, gleich der Höhe des Rückens. Die normale Erdbewegung für schmale Rücken ist also im Durchschnitt der ganzen Fläche höchstens 7/8 Zoll (0,0229 Meter) Auftrag und 7/8 Zoll (0,0229 Meter) Abtrag. Bei dem Kunstbau sind zur Herstellung der geraden Linien Auf- und Abtrag von ein oder mehreren Fuß (0,3 und mehr Meter) Höhe nichts seltenes, und erklären die demselben gegenüber geringeren Kosten des rationellen Wiesenbaues.

Der Hangbau.

§. 36.

In §. 34 ist auseinandergesetzt, daß rationell eingerichtete Hänge, d. h. solche, welche dauernd den möglichst größten Ertrag geben sollen, wie halbe Rücken zu betrachten und zu konstruiren sind. Die Regeln zur Feststellung der verschiedenen Dimensionen derselben lassen sich daher auch größtentheils schon aus dem darüber Gesagten ableiten.

a) Breite der Hänge.

Je nach der Güte des Wassers werden die Hänge da, wo die Rücken 2, 3 oder 4 Ruthen = 7,5312, 11,2968 oder 15,0624 Meter breit gemacht werden müssen, 1, 1½, 2 Ruthen = 3,7656, 5,6484, 7,5312 Meter Breite erhalten. Da indeß zur bessern Ausnutzung des Gefälles Rücken zuweilen schmaler gemacht werden, als es die Qualität des Wassers eigentlich verlangt, so wird, um die vielen Rinnen, deren jeder Hang ebenfalls zwei gebraucht, zu vermeiden, die Breite der Hänge sich entschiedener nach der Qualität des Wassers richten, als dies beim Rückenbau geschieht.

Auch die 2 Ruthen = 7,5312 Meter breiten Hänge können in der Mitte eine kleine Regulirungsrinne, Taf. IV. Fig. 1. xy, wie die breiten Rücken, erhalten.

b) Länge der Hänge.

Wie sich die Länge der Rücken nach der zulässigen Länge der Wässerrinnen richtet, so ist dieselbe auch für den Hangbau maßgebend. §. 31 sind die Gründe auseinandergesetzt, warum dieselben etwas kürzer gemacht werden müssen, als die der Rücken. Die Hänge werden daher, wenn sie ihr Wasser an dem einen Ende erhalten, 4 bis 4½ Ruthen = 15,0624 bis 16,9452 Meter, wenn ihnen dasselbe in der Mitte zufließt, 8 Ruthen = 30,1248 Meter lang werden können. Der Auf- und Abtrag gleicht sich auf kürzeren Hängen leichter aus. Man ist auch beim Bau an eine gleiche Höhe mehrerer Hänge weniger gebunden, und kann dadurch, namentlich wenn die nach den Horizontalen des Terrains gelegten Wässergräben sehr verschiedene Entfernung von einander bekommen, oft nicht unerhebliche Erdbewegungen ersparen.

c) Gefälle der Hänge.

Das Gefälle der Hänge muß denen der Rücken, welche unter denselben Verhältnissen angelegt werden, mindestens gleich sein. Hänge von

1 Ruthe = 3,7656 Meter Breite werden daher wenigstens 6 bis 7 Zoll = 0,1569 bis 0,1831 Meter = 4,17 bis 4,86 Procent,

1½ Ruthe = 5,6484 Meter Breite werden daher wenigstens 7 bis 9 Zoll = 0,1831 bis 0,2354 Meter = 3,24 bis 4,17 Procent,

2 Ruthen = 7,5312 Meter Breite werden daher wenigstens 8 bis 10 Zoll = 0,2092 bis 0,2615 Meter = 2,78 bis 3,47 Procent

Gefälle erhalten müssen.

Hat jedoch der Boden von Natur ein stärkeres Gefälle, als das eben genannte, so wird man den Hängen dasselbe schon lassen müssen, und nur in seltenen Fällen gezwungen oder im Stande sein, es zu ermäßigen.

d) Wo sind Hänge zu bauen?

War die Einrichtung von Rücken an solchen Orten zweckmäßig, wo das Terrain wenig Gefälle besitzt, so verdienen die Hänge entschieden da den Vorzug, wo das Terrain eine mehr abhängige Lage hat. Sie lassen sich zwar auch auf einem flacheren einrichten, es ist aber auch schon früher auseinandergesetzt worden, daß unter sonst gleichen Verhältnissen, sogar bei etwas größerem Kostenaufwande, Rücken den Vorzug verdienen. Ihre Einrichtung muß daher auf Terrains mit starkem Gefälle beschränkt bleiben, und es kommt hier nur darauf an, die Grenze des natürlichen Gefälles, welches den Hangbau bedingt, festzustellen. Die Kunstwiesenbauer verlangen dazu ein natürliches Gefälle des Terrains von mindestens 4 Zoll = 0,1046 Meter auf die Ruthe oder 3,7656 Meter = 2,78 Procent, sie sind aber bei diesem Gefälle nicht im Stande, ihren Hängen ein größeres zu geben. Dieselben können daher dann auch nur sehr flach werden. Für den rationellen Wiesenbauer hat es dagegen keine Schwierigkeit, ihnen auch bei dieser flachen Lage der Wiese das normale oben verlangte Gefälle von 6 bis 7 Zoll pro Ruthe oder 4,17 bis 4,86 Procent zu geben. Da nämlich ein jeder Hang durch seine eigene Entwässerungsrinne von dem zunächst darunter folgenden unabhängig ist, sobald nur diese Entwässerungsrinne auf irgend eine Weise genügende Vorfluth erhält, so kann die Wässerrinne des zweiten Hanges ohne Nachtheil höher liegen, als die Entwässerungsrinne des ersten. Man kann also an der letzteren, Taf. IV. Fig. 4. a, etwas Boden ab- und an der dazu gehörigen Wässerrinne desselben Hanges b auftragen, und auf diese Weise das natürliche Gefälle vergrößern. War dies 4 Zoll (0,1046 Meter), der Abtrag 1 bis 2 Zoll (0,0262 bis 0,0523 Meter), der Auftrag ebenfalls 1 bis 2 Zoll (0,0262 bis 0,0523 Meter), so bekommt der Hang die eben verlangten 6 bis 7 Zoll (0,1659 bis 0,1813 Meter = 4,17 bis 4,86 Procent). Eben so läßt es sich mit jedem unteren Hange machen. Die Entwässerungsrinne a des ersten Hanges lag 4 Zoll (0,1046 Meter) unter der dazu gehörigen Wässerrinne, sie liegt nach 1- bis 2zölligem (0,0262 bis 0,523 Meter) Abtrag 5 bis 6 Zoll (0,1308 bis 0,1569 Meter) darunter. Die Wässerrinne des zweiten Hanges d liegt zunächst 6 Zoll (0,1569 Meter), und nach 1 bis 2 Zoll (0,0262 bis 0,523 Meter) Auftrag 4 bis 5 Zoll (0,1046 bis 0,1308 Meter) unter demselben Punkte; sie wird also 1 bis 2 Zoll (0,0262 bis 0,523 Meter) höher, als die Entwässerungsrinne des ersten Hanges, das Wasser darin aber durch den kleinen Wall c am Zurücklaufen gehindert.

Ganz in derselben Weise läßt sich ein Hang für das noch kleinere Gefälle von 3 Zoll pro Ruthe oder 2 Procent konstruiren. Das natürliche

Gefälle von 3 Zoll oder 0,0785 Meter von dem verlangten künstlichen durchschnittlich zu 7 Zoll (0,1831 Meter) angenommenen abgezogen, bleiben 4 Zoll (0,1046 Meter), welche halbirt 2 Zoll = 0,0523 Meter Auftrag an der Wässerrinne und 2 Zoll = 0,0523 Meter Abtrag an der Entwässerungsrinne geben. Die Wässerrinne des zweiten Hanges liegt dabei $2^1/_2$ Zoll = 0,0654 Meter höher, als die Entwässerungsrinne des ersten.

Da aber bei einem Gefälle von 3 Zoll pro Ruthe oder etwas über 2 Procent sich Rücken noch sehr gut bauen lassen, so werden Hänge am zweckmäßigsten da gebaut, wo das Gefälle größer ist, als 3 Zoll pro Ruthe oder mehr als 2 Procent.

Bei einem Gefälle von 6 Zoll = 0,1569 Meter auf 3,7656 Meter oder etwas über 4 Procent pro Ruthe und darüber wird kein Auf- und Abtrag mehr nöthig. Man kommt dann schon mit dem bloßen Planiren des Bodens aus, Taf. IV. Fig. 3. Sollte bei sehr starkem Gefälle des Terrains das des Hanges ermäßigt werden, so wird, umgekehrt, wie vorher an der Wässerrinne a, Taf. III. Fig. 2., so viel, wie nöthig, ab- und an der Entwässerungsrinne b aufgetragen werden müssen. Diese Einrichtung ist indeß nur selten auszuführen, weil das Ufer der Entwässerungsrinne, von der das überrieselnde Wasser in dieselbe hinabfließt, zu hoch und zu steil werden, und deshalb in kurzer Zeit dem zerstörenden Angriff des hinabstürzenden Wassers unterliegen würde. Man läßt ihnen deshalb besser das natürliche Gefälle des Terrains.

Aus demselben Grunde ist auch bei sehr steilen Hängen, wie schon §. 34 erwähnt, von der Einrichtung besonderer Entwässerungsrinnen ganz abzusehen. Man muß hier schon aus der Noth eine Tugend machen, die Rinnen einfach anlegen, und abwechselnd erst die Hänge 1., 3., 5. und dann 2., 4., 6., Taf. II. Fig. 3., bewässern, das kleinere Uebel wählen, und die Unannehmlichkeit der beständig vollen Rinnen mit in den Kauf nehmen.

Die Zutheilung des einem jeden Hange zukommenden Wassers wird durch eingesetzte Staubretter ermöglicht.

e) Lage der Hänge.

Die Vortheile eines südlichen Abhanges sind zu sehr in die Augen fallend, als daß sie nicht überall gewünscht werden sollten. Es läßt sich aber bei der Anlage von Hängen noch viel weniger, als bei der der Rücken darauf Rücksicht nehmen, und eine solche Abdachung schaffen. Man muß hier mit der Neigung des Terrains schon so vorlieb nehmen, wie die Natur es darbietet.

Liegen mehrere Hänge unter einander, so darf der erste, oberste derselben niemals so eingerichtet werden, daß das Wasser zur Bewässerung desselben über die Bort des Wässergrabens selbst überschlägt. Die Schwierigkeit, diese Grabenbort so abzugleichen, daß das Wasser bei verschieden starkem Zuflusse überall gleichmäßig überläuft, ist, besonders wenn größere Zuleitungsrinnen an einzelnen Stellen demselben viel Wasser entnehmen, gar nicht zu überwinden. Aus diesem Grunde muß längs dem Wässergraben ein 2 bis 3 Zoll (0,0523 bis 0,0785 Meter), neben größeren Hauptzuleitungsgräben bis 1 Fuß (0,3138 Meter) über dessen normalen Wasserstand erhöhter, je nach der Größe des Grabens 3 bis 6 Fuß (1 bis 2 Meter) breiter Wall, Taf. II. Fig. 3. und 4. xx, Taf. III. Fig. 2. x und hinter diesem Walle eine besondere Wässerrinne, Taf. II. Fig. 3. und 4. gh, gh und Taf. III. Fig. 2. a, für den ersten Hang angelegt werden, deren überwässernde Kante $^1/_2$ bis einige Zoll (0,0132 Meter und darüber) unter dem normalen Wasserstand des Grabens abzurichten ist, und welche durch kleine Durchstiche aus dem Graben ihr Wasser empfängt. Bei dem Abrichten dieser Kante der Wässerrinnen längs einem Hauptzuleitungsgraben oder einem Wässergraben, dem das Wasser auf dem einen Ende zufließt, darf man nicht vergessen, daß dasselbe zum Fließen Gefälle gebraucht, und daß daher die Hänge nach dem Ende des Grabens zu diesem Gefälle entsprechend immer niedriger gelegt werden müssen. Die Zuleitungsrinne für den zweiten Hang, Taf. II. Fig. 4. ef, ist mit dieser Wässerrinne nicht zu verbinden.

Vor der Ausführung der Hänge werden auf der geneigten Wiesenfläche Horizontalen in derselben Weise, wie für die Wässergräben, ausgesteckt (§. 27 und 49), welche die Richtung der Wässerrinnen angeben. Um jedoch den Parallelismus derselben einigermaßen durchzuführen, sind einige, zuweilen sogar nicht unbedeutende, Abweichungen von diesen Horizontalen erlaubt. Man darf bei einer Bewässerungsanlage, welche voraussichtlich für sehr lange Zeit angelegt wird, dem guten Aussehen schon einige Opfer bringen, zumal nach Beendigung der Arbeit ein jeder die früheren Terrainverhältnisse und damit die Motive für die gewählte Einrichtung sehr bald vergessen, und nur die neue Form vor Augen hat.

Hat das Terrain in größerer Breite ein zum Hangbau sich eignendes stetiges Gefälle, so ist es doch nicht zweckmäßig, aus einem und demselben Wässergraben viele unter einander liegende Hänge zu berieseln. Unregelmäßigkeiten in der Vertheilung des Wassers sind dabei gar nicht zu vermeiden, weil bei der Nähe der neben einander liegenden Wässer- und Entwässerungsrinnen durch den durchlassenden Boden, oder durch Maulwurfs-

und Mauselöcher, oder unter der hohl gefrorenen Rasennarbe das Wasser aus der einen in die andere leicht und in solcher Menge übergeht, daß der eine Hang zu viel, der andere zu wenig Wasser enthält, die Vertheilung abwärts ganz unregelmäßig wird, und der Wiesenwärter gezwungen ist, jede einzelne Rinne stets unter ganz spezieller Aufsicht zu behalten. Darum ist es besser, einem Wässergraben höchstens 3 unter einander liegende Hänge zuzutheilen, und auf breiteren Hangflächen lieber mehrere kleine Wässergräben, welche das Wasser reguliren und dann wieder neu vertheilen, anzulegen. In neuester Zeit habe ich deshalb die Einrichtung so getroffen, daß der erste und zweite Hang frisches Wasser bekommen, wie das ja verlangt wird. Dazu muß der erste Hang seine Entwässerungsrinne haben. Nun leite ich aber nicht nur das Abwasser dieses ersten Hanges auf den dritten, sondern gebe auch, indem die Wässerrinne des dritten zur Entwässerungsrinne des zweiten Hanges benutzt wird, das Abwasser von diesem dazu, so daß also der dritte das ganze Wasser der beiden ersten erhält. Hinter dem dritten Hange kommt dann ein neuer kleiner Wässergraben.

Tab. III. Fig. 1. im Grundriß und Fig. 3. und 4. in den Profilen ist eine solche größere Hangeinrichtung beispielsweise gezeichnet.

Die punktirten Linien tttt, uuuu, vvvv und wwww sind die Horizontalen des Terrains, welche die Lage der Hänge bestimmen.

Das relative Gefälle des Terrains ist also auf der einen Seite stärker, als auf der anderen, überall aber so groß angenommen, daß die anzulegenden Hänge mehr, als das verlangte Minimalgefälle erhalten können.

Der untere Graben GH ist die Grenze des hängigen Terrains, an welches sich flacher gelegenes anschließt. Die Fläche selbst ist auf der einen Seite annähernd 10 Ruthen = 37,656 Meter, auf der anderen Seite 16 Ruthen = 60,25 Meter breit.

Da, wo dieselbe so schmal ist, sind 6 Hänge von $1^1/_3$ Ruthe = 6,276 Meter Breite anzulegen. Da das natürliche Gefälle, wie aus dem Abstande der gleich viel unter einander gelegten Horizontalen hervorgeht, hier ziemlich gleichmäßig vertheilt ist, ist in der Mitte zwischen den Gräben AB und GH noch der Wässergraben ET angeordnet worden, über und unter dem dann je 3 Hänge in der zuletzt beschriebenen Weise so eingerichtet werden, daß die beiden ersten davon frisches Wasser aus den Gräben, der dritte das ganze Abwasser derselben bekommt.

aa sind die Wässerrinnen des ersten Hanges, ghg die Entwässerungsrinnen desselben, welche durch die Zuleitungsrinnen hi dem dritten Hange das Abwasser zuführen.

Die Zuleitungsrinne für den zweiten Hang cd speist dessen Wässerrinne ede.

Die Wässerrinne des dritten Hanges kik ist gleichzeitig Entwässerungsrinne des zweiten.

Die Verlängerung des Wässergrabens EF schneidet aber den breiteren Theil der Fläche in zwei sehr ungleiche Hälften. Die obere ist 10 Ruthen = 37,656 Meter, die untere nur 6 Ruthen = 22,5936 Meter breit. Jene läßt sich genau eben so einrichten, wie die vorher beschriebene. Durch den Wässergraben CD wird sie in zwei Theile getheilt, und jeder derselben zu drei Hängen eingerichtet. Dieselben Buchstaben bezeichnen in der Zeichnung dieselben Sachen.

Der unterste Theil zwischen den Gräben EF und GH ist aber für drei Hänge, namentlich nach der einen Seite hin zu breit. Es ist daher auch hier noch eine Auftheilung der Fläche durch den Wässergraben IK vorgezogen. Ueber und unter demselben sind aber nur zwei Hänge eingerichtet worden, welche dann auch die nöthigen Entwässerungsrinnen bekommen.

Wie aus der Zeichnung ersichtlich, schließt sich die Richtung und Lage der Wässergräben und Wässerrinnen möglichst enge an die abgesteckten Horizontalen an, und deshalb wird nur an wenigen Stellen eine etwas größere Erdbewegung nothwendig.

Wo sind drainirte Wässerwiesen einzurichten?

§. 37.

Zunächst leuchtet es ein, daß die Einrichtung von drainirten Wässerwiesen nur auf nassem oder mindestens feuchten Boden anwendbar sein kann. Ist derselbe so durchlässig und warm, daß das Wasser darin sehr schnell versinkt, so bedarf er der Drainirung nicht. Die Natur hat das da bereits besorgt, und die Drains würden bei mäßigem Zufluß nimmer laufen.

Eben so wenig ist das Drainiren da anwendbar, wo die erforderliche Vorfluth nicht vorhanden oder nicht zu schaffen ist. Können die Drains nicht eine zweckmäßige Tiefe erhalten, so nützen sie wenig, sind verhältnißmäßig kostbar, und stets in Gefahr, in sehr kurzer Zeit zuzuwachsen und sich zu verstopfen.

Aber selbst nicht alle nassen Terrains mit genügender Vorfluth eignen sich dazu. Zur Produktion eines ausgeglichenen Graswuchses ist es selbstverständlich durchaus nothwendig, daß das Rieselwasser über der Oberfläche analog dem Dünger beim Breiten überall gleichmäßig vertheilt wird. Das ist aber erst dann möglich, wenn der ganze Boden damit vollständig über sättigt ist. Dieses alle Poren desselben durchdringende und ausfüllende Wasser drückt in derselben Weise, wie z. B. das Standwasser vor der Schützöffnung einer Schleuse, auf das Wasser in den Röhren, und treibt es mit beschleunigter Geschwindigkeit darin fort und heraus. Sind dieselben dann so eingerichtet, wie sie es der Entwässerung des Bodens halber sein sollen, d. h. so, daß sie die übermäßigen atmosphärischen Niederschläge und das schädliche Wasser aus dem Grunde abführen können, ohne daß sich Druckwasser über denselben ansammelt, so werden sie unter dem Einflusse der darüber gehaltenen Wassersäule während des Rieselns sehr viel mehr Wasser ausgeben. Ein Beispiel mag dies in Zahlen näher nachweisen.

Eine Fläche von 4 Morgen = 1 Hektare ist so drainirt, daß die Saugdrains sich zu einem Sammeldrain vereinigen. Der Größe der Fläche entsprechend muß dieser zur Abführung von mindestens 0,025 Cubikfuß oder 0,000756 Cubik-Meter Wasser der atmosphärischen Niederschläge in einer Sekunde eingerichtet sein, zu dem noch das in der Regel in den Wiesen vorhandene Grundwasser hinzukommt. Dieses mag eben so hoch angenommen werden. Er hat also im ganzen 0,05 Cubikfuß = 0,0015 Cubik-Meter pro Sekunde abzuführen. Kann derselbe dabei, wie das auch gewöhnlich der Fall sein wird, ein nur sehr geringes Gefälle bekommen (es mag hier 2 Fuß auf 100 Ruthen = 0,17 Procent sein), so werden auf der untersten Strecke desselben 4zöllige = 0,1046 Meter weite Röhren erforderlich. Liegt nun der Sammeldrain an seinem Ausfluß 4 Fuß = 1,2552 Meter tief unter der Oberfläche, und ist der Boden auch hier noch so mit Wasser übersättigt, daß sich dasselbe auf der Wiese zufließend erhält, so fließen unter dieser Druckhöhe von 4 Fuß = 1,2552 Meter pro Sekunde 0,87 Cubikfuß = 0,0268 Cubik-Meter Wasser aus der 4zölligen = 0,1046 Meter weiten Röhre mit großer Geschwindigkeit heraus. Würde nun die Fläche mit einem geringeren Zufluß gerieselt, so würde sich eine entsprechend weniger hohe Wassersäule über dem Ausfluß des Sammeldrains herausstellen, welche nöthig ist, das geringere Quantum von Wasser aus der Röhre hinauszutreiben. Diese Wassersäule würde also nicht mehr bis an die Oberfläche der Wiese heranreichen, und die Uebersättigung des Bodens hier unmöglich werden. Das Wasser wird daher versinken und von den Drains verschluckt werden, ehe es an das Ende der Fläche gelangt. Bei größerer Tiefe wird diese Entfernung noch größer.

Wenn daher eine geringe Wassermenge als Rieselwasser auf einer drainirten Wiese höher ausgenutzt werden soll, als dies bei den bisherigen

Rieselanlagen möglich gewesen, die Drains aber bei der Abführung derselben nicht vollständige Beschäftigung haben, so kommt es darauf an, deren Abfluß nach Bedürfniß zu ermäßigen. Der eine Faktor dieser Thätigkeit ist das Querprofil der Röhren. Dieser ist nicht zu verändern. Da bleibt nur der eine Weg möglich, den anderen Faktor, das Gefälle, durch Verringerung der Differenz zwischen der Oberfläche der Wiese und dem Wasserspiegel des aus den Drains ausfließenden Wassers zu vermindern. Das wird durch ein Aufstauen des letzteren in jeder beliebigen Höhe möglich. Die Besorgniß, daß das Wasser aus dem Sammeldrain nicht ausfließen werde, so lange dessen Ausfluß unter Wasser gestellt ist, widerlegt sich durch den Augenschein am besten von selbst. Ein genügender Erfolg dieser Operation ist aber nur da zu erwarten, wo kein bedeutendes Gefälle vorhanden ist. Haben die Saugdrains starken Fall, so wirkt der Rückstau nur eine kurze Strecke. Nur in dem unteren Theile derselben wird der Abfluß dadurch ermäßigt, während in dem oberen das Wasser in gleicher Quantität mit unveränderter Geschwindigkeit zufließt. Die Folge davon ist, daß über jedem Saugdrain in der Nähe seiner Einmündung in den gestauten Sammeldrain vollständige Quellen in die Höhe springen. Bei starkem Gefälle müßten deshalb die Drains offen bleiben, würden aber dann zu viel Wasser verschlucken.

Es folgt hieraus, daß das regelmäßige und systematische Drainiren von Wiesen, welche gewässert werden sollen, auf diejenigen zu beschränken ist, welche einen von Natur nassen, mindestens feuchten Boden, genügende Vorfluth und ein nur geringes natürliches Gefälle haben.

VII. Bassins oder Sammelteiche.

Was ist von der Anlage von Bassins oder Sammelteichen überhaupt zu halten?

§. 38.

Von vielen Wiesenbauern werden Berieselungsanlagen gemacht, für welche das Wasser beim Abgange des Schnees und bei anhaltendem Regenwetter in eigenen Sammelteichen angehalten werden soll, wenn keine weiteren, oder nur sehr kleine lebendige, beständige Zuflüsse da sind. Fast niemals brachten dergleichen Anlagen einen günstigen Ertrag. Dennoch waren sie damit zu entschuldigen, daß man früher keine Ahnung von der zum Rieseln nothwendigen Menge Wasser hatte. Nun das Wasserbedürfniß festgestellt ist, wird man aus dem Facit eines einfachen Rechenexempels sehr bald die Ueberzeugung gewinnen, daß dergleichen Anlagen dem Geldbeutel mindestens sehr gefährlich bleiben, und eine sehr reifliche Ueberlegung erheischen, ob der davon zu erwartende Erfolg auch mit den aufzuwendenden Kosten im Verhältniß stehen kann oder stehen wird.

Wie oben bereits auseinandergesetzt (§. 10) ist zur Berieselung eines Morgens 2 Ruthen = 7,5312 Meter breit eingerichteter Rücken ein Zufluß von 1 Cubikfuß, einer Hektare von 0,12 Cubik-Meter Wasser pro Sekunde nothwendig. Der Wasserverbrauch pro Tag beträgt mithin 86,400 Cubikfuß pro Morgen oder 10,368 Cubik-Meter pro Hektare und für die ganze Zeit der Rieselung in einem Jahre, dieselbe nur zu 60 Tagen angenommen, 5,184000 Cubikfuß pro Morgen oder 622,080 Cubik-Meter pro Hektare. Diese Wassermasse zu fassen, würde ein Bassin von eben so großer Grundfläche, wie die berieselte Wiese, 200 Fuß oder 62,76 Meter hoch voll Wasser gehalten werden müssen. Selbst dann, wenn die Qualität des Wassers so gut wäre, daß dieselbe die Einrichtung von 4 Ruthen = 15,0624 Meter breiten Rücken gestattete, würde es 100 Fuß = 32 Meter hoch das Bassin anfüllen, und selbst wenn sich die Gelegenheit darböte, das Wasser auf einer flach liegenden, drainirten Wiese bei 0,1 Cubikfuß pro Morgen, oder 0,012 Cubik-Meter pro Hektare Bedarf pro Sekunde und Morgen auf die möglichst sparsamste Weise auszunützen, würde die Höhe des dazu nöthigen Wassers immer noch 20 Fuß = 6,2760 Meter betragen müssen. Da diese Stauhöhe zu erreichen, nirgends möglich ist, so müßte die inundirte und dadurch ertraglose Fläche viel größer gemacht werden, als die berieselte. Daraus folgt selbstredend, daß die Bassins, wie sie gewöhnlich angelegt werden, immer zu klein ausfallen müssen und ihre Einrichtung nur als eine verfehlte Spekulation betrachtet werden kann. Es ist deshalb auch in den meisten Fällen gerathen, davon ganz abzustehen, und lieber das Wasser auf eine drainirte Fläche hinaufzuleiten, wo es dann das Mitgebrachte absetzen kann, es mag das so viel oder so wenig sein, als es wolle. Eben so bleibt es in der Regel auch sehr gewagt, mit dem Wasser von Landseen, die keinen, oder nur einen sehr geringen Zu- oder Abfluß haben, Berieselungsanlagen zu machen. Ueberdies pflegen derartige Seen 1 bis $1^1/_2$ Fuß = 0,3 bis 0,4 Cubik-Meter Wasser in jedem Jahr durch Verdunstung, und was ebenfalls sehr häufig, und namentlich bei Feststellung der Stauhöhe zu beachten ist, durch unterirdischen Abfluß zu verlieren. Es ist hierauf in den seltenen Fällen, wo die Wassermasse solcher Seen für kleine Flächen wirklich hinreicht, noch besonders Rücksicht zu nehmen. Man muß also die Höhe der Verdunstung von der möglichen Aufstauungshöhe in Abzug zu bringen nicht vergessen, und, da der unterirdische Abzug gewöhnlich in oder über der gewöhnlichen Wasserstandshöhe zu liegen pflegt, die Aufstauung nicht über dieselbe legen, sondern das nöthige Wasser durch tieferes Abgraben aus solchen Seen entnehmen. Auch bei der Wässerung ist hierauf Rücksicht zu nehmen, damit noch Wasser für den Herbst übrig bleibt.

Etwas, wenn auch nicht viel günstiger, machen sich die Verhältnisse, wenn das Wasser für die Hauptrieselzeiten im Herbst und Frühjahr in genügender Menge vorhanden ist, und nur bei trockener Zeit fehlt. Es genügt dann zum bloßen zeitweisen Anfeuchten eine viel geringere Quantität von Wasser. Bei genügendem Angebot von Pflanzen=Nahrungsstoff im Boden wird solche künstliche Anfeuchtung nur ausnahmsweise nöthig. Daher kann in solchem Falle die Anlage von Sammelteichen an manchen Orten wohl rathsam werden.

Sehr vortheilhaft wird sie aber da, wo man neben anderen Zuflüssen Gelegenheit hat, in einem Bassin besonders fettes Wasser festzuhalten und anzusammeln. „Diese höher gelegenen Fangteiche," sagt Schwerz, „haben für kleine Wässerungen noch nebenbei den Vortheil, daß sie Gelegenheit geben, das Wasser wesentlich zu verbessern, und fetter zu machen Dieses Fettmachen geschieht durch künstliche Beimischung von Mist, Jauche u. dgl. Kann man in solche Bassins die aus den Ställen, vom Hofe u. s. w. abgelaufene Jauche und Mistwasser unmittelbar hineinleiten, so ist dies allerdings eine große Bequemlichkeit. Aber auch ohne das wird sich der Transport der Jauche u. s. w. reichlich lohnen." Das Fettmachen des Wassers wird in diesem Falle noch den Vortheil gewähren, daß davon auf den breitesten Rücken und Hängen die geringste Quantität gebraucht wird, daß zur Fortleitung derselben also auch die verhältnißmäßig kleinsten Gräben, und zu deren Füllung wieder die möglichst kleinste Wassermasse nothwendig ist und verloren geht.

Endlich wird sie da sogar nothwendig, wo ein sehr düngerreiches Wasser, wie es manche Fabriken liefern, aber in so geringer Quantität vorhanden ist, daß es, wollte man es in der Weise, wie es aus der Fabrik zufließt, auf die Wiese leiten, bei trockenem Wetter und durchlässigen Boden auf einer kleinen Stelle, oder gar schon auf dem Wege dahin versinken, und einen entsprechenden Nutzen nicht gewähren, wohl gar Schaden verursachen, und das Ausbrennen der Narbe zur Folge haben würde. Hier gilt es, den Zufluß zu sammeln, und in kurzer Zeit durch verstärkten Abfluß das Wasser über eine entsprechende Fläche fortzujagen. Das wird aber nur durch Anlage von Bassins möglich. Sie müssen sogar in diesem Falle, wenn der Boden in denselben durchlassend ist, ausgemauert und mit einem wasserdichten Boden versehen werden.

Sonst macht sich die Anlage von Bassins in der Regel am leichtesten und billigsten in hügeligem Terrain, weil sich da die Gelegenheit darbietet, die natürlichen Erhöhungen zur Umschließung des Teiches zu benutzen, und dadurch die Schüttung der kostbaren künstlichen Deiche zu ersparen. Die Beschaffenheit des Bodens, welcher den Grund des anzulegenden Sammelteiches sowohl, wie der umgebenden Höhen bildet, verdient insofern noch einer besondern Untersuchung, als er zuweilen aus losem Sande besteht und so durchlassend ist, daß das Wasser entweder ganz darin versinkt, oder nur bis zu einer gewissen Höhe ansteigt, und in dieser Höhe unterirdisch weiter abfließt.

Verwallungen oder Deiche.

§. 39.

Verwallungen oder Deiche, sie mögen zum Anhalten des Wassers in Bassins, oder zum Abhalten der Fluthen längs den Flüssen gemacht werden, haben immer einem einseitigen Wasserdrucke zu widerstehen. Werden dieselben einmal von dem hoch dahinterstehenden Wasser durchbrochen, so sind die Verwüstungen, Auskolkungen zunächst, und weiterhin Versandungen in der Regel sehr bedeutend. Daher erfordert die Anlage derselben besondere Vorsicht, und tüchtige Arbeit bei der Ausführung.

a) Höhe der Verwallung.

Die Höhe der Verwallung richtet sich nach der Höhe des dagegen drückenden Wassers. Nachdem daher die Höhe der Anstauung desselben oder die Höhe des höchsten Fluthwassers ermittelt ist, wird die Krone der Verwallung bei Bassins horizontal, neben Flüssen parallel mit dem Wasserspiegel derselben, im ersten Falle 1 bis $1\frac{1}{2}$ Fuß = 0,3 bis 0,45 Meter über dem projektirten Wasserstande, im letztern so hoch, daß auch das in dem durch die Deiche verengten Profil höher ansteigende Wasser nicht über denselben fort sich ergießen kann, angelegt, weil das überlaufende, oder bei starkem Wellenschlage hinübergetriebene, auf der Rückseite des Deiches hoch herabstürzende Wasser nach und nach Löcher und Rinnen auswäscht, ihn so weit schwächt, daß er dem dagegen wirkenden Drucke nicht mehr zu widerstehen vermag, und dadurch die Gefahr eines Durchbruches herbeiführt.

b) Kronenbreite.

Mit der Stauhöhe steigt der Wasserdruck, daher muß die Stärke der Verwallung mit der Höhe der Aufstauung größer werden. Man nimmt deshalb bis zu 8 Fuß oder 2,5104 Meter Höhe die Kronenbreite derselben gleich an. Bei größerer Höhe setzt man zur Hälfte derselben noch 4 Fuß oder 1,2552 Meter hinzu. Es wird also für 10, 12, 14, 16 Fuß = 3,1380, 3,7656, 4,3932, 5,0208 Meter Wasserstauhöhe die Kronenbreite mindestens 9, 10, 11, 12 Fuß = 2,8240, 3,1380, 3,4518, 3,7656 Meter werden müssen.

c) Dossirung.

Wichtig für die Erhaltung der Verwallung ist deren Böschung und namentlich die Böschung nach der Wasserseite. Wird dieselbe zu steil, so bricht der plätschernde, mit der Wassertiefe zunehmende Wellenschlag und das vom Winde oder der Strömung angetriebene Eis die Ufer fortwährend ab, und spült so die Dammkrone nach und nach in die Tiefe hinab. Künstliche Deckungen der Dossirung, mit Faschinen, Strauch, Stroh und Steinen oder dergl. m., halten nur kurze Zeit oder werden sehr theuer. Der zweckmäßigste Schutz besteht immer in einer sehr flachen Böschung, auf welche die Wellen, deren Kraft mit der geringeren Tiefe des Wassers abnimmt, ohne zu schaden, auflaufen können. Darum muß die Böschung um so flacher werden, je höher der Deich ist. Dieselbe sollte auf der Wasserseite niemals schwächer gemacht werden, als 4 füßig. Für die andere, die Binnenseite, genügt 1 bis $1^1/_2$ füßige Dossirung vollständig, da es hier nur darauf ankommt, das Abgleiten der Dammkrone zu verhüten. Außer der flachen Böschung nach dem Wasser zu, trägt eine dichte Grasnarbe besonders zur Sicherheit bei. Nach dem Aufschütten des Walles ist es darum vortheilhaft, die beiden Böschungen desselben mit Flachrasen abzudecken, und auf diese Weise das schnelle Zusammenwachsen der Oberfläche möglichst zu befördern. Die Benarbung der Böschungen schützt auch vor dem Abspülen durch Regen, durch Schnee oder durchsickerndes Druckwasser.

d) Allgemeine Bemerkungen.

Das beste Material zur Schüttung solcher Verwallungen ist Lehm und Thon, weil er das wenigste Sickerwasser, welches den Boden durch und durch erweicht, und dadurch die Widerstandsfähigkeit der Verwallung schwächt, hindurchläßt. Weniger gut ist Sand. Reiner Bruch- und Torfboden ist der Leichtigkeit wegen, welche er nach dem Austrocknen besitzt, und seiner Zersetzbarkeit in feuchter, der Luft zugänglicher Lage wegen, zu größeren Dämmen nie allein zu verwenden. Für kleinere, d. h. solche, welche einen nur geringen Wasserdruck auszuhalten haben, ist er allenfalls zu gebrauchen, doch müssen die daraus geschütteten Wälle $1\frac{1}{2}$ mal die oben angegebene Stärke erhalten. Sie verwittern mit der Zeit, fallen in Folge dessen sehr zusammen, und müssen deshalb immer wieder von neuem erhöht werden. Mit festen Erdarten gemischt, oder damit wenigstens überdeckt, hält sich dieser Boden etwas besser.

Besonders vorsichtig muß man bei der ersten Schüttung der Dämme dafür sorgen, daß dieselben mit dem Boden, auf welchem sie aufgeschüttet, recht gut verbunden werden. Hat derselbe eine Rasendecke, so wird dieselbe zuvor abgehauen und bei Seite geschafft. Werden die Dämme hoch, so müssen außerdem breite, wenn auch nur flache Gräben aufgenommen werden, damit das Wasser zwischen dem gewachsenen und dem aufgeschütteten Boden sich nicht hindurchziehe. Eben so wenig darf quer durch den Wall hindurchreichendes Langholz hineingepackt, auch müssen alle Stubben und Wurzeln aus der Walllinie sorgfältig entfernt werden, weil die Verbindung zwischen Holz und Erde immer mangelhaft bleibt, und die Poren des Holzes beim Verfaulen zu Wegen werden, auf denen das Wasser durch den Wall dringt, und möglicherweise Brüche veranlaßt.

Das Bepflanzen der Deiche mit Strauch ist gefährlich, weil unter den Wurzeln desselben die Mäuse und Ratten und dergl. m. ihre Gänge und Schlupfwinkel haben, in welche hinein sie nicht zu verfolgen sind. Noch schlimmer ist das Erziehen großer Bäume darauf. Wirft der Sturm einmal einen solchen großen Baum, der mit seinen Wurzeln den ganzen Wall durchgreift, während des Hochwassers um, so ist ein Durchbruch gar nicht aufzuhalten.

Zur Sicherung der Verwallung eines Bassins ist endlich sehr oft die Anlage eines natürlichen Ueberfalls ganz zweckmäßig, d. h. die Herstellung einer längeren geneigten Ebene mit sehr geringem Gefälle, aber von ziemlich bedeutender Breite, 1 bis $1\frac{1}{2}$ Fuß = 0,3 bis 0,45 Meter niedriger, als die Dammkrone. Man richtet ihn an einer Stelle ein, wo das hinüberstürzende Wasser, wennes unerwartet und bei geschlossenen Schleusen im Bassin über den normalen Wasserstand in die Höhe steigt, abfließen kann, ohne dem Damme, oder sonst irgendwo Schaden zu thun.

VIII. Wiederbenutzung des Wassers.

Allgemeine Rücksichten.

§. 40.

In §. 2 und 5 ist nachgewiesen, daß es im höchsten Grade unzweckmäßig ist, das Wasser über zu breite Flächen überrieseln zu lassen, und daß, warum und unter welchen Umständen das abgerieselte Wasser mit dem nämlichen Vortheil, wie das erstemal, wieder zur Wässerung gebraucht werden kann. Es ist daher noch nachzuweisen, in welcher Weise die Anlagen zur Wiederbenutzung des Wassers am besten zu machen sind, unstreitig eines der wichtigsten Kapitel des ganzen Wiesenbaues. Von der Zweckmäßigkeit der dazu nöthigen Einrichtungen hängt die Ausdehnung der berieselungsfähigen Fläche ganz wesentlich ab, und nur dadurch wird es bei größeren Anlagen möglich, jedem Wiesentheile den nothwendigen Bedarf an Wasser richtig zuzuführen und gleichmäßig darauf zu vertheilen. Wie viele Anlagen, welche die größtmöglichsten Erträge in sichere Aussicht stellten, sind allein dadurch verpfuscht worden, daß man es nicht verstanden hat, das Abwasser immer wieder zu neuem Rieseln heranzuziehen. Wie viele Tausende von Thalern sind unnütz weggeworfen, weil kein Theil der Wiesen nur wegen versäumter rechter Wiederbenutzung des abgerieselten die nothwendige Quantität von Wasser bekommen konnte. Eine so verdorbene Anlage kann nur mit großen Kosten wieder redressirt werden, da nichts weiter übrig bleibt, als sie nach einem besseren Wasser-Vertheilungs-Plan ganz umzubauen. Um nun die Möglichkeit und die Grenzen der so wichtigen Wiederbenutzung des Abwassers beurtheilen zu können, ist zunächst die zulässige oder zweckmäßige Höhe festzustellen, bis zu welcher das Wasser in den Entwässerungsgräben und Rinnen angestaut, mit andern Worten, wie tief dasselbe unter der Bort dieser Gräben 2c. und der Oberfläche der Wiese während des Wässerns gehalten werden darf, denn unter keiner Bedingung darf bei wiederholter Benutzung des Wassers dadurch eine Ueberstauung oberhalb liegender Flächen verursacht werden. An solchen überstauten Stellen hilft das Wasser nicht nur nicht so, wie etwa auf den Stauwiesen, sondern es schadet ganz entschieden, und vertilgt den ganzen Graswuchs, weil es stets da ist, wenn gerieselt wird, die Rieselzeit aber mit der Zeit zum Ueberstauen im Sommer durchaus nicht übereinstimmt.

Eben so unvortheilhaft aber ist es, den Entwässerungsrinnen während des Rieselns eine zu hohe Bort zu erhalten, und das Wasser im Entwässerungsgraben zu tief unter dem Rande abzuführen. Liegen nämlich die-

berieselten Flächen hoch über dem Wasserspiegel der Entwässerungsrinnen und Gräben, so versinkt auf durchlassendem Boden bei mäßig starkem Rieseln das Wasser in der Nähe derselben. Dasselbe verschwindet hier von der Oberfläche, und zieht sich unter derselben nach der Entwässerungsrinne hinab, aus deren Ufern es dann heraus- und in dieselben hineinfließt. Es bleibt also ein Streifen des Rückens oder Hanges neben dieser Rinne rc. liegen, über den das Wasser nicht überrieselt. Dieser Streifen ist um so breiter, je durchlässiger der Boden, je höher das Ufer ist. Diese Erscheinung tritt am sichtbarsten bei Humusboden und bei warmem Stande hervor. Werden aber so große Wassermassen hinübergejagt, daß es gelingt, das Wasser trotz dieser Durchlässigkeit des Grundes bis zur Entwässerungsrinne über der Oberfläche fortzubringen, so wird der Schaden nur noch größer, denn immer zerstört das aus den Grabenborten herausquellende Wasser, wozu im letzteren Falle noch das hoch von denselben herabstürzende hinzukommt, die dafür immer zu steilen Seitenwände der Rinne oder des Grabens in sehr kurzer Zeit. Zuerst unterwäscht es dieselben. Dadurch wird die den Grabenrand bildende Grasnarbe unten hohl, sackt dann allmählich nach, oder bricht in großen Stücken ab und stürzt endlich in die Rinne oder den Graben hinein, staut hier das Wasser auf, veranlaßt kleine Wasserfälle, welche das Uebel vermehren, und die Zerstörung beschleunigen Aus den kleinen Rinnen werden tiefe und breite Gräben, die tieferen Entwässerungsgräben dagegen breiter und flacher, die Rücken rund, kurz die ganze Berieselungsanlage verfällt, wenn nicht mit nie endenden Arbeiten und Kosten die umfangreichsten Reparaturen immer von neuem daran vorgenommen werden. Am unangenehmsten in dieser Beziehung ist der Sandboden. Auch Bruch- und Torfboden verhalten sich, wenn sie durch Trockenlegung und Frost krümlich geworden sind, ganz ähnlich. Aber auch jeder andere, selbst der steifeste Thonboden wird angegriffen, und zwar jährlich wenigstens soweit, als er durch den Frost mürbe gemacht worden ist. Die Siegener Kunstwiesenbauer machen, um diesem Uebelstande zu begegnen, die Entwässerungsrinnen ziemlich flach und geben ihnen Gefälle. Diese Hülfe ist aber im Grunde keine Abhülfe jenes Uebels. Das Herausquellen des Wassers aus der Bort der Rinnen wird dadurch zwar weniger nachtheilig, aber die in der flachen Rinne konzentrirte Wassermasse stürzt in den tiefer liegenden Entwässerungsgraben hinab, und die Zerstörung, das Ausreißen der Sohle und der Ufer fängt hier eben so an, und zieht sich von da ab nach und nach weiter aufwärts eben so fort, wie das sonst auch geschieht. Die Gräben und Rinnen widerstehen zuerst wohl etwas länger, halten sich auf die Dauer aber um nichts besser. Ueberdies vermehrt die Anlage der Rinnen, welche Gefälle bekommen, die Arbeit und die Kosten. Schon in § 32 ist darum der Lüneburger Manier, die Entwässerungsrinnen ganz horizontal zu machen, der Vorzug gegeben, und deren Tiefe zu 9 bis 10 Zoll = 0,2354 bis 0,2615 Meter angegeben. Sie würden bei dieser Konstruktion leicht zuschwemmen, wenn nicht das Mittel, sie zu halten, gar zu einfach wäre.

Alle oben angeführten Nachtheile werden nämlich vermieden, wenn das Abwasser in den horizontalen Entwässerungsgräben und Rinnen so hoch gehalten wird, daß der Rand derselben bei normalem Wässern nur 2 bis höchstens 3 Zoll 0,0523 bis 0,0745 Meter über dem Wasser frei bleibt, und dadurch das Gefälle und damit die zerstörende Kraft des ablaufenden Wassers bis zur Unschädlichkeit vermindert wird. Zwar fürchtet mancher, daß dadurch der Boden zu naß bleiben, wohl gar versumpfen werde. Das ist jedoch nicht der Fall. Zur Beruhigung dieser Aengstlichen mag die schon öfter gegebene Erklärung hier wiederholt werden, daß weder die Zahl noch die Tiefe der Entwässerungsrinnen einen wesentlichen Einfluß auf die Trockenlegung eines Bodens hat, sondern daß dieselbe einzig und allein durch gehörig tiefe, offene oder, wo bei starken Quellen diese störend werden, durch tiefe verdeckte Gräben zu erreichen ist, und daß es nicht auf den Wasserstand während des Rieselns ankommt, sondern darauf, daß nach beendigter Rieselung die Gräben und Rinnen ablaufen und leer werden können.

Wiederbenutzung des Wassers beim Hangbau.

§. 41.

Die Einrichtungen, welche behufs wiederholter Benutzung des abgerieselten Wassers erforderlich werden, müssen den verschiedenen Lokalitäten angepaßt werden. Hier kann daher nur an einzelnen Beispielen gezeigt werden, wie man sich dabei zu verhalten.

Es liegt auf der Hand, daß auf einem Terrain mit vielem Gefälle ein nachtheiliger Rückstau leichter zu vermeiden ist, als auf flachem, und daß deshalb die Möglichkeit der Wiederbenutzung beim Hangbau näher liegt, als bei dem Rückenbau. Hat der Boden z. B. 7 Zoll Gefälle auf 1 Ruthe Länge = 4,86 Procent, also das verlangte Minimalgefälle der Hänge, so daß nirgends Auftrag oder Abtrag nöthig ist, so liegt bei einer Breite der Hänge von 1 Ruthe = 3,7656 Meter die Entwässerungsrinne des ersten

Hanges b, Taf. IV. Fig. 3., um 11 bis 12 Zoll = 0,2877 bis 0,3138 Meter höher, als die Wässerrinne des dritten c. Es kann also das von dem ersten Hange abgerieselte Wasser, ohne Rückstau befürchten zu dürfen, auf den dritten wieder hinauf geleitet werden. Die Anlage macht sich dann folgendermaßen: Das vom ersten Hange, Taf. IV. Fig. 2. A., abgerieselte Wasser sammelt sich in der dazu gehörigen Entwässerungsrinne a b, wird durch die Zuleitungsrinne b c um den zweiten Hang herumgeleitet, tritt in die Wässerrinne des dritten c d, rieselt über diesen über und sammelt sich wieder in der Entwässerungsrinne dieses Hanges e f, geht um den vierten in der Rinne f g herum, rieselt aus der Wässerrinne g h in den fünften u. s. w. fort. Der zweite Hang erhält von oben her durch die Zuleitungsrinne i k frisches Wasser, von k aus vertheilt sich dasselbe nach beiden Seiten in die Wässerrinne l k l, das abgerieselte Wasser des zweiten Hanges sammelt sich in der Entwässerungsrinne m o m und geht durch o n dem vierten, dann dem sechsten Hange zu u. s. w.

Auch bei einem Gefälle von 3½ Zoll pro Ruthe = 2⅜ Procent, dem geringsten für den Hangbau, läßt sich noch eine eben solche Einrichtung treffen. Bei diesem Gefälle lassen sich die Hänge mit normaler Neigung nur dadurch bauen, daß man an der Wässerrinne 1¾ Zoll = 0,0458 Meter auf- und an der entsprechenden Entwässerungsrinne eben so viel abträgt. Lag also der Boden an der Stelle, Taf. IV. Fig. 4. a, d. h. da, wo die Entwässerungsrinne gemacht wird, 5 Zoll = 0,1308 Meter unter dem Wasserspiegel des Vertheilungsgrabens, und wird dann 1¾ Zoll oder 0,0458 Meter abgetragen, um 7 Zoll = 0,1831 Meter Gefälle zu bekommen, so liegt die Fläche an der Entwässerungsrinne, nach Ausführung des Hanges, 6¾ Zoll = 0,1765 Meter unter demselben Wasserspiegel. Die Wässerrinne des dritten Hanges f liegt davon 1¾ Ruthen = 6,5898 Meter entfernt. Das natürliche Gefälle von a bis dahin ist also = 5½ Zoll oder 0,1439 Meter, und die Höhe von f beträgt 10½ Zoll oder 0,2746 Meter unter dem Wasserspiegel des Grabens. Um dem dritten Hange das normale Gefälle zu geben, muß bei f 1¾ Zoll = 0,0458 Meter aufgetragen werden. Die Kante der fertigen erhöhten Wässerrinne bleibt dann noch 8¾ Zoll oder 0,2288 Meter unter demselben Wasserspiegel des Grabens. Die Entwässerungsrinne des ersten Hanges a lag 6¾ Zoll oder 0,1765 Meter, die Kante der Wässerrinne des dritten liegt 8¾ Zoll = 0,2288 Meter darunter, letztere mithin 2 Zoll = 0,0523 Meter niedriger, als a. Wenn also f voll ist und überrieselt, so hat a, da das Gefälle des Wassers in der kurzen Zuleitungsrinne kaum in Betracht kommt, 2 Zoll oder 0,0523 Meter freie

Bort. Ein nachtheiliger Rückstau findet mithin selbst bei dem sehr geringen Gefälle von $3^1/_2$ Zoll pro Ruthe oder $2^3/_8$ Procent eben so wenig statt, als vorher. Die Einrichtung der Hänge wird auch dabei die nämliche, wie vorher Taf. IV. Fig 2.

Wiederbenutzung beim Rückenbau.

§. 42.

Hat das Terrain 3 Zoll pro Ruthe, d. h. 2 Procent, oder weniger natürliches Gefälle, so sollen Rücken gebaut werden (§. 35 e). Um hierbei die Möglichkeit der Wiederbenutzung beurtheilen zu können, ist zunächst das für eine Rückenschicht nothwendige Gefälle, d. h. die Differenz zwischen dem Wasserspiegel des Vertheilungsgrabens und dem des dazu gehörigen Entwässerungsgrabens fest- und zusammenzustellen. In §. 35 ist ausgeführt worden, daß die Siegener Weise, die Rücken zu konstruiren, mit hoch aufgebauten Wässergräben und starkem Gefälle, nicht zu empfehlen sei, weil dadurch besser benutzbares Gefälle verschwendet werde. Der rationelle Wiesenbauer giebt deshalb den nach Lüneburger Manier eingeschnittenen Gräben den Vorzug, und richtet dieselben so ein, daß der Wasserspiegel des Vertheilungsgrabens in gleicher Höhe liegt mit der Oberkante der Wässerrinnen der dazu gehörigen Schicht, d. h. mit der Oberkante der Rücken.

Das Gefälle der Rücken soll bei einer Breite derselben von 1 Ruthe oder 4 Meter 6 bis 7 Zoll oder 0,1569 und 0,1831 Meter und der Vorstand in den Entwässerungsrinnen 2 bis 3 Zoll oder 0,0523 bis 0,1046 Meter betragen. Die Entwässerungsrinnen sind horizontal abgeglichen, wie die Wässerrinnen, und bei der geringen Länge derselben weicht auch der Spiegel des fließenden Wassers darin kaum von einer Horizontalen ab. Dasselbe gilt von dem zugehörigen Entwässerungsgraben. Jedenfalls ist das Gefälle im Wasserspiegel desselben geringer, als der eben angegebene Vorstand der Entwässerungsrinne, und ein Hinauftreten des Wassers auf die Wiesenfläche nicht zu erwarten. Es kann dies bei dieser Einrichtung überhaupt nur stattfinden, wenn so viel Wasser in die Wiese hineingejagt wird, daß die Entwässerungsrinnen und Gräben es gar nicht zu fassen vermögen. Die ganze Differenz beträgt mithin 8 bis 10, durchschnittlich 9 Zoll oder 0,2092 bis ,02615, durchschnittlich also 0,2354 Meter, und das ist das Minimalgefälle, welches zur Herstellung einer Schicht Rücken nöthig ist. Das natürliche Gefälle des Terrains damit dividirt, giebt die Zahl der möglichen Rücken-Schichten. Die Konstruktion für die Wiederbenutzung ist in den verschiedenen Fällen folgende:

In §. 35 ist bereits nachgewiesen, daß und wie bei einem Gefälle von 9 Zoll auf 3 Ruthen oder 2 Procent sich Rücken bauen lassen. Sie werden dann 3 Ruthen = 11,2968 Meter lang. Das abgerieselte Wasser auf einem Terrain mit diesem Gefälle wieder zu benutzen, macht sich daher auf die einfachste Art so, daß alle 3 Ruthen (11,2968 Meter) ein Wässergraben, Taf. IV. Fig. 5 ab, cd, ef, gezogen, und der Raum zwischen je 2 Gräben in Rücken gebaut, als eine Schicht behandelt wird. Der Wässergraben der zweiten, cd, ist dann Entwässerungsgraben der ersten, der Wässergraben ef der dritten Entwässerungsgraben der zweiten Schicht. Die einzelnen Schichten liegen, wie aus dem bei Fig. 5. nebengezeichneten Profile hervorgeht, terrassenförmig untereinander. Da die Gräben so nahe zusammenliegen, wird auch die Trockenlegung des Bodens, wenn er naß sein sollte, sich sehr gut, und ohne besondere Einrichtung von Entwässerungsgräben erreichen lassen, wenn nur der erste, dritte, fünfte u. s. w. Wässergraben tief genug gemacht werden. Der Graben ab würde also in diesem Falle, wenn es für den nothwendigen Wasserzufluß genügt, 5 Fuß = 0,1308 Meter breit, 3 Fuß = 0,0785 Meter tief, cd 3 Fuß = 0,0785 Meter breit, 2 Fuß = 0,0523 Meter tief, ef aber wieder 5 Fuß = 0,1308 Meter breit, 3 Fuß = 0,0785 Meter tief gemacht werden müssen u. s. w. In Torfboden genügen für ab und ef allenfalls 4 Fuß oder 0,1046 Meter Breite. In trockenem, warmen Sande, in welchem die Gräben eine flachere Böschung verlangen, genügt die geringere Tiefe, da sich das Wasser darin weniger hält, und das Versäuern der Wiese von da aus nicht zu erwarten ist.

Da diese Wässergräben für gewöhnlich durch jede Entwässerungsrinne der oberen Schicht ihr Wasser erhalten, so erhalten sie überall eine gleiche, nur durch die erforderliche Tiefe und Böschung bedingte Breite. Doch muß bei dieser Planlage ein Zuleitungsgraben ag auch noch die Möglichkeit gewähren, den unteren Wässergräben in kurzen Wässerperioden frisches Wasser zuführen zu können.

In ganz derselben Weise läßt sich das Terrain auch bei geringerem Gefälle, und zwar bis zu 2 Zoll auf die Ruthe oder 0,14 Procent behandeln, nur mit dem Unterschiede, daß dann die Rücken länger, d. h. bei 2 Zoll Gefälle oder 0,14 Procent mit Berücksichtigung des beim Aufarbeiten voluminöser werdenden Bodens 5 Ruthen = 18,8280 Meter lang werden.

Wird das Gefälle noch geringer, z. B. 1 Zoll auf die Ruthe oder 0,07 Procent, so kommen bei dieser Einrichtung, 9 Zoll = 0,2354 Meter

Gefälle auf die Schicht gerechnet, die Wässergräben, Tab. IV. Fig. 6 a'a' und e e 9 Ruthen = 33,8904 Meter auseinander. Man darf aber die Wässerrinnen in diesem Falle nicht, wie vorher, von Graben zu Graben gehen lassen, da sie dann 9 Ruthen = 33,8904 Meter, also zu lang werden würden. Hier legt man, Taf. IV. Fig. 6., die kleinen Wässergräben a b, a b und die Entwässerungsgräben c d dazwischen, so daß die Entfernung derselben von einander, je nach der Breite der Rücken, 4 bis 6 Ruthen oder 15,0624 bis 22,5936 Meter beträgt. Längs den Hauptwässergräben a'a' und ee wird erst ein Hang, und zwischen den kleineren Wässergräben die Rücken querüber angelegt. Auch hier wird der Wässergraben der zweiten Schicht ee Entwässerungsgraben der ersten, und muß deshalb in feuchtem Boden 4 bis 5 Fuß oder 0,1046 bis 0,1308 Meter breit und 3 Fuß oder 0,0785 Meter tief ausgehoben werden. Die Wasserhöhe in den Gräben a'a' und ee bleibt genau in der Höhe des Terrains, die Erde muß jedoch von a bis b transportirt werden, da die unteren, dem Entwässerungsgraben zunächst liegenden Rücken ganz durch Auftrag, die oben am Wässergraben liegenden ganz durch Abtrag gebildet werden.

Etwas weniger Erdtransport stellt sich bei der nämlichen Lage des Terrains, aber bei einer anderen Einrichtung heraus. Wenn nämlich auf die Schicht ein natürliches Totalgefälle von 5 Zoll oder 0,1308 Meter gerechnet wird, so werden die Wässergräben im vorliegenden Falle 5 Ruthen = 18,8280 Meter von einander entfernt angelegt werden können. Bei diesem natürlichen Gefälle werden die Wässerrinnen am Wässergraben, Taf. IV. Fig. 7., bei r 1 Zoll = 0,0262 Meter auf-, und die Entwässerungsrinnen am Entwässerungsgraben bei s 1 Zoll = 0,0262 Meter abgetragen werden müssen, um das normale Gefälle des Rückens herzustellen. Eben so ist es in der zweiten Schicht. Auch hier werden die Rücken am Wässergraben 1 Zoll (0,0262 Meter) auf- und am Entwässerungsgraben ebensoviel abgetragen. Die Wässerrinnen yy und damit die Wasserhöhe im Vertheilungsgraben c d der zweiten Schicht, liegen mithin 2 Zoll = 0,0523 Meter höher, als die Entwässerungsrinnen der ersten. Sollte nun dieser Wässergraben c d das abgerieselte Wasser der ersten Schicht in der für die zweite nöthigen Höhe anhalten, so würde das auf der ersten Rückstau geben. Die letztere muß also ihren eigenen Entwässerungsgraben ik erhalten, welcher das abgerieselte Wasser um die zweite Schicht herum leitet. Das Terrain der dritten Schicht am Wässergraben e f liegt 5 Zoll = 0,1308 Meter unter dem Terrain am Entwässerungsgraben der ersten Schicht ik. Hier war 1 Zoll = 0,0262 Meter Abtrag an den Entwässerungsrinnen, dort ist

1 Zoll = 0,0262 Meter Auftrag an der Wässerrinne. Die Oberkante dieser liegt also 5 Zoll — (1 + 1) = 3 Zoll oder 0,0785 Meter unter dem Rande jener. Der Stau, um das von der ersten abgerieselte Wasser wieder auf die dritte Schicht zu bringen, wirkt also in der ersten nur in der rechten Weise. Der Wall AA zwischen den Wässer- und Entwässerungsgräben wird mindestens $1^1/_2$ Ruthen = 5,6484 Meter breit. Zu diesen $1^1/_2$ Ruthen = 5,6484 Meter kommt die Breite der beiden Gräben cd und **ik** à 3 bis 4 Fuß oder 0,9418 bis 1,2552 Meter. Das abgezogen von der Entfernung der Gräben (von 5 Ruthen = 18,8280 Meter), bleibt die Rückenlänge (hier 3 Ruthen = 11,2968 Meter). Das Wasser der ersten Schicht kann also auf der dritten, das von dieser auf der fünften u. s. w. wieder gebraucht werden. Die zweite Schicht erhält durch einen eigenen Zuleitungsgraben bg frisches Wasser. Das davon abgerieselte geht um die dritte herum, rieselt wieder in der vierten, und so fort in der sechsten u. s. w.

In derselben Weise kann diese Einrichtung bis zur Länge der Rücken von 5 Ruthen = 18,8280 Meter ausgeführt werden, also bis zu 5 Zoll Gefälle auf 7 Ruthen, oder 0,5 Procent. Auch dann bleibt trotz des Rückstaues der dritten, fünften u. s. w. vierten und sechsten Schicht in den Entwässerungsrinnen der ersten, dritten und zweiten und vierten u. s. w. noch 2 bis 3 Zoll = 0,0523 bis 0,0785 Meter freie Bort.

In §. 28 ist diese Einrichtung bereits besprochen, aber auch nachgewiesen worden, daß die Wälle A eben als Wälle zu behandeln, und nicht als Hänge zur Rieselung einzurichten sind. Sie nehmen aber in dieser Form auf der Wiese einen außerordentlich großen Raum weg, welcher der Wässerung verloren geht. Wo also Wasser in genügender Quantität vorhanden ist, das Ganze zu bewässern, ist diese Einrichtung nicht zu empfehlen, und die vorher angegebene, selbst in dem Falle, daß durch den etwas größeren und weiteren Erdtransport die Anlage etwas theurer werden sollte, vorzuziehen.

4) Wird das Gefälle noch kleiner, z. B. $^1/_2$ Zoll pro Ruthe, oder 0,35 Procent, so lassen sich die beiden vorigen Einrichtungen, ad 2 und 3 kombiniren, Taf. V. Fig. 1. In diesem Falle gehören zu 5 Zoll oder 0,1308 Meter natürlichem Gefälle 10 Ruthen = 37,656 Meter Länge, und ist nach Abzug des Walles und der Gräben 8 Ruthen = 30,1248 Meter die Länge einer Schicht. Jede derselben erhält ihren eigenen Wässergraben aa, a'a' und Entwässerungsgraben bb, b'b', wie im vorigen Beispiel. Da aber die Entfernung derselben von einander trotzdem weiter ist, als die normale Rückenlänge, so wird die Schicht durch kleine, rechtwinklig auf die Richtung

jener ersten gelegte Wässergräben c d und Entwässerungsgräben e f in passende Abtheilungen von 4 bis 6 Ruthen = 15,0624 bis 22,5936 Meter Länge gebracht. Alles Uebrige macht sich dann wie vorher.

5) Bei $^1/_4$ Zoll Gefälle auf 1 Ruthe oder 0,17 Procent würde die Schicht in dieser Weise 18 Ruthen = 67,7808 Meter lang und beinahe so weit auch wieder der Erdtransport werden. Will man diesen auf das möglichst geringste Maaß zurückführen, so muß man alle Wässergräben parallel mit dem ersten nach den Horizontalen des Terrains abstecken, die einzelnen Schichten aber nur für Rückenlänge einrichten, jeder ihren eigenen Abzugsgraben geben, und dann so viel Schichten zu einem Systeme vereinigen, daß man das Wasser des ersten Systems um das zweite herumleiten und auf dem genügend tiefer liegenden dritten wieder gebrauchen kann. Da hierbei die Entfernungen größer werden, ist auf Gefälle in den Gräben das nöthige hinzuzurechnen. Hat also das Terrain ein natürliches Gefälle von $^1/_4$ Zoll pro Ruthe, oder 0,17 Procent, so haben 5 Ruthen = 18,8280 Meter Rückenlänge $1^1/_4$ Zoll = 0,032 Meter, und 7 Ruthen = 26,3592 Meter Rückenlänge und Damm, also von Wässergraben zu Wässergraben $1^3/_4$ Zoll = 0,0458 Meter. Es entspräche also, wenn die Höhe des obersten Wässergrabens, Taf. V. Fig. 2., bei a = o angenommen wird,

dem 2.	die Höhe	$1^3/_4$	Zoll	= 0,0458	Meter	unter	a,
„ 3.	„ „	$3^1/_2$	„	„ 0,0916	„	„	„
„ 4.	„ „	$5^1/_4$	„	„ 0,1374	„	„	„
„ 5.	„ „	7	„	„ 0,1831	„	„	„
„ 6.	„ „	$8^3/_4$	„	„ 0,2288	„	„	„
„ 7.	„ „	$10^1/_2$	„	„ 0,8746	„	„	„

und den dazu gehörigen Entwässerungsgräben

der 1.	Schicht die Höhe	$1^1/_4$	Zoll	= 0,0328	Meter	unter	a,
„ 2.	„ „ „	3	„	„ 0,0785	„	„	„
„ 3.	„ „ „	$4^3/_4$	„	„ 0,1243	„	„	„
„ 4.	„ „ „	$6^1/_2$	„	„ 0,1700	„	„	„
„ 5.	„ „ „	$8^1/_4$	„	„ 0,2158	„	„	„
„ 6.	„ „ „	10	„	„ 0,2615	„	„	„

Nun werden zur Bildung der Rücken mit 6 Zoll Gefälle oder 4,16 Procent (bei der flachen Lage des Terrains wird die geringste Rückenhöhe gerechtfertigt sein) bei dem gegebenen Gefälle des Terrains $(6 - 1^1/_4) : 2 = 2^3/_8$ Zoll = 0,0621 Meter Auftrag bei a und $2^3/_8$ Zoll = 0,0621 Meter Abtrag bei b erforderlich. Es entspricht also der Höhe der Rücken an dem Entwässerungsgraben bei b nach Ausführung des Baues die Höhe $1^1/_4 + 2^3/_8$

$= 3^5/_8$ Zoll = 0,0950 Meter unter a. Der Auf- und Abtrag stellt sich in den übrigen Schichten ganz in derselben Weise heraus. Dem sechsten Wässergraben entspricht die Höhe $8^3/_4$ Zoll = 0,2288 Meter unter a. Wird davon der zur Bildung des Rückens nöthige Auftrag von $2^3/_8$ Zoll = 0,0621 Meter abgezogen, so liegt der Wasserspiegel in jenem bei der Wässerung $6^3/_8$ Zoll = 0,1668 Meter unter a. Die Entwässerungsrinne der ersten Schicht lag $3^5/_8$ Zoll = 0,0949 Meter unter a, also $6^3/_8 - 3^5/_8 = 2^3/_4$ Zoll = 0,0720 Meter über dem Wasserspiegel des sechsten Wässergrabens. Rechnet man nun noch $^3/_4$ Zoll = 0,0197 Meter Gefälle für den Entwässerungsgraben von der ersten bis zur sechsten Schicht, so bleiben 2 Zoll = = 0,0523 Meter Vorstand, wasserfreie Bort in dem Entwässerungsgraben der ersten Schicht und das genügt. Das Wasser, welches oberhalb des ersten Wässergrabens gebraucht ist, kann im sechsten wieder benutzt werden.

Es sind also in dem vorliegenden Falle fünf Schichten zu einem Systeme zu vereinigen. Die Entwässerungsgräben von 5 Schichten werden zu einem h i vereinigt, welcher um die nächsten fünf Schichten des zweiten Systems herumgeleitet wird, und in dem dritten System (den folgenden 5 Schichten) wieder in die Wässergräben übergeht. So wässert also das erste, dritte, fünfte, siebente System mit dem nämlichen Wasser, das zweite erhält frisches und giebt es, nachdem es abgerieselt ist, an das vierte, sechste, achte u. s. w. ab. Die Vertheilung des Wassers aus dem Zuleitungsgraben an die Wässergräben wird durch die kleinen Schleusen xxxx regulirt. Die Vertheilungsgräben aa, a'a' und a''a'' dienen gleichzeitig als Zuleitungsgräben für das darunter liegende, dazu gehörige System.

6) Eine ganz ähnliche Einrichtung läßt sich für jedes noch geringere Gefälle treffen. Es kommt dabei nur darauf an, den Punkt zu berechnen, wo das Terrain so viel tiefer liegt, daß nach dem Bau der Rücken der Rückstau nicht nachtheilig zurückwirkt. Hierzu berechnet man den in einer Schicht von höchstens 5 Ruthen = 18,8280 Meter Länge nöthigen Auf- und Abtrag, addirt beide zusammen und rechnet dazu noch das Maaß, welches für die freie Bort der Entwässerungsrinne verlangt wird, und das Gefälle, das der Vorfluthgraben, welcher gleichzeitig Zuleitungsgraben werden muß, haben soll. Man findet dann das für das ganze System nothwendige Gefälle, berechnet daraus dessen Länge und Eintheilung in die einzelnen Schichten.

Ein Terrain habe z. B. $^1/_6$ Zoll natürliches Gefälle auf die Ruthe oder 0,12 Procent. Werden die Rücken dann 5 Ruthen = 18,8280 Meter lang, so wird incl. Gräben, Wall 2c. die Schicht 7 Ruthen = 26,3592 Meter lang, und hat auf diese Länge $1^1/_6$ Zoll = 0,0306 Meter natürliches Gefälle. Die Rücken sollen aber mindestens 6 Zoll = 0,1569 Meter Gefälle bekommen, es muß also zu deren Herstellung an der Wässerrinne oben $(6-1^1/_6) : 2 = 2^5/_{12}$ Zoll = 0,0632 Meter auf-, an der Entwässerungsrinne unten eben so viel abgetragen werden. Beides zusammenaddirt giebt . . . . $4^5/_6$ Zoll = 0,1264 Meter,

dazu die freie Bort in den Entwässerungsgräben	$3^1/_6$ „ „	0,0829 „
Gefälle in den Entwässerungsgräben . . .	1 „ „	0,0262 „
Das nothwendige, natürliche Gefälle im Terrain beträgt mithin für ein System .	9 Zoll =	0,2355 Meter.

Bei $^1/_6$ Zoll Gefälle pro Ruthe oder 0,12 Procent gehören für 9 Zoll = 0,2355 Meter Gefälle 54 Ruthen = 203 Meter Länge. Das ist die Länge des ganzen Systems, welche in 8 Theile getheilt, $6^3/_4$ Ruthen = 22,829 Meter Länge für die Schicht, und, nach Abzug von 2 Ruthen = 7,5312 Meter für die dazu gehörigen Gräben und Wälle, annähernd $14^3/_4$ Ruthen = 15,2978 Meter Länge der Rücken ergiebt. Allerdings ist bei dieser Einrichtung der Transport der Erde, namentlich, wenn man die Grabenerde der Entwässerungsgräben und Wälle immer aufwärts nimmt, ein höchst geringer, und gar nicht weit, es geht aber ein großer Theil des Gefälles dabei vollständig verloren, denn, während der Entwässerungsgraben der untersten Schicht eines Systems Taf. V. Fig. 2. fh die verlangte Höhe über dem bei i wieder angestauten Wasser hat, liegt der, der obersten Schicht desselben Systems zugehörige Entwässerungsgraben bk um das ganze natürliche Gefälle der Entfernung beider höher. Geht man auf das vorige Beispiel zurück, so liegt der Entwässerungsgraben jener ersten Schicht ungefähr 46 Ruthen = 173 Meter oberhalb, also $46 \times {}^1/_6 = 7^2/_3$ Zoll = 0,2006 Meter über dem letzten desselben Systems. Hatte dieser $3^1/_6$ Zoll = 0,0829 Meter freie Bort, so wird der oberste also $3^1/_6 + 7^2/_3 = 10^5/_6$ Zoll = 0,2833 Meter, oder wenn auch noch ein Zoll für Gefälle auf diese Entfernung abgerechnet wird, mindestens doch noch $9^5/_6$ Zoll = 0,2572 Meter Bort behalten. Das ist aber nicht allein nicht nothwendig, sondern weniger sogar besser. Die Nachtheile der zu hohen, freien Bort lassen sich zwar in solchen Fällen durch Bestimmung passender Dimensionen in den mehr Gefälle erhaltenden Gräben kh einigermaßen, wenn auch nicht ganz wieder gut machen, allein eben dieses Gefälle kann auch zu groß und darum nachtheilig werden. Jedenfalls ist und bleibt es verschwendet.

Von wesentlichem Einfluß ist diese Verschwendung des Gefälles auf den Wasserbedarf. Bei anderer Einrichtung ist mit weniger als $^2/_3$ des dort nothwendigen Wassers auszukommen, und dennoch ganz der nämliche Effekt hervorzubringen. Wenn nämlich mit der Anlage in der vorher ad 4 beschriebenen und Taf. V. Fig. 1. gezeichneten Weise vorgegangen wird, so gehören bei dieser Anordnung zu der ganzen Schicht 5, höchstens 6 Zoll = 0,1308 bis 0,1569 Meter Gefälle, statt daß vorher das System 9 Zoll = 0,2354 Meter gebrauchte. Sie bedarf daher nur 30 bis 36 Ruthen = 113 bis 135 Meter, anstatt dort 54 Ruthen = 203 Meter Länge; sie enthält also höchstens $^2/_3$ des Flächeninhalts, und braucht daher höchstens $^2/_3$ des Rieselwassers dieser. Die Masse der zu bewegenden Erde ist aber größer, der Transport weiter, die Anlagekosten mithin bedeutender. Noch weniger Wasser wird gebraucht, wenn die sub 2 beschriebene, Tab. IV. Fig. 6. bezeichnete Einrichtung getroffen wird. Dann kann bei 9 Zoll = 0,2354 Meter Gefälle des Terrains das Wasser schon zum zweitenmale gebraucht werden. Der Bedarf wird gerade die Hälfte, aber die Entfernung noch weiter und die Masse des zu transportirenden Bodens noch größer.

Diese höheren Kosten können zuweilen die Fig. 2. gezeichnete Einrichtung empfehlen, sie dürfen aber nicht gescheut werden, wenn die Zuflußverhältnisse das Berieseln der größeren Flächen verbieten, weil eine kleine, aber passende Fläche eben so viel Futter, als die größere dem Zufluß nicht entsprechende liefern würde. Welche von diesen Einrichtungen zu wählen, hängt daher ganz von den lokalen Verhältnissen ab.

Aus diesen Beispielen wird sich für alle Fälle eine Norm finden lassen.

Wiederbenutzung des Wassers auf drainirten Wiesen.

§. 43.

Ob das auf drainirten Wässerwiesen benutzte und durch die Drains abgeführte Wasser wiederholt zu benutzen ist, ist noch eine offene Frage, welche indessen wahrscheinlich bejaht werden wird.

Wenn auch die möglichste Ausnutzung des Rieselwassers die Aufgabe dieser Wässerungsmethode ist, und dieses Ziel dadurch erstrebt wird, daß man das frische Wasser in möglichst geringer Menge längere Zeit hindurch mit den Pflanzenwurzeln in Berührung bringt, so ist eine vollständige Erschöpfung desselben doch nicht zu befürchten. Zunächst sprechen dafür die Analysen der Drainwässer. Sie weisen nach, daß weder durch die Pflanzen noch durch die Absorptionskraft des Bodens dem Wasser alles entzogen wird, was es mitbringt. Namentlich ist von den jetzt für besonders werthvoll gehaltenen Körpern die Salpetersäure fast immer darin vertreten. Eine fernere Beobachtung lehrt, daß auch ein Theil der Phosphorsäure bei der Anwesenheit von Humussäuren durch den Boden hindurchgeht. Also auch auf diese würde, da Humussäuren auf der Wiese sich immer finden, im Drainwasser zu rechnen sein. Der nöthige Kalk und Talkerde werden vom Wasser mitgebracht, und bei der Absorption anderer Körper frei gemacht, und Kali durch Verwitterung im Boden immer neu gebildet u. s. w. Es sind mit einem Worte wohl alle Pflanzen-Nahrungsstoffe im Drainwasser vorhanden, wenn auch in geringer Quantität. Endlich ist die Absorptionskraft des Bodens eine beschränkte Größe. Sie nimmt ab, je reicher der Boden wird. Es ist daher vorauszusehen, daß das Drainwasser aus den Wiesen nach einiger Zeit noch reicher ist, als das aus dem Acker.

Die Praxis bestätigt das auch insofern, als an manchen Orten, an denen das Wasser der Drains auf die Wiesen hinaufläuft, und in den Gräben, in denen es abfließt, ganz gutes Gras wächst. Selbst da, wo dasselbe bei neuen Anlagen manche Körper in Uebermaaß vorfindet, lösliche Eisenverbindungen, Humussäure u. dergl. m., und damit überladen abfließt, ist zu erwarten, daß diese nur eine verhältnißmäßig kurze Zeit aushalten und bald bis zur Unschädlichkeit weggewaschen sein werden. In dieser Beziehung ist daher der Nutzen des wiederholten Gebrauches des Wassers wohl nicht zu bezweifeln.

Die andere Seite der Frage aber ist technischer Natur und schwieriger zu beantworten. Sie betrifft die Höhe, in der die zweite Fläche der ersten gegenüber liegen darf, wenn das Wasser wieder hinaufgebracht werden soll. Liegt dieselbe so tief, daß die Drains der ersten frei auslaufen, so ist selbstredend die Sache nicht zweifelhaft. Wie aber, wenn diese Fläche höher liegt? Wie hoch darf da das Wasser in den Drains der ersten aufgestaut werden? Soweit sich die Sache nach den bisherigen Versuchen übersehen läßt, wird es $1^1/_2$ Fuß = 0,4702 Meter unter der Oberfläche der ersten gehalten werden können. Definitiv ist jedoch bis jetzt noch nichts darüber zu bestimmen. Die Größe des Zuflusses, die Durchlässigkeit des Bodens und die Tiefe der Drainirung sind Faktoren, die gewiß in Betracht kommen. Ob und wie das möglich zu machen, das sind also lokale Fragen, welche an jedem Orte speziell untersucht und angeordnet werden müssen.

Zweiter Abschnitt.

Praktische Ausführung des Wiesenbaues und der dazu gehörigen Arbeiten.

I. Vorarbeiten.

Rechtsverhältnisse.

§. 44.

Ehe an die Anlage einer Wiesenberieselung, ja ehe noch an die wirklichen Vorarbeiten dazu herangegangen werden kann, ist es nöthig, sich eine Uebersicht darüber zu verschaffen, ob und in welchem Umfange man gesetzlich zur Benutzung des Wassers berechtigt ist, ob die eigenen Grenzen ausreichen, oder ob man von den Nachbarn noch etwas zu verlangen hat und dergl. m. Das Gesetz vom 28. Februar 1843, über die Benutzung der Privatflüsse, enthält für Preußen die darüber geltenden Bestimmungen.

Außer der Ausfüllung einzelner Lücken der älteren Gesetzgebung, namentlich in Beziehung auf die Verpflichtung der Uferbesitzer zum Räumen der Privatflüsse, und dem weiteren Gebrauch derselben zum Holzflößen, stellt das Gesetz in den §§. 1, 13 und 14 als Prinzip auf, daß, sofern nicht jemand das ausschließliche Eigenthum des Flusses hat, oder Provinzialgesetze, Lokalstatuten oder spezielle Rechtstitel eine Ausnahme begründen, der Uferbesitzer das Recht habe, das an seinen Grundstücken vorüberfließende Wasser zu seinem besonderen Vortheil zu benutzen, jedoch mit der Beschränkung, daß

1) dadurch kein nachtheiliger Rückstau oder Versumpfung über die Grenzen der eigenen Grundstücke hinaus verursacht, und
2) nach der Benutzung das Wasser in das ursprüngliche Flußbett zurückgeleitet werde, bevor dasselbe die Grenze eines Nachbarn berührt.

Bildet der Bach, Fluß rc. die Grenze, so hat jeder der gegenüberliegenden Uferbesitzer Anspruch auf die Benutzung der Hälfte des Wassers.

Die Ableitung des Wassers aus einem öffentlichen d. h. von Natur schiffbaren Strome, bleibt schon im Landeskultur-Interesse nach, wie vor, von der Genehmigung der administrativen Behörden abhängig, weil möglicherweise durch solche Ableitungen die Wasserkommunikation vollständig aufgehoben werden kann. Treten mehrere Besitzer zu einer Genossenschaft zusammen, so soll für dieselben ein Lokalstatut entworfen und höheren Orts sanktionirt werden.

Das Prinzip des Gesetzes ist unstreitig das allein richtige. Es schließt sich nicht allein dem Allgemeinen Landrecht und dem Code civil vollständig an, sondern es entspricht auch allen Anforderungen der Billigkeit. Treffen den Uferbesitzer zunächst alle Nachtheile, welche eben das Fließen des Wassers in den Bächen 2c. mit sich bringt, brechen ihm die Ufer ab, und verliert er dadurch an seinem Grund und Boden, oder muß er, um ihn zu behalten, kostbare Uferbauten ausführen, überschwemmen und versanden ihm zuerst seine Wiesen, oder muß er mit unsäglicher Mühe den aufgetriebenen Schutt oder Sand oder dergl. wieder fortschaffen, verliert er zunächst an seinem Ertrage durch das Betreten der Ufer beim Holzflößen, erschweren die Fluthen ihm zunächst die Werbung, oder verderben sie ihm die Erträge, liegt ihm die Last der Räumung ob, so ist gewiß nichts gerechter und billiger, als daß er auch den Nutzen hat, daß die Vortheile ihm, dem Uferbesitzer, vindizirt werden. Erst da, wo der Einzelne gar keinen Nutzen davon haben kann, oder wo bei Separationen die Grundstücke ohne Rücksicht auf die Möglichkeit und Ausdehnung der durch eine Bewässerung zu erzielenden Vortheile umgelegt sind, würden die sämmtlichen Wiesenbesitzer als gemeinschaftliche Besitzer des Wassers gelten, und Mehrere zum Zweck der Bewässerung zu einer Genossenschaft zusammentreten können.

Zwar sind von verschiedenen Seiten gegen die hier vertretenen Grundsätze des Gesetzes Einwendungen gemacht. Man hat das Wasser als gemeinschaftliches Eigenthum aller, oder wenigstens als gemeinschaftliches Eigenthum der Thalgenossen anerkannt wissen wollen; allein beides führt nur zu einem Kommunismus, bei dem niemand etwas erhält. Es erinnert dies an den französischen Arbeiter, der seine Blouse zerriß, und jedem ein Stückchen davon gab. Die in einem Bache, Flusse 2c. bergab laufende Wassermenge reicht **niemals** aus, die in dem Flußgebiet unter dem Niveau des Wasserspiegels liegenden Grundstücke, denen doch eine gewisse Bewässerungsfähigkeit nicht abgesprochen werden kann, mit Vortheil zu berieseln. Sie einem jeden zugänglich machen, ist in diesem Falle gleichbedeutend mit keinem helfen.

Das Gesetz geht aber noch weiter. Es gestattet, natürlich nur bei überwiegendem Landeskultur-Interesse, und gegen volle Entschädigung nach

Abschätzung des Schadens und incl. 25 Procent Aufschlag, auch die Einschränkung der Rechte anderer und Expropriationen, wie Einräumung einer Servitut zur Zuleitung des Wassers über fremden Grund und Boden, Benutzung des jenseitigen Ufers zum Anschluß eines Stauwerks, Gestattung des Rückstaues auf ein fremdes Grundstück, und Beschränkung des Rechts zur Benutzung des Wassers für den Besitzer eines Triebwerks.

Anderseits wahret es diese Rechte anderer auch wieder, indem es ihnen ein Widerspruchsrecht gegen dergleichen Anlagen offen erhält, ja es gewährt den Triebwerksbesitzern ein solches sogar in einem Falle, in welchem es nach der früheren Gesetzgebung wenigstens sehr zweifelhaft war, wenn nämlich das Wasser ohne Stau aus einem Bache rc. abgeleitet wird. Nur Fischereiberechtigte haben kein Widerspruchsrecht. Ihnen bleibt nur der Anspruch auf Entschädigung.

Nach diesem Gesetze bedarf der Unternehmer einer Bewässerungsanlage ferner keiner polizeilichen Erlaubniß und Konzession. Es ist aber seinem Ermessen und Belieben anheimgestellt, die Vermittelung der Regierung in Anspruch zu nehmen, wenn er sich darüber Sicherheit verschaffen will, welche Widerspruchsrechte und Entschädigungsansprüche stattfinden, oder wenn er verlangt, daß ein Anderer ihm ein Recht einräume, oder sich die Einschränkung eines Rechtes gefallen lasse.

Der zweite Theil des Gesetzes geht dann auf das Verfahren über, welches bei der Ermittelung und Werthschätzung dieser Widersprüche und bei der Feststellung der zu gewährenden Entschädigung zu beobachten ist. Das Verfahren ist ein zweifaches: ein Aufgebots- und Präklusions- und ein Vermittelungsverfahren.

Der dritte Theil behält endlich die Ausgabe von Lokalstatuten für Genossenschaften in jedem einzelnen Falle der höheren Sanktion vor. In der Anweisung zur Bildung von Genossenschaften zur Ent- und Bewässerung vom 10. Oktober 1857 ist die Leitung des Geschäftes der betreffenden ordentlichen Verwaltungsbehörde übertragen, welche mit den Interessenten über den Umfang, die Art der Anlage, den Plan u. s. w. zu verhandeln und die Beitragsverhältnisse festzustellen hat. Sind die sämmtlichen Betheiligten einig, so wird das unterschriebene Statut dem landwirthschaftlichen Ministerium zur Bestätigung eingereicht, widersprechen dieselben zum Theil dem Projekt, oder verlangen sie unzulässige Abänderungen des Meliorationsplanes, so kann das Statut nur durch landesherrliche Vollziehung in Kraft treten. Die Ausführung bleibt dann Sache der Genossenschaft.

Soweit scheint das Gesetz vom 28. Februar 1843 allen Ansprüchen, welche man etwa machen könnte, zu genügen. Das würde auch wirklich der Fall sein; man könnte bei einiger Gewandtheit, sich in die Verhältnisse zu fügen, wirklich damit auskommen, und wenn auch nicht überall alles, so doch sehr vieles leisten, wenn nicht aus Besorgniß, jemand Unrecht zu thun, oder dessen Eigenthum zu verletzen, das im zweiten Theil vorgeschriebene Verfahren mit so vielen Kautelen umgeben worden wäre, daß der Nutzen des Ganzen durch den Verlust an Zeit, die Weitläufigkeit der Untersuchungen, die vielen Revisionen und Rekursinstanzen, die voraussichtlich großen Kosten und die Unsicherheit des Erfolges so vollständig aufgehoben würde, daß nur in sehr seltenen Fällen die Vermittelung der Landespolizeibehörde wirklich in Anspruch genommen wird, und daß schon wiederholt und von verschiedenen Seiten her Anträge und Bitten um Abänderung des Gesetzes, bisher jedoch leider erfolglos, angebracht worden sind.

Man ist daher genöthigt, selbst zu prüfen, wie weit die eigene Berechtigung geht, und da, wo man von anderen etwas verlangt, zu versuchen, dies auf dem Wege eines gütlichen Vergleiches, selbst mit Opfern zu erreichen. Die Opfer werden selten so groß, wie die Kosten der Vermittelung der Landespolizeibehörde, und der Zweck gewöhnlich in viel kürzerer Zeit erreicht. Glückt ein solcher Vergleich nicht, dann bleibt allerdings nichts übrig, als diese Hülfe und die Vermittelung der Regierung nachzusuchen.

Die am heftigsten Widersprechenden sind immer und überall die Besitzer von den Triebwerken, welche auf den zu benutzenden Bächen unterhalb der bewässerten Wiesen liegen. Aber sie sind einmal im Besitze des Benutzungsrechts am Wasser; darum muß dasselbe geachtet werden. Geschieht das wirklich, so läßt sich trotz der Mühlen noch immer viel, vorläufig noch genug durchführen, wenn auch die Ausdehnung der Meliorationen ohne deren Dasein manchmal bei weitem größer werden könnte. Gewöhnlich sind sie wirklich nicht so hinderlich, als man allgemein annimmt, und deren Furcht, daß ihnen auch durch eine rationelle Anlage von dem zu dem Betriebe ihrer Werke nothwendigen Wasser etwas entzogen werde, übertrieben.

Der Verlust an Wasser bei der Benutzung desselben zur Berieselung auf einer Wiese kann nämlich nur auf zweierlei Weise entstehen, und zwar erstens dadurch, daß ein Theil des über die Fläche überrieselnden Wassers verdunstet, oder zweitens dadurch, daß etwas davon in den Boden eindringt und dort zurückgehalten wird.

Ueber die Größe dieses Verlustes herrschen leider immer noch sehr unklare Begriffe, so daß hier etwas näher auf die Beleuchtung desselben eingegangen werden muß. Man sollte meinen, der Verlust müsse sich ziemlich mit mathematischer Gewißheit beurtheilen lassen. Durch die starke Verdunstung an sehr heißen trockenen Tagen sinkt der dem Luftzuge und der Sonne ausgesetzte Wasserspiegel eines stehenden Wassers in 24 Stunden nach vielfachen Beobachtungen um $^1/_4$ Zoll = 0,0066 Meter. Da nun in unseren Gegenden die Verdunstung eines solchen Wasserbassins während eines ganzen Jahres durchschnittlich 18 Zoll = 0,4707 Meter beträgt, so läßt sich dieselbe auf 72 Tage à $^1/_4$ Zoll = 0,0066 Meter pro Tag reduzirt denken. Da aber an solchen Tagen nicht beständig und meistentheils nur des Nachts, wo eben die Verdunstung viel geringer ist, gerieselt wird, da ferner das überrieselnde Wasser durch das lange Gras beschattet und gegen Luftzug geschützt ist, und deshalb ganz andere Verhältnisse darbietet, als das in einem offenen Gefäß stehende, so ist es gewiß nicht zu Gunsten der Wiese gerechnet, wenn man die Verdunstung hier zu $^1/_4$ der des freien Wassers annimmt, also pro Tag $^1/_{16}$ Zoll = 0,0016 Meter Höhe rechnet. Zum Beweise hierfür mag nur daran erinnert werden, daß sich der Thau im langen Grase noch hält, wenn auf den glatten Flächen schon längst alles abgetrocknet ist. Das macht pro Morgen und Tag nur 135 Cubikfuß, oder pro Hektare und Tag 16 Cubik-Meter, und läßt sich, da die stärkste Verdunstung im Sommer, also zu einer Zeit, wo am wenigsten gerieselt wird, stattfindet, dieser Verlust höchstens für die halbe Zeit der ganzen jährlichen Verdunstung, also nur für 36 Tage annehmen. Es gehen mithin als Wasserdampf in einem Jahre und von 1 Morgen 4860 Cubikfuß oder von 1 Hektare 576 Cubik-Meter in die Luft. Die Ziffer frappirt im ersten Augenblick durch ihre Größe. Rechnet man aber weiter, und reduzirt den Verlust auf ein geringeres Zeitmaaß, so beträgt derselbe pro Tag durchschnittlich pro Morgen $12^1/_2$ Cubikfuß, oder pro Sekunde 0,00015 Cubikfuß, oder pro Tag und Hektare 1,6 Cubik-Meter und pro Sekunde 0,00002 Cubik-Meter.

In Prozessen und bei dem Vermittelungsverfahren sind, wo diese Frage zur Erörterung kam, von Sachverständigen über diesen Punkt in verschiedenen Jahren und an verschiedenen Orten wiederholte Versuche mit der größtmöglichsten Aufmerksamkeit angestellt worden. Diese Versuche haben die Richtigkeit der obigen Schlußfolgerungen überraschend und unzweifelhaft bewiesen. Die Verdunstung stellte sich auf neuen Anlagen und bei kurzem Grase in der Versuchszeit, während sie in einem eingegrabenen dichten, oben offenen Gefäß $^1/_4$ Zoll = 0,0066 Meter betrug, als Maximum pro Morgen auf 0,001 Cubikfuß bis 0,0015 Cubikfuß pro Sekunde heraus. Hieraus den Durchschnitt des Jahres berechnet, giebt 0,0001 bis 0,00015 Cubikfuß pro Sekunde und Morgen. Bei anderen Versuchen wurde der Verlust noch kleiner und unmeßbar gefunden, bei manchen Wässerungen sogar durch die damit verbundenen Abgrabungen eine Vermehrung des Wassers nachgewiesen. Sie beweisen also, daß die obige Annahme, daß die hypothetische Berechnung die für die Wiese günstigeren Verhältnisse, z. B. den Schutz durch langes Gras u. dergl. nicht genug berücksichtige, und daß deshalb die Vermuthung, der Verlust durch Verdunstung sei eigentlich noch geringer, vollkommen richtig sei.

Dieser Verlust vervielfältigt sich allerdings mit der zunehmenden Größe der berieselten Fläche, und kann, wenn diese bedeutend ist, auch ziemlich groß werden, so daß bei wilden Rieselungen, welche an Wassermangel leiden, wohl ein beachtenswerther Nachtheil daraus erwachsen kann. Derselbe bleibt aber beim rationellen Wiesenbau relativ so unbedeutend, daß er gegenüber dem Zufluß und Wasserbedarf verschwindet. Der Morgen bedarf nämlich pro Sekunde, wie früher schon in §. 10 auseinandergesetzt, da in der Regel nur 1 Ruthe oder 3,7656 Meter breit und nur ausnahmsweise breiter gebaut wird, 1 Cubikfuß oder pro Hektare 0,12 Cubik-Meter Zufluß. Der Zufluß, der zur Berieselung einer rationell eingerichteten Wiese nothwendig ist, beträgt mithin für 60 Rieseltage im Jahr pro Morgen 5,184,000 Cubikfuß oder pro Hektare rund 630,000 Cubik-Meter. Davon gehen durch Verdunstung, welche der Rieselung zur Last zu schreiben, höchstens 4860 Cubikfuß pro Morgen oder 576 Cubik-Meter pro Hektare, in der Regel aber viel weniger ab. Das ist ein vollkommen verschwindend kleiner Theil des Ganzen. Er kann dem gegenüber, was ein Triebwerk bedarf, gar nicht in Betracht kommen. Gewöhnlich läuft neben den nicht ganz dicht schließenden Schützen viel mehr Wasser, als Spillwasser, ganz unbeachtet fort. Aus diesen Gründen ist man in der Lüneburger Haide nach vielen Versuchen zu dem Resultate gekommen, daß dieser Verlust durch Verdunstung nicht meßbar sei, und gleich Null angenommen werden könne. Bei rationellen Anlagen muß man daher auch hier diese Annahme für gerechtfertigt halten.

Eben so geringfügig ist der Verlust durch das Einsaugen des Bodens. Als verloren ist hierbei nur derjenige Theil des Wassers anzusehen, welcher in den Poren des Bodens durch Attraktion fest- und zurückgehalten wird. Man wird aber keineswegs dasjenige Wasser dazu rechnen dürfen, welches ihn erst übersättigen muß, um das Ueberrieseln überhaupt möglich zu machen, weil dieses nur temporär zurückgehalten wird, und nach Beendigung der Rieselung wieder absackt. Darum laufen die Entwässerungsgräben noch lange Zeit, nachdem oben jeder Zufluß längst abgeschnitten worden ist, so daß eine Berieselungsanlage, der das Wasser sehr unregelmäßig zufließt, ein vollkommener Regulator für dasselbe wird. Diese Thatsachen haben sich an verschiedenen Orten herausgestellt.

Eben so wenig kann aber auch der Theil des Rieselwassers dahin gerechnet werden, welches unter der Oberfläche ab- und dem Bache wieder zugeht.

Die Quantität des durch Einsaugen des Bodens festgehaltenen Wassers ist nach der größeren oder geringeren Porosität desselben sehr verschieden, so daß sich theoretisch nicht viel darüber feststellen läßt. Das läßt sich indessen von vornherein übersehen, daß dieser Verlust mit dem durch die Verdunstung des überrieselnden Wassers zusammen genommen niemals größer werden kann, als es die ganze Jahresverdunstung ist. Das vom Boden eingesogene Wasser muß nämlich verschwunden sein, wenn neues darin Platz finden soll. Nun giebt es aber keinen andern Weg, auf welchem es verschwinden könnte, als durch die Luft, mit anderen Worten, durch Verdunstung. Dieselbe tritt aber nur in den Zeiten ein, in denen nicht gewässert wird, weil eben während der Rieselzeit die Verdunstung des Rieselwassers stattfindet, und ein und dieselbe Fläche zur selbigen Zeit nicht zweimal verdunsten kann.

Einen einigermaßen brauchbaren Anhalt für die Beurtheilung des dadurch entstehenden Verlustes, können nur Versuche geben. Solche Versuche über die wasserhaltende Kraft der verschiedenen Bodenarten liegen zwar in Menge vor, sie beziehen sich aber nur auf die Qualität des Bodens, und nicht auf die anderen hier zu beachtenden Faktoren, die Mächtigkeit der Schicht und den Grad der vorherigen Austrocknung. Um daher nur ein einigermaßen begründetes Urtheil für den vorliegenden Zweck zu gewinnen, sind Versuche mit möglichster Genauigkeit auf einer Wiesenfläche angestellt, welche einen aus dem Kiefernwalde gerodeten, zur Hälfte sandigen, sehr warmen und durchlassenden, zur anderen Hälfte moorigen Boden hatte, nicht lange zuvor gebaut war, noch keine genügende Grasdecke, und längere Zeit, als bei einer regelmäßigen Wässerung erforderlich, trocken gelegen hatte, die also zu ihrer Sättigung zur Zeit viel Wasser gebrauchte. Es betrug die Quantität des Wassers, welche von dem Boden zurückgehalten wurde und nicht wieder ablief, auf der 30 Morgen großen Fläche 15,925 Cubikfuß oder pro Morgen 530 Cubikfuß, macht auf 1 Hektare 64,148 Cubik-Meter. Dieser Verlust tritt aber nur bei dem Anlassen des Wassers auf die Wiese ein, nachdem dieselbe längere Zeit hindurch trocken gelegen hat, ist auch bei regelrechter Behandlung auf älteren Wiesen, welche schon eine dichte Grasnarbe haben, viel geringer, weil der Boden derselben öfters gewässert wird, und durch das dichte Gras geschützt, lange nicht so sehr austrocknet, als der zu dem Versuch ausgewählte. Aber selbst angenommen, daß der hier gefundene Verlust nicht zu groß sei, so findet das Anlassen höchstens statt

im März	. . . 1	mal	bei	7—10	Tage	Rieselzeit
= April	. . . 2	=	=	5— 7	=	=
= Mai	. . . 3	=	=	3— 7	=	=
= Juni	. . . 2	=	=	2— 3	=	=
= Juli	. . . 4	=	=	1— 2	=	=
= August	. . . 4	=	=	1— 2	=	=
= Oktober	. . 1	=	=	10—15	=	=
= November	. . 2	=	=	6—15	=	=
zusammen	19	mal im Jahre.				

Der Boden ist jedoch nicht jedesmal vor dem Anlassen so trocken, wie er es bei diesem Versuche im warmen Sommer war. Es wird sehr häufig vorher geregnet haben, namentlich zur Zeit der Frühjahr= oder Spätherbst=wässerung. Man wird daher, wieder nicht zu Gunsten der Wiesen, annehmen können, daß dieser Verlust nur neunmal im Jahre eintritt. Er beträgt dann für diese Zeit $9 \times 530 = 4770$ Cubikfuß oder pro Hektare $9 \times 64{,}148 = 577$ Cubik=Meter, also annähernd so viel, wie der Verlust durch Verdunstung. Beides zusammen giebt einen Verlust von 9630 Cubikfuß pro Morgen und von 1153 Cubik=Meter vom Hektare im Jahre.

Dieser Verlust wird aber schon aufgewogen durch die atmosphärischen Niederschläge, welche während der Rieselung gar nicht in den Boden gelangen, sondern mit dem Rieselwasser sogleich ablaufen, oder nach dem Rieseln in dem noch nassen Boden nur theilweis oder gar nicht einziehen können. Sie betragen, da diese Niederschläge größer sind, als die Verdunstung, auch mehr, als der oben durch die Versuche nachgewiesene äußerste Verlust.

Welchen Einfluß dieselben haben, sieht man recht deutlich, wenn während solcher Versuche, wie sie vorher erwähnt, etwas Regen fällt. In überraschend kurzer Zeit laufen die Rinnen und Gräben überall stärker. Es wird mithin der vorher nachgewiesene Verlust an Rieselwasser durch die größere Quantität des Regenwassers, welches nach Anlage der Berieselung von der bewässerten Fläche mehr abläuft, als früher, reichlich ersetzt. Noch mehr geschieht dies, wenn der Boden vorher naß, quellig und versumpft war, und diese Quellen behufs Trockenlegung aufgegraben sind. Es wird bei allen diesen angeblichen Verlusten faktisch nur die eine Art von Wasser gegen eine andere vertauscht, und höchstens die Zeit des Zuflusses verändert.*)

Es ist vorher erwähnt worden, daß das Versinken des Wassers im Boden bis zum undurchlassenden Untergrunde hierbei nicht in Betracht gezogen ist. So lange die berieselten Wiesen im Bach- oder Flußthale liegen, aus welchem die Ableitung geschehen, geht dadurch fast niemals Wasser verloren, weil die Neigung des Untergrundes da hinabzugehen, der Fluß an der tiefsten Stelle desselben zu liegen, und das Wasser wieder hineinzusacken pflegt. Kommt man jedoch mit der Zuleitung über eine zwei Gewässer trennende Wasserscheide fort, so kann allerdings ein zuweilen auch sehr bedeutender Theil des Wassers, welches dort versinkt, und einem andern Bache rc. zufließt, für das ursprüngliche Flußbette verloren. Dieser Fall kommt aber äußerst selten vor. Sieht ein Techniker einen so großen Verlust voraus, daß deshalb ein begründeter Widerspruch erhoben werden, und daraus die Verpflichtung einer unverhältmäßigen Entschädigung hergeleitet werden kann, und das muß er können, so ist es seine Schuldigkeit, den Grundbesitzer darauf aufmerksam zu machen.

Endlich ist auch da, wo das Wasser zum Betriebe der Mühlen, wie in Schlesien so häufig, in eigenen Mühlengräben abgeleitet ist, besondere Vorsicht nöthig. Dieselben sind in der Regel am Höhenrande herumgeführt, und verlieren durch die Porosität des Bodens Wasser, welches dann nach der Niederung zu absackt. Dieser Verlust beschränkt sich indessen auf die Fläche, welche der Graben einnimmt. Wird das Wasser desselben aber auf einer Wiesenfläche neben demselben breit vertheilt, so ist der Fall wohl denkbar, daß das auf dieser Fläche versinkende Wasser unter dem Mühlengraben hindurch nach der Niederung hin absackt, wenn auch das über der Erde überrieselnde in den Mühlengraben zurückgeführt wird, und daß der auf diese Weise entstehende Verlust für das unterhalb liegende Triebwerk empfindlichen Nachtheil verursachen kann. Eine möglichst sorgfältige Prüfung der lokalen Verhältnisse ist in diesem Falle ganz besonders zu empfehlen.

Somit reduziren sich die Widersprüche, welche gegen eine rationelle Berieselungsanlage erhoben werden können, meistentheils auf ganz geringfügige und leicht zu entscheidende Fälle. Darum ist aber eine Vereinfachung des im Gesetz vom 28. Februar 1843 vorgeschriebenen Geschäftsganges recht dringend zu wünschen. Erst dann kann dasselbe die segensreiche Wirkung

*) Die Quellenaufgrabungen bei Prangenau zur Wasserleitung für die Stadt Danzig haben den Zufluß von 2½ auf 5 Cubikfuß pro Sekunde vermehrt.

ausüben, welche von einem solchen Kultur-Gesetze zu erwarten und zu verlangen ist.

II. Das Nivelliren.

Nothwendigkeit des Nivellirens.

§. 45.

Nachdem auf diese Weise die Besitzverhältnisse am Wasser, und hiernach der Punkt und die Höhe der Ableitung, festgestellt sind, wird es nöthig, zur Prüfung der Möglichkeit überhaupt, und der Ausdehnung der Anlage, sowie auch der Art der Einrichtung insbesondere, eine Uebersicht über die verschiedenen Höhen und das Gefälle des Terrains und Wassers zu gewinnen. Dies ist nur durch genaues Nivelliren, d. h. die Kunst, die verschiedenen Höhen und das Gefälle zu messen und zu vergleichen möglich.

Ueberblick und gutes Augenmaaß sind gewiß eine herrliche Sache und erleichtern die Arbeit sehr. Schon Thaer sagt in seiner rationellen Landwirthschaft: „Ein geübtes Auge ist zwar im Stande, den besten Plan zu entwerfen, und die möglichst höchste Benutzung des Wassers und Terrains anzugeben, man darf sich aber bei der größten Uebung nie allein darauf verlassen, sondern muß, ehe man zur Ausführung selbst schreitet, durchaus nach allen Richtungen und nach allen Punkten hin mit der größten Vorsicht vor- und rückwärts nivelliren. Man wird dann erfahren, wie unglaublich das Auge oft trüge u. s. w." Das ist sehr wahr. Ueberdies wird ein solcher Ueberblick, ein solches Augenmaaß nur durch vieles Arbeiten, durch vielseitige Uebung erst erworben. Fängt daher ein Wiesenbauer ohne umfassendes und genaues Nivellement eine Arbeit an, so kann der Bauherr ganz gewiß überzeugt sein, daß, wenn nachher die Berieselung auch ganz gut geht, dies Resultat nur auf Kosten seines Geldbeutels gewonnen ist, daß viele Thaler an den Anlagekosten hätten erspart werden können. Man vergesse nie, daß 1 Zoll = 0,0262 Meter hoch Erde ab- oder aufzukarren pro Morgen 2 bis 3 Thaler, pro Hektare 8 bis 12 Thlr. kostet! Wie leicht sind ohne genaues Nivellement auf nicht unbedeutenden Flächen mehrere Zoll, ja ganze Fuß Auf- und Abtrag nöthig. Bei größeren Anlagen kann man sogar mit Sicherheit voraussehen, daß man sich fest arbeitet, und nur auf Kosten des Ertrages sich aus den Verlegenheiten herauszuziehen im Stande ist. Nur genaue, umsichtige und fleißige Anwendung der Nivellir-Instrumente gewährt die einem jeden gewiß wünschenswerthe

Sicherheit, und wird Veranlassung, daß beim rationellen Wiesenbau für ein ungleich geringeres Anlagekapital mehr geleistet wird, als beim Kunstbau.

Instrumente zum Nivelliren.

§. 46.

Die zum Nivelliren nothwendigen Instrumente haben verschiedene Zwecke. Die einen dienen dazu, eine Linie zu visiren, welche in dem Punkte, wo das Instrument steht, eine Tangente an einen größten Kreis der Erde bildet, die scheinbare Horizontale, während eben die Peripherie eines solchen Kreises die wahre Horizontale ist. Beide differiren von einander. Mit der Entfernung nimmt diese Differenz nicht unbedeutend zu, darum muß die erstere auf die letztere reduzirt werden, sobald man von dem Endpunkt einer Linie aus auf eine weite Entfernung nivellirt. Diese Berechnung wird indeß überflüssig, wenn man mit dem in der Mitte der Station aufgestellten Instrumente nach beiden Seiten hin nach gleich weit entfernten Punkten visirt. In diesem Falleheben sich die Differenzen auf. Man erhält die wirkliche Horizontale unmittelbar, und hat dabei nebenher noch den Vortheil, daß auch die kleinen Ungenauigkeiten, welche durch die Mangelhaftigkeit des Instruments so leicht eintreten, und bei langen Stationen sehr große Differenzen geben können, sich gegenseitig aufheben. Das letztere Verfahren, das Nivelliren aus der Mitte der Station, ist daher bei weitem vorzuziehen.

Die Instrumente zum Visiren der Horizontallinien sind außerordentlich verschieden. Dahin gehört

a) die Libellenwage.

Der Haupttheil des Instruments ist die Röhrenlibelle, bestehend aus einer 2 bis 5 Zoll oder 0,0523 bis 0,1308 Meter langen, metallenen, cylindrischen Röhre, deren eine offene Seite mit einer unbedeutend hohl geschliffenen Glasplatte dicht verschlossen ist. Die Röhre ist mit einer Flüssigkeit so weit gefüllt, daß nur noch eine Luftblase darauf schwimmt, welche, wenn die Libelle horizontal liegt, in der Mitte der Glasplatte stehen muß. Parallel dieser Richtung ist mit der Libelle (über oder unter derselben) gewöhnlich ein Fernrohr verbunden, dessen Sehaxe durch ein Fadenkreuz bezeichnet ist. Steht die Röhrenlibelle horizontal, so muß auch die Sehaxe des Fernrohrs, also die Visirlinie horizontal sein. Die Stellung einer solchen Libellenwage auf einem dreibeinigen Stativ geschieht auf verschiedene

Art durch Schraubenvorrichtungen. Bei genauer Arbeit und gehöriger Rektifikation ist sie unstreitig das beste Instrument zum Nivelliren. Sie muß aber sehr genau gearbeitet sein, und beim Nivelliren damit sehr genau verfahren werden, weil bei der durch Anwendung des Fernrohres möglichen großen Länge der Stationen die Fehler sehr bedeutend werden können.

b) Die Kanal- oder Wasserwage

besteht aus einer 3 bis 4 Fuß (1 bis 1,25 Meter) langen blechernen Röhre von circa 1 Zoll oder 0,0262 Meter Durchmesser, mit aufgebogenen Enden, auf denen ein Paar gläserne Cylinder, wasserdicht eingesetzt, stehen. Sie wird mit Wasser, welches der deutlicheren Sichtbarkeit wegen etwas blau gefärbt ist, so gefüllt, daß dasselbe in die gläsernen Röhren einige Zoll oder 0,05 bis 0,07 Meter hoch hineintritt. Da diese durch die blecherne Röhre in Verbindung stehen, so stellt sich die Oberfläche des Wassers in ihnen horizontal, und die Linie, welche durch diese beiden Wasserspiegel geht, die Visirlinie, muß eine Horizontale sein. Vollkommener wird das Instrument, wenn in der Mitte noch eine dritte Glasröhre angebracht ist, in welcher die Oberfläche des aufgestiegenen Wassers einen dritten Punkt in der Visirlinie abgiebt. Diese Wage ist sehr einfach und immer richtig, und doch ist es schwer, damit genau zu arbeiten. Die Wasserspiegel in den Cylindern, über welche fortvisirt wird, schneiden nämlich nicht scharf ab, sondern sind nur undeutlich sichtbar, weil das Wasser an den inneren Glaswänden, vermöge seiner Adhäsion, etwas in die Höhe steigt, und einen verschwimmenden Rand bekommt. Darum gehört ein sehr scharfes Auge, und da man neben den Wasserspiegeln fort sieht, und während der Operation den Körper ganz still halten muß, auch viel Uebung zu dem Arbeiten mit der Kanalwage. Ueberdies geht dasselbe damit langsam, weil jener Mängel wegen nur kurze Stationen (von höchstens 20 Ruthen oder 75 Meter Länge) gemacht werden dürfen. Endlich kann dieses Instrument bei irgend windigem Wetter gar nicht gebraucht werden.

c) Die Merkurialwage.

Zwei viereckige, oben offene, hölzerne, sehr genau gearbeitete Kästchen sind unten durch eine ziemlich enge hölzerne Röhre (einem Pfeifenrohre ähnlich) verbunden. Wird Quecksilber hineingegossen, so stellt sich dasselbe, als flüssiger Körper in beiden Kasten in der Oberfläche horizontal. Auf dieses Quecksilber werden ein Paar recht genau gearbeitete, gleich schwere, elfenbeinerne Würfel von genau gleich großer Grundfläche gesetzt, auf denen

Dioptern, deren Sehaxe ganz gleich hoch über der Grundfläche derselben liegt, befestigt sind, und schwimmen natürlich darauf. Auch der Ungeübte sieht durch diese Dioptern ziemlich genau. Dennoch taugt das Instrument nicht viel. Das Pferdehaar im Kreuz der Diopter ist zu stark und deckt in einiger Entfernung zu viel. Der Transport des Instruments von einer Station zur andern ist schwierig und zögernd, weil jedesmal die Würfel herausgenommen, und besondere Kapseln auf die Kasten aufgeschoben und fest angeschroben werden müssen, um das Quecksilber nicht zu verschütten. Die Arbeit damit geht langsam, weil die Stationen nicht über 20 Ruthen oder 75 Meter lang werden dürfen, und windiges Wetter sie ganz unterbricht. Der größte Mangel an diesem Instrumente ist aber noch der, daß, wenn dasselbe kaum sichtbar schief steht, oder wenn beim Einsetzen der Würfel nur unbedeutende Quecksilberkügelchen in die Höhe spritzen, und sich an die Würfel anhängen, diese in ihren Kasten sich klemmen, oder durch verschiedenes Gewicht ungleich eintauchen, kurz, daß man auf keiner Station ohne wiederholte Proben die volle Ueberzeugung haben kann, daß die visirte Linie wirklich eine richtige Horizontale sei.

Außer diesen giebt es noch eine Menge anderer Nivellirinstrumente: die Setzwage, Markscheiderwage u. dergl. m., welche mit einem Loth in Verbindung stehen. Sie sind aber noch unvollkommener, und für den Gebrauch im großen noch viel weniger geeignet, als die Merkurial- und Kanalwage, und müssen deshalb hier übergangen werden.

d) Die Tafel- oder Zielscheibe

ist Taf. VI. Fig. 1. abgebildet. Sie dient zum Messen der Höhe der Visirlinie über dem Terrain, und besteht aus einem hölzernen Maaßstock und einer beweglichen Zielscheibe, nach deren Mitte visirt wird. Der Maaßstock ist eine 12 Duodezimalfuß lange, 1¼ Zoll breite, 1 Zoll starke Latte aa, deren Rückseite in Fuß und Zolle, und diese noch in 6 Theile à 2 Linien eingetheilt ist. Diese Eintheilung wird, wenn das Metermaaß erst obligatorisch eingeführt wird, dem neuen Maaß weichen, und halbe Centimeter die Grenze der Eintheilung bilden können. Er ist unten mit einer Hülse von Eisenblech versehen, damit er durch das oft wiederholte Aufstellen sich nicht abnutzt. Die bewegliche Tafel b wird am zweckmäßigsten von starkem Eisenblech gefertigt, 12 Zoll (0,3 Meter) lang, 8 Zoll (0,2 Meter) hoch, ihre Vorderseite in 4 Theile eingetheilt und über Kreuz schwarz und weiß angestrichen. Sie wird durch 3 Bügel cde, welche die Latte umschließen, daran gehalten. Mit der horizontalen Theilungslinie der Tafel schneidet genau die eine Kante des mittelsten Bügels d ab, und zeigt so auf der Rückseite der Latte an der Scala die Höhe des Mittels der Tafel vorne, also der Visirlinie über dem Punkte, auf welchem die Tafel aufgestellt ist. Die lose aufgestreifte Tafel wird durch eine Schnur, welche oben und unten stramm über die Rollen ee geht, gehalten, und damit auch auf und nieder bewegt. Sie kann endlich durch einen zwischen Latte und Tafel gesteckten flachen Keil f sicherer als durch eine Schraube so fest gemacht werden, daß jedes Verrücken derselben nur mit großer Gewalt geschehen kann.

Von vielen Geometern wird diese Zielscheibe jetzt ganz fortgelassen, und für entbehrlich gehalten, weil die Fernröhre der Libellenwagen es gestatten, die Höhen am Maaßstock vom Instrumente aus abzulesen. Für gewöhnlich mag das genügen. Ich habe aber immer gefunden, daß bei Anwendung der Tafel eine größere Genauigkeit erzielt wird, und gebe der Benutzung derselben deshalb den Vorzug. Ueberdies ist ein genaues Abstecken von Horizontalen ohne dieselbe kaum denkbar, wenigstens viel schwieriger und zeitraubender. Daher rathe ich, dieselbe beizubehalten.

e) Das Wasser als Mittel zum Nivelliren.

Erwähnt muß hier noch werden, daß die Lüneburger sich des stillstehenden Wassers selbst auf eine höchst praktische Weise bei dem Abgleichen der Gräben und Grippen als Wage zur Herstellung von horizontalen Linien bedienen. Da dies der Arbeit mit der Setzwage, welche von den Siegener Leuten gebraucht wird, bei weitem vorzuziehen ist, weil es die möglichst sicherste und genaueste Arbeit giebt, so wird auch beim rationellen Wiesenbau diese Benutzungsweise beibehalten, und später, §. 64, wenn von der Manipulation bei der Bauausführung die Rede sein wird, näher beschrieben werden.

f) Kette und Maaßstäbe.

Zum Messen der Längen, wo solches nöthig wird, bedient man sich der Ketten oder der Maaßstäbe. Die Kette ist gewöhnlich 5 Ruthen lang und die Ruthe in 10 Fuß eingetheilt. Da aber dies zehntheilige Maaß nur zur Erleichterung bei der Berechnung von Flächen für die Feldmesser diente, für alle anderen Arbeiten aber zwölftheiliges Maaß gesetzlich vorgeschrieben war, so bezogen sich alle hier gegebenen Maaße auf die letztere Eintheilung. Es hatte also die Ruthe 12 Fuß, der Fuß 12 Zoll und der Zoll 12 Linien.

Die Maaßstöcke hatten bis jetzt nach ihrer verschiedenen Bestimmung 2 bis 12 Fuß Länge.

Für das Metermaaß werden sich jetzt neue Meßinstrumente einbürgern, und 10 Meter, das Dekameter oder die Kette, und Maaßstöcke von 1 bis 5 Meter die bequemsten sein.

Das Verfahren beim Nivelliren.

§. 47.

Soll eine Linie nivellirt werden, so theilt man dieselbe zuerst in Stationen, d. h. in beliebige Theile, deren Länge aber die Sehweite des Instruments (bei Kanal- und Merkurialwage also 20 Ruthen, rund 75 Meter) nicht übersteigen darf. Die Endpunkte dieser Stationen werden durch doppelte Pfähle bezeichnet, von denen der eine oben recht gerade abgeschnittene so tief in die Erde eingeschlagen wird, daß die Oberkante mit der Erdfläche in einer Ebene liegt. Dieser tief eingeschlagene Pfahl giebt für die Stange mit der Tafel, welche darauf gestellt wird, eine sichere und unverrückbare Unterlage. Der zweite Pfahl erhält die laufende Nummer 0, 1, 2, 3 u. s. w. je nach der Zahl der Stationen, und wird in einer Entfernung von einigen Zollen oder Centimetern neben den ersten geschlagen, bleibt aber 1 Fuß = 0,3 Meter über der Erde sichtbar stehen, um die Stelle zu bezeichnen, wo der andere, der eigentliche Stationspfahl steht.

Nun wird zuerst die Tafel durch einen Arbeitsmann auf den tief eingeschlagenen Pfahl a bei Nr. 0, Tafel VI. Fig. 2., aufgestellt. In der Mitte der Station, also zwischen den Pfählen Nr. 0 und Nr. 1 bei d wird das Instrument auf- und horizontal gestellt. Von hier visirt der Techniker nach der Tafel bei Nr. 0., und läßt die Scheibe so lange an der Latte, nach Zuruf oder Winken auf- und niederschieben, bis deren Mittel genau in die horizontale Visirlinie fällt. Auf Befehl steckt der Arbeitsmann dann den Keil zwischen Latte und Tafel, und macht sie dadurch fest. Der Techniker visirt noch einmal hin, um sich zu überzeugen, daß alles richtig und auch beim Festmachen nichts verschoben ist. Paßt das Mittel der Tafel noch mit der Visirlinie, so bringt der Arbeitsmann auf Zuruf die Tafel dem Techniker, der nun selbst die Höhe des Mittels der Scheibe an der Latte abliest und anschreibt. Sie ist z. B. 3 Fuß 4 Zoll 5 Linien = 1,059 Meter. Nun geht der Arbeitsmann mit der Tafel nach dem Pfahl Nr. 1, stellt sie dort auf den tief eingeschlagenen Pfahl a wieder senkrecht auf, macht den Keil los, schiebt die Zielscheibe wieder auf Kommando des nun dahin visirenden Technikers so lange auf und nieder, bis deren Mittel wieder in die Visirlinie paßt, und befestigt sie durch Einstecken des Keiles. Nachdem der Techniker durch nochmaliges Visiren die Ueberzeugung gewonnen, daß auch hier alles in Ordnung ist, läßt er das Instrument aufnehmen, schreibt im Vorbeigehen die Höhe der Scheibe bei Station Nr. 1 an (sie sei 4 Fuß 6 Zoll 2 Linien oder 1,416 Meter), und stellt nun das Instrument in der Mitte der zweiten Station bei e, also zwischen den Pfählen Nr. 1 und Nr. 2 auf, und horizontal. Der Arbeitsmann, welcher bis dahin ruhig auf Nr. 1 stehen geblieben, macht nun die Tafel wieder los, richtet sie, wie früher nach dem Kommando des visirenden Technikers ein, befestigt sie, kurz es wiederholt sich ganz genau die vorher beschriebene Operation.

Führen des Brouillons und Berechnen des Nivellements.

§. 48.

Die auf diese Weise gefundenen Höhen müssen aufgeschrieben werden, um daraus demnächst die Lage der verschiedenen Stationspunkte gegen einander berechnen zu können. Dies Aufschreiben kann auf doppelte Art geschehen. Zuerst erscheint es am einfachsten, daß man, dem Gange der verschiedenen Operationen folgend, sich eine Zeichnung davon macht, wie Taf. VI. Fig. 2. sie darstellt, und in diese die gefundenen Höhen hineinschreibt, um dann später zu Hause die nöthige Rechnung vorzunehmen.

Die Höhe der Tafel beim Pfahl Nr. 0, die Visirhöhe, und zwar, da vom Instrumente aus nach dem Anfangspunkte des Nivellements gesehen wurde, die Visirhöhe rückwärts, war nach dem obigen Beispiel 3 Fuß 4 Zoll 5 Linien = 1,059 Meter. Die Visirhöhe von Nr. 1, von d aus in der Richtung, wohin das Nivellement geht, gesehen, vorwärts, war 4 Fuß 6 Zoll 2 Linien = 1,416 Meter. Die Visirhöhe der Station Nr. 1 bis 2 sei rückwärts 2 Fuß 8 Zoll = 0,837 Meter, vorwärts 4 Fuß 4 Zoll 3 Linien = 1,366 Meter, Station 2 bis 3 rückwärts 5 Fuß 2 Zoll 4 Linien = 1,630 Meter, vorwärts 2 Fuß 10 Zoll 9 Linien = 0,909 Meter u. s. w. gewesen. Beiläufig hierbei die Bemerkung, daß es gut ist, und Irrthum eher vermieden wird, wenn die Höhen in der Art, wie in der Zeichnung angedeutet, niedergeschrieben werden.

Die Differenz zwischen den Visirhöhen rückwärts und vorwärts giebt das Steigen und Fallen des Terrains, ersteres, wenn die Visirhöhe vorwärts kleiner, letzteres, wenn sie vorwärts größer ist, als rückwärts. Das obige Beispiel beibehaltend, wird sich die Berechnung also folgendermaßen machen:

Station 0 bis 1 ist die Visirhöhe rückwärts	3′ 4″ 5‴	=	1,059 Meter,
desgl. vorwärts	4′ 6″ 2‴	=	1,416 Meter,
mithin fällt das Terrain um	1′ 1″ 9‴	=	0,357 Meter.
Station 1 bis 2 ist die Visirhöhe rückwärts	2′ 8″ 0‴	=	0,837 Meter,
desgl. vorwärts	4′ 4″ 3‴	=	1,366 Meter,
das Terrain fällt um	1′ 8″ 3‴	=	0,529 Meter.
Station 2 bis 3 ist die Visirhöhe rückwärts	5′ 2″ 4‴	=	1,630 Meter,
desgl. vorwärts	2′ 10″ 8‴	=	0,909 Meter,
das Terrain steigt um	2′ 3″ 8‴	=	0,721 Meter.

Diese Differenzen gelten aber immer nur für 2 Punkte, und zwar nur für die beiden Endpunkte der Station. Man erfährt dadurch wohl, wie viel höher oder niedriger Station 0 liegt, als Station 1, wie viel das Terrain von Nr. 1 nach 2 steigt oder fällt u. s. w., aber es fehlt die Uebersicht noch, wie sich die Lage eines jeden einzelnen Punktes gegen einen Normalpunkt verhält, wie viel niedriger oder höher auch die andern Punkte Nr. 2, 3, 4 u. s. w. liegen, als der Punkt Nr. 0. Aus dem Verhältniß aller zu einem Normalpunkte wird auch das Höhenverhältniß der verschiedenen Stationspunkte unter einander mit einemmale klar werden. Auch dies wird durch Rechnung gefunden. Nimmt man das vorige Beispiel wieder zur Hand, so war von Station 0 bis Nr. 1 das Fallen des Terrains berechnet 1′ 1″ 9‴ oder 0,357 Meter, d. h. der Punkt Nr. 1 liegt so viel niedriger, als Station 0.

Das Fallen von Nr. 1 bis Nr. 2 war 1′ 8″ 3‴ = 0,529 Meter. Liegt nun der Punkt Nr. 1 um 1′ 1″ 9‴ oder 0,357 Meter unter Nr. 0, so muß Nr. 2 um 1′ 1″ 9‴ + 1′ 8″ 3‴ = 2′ 10″ 0‴, oder um 0,357 + 0,529 = 0,886 Meter unter dem Stationspunkte Nr. 0. liegen.

Von Nr. 2 nach 3 steigt das Terrain 2′ 3″ 8‴ oder 0,721 Meter. Nach der eben ausgeführten Berechnung war Station 2 um 2′ 10″ 0‴ unter 0, folglich muß Nr. 3 um 2′ 10″ 0‴ — 2′ 3″ 8‴ = 0′ 6″ 4‴, oder 0,886 — 0,721 = 0,165 Meter unter dem Stationspunkt 0. liegen.

Von Nr. 3 nach 4 steige das Terrain noch um 2′ 6″ 1‴ = 0,786 Meter, so liegt Nr. 4, da Station Nr. 3 um 0′ 6″ 4‴ = 0,165 Meter unter 0 liegt, um 0′ 6″ 4‴ — 2′ 6″ 1‴ = — 1′ 11″ 9‴, oder 0,165 — 0,786 = — 0,621 Meter unter 0. Da hier der Rest negativ, so liegt dieser Punkt nicht mehr unter, sondern so viel über 0. Von Nr. 4 bis 5 falle das Terrain wieder um 2′ 5″ 6‴ = 0,771 Meter, dann ist, da Nr. 4 = — 1′ 11″ 9‴ oder — 0,621 Meter unter 0 war, Nr. 5 um — 1′ 11″ 9‴ + 2′ 5″ 6‴ = 0′ 5″ 9‴, oder — 0,621 + 0,771 = 0,150 Meter unter dem Stationspunkte Nr. 0.

Um diese Exempel und deren Resultate übersichtlich neben einander zu haben, werden sie in folgende Tabellen gebracht.

Tab. I.

Nr. der Station.	Visirhöhe rückwärts '	"	'''	Visirhöhe vorwärts '	"	'''	Das Terrain steigt '	"	'''	Das Terrain fällt '	"	'''	Höhe über dem Normalpunkt '	"	'''	Höhe unter dem Normalpunkt '	"	'''	Bemerkungen.
0—1	3	4	5	4	6	2	.	.	.	1	1	9	.	.	.	1	1	9	
1—2	2	8	0	4	4	3	.	.	.	1	8	3	.	.	.	2	10	0	
2—3	5	2	4	2	10	8	2	3	8	.	.	.	.	.	.	0	6	4	
3—4	4	0	1	1	6	0	2	6	1	.	.	.	1	11	9	.	.	.	
4—5	0	6	0	2	11	6	.	.	.	2	5	6	.	.	.	0	5	9	

Man kann bei der Berechnung der Tabellen auch von einem Punkte ausgehen, welcher in einer beliebigen Höhe, 10—20 und mehr Fuß, über dem ursprünglichen Nullpunkt und so liegt, daß auch die höchsten Stationen noch unter demselben bleiben. Dadurch kommen alle Höhen unter eine und dieselbe Horizontale. Die Sache wird hiermit übersichtlicher und das Verständniß leichter. Die obige Nivellements-Tabelle könnte also in nachstehender Art verändert werden:

Tab. II.

Nr. der Station.	Visirhöhe rückwärts '	"	'''	Visirhöhe vorwärts '	"	'''	Das Terrain steigt '	"	'''	Das Terrain fällt '	"	'''	Ordinate unter der Horizontale '	"	'''	Bemerkungen.
0	.	.	.	.	.	.	.	.	.	.	.	.	10	.	.	
0—1	3	4	5	4	6	2	.	.	.	1	1	9	11	1	9	
1—2	2	8	0	4	4	3	.	.	.	1	8	3	12	10	0	
2—3	5	2	4	2	10	8	2	3	8	.	.	.	10	6	4	
3—4	4	0	1	1	6	0	2	6	1	.	.	.	8	0	3	
4—5	0	6	0	2	11	6	.	.	.	2	5	6	10	5	9	

Nicht viel anders ist es, wenn die gemeinschaftliche Horizontale nicht über dem höchsten Punkte des Terrains, sondern unter dem niedrigsten angenommen wird, eine Manier, die man in neuerer Zeit häufiger angewendet findet, als früher. Dann würde die Tabelle so aussehen:

Tab. III.

Nr. der Station.	Visirhöhe rückwärts '	"	'''	vorwärts '	"	'''	Das Terrain steigt '	"	'''	fällt '	"	'''	Ordinate über der Horizontale '	"	'''	Bemerkungen.
0	.	.	.	.	.	.	.	.	.	.	.	.	10	0	0	
0—1	3	4	5	4	6	2	.	.	.	1	1	9	8	10	3	
1—2	2	8	0	4	4	3	.	.	.	1	8	3	7	2	0	
2—3	5	2	4	2	10	8	2	3	8	.	.	.	9	5	8	
3—4	4	0	1	1	6	0	2	6	1	.	.	.	11	11	9	
4—5	0	6	0	2	11	6	.	.	.	2	5	6	9	6	3	

Im Grunde ist beides gleich, ob über oder unter der Horizontale. Es kommt wesentlich nur darauf an, daß alle Höhen auf der nämlichen Seite derselben liegen. — Addirt man alles Steigen und Fallen, so giebt die Differenz zwischen beiden das Totalgefälle. Dies muß mit den Differenzen zwischen den Summen der Visirhöhen rück- und vorwärts, und mit der Höhe der letzten Station stimmen, und ist damit eine Probe für die richtige Berechnung der Tabellen gewonnen.

Führt man dasselbe Beispiel in Metermaaß aus, so giebt das:

Tab. I.

Nr. der Station.	Visirhöhe rückwärts Meter	vorwärts Meter	Das Terrain steigt Meter	fällt Meter	Ordinate über dem Normalpunkt Meter	unter dem Normalpunkt Meter	Bemerkungen.
0—1	1,059	1,416		0,357		0,357	
1—2	0,837	1,366	.	0,529	.	0,886	
2—3	1,630	0,909	0,721		.	0,165	
3—4	1,257	0,470	0,787	.	0,682	.	
4—5	0,157	0,930		0,773	.	0,151	

Tab. II.

Nr. der Station.	Visirhöhe rückwärts Meter	vorwärts Meter	Das Terrain steigt Meter	fällt Meter	Ordinate unter der Horizontale Meter	Bemerkungen.
0	.	.	.	.	5,000	
1	1,059	1,416	.	0,357	5,357	
2	0,837	1,366	.	0,529	5,886	
3	1,630	0,909	0,721	.	5,165	
4	1,257	0,470	0,787	.	4,378	
5	0,157	0,930	.	0,773	5,151	

Tab. III.

Nr. der Station.	Visirhöhe rückwärts Meter	Visirhöhe vorwärts Meter	Das Terrain steigt Meter	Das Terrain fällt Meter	Ordinate über der Horizontale Meter	Bemerkungen.
0	.	.	.	.	10,000	
1	1,059	1,416	.	0,357	9,643	
2	0,837	1,366	.	0,529	9,114	
3	1,630	0,909	0,721	.	9,835	
4	1,257	0,470	0,787	.	10,622	
5	0,157	0,930	.	0,773	9,849	

Eine zweite Art, Brouillon zu führen, ist nun die, daß die Visirhöhen bei der Arbeit in eine der ersten gleiche Tabelle eingeschrieben werden, und die Berechnung sogleich draußen, während der Arbeitsmann mit der Tafel kommt und geht, gemacht wird. Es läßt sich dann in jedem Augenblicke übersehen, in welcher Höhe man sich befindet. Das Auge gewinnt Anhaltspunkte, und übersieht die Verhältnisse leichter und sicherer. Diese letztere Manier, mit Tabellen Brouillon zu führen, ist daher der ersteren bei weitem vorzuziehen. Als Nullpunkt beim ersten Nivellement zur Untersuchung der Berieselungsfähigkeit eines Terrains, nimmt man gern den höchsten zu Gebot stehenden Wasserspiegel oder diejenige Höhe an, welche das Wasser hat, oder zu der es an dem Punkte, von welchem die Ableitung geschehen soll, gestaut werden darf, weil sich dadurch schon während der Arbeit ziemlich genau übersehen läßt, wie weit die Anlage möglicherweise auszudehnen ist, welche Schwierigkeiten die Wasserleitungen zu überwinden haben, wo Anschlüsse an niedrigere Wasserspiegel zu nehmen sind u. s. w.

Abstecken horizontaler Linien.

§. 49.

Das Abstecken horizontaler Linien besteht in dem Aufsuchen mehrerer Punkte, welche unter einander gleiche Höhe haben. Das Verfahren dabei ist folgendes:

Man läßt auf dem ersten Punkt a Taf. VI. Fig. 3., von wo aus eine Horizontale abgesteckt werden soll, von einem Arbeitsmann die Tafel aufstellen. Das Instrument wird dagegen nach einer Stelle z getragen, von wo aus man nicht nur a deutlich, sondern wahrscheinlich noch mehrere

Punkte der Horizontale bequem übersehen zu können hoffen darf. Nach der horizontalen Visirlinie des Instruments wird die Tafel in eben der Art eingerichtet, wie beim Nivelliren, dann festgemacht, sobald sie die richtige Höhe hat, und auch nach dem Feststecken noch einmal revidirt. Nun kommt der Arbeitsmann in der Richtung, welche die horizontale Linie zu erhalten scheint, mit der Tafel dem Instrumente 15 bis 20 Schritte näher und stellt sie an irgend einem beliebigen Punkte f auf. Hier wird die Visirscheibe aber nicht losgemacht, sondern bleibt ganz fest. Der Techniker visirt dahin. Nur selten trifft die Visirlinie beim ersten Male die Mitte der Tafel, sondern bald ober-, bald unterhalb derselben. Im letzteren Falle liegt der Punkt zu hoch, da die Visirlinie vorwärts kleiner ist. Der Arbeitsmann muß mit der Tafel weiter herunter gehen nach c. Trifft die Visirlinie oberhalb des Mittels, so muß er weiter hinauf nach d und so fort, bis er einen Punkt e gefunden, an welchem die Mitte der Tafel ganz genau in die Visirlinie des Instruments hineintrifft. Dann wird dieser Punkt durch einen eingeschlagenen Pfahl, welcher, damit er schon von weitem sichtbar bleibt, wenigstens einen Fuß (0,3 Meter) über der Erde hervorragt, bezeichnet. Der Arbeitsmann geht mit der immer fest bleibenden Tafel dann weiter. Dieselbe Operation wiederholt sich in der so eben beschriebenen Weise, und so geht es so lange fort, als man vom Instrument aus scharf und deutlich sehen kann, bis e. Wird endlich zum Visiren die Entfernung zu groß, so bleibt die Tafel auf diesem zuletzt gefundenen Punkte e ganz ruhig und stille stehen, das Instrument wird mit derselben Berücksichtigung der wahrscheinlichen Richtung der Horizontalen weiter gebracht und wieder aufgestellt in x. Nachdem es horizontal gestellt, wird die Tafel in e losgemacht, nach der neuen Visirlinie eingerichtet, und wenn alles wieder paßt, tüchtig festgesteckt. So hat man dieselbe Horizontale nach der veränderten Instrumentenhöhe eingerichtet, und sucht nun in der vorher beschriebenen Art weiter. Gutes Augenmaaß erleichtert diese Arbeit ganz besonders und macht vieles Hin- und Herlaufen unnöthig.

Soll eine Horizontale in einer bestimmten Höhe über oder unter einem außer derselben belegenen Punkte gesucht und abgesteckt werden, so läßt man dazu erst an dem gegebenen Punkte die Scheibe einrichten, steckt sie dann so viel höher oder niedriger, als die Differenz mit der Horizontalen betragen soll, und sucht diese dann eben so, wie vorher beschrieben ist.

III. Messen der vorhandenen Wassermassen.

Bestimmung der Wassermassen aus Querprofil und Geschwindigkeit.

§. 50.

Eine eben so wichtige Vorarbeit zur Prüfung der Möglichkeit und Ausdehnung einer Berieselungsanlage ist die Untersuchung der Qualität und Quantität des vorhandenen Wassers. Die Kennzeichen für die Qualität sind bereits in §. 3 angegeben worden. Es ist jetzt noch das Verfahren zu beschreiben, wie eine Uebersicht über die Quantität, welche der Bach, Fluß rc. in einer gewissen Zeit (Sekunde) schüttet, zu gewinnen ist. Im ersten Augenblicke kommt es einem vor, als sei es beinahe unmöglich, wenigstens ungemein schwierig, während einer wenige Stunden oder Tage dauernden Untersuchung ein richtiges Bild der Sachlage zu gewinnen. Es scheinen vielmehr längere Zeit hindurch fortgesetzte oder wiederholte Beobachtungen des Wasserflusses hierzu nothwendig, weil Regen und Dürre, überhaupt die stets wechselnde Witterung einen gar zu großen Einfluß darauf ausüben. Allein gerade, weil der Zufluß einem beständigen Wechsel unterworfen ist, und sich darum fast niemals ganz genau fassen läßt, und weil es bei der Bestimmung desselben nicht auf minutiöse Kleinlichkeit ankommt, wird es möglich, wenn nicht gerade Fluthen alles vollständig verdunkeln, einen genügenden Ueberblick über die durchschnittlichen Verhältnisse zu gewinnen. Nothwendig ist es dabei allerdings, sich vor falschen Schlüssen zu hüten, wie das leider bei großen Berieselungsanlagen der neueren Zeit trotz der Jahre lang gemachten Pegelbeobachtungen auch vorgekommen ist. Nicht die Summe oder der Durchschnitt des ganzen Jahres ist es, worauf es ankommt, sondern der mittlere Zufluß in den Zeiten der düngenden Wässerungen. Von den großen Fluthen ist gemeinhin nicht viel zu gebrauchen. Man muß froh sein, wenn sie, ohne viel Schaden anzurichten, vorübergehen. Darum ist man den wenigsten Irrthümern und Täuschungen ausgesetzt, wenn man die Untersuchungen zu einer geeigneten Zeit im Sommer oder Herbst vornimmt, da man dann auf nahezu mittel Wasser rechnen kann.

Zunächst ist zu dem Ende das Flußbett und das Gefälle des Wassers zu untersuchen, und um für die weiteren Ermittelungen feste Anhaltspunkte zu behalten, der Wasserspiegel an mehreren Stellen durch eingeschlagene Pfähle fest zu bezeichnen. Durch Erkundigungen bei den in der Gegend aufgewachsenen oder mit den Verhältnissen bekannten Leuten wird dann leicht zu erfahren sein, ob das Wasser gewöhnlich höher oder niedriger steht, als zur Zeit, ob es bei anhaltender Trockenheit bedeutend, und wie tief der Wasserstand sinkt, oder ob es ganz und gar versiegt, wie hoch die gewöhnlichen oder außerordentlichen Fluthen ansteigen und übertreten, und wie lange dieselben dauern. Durch eigene Anschauung der nächsten Umgebung und der ganzen Gegend läßt sich ohne Schwierigkeit erkennen, ob der Bach 2c. vorzugsweise aus gleichmäßig und beständig fließenden Quellen entsteht, oder ob das aus einem weiten Gebiete zusammenströmende Tagewasser häufige Veränderungen des Wasserstandes erwarten läßt. Liegen Mühlen oder andere Triebwerke auf dem Bache 2c., so wird sich aus der Ausdehnung und Einrichtung der Wasserbauten, aus dem Umfange des Betriebes und der Freischleusen u. dergl. m. ein ziemlich sicherer Schluß darüber ziehen lassen, wie sich der augenblicklich vorhandene Zufluß zu dem mittleren, auf welchen die Berieselungsanlage zu basiren, verhält. Hat man auf diese Weise über diese Verhältnisse und über den durchschnittlichen oder mittleren Stand des Wassers gegenüber dem vorhandenen eine bestimmte Ansicht gewonnen, so wird es nöthig, die vorhandene Wassermasse zu messen, und sie danach auf die mittlere zurückzuführen.

Die in einem Bache oder Flusse 2c. fließende Wassermasse ist ein Produkt aus den beiden Faktoren: Querprofil und Geschwindigkeit. In einem unregelmäßigen, d. h. in Serpentinen von verschiedener Breite und Tiefe sich hinschlängelnden Flusse oder größeren Bache, ist die Geschwindigkeit, also auch die Wassermenge nach den in §. 24 für die Berechnung der regelmäßigen Zuleitungsgräben gegebenen Formeln nicht zu berechnen, weil hier, außer den dort angenommenen, noch viele, zwar bekannte, aber in den einzelnen Fällen ihrem Werthe nach nicht mit der nöthigen Genauigkeit zu bestimmende Momente in Rechnung kommen müßten. Es bleibt daher nur übrig, die beiden Faktoren unmittelbar zu bestimmen, d. h. wirklich zu messen. Um damit aber der Wahrheit möglichst nahe zu kommen, muß zu dieser Messung eine Strecke gewählt werden, wo das Bett gerade und ziemlich regelmäßig, d. h. überall gleich breit und gleich tief und fest ist, und wo die Strömung in der Mitte geht.

Hier wird in einer auf die Richtung des Flusses senkrechten Ebene ein Querprofil, Taf. V. Fig. 3., dergestalt gemessen, daß man von der Oberfläche AB in verschiedenen, unter sich jedoch gleichen Entfernungen AC, CD, DE, EF, FB die dazu gehörigen Tiefen AG, CH, DI, EK, FL, BM mit einem Maaßstabe mißt. Nach diesen Abmessungen läßt sich der Flächeninhalt des Querprofils mit Leichtigkeit berechnen, indem man die sämmtlichen gefundenen Höhen zusammenaddirt, die Summe mit der Zahl der Summanden dividirt, und die dadurch gefundene durchschnittliche Tiefe mit der Breite des Flusses multiplizirt. Nimmt man auf diese Weise auf der zur Untersuchung bestimmten Strecke mehrere Querprofile auf, und berechnet aus dem Flächeninhalt derselben die durchschnittliche Größe eines Querprofils der Strecke, so kommt man der Wahrheit noch näher.

Die zweite Aufgabe ist demnächst die Ermittelung der Geschwindigkeit des fließenden Wassers. Es giebt dazu eine Menge von Instrumenten. Für den vorliegenden Zweck genügt aber das einfachste, und dies besteht in einem schwimmenden Körper, z. B. in einer 10 bis 15 Zoll oder 0,25 bis 0,4 Meter im Durchmesser haltenden Kugel von Blech, im Nothfall in einer gläsernen Flasche. Die Schwimmer müssen mit Schrot oder Wasser so weit angefüllt sein, daß sie fast ganz eintauchen und nur 2 bis 3 Zoll oder 0,05 bis bis 0,075 Meter über dem Wasserspiegel hervorragen. Dieselben nehmen, in den Fluß geworfen, die Geschwindigkeit des Wassers an. Die Zeit kann nach einer Sekundenuhr bestimmt werden. In Ermangelung einer solchen läßt sich ein Sekundenpendel dadurch herstellen, daß man eine bleierne Kugel an einem möglichst feinen Faden aufhängt. Die Länge des Pendels vom Aufhängungspunkt bis zur Mitte der Kugel muß genau 3 Fuß 2 Zoll oder 0,9937 Meter betragen.

Nun wird auf der Strecke, innerhalb welcher die Querprofile aufgenommen worden sind, längs dem Flusse, und parallel mit der Richtung desselben, eine Linie von einer beliebigen Länge, etwa 10 bis 15 Ruthen oder 30 bis 50 Metern abgemessen, und deren Endpunkte, Taf. V. Fig. 4. A und B, mit kleinen Stangen bezeichnet. Senkrecht auf die Richtung des Flusses, also auch auf diese Linie, stellt man etwas abwärts von jenen ersten zwei andere Stangen C und D, allenfalls auch noch in der Verlängerung von AC und BD, auf dem jenseitigen Ufer die Stangen E und F.

Die Beobachtungen dürfen nur bei ziemlich windstillem Wetter gemacht werden. Dabei stellt sich zuerst hinter C ein Beobachter auf. Der schwimmende Körper wird dann so weit oberhalb AE in das Wasser gesetzt, daß er die volle Geschwindigkeit des fließenden Wassers erlangt hat, wenn er diese Linie passirt. Von dem Augenblicke an, wo dies geschieht, werden die Sekunden oder Pendelschwingungen gezählt bis zu dem Moment, wo derselbe die zweite Visirlinie über DBF berührt. Diese Beobachtung muß recht oft, und da der Strom in verschiedenen Entfernungen vom Ufer eine verschiedene Geschwindigkeit hat, von verschiedenen Punkten a, c, e, g, i, l aus wiederholt werden. Geht die Kugel nicht in gerader Richtung stromabwärts, oder treibt sie an das Ufer, oder stößt sie sonst irgendwo an, so ist die Beobachtung ungültig. Die Entfernung der Linien AE und BF in Fußen oder Metern, dividirt durch die beobachtete Zahl der Sekunden, giebt für die Linie ab, cd, ef, gh, lm die Geschwindigkeit in einer Sekunde. Alle die auf diese Weise gefundenen verschiedenen Geschwindigkeiten werden zusammenaddirt, und mit der Zahl derselben dividirt, und geben dann die mittlere Geschwindigkeit des Querprofils. Wenn auch dieselbe nach der Tiefe zu immer mehr, und zwar bei stärkerem Gefälle auch wieder mehr, als bei schwächerem abnimmt, so ist diese Abnahme doch zu unbedeutend, und jene direkt gefundene für den vorliegenden Zweck ausreichend.

Die durchschnittliche Geschwindigkeit multiplizirt mit dem Flächeninhalt des durchschnittlichen Querprofils, giebt die Wassermasse, welche der Fluß in einer Sekunde führt.

Messung derselben bei Ueberfällen und Schutzöffnungen.

§. 51.

Eine solche Messung, wie die eben angegebene, ist indessen in kleinen und namentlich in flachen Bächen nicht anwendbar, weil in diesen beständige Störungen im Gange der schwimmenden Körper unvermeidlich sind. Man muß sich in diesem Falle auf andere Weise helfen. Hier führt gewöhnlich am leichtesten die Herstellung eines vollkommenen Ueberfalls zum Ziele. Man läßt zu dem Ende ein Brettstück, welches 2 bis 4 Fuß oder 0,6 bis 1,2 Meter länger, als der Bach breit ist, in der Mitte mit einer rechtwinkligen, 3 bis 6 Zoll oder 0,0785 bis 0,1569 Meter hohen, von oben herunter so eingeschnittenen Oeffnung versehen, daß neben derselben auf jeder Seite $1\frac{1}{2}$ bis 2 Fuß = 0,4707 bis 0,6276 Meter stehen bleiben, also ein Staubrett in etwas vergrößertem Maaßstabe, ähnlich dem Taf. XIV. Fig. 7. gezeichneten. Die Höhe der Durchflußöffnung richtet man so ein, daß die ganze Wassermasse des Baches reichlich hindurch geht. Dieses Brett setzt man, nachdem in die Bachufer vorher ein Lager eingegraben, und durch den Bach selbst eine Reihe von Pfählen tief genug eingeschlagen ist, welche das Durchbiegen des Staubrettes verhüten, aber die Durchflußöffnung nicht beschränken dürfen, so ein, daß die Unterkante dieser Oeffnung etwas höher, oder wenigstens in derselben Höhe liegt, als der derzeitige Wasserspiegel des ungestauten Baches. Der Raum neben der Oeffnung bis zu dem Ufer, und darunter bis auf die Sohle des Baches wird demnächst mit vorher in der

Nähe gestochenen und schon herangeschafften Rasen ganz dicht verpackt, so daß das Wasser aufgestaut und gezwungen wird, durch die Oeffnung hindurch zu strömen. Breitet sich nach diesem Aufstauen das Wasser oberhalb des eingesetzten Brettes weit aus, wird die Strömung im Bache dabei sehr geringe, so, daß man den oberen Wasserspiegel als stillstehend annehmen kann, so gilt für die Berechnung der Wassermasse die Formel

$$M = \tfrac{2}{3} \alpha b h \sqrt{h}$$ (Eytelwein's Hydrostatik §. 104).

In dieser Formel bedeutet α den sogenannten Kontraktions-Koeffizienten, welcher bei breiten Gerinnen, breiten Freischleusen mit Flügelwänden, schrägen Einbauten . . . . = 7,54
für schmale Gerinne, schmale Schützenöffnungen mit Flügelwänden, steile Einbaue . . . . = 6,76
für Schützenöffnungen ohne Flügelwände . . . . . . = 5,00
winkelrechte Oeffnungen in dünnen Wänden . . . . = 4,89 ist.

Die angegebenen Koeffizienten gelten aber nur, wenn sämmtliche Größen der Formel in rheinländischen Fußen ausgedrückt sind. Sie berechnen sich bei Anwendung von Metermaaß
für breite Gerinne, breite Freischleusen mit Flügelwänden, schrägen Einbauten . . . . = 4,22
für schmale Gerinne, schmale Schützöffnungen mit Flügelwänden, steile Einbaue . . . . = 3,79
für Schützöffnungen ohne Flügelwände . . . . = 2,82
für winkelrechte Oeffnungen in dünnen Wänden . . . . = 2,74.

Ferner bezeichnet

b die Breite des Ueberfalles,
h dessen Höhe,
M die Wassermenge.

Nachdem in der Entfernung von einigen Fußen oberhalb des Ueberfalles, da, wo der Wasserspiegel noch keine Kurve bildet, wie es in der Durchflußöffnung selbst der Fall ist, zwei Pfähle mit ihren Köpfen ganz genau bis auf den gestauten Wasserspiegel eingeschlagen sind, so daß ein auf beide gelegtes Richtscheit bis in die Oeffnung hineinreicht, wird die Höhe h gemessen, indem man die senkrechte Entfernung von diesem Richtscheit bis zur Unterkante der Oeffnung bestimmt. Diese Messung darf aber erst dann vorgenommen werden, wenn der Beharrungszustand eingetreten ist, d. h. sobald der Abfluß unterhalb des Staubrettes wieder eben so groß ist, wie vorher, und das Wasser oberhalb nicht mehr steigt. Die sämmtlichen Maaße sind wenn rheinländisch Maaß gebraucht wird, als Fuße, bei Metermaaß als Meter in Rechnung zu bringen. Ein ähnliches Verfahren nebst einer Formel wurde vor einigen Jahren unter dem Namen der Althoff'schen von dem Königl. Landes-Oekonomie-Kollegium zur Bestimmung der Wassermassen in kleinen Bächen empfohlen, nur wurde $\frac{2}{3}\alpha$ darin $= 3{,}4$ angegeben, während es nach Eytelwein nur 3,26 ist.

Beispiel. In einem Bache werde das Wasser durch ein Staubrett, dessen Oeffnung 6 Fuß breit ist, so aufgestaut, daß es, während der Oberwasserspiegel beinahe still steht, 3 Zoll hoch hindurchfließt; wie viel Wasser schüttet derselbe?

Hier ist $\frac{2}{3}\alpha$ also $= 3{,}26$, $b = 6$ Fuß, $h = \frac{1}{4}$ Fuß, also

$$M = 3{,}26 \times 6 \times \tfrac{1}{4} \sqrt{\tfrac{1}{4}} = 2{,}45 \text{ Cubikfuß.}$$

Bei Anwendung von Metermaaß ist $\alpha = 2{,}74$; $\frac{2}{3}\alpha$ also $= 1{,}83$.

Es sei $b = 1{,}8828$ Meter,

$h = 0{,}0785$ Meter, so ist

$$M = 1{,}83 \times 1{,}8828 \times 0{,}0785 \sqrt{0{,}0785}$$
$$= 0{,}0757 \text{ Cubik-Meter.}$$

Da hierbei der obere Wasserspiegel als stillstehend angenommen ist, so wird die Berechnung nach dieser Formel da falsch, wo das Wasser schon mit einer beträchtlichen Geschwindigkeit vor dem Ueberfall ankommt, wo also die Geschwindigkeit des überfallenden Wassers durch jene noch vermehrt wird. Nach Eytelwein §. 136 ist dann

$$M = \tfrac{2}{3} \alpha b (h + N)^{\frac{3}{2}}$$

Hierbei ist $$N = \left(\frac{M}{\alpha B (h + k)}\right)^2$$

B die Breite des Baches vor dem Ueberfall,
b die Breite des Ueberfalls,
k die Höhe der Unterkante der Oeffnung über dem Boden des Baches,
h die Höhe des Oberwasserspiegels über derselben,
$h + k$ also die Tiefe des gestauten Baches,
M die Wassermenge.

Bei der Berechnung setzt man in der ersten Formel N zuerst $= 0$, und berechnet nun M. Den so gefundenen Werth substituirt man die der Formel für N, und berechnet nun daraus den Werth für N. Diesen Werth bringt man dann wieder in der ersten Formel in Ansatz, und berechnet nun die wirkliche Wassermenge.

Beispiel. Wie viel Wasser fließt über einen vollkommenen Ueberfall ohne Flügelwände, dessen Breite 6 Fuß, und dessen Höhe 1 Fuß, wenn der Oberwasserspiegel über dem Ueberfall 6 Zoll hoch und die Breite des Baches 8 Fuß ist?

Hier ist $B = 8$ Fuß, $b = 6$ Fuß, $k = 1$ Fuß, $h = {}^1/_2$ Fuß und $\alpha = 5$, also wenn $N = 0$ angenommen, $M = \frac{2}{3} \times 5 \times 6 \times (\frac{1}{2})^{\frac{3}{2}} = 7{,}1$. Substituirt man diesen Werth in der Formel für N, so ist $N = \left(\frac{7{,}1}{5 \times 8 (1 + 7\frac{1}{2})}\right)^2$ $= 0{,}014$, und hiernach $M = \frac{2}{3} \times 5 \times 6\,(0{,}5 + 0{,}014)^{\frac{3}{2}} = 7{,}4$ Cubikfuß.

Bei Anwendung von Metermaaß sei

$$b = 1{,}8828 \text{ Meter,}$$
$$B = 2{,}5104 \quad ''$$
$$k = 0{,}3138 \quad ''$$
$$h = 0{,}1569 \quad ''$$
$$\alpha = 2{,}82 \text{ also } \tfrac{2}{3}\alpha = 1{,}88.$$
$$M = 1{,}88 \times 1{,}8828\,(0{,}1569 + N)^{\frac{3}{2}}$$
$$N = \left(\frac{M}{2{,}02 \times 2{,}5104\,(0{,}1569 + 0{,}3138)}\right)^2$$

Hiernach berechnet sich $M = 2199$ nach der ersten Formel, wenn $N = 0$ ist. Substituirt man diesen Werth in der Formel für N, so ist $N = 0{,}0044$. Wird dieser Werth nun in der Formel für M mit in Rechnung gebracht, so ist

$$M = 1{,}88 \times 1{,}8828\,(0{,}1569 + 0{,}0044)^{\frac{3}{2}} = 0{,}2293 \text{ Cubik-Meter.}$$

Oft bieten auch oberhalb belegene Triebwerke eine sehr gute Gelegenheit dar, über den Zufluß ins Klare zu kommen. Sie sind in gewisser Beziehung dafür maßgebend, indem sie namentlich, wenn Sammelteiche damit verbunden sind, über Zeit und Größe des Zuflusses disponiren. Ist das der Fall, so hat man sich über die Zahl der Werke, über die Art ihrer Benutzung und die Zeit ihres Betriebes, namentlich aber, ob sie den ganzen Tag und die Nacht hindurch, oder wie viel Stunden sie bei mittlerem Zufluß arbeiten, und wie viel Zeit das Wasser gebraucht, von der Mühle zur Wiese hinabzufließen, endlich über die zu ihrem Betriebe erforderliche Wassermenge Rechenschaft zu geben. Man muß daher dieses Betriebswasser messen. In diesem Falle läßt sich die Wassermenge am leichtesten und sichersten aus der Größe der Schleusenöffnung und der Druckhöhe des davorstehenden Wassers berechnen.

Dann ist $M = \alpha\, b\, e \sqrt{h - \frac{1}{2} e}$, wenn

h die Höhe des Wasserspiegels des Oberwassers über der Unterkante der Schützenöffnung,

e die Höhe dieser Schützenöffnung,

b die Breite derselben,

M die durchfließende Wassermenge.

Beispiel. Bei einer unterschlägtigen Mühle, deren Schützöffnung 4 Fuß breit ist, muß bei 2 Fuß Standwasser auf dem Fachbaume die Schütze für den gewöhnlichen Betrieb 4 Zoll geöffnet sein; wie viel Wasser braucht diese Mühle?

Hier ist α bei der Anwendung von rheinländisch Maaß = 6,76, b = 4, e, da alles als Fuße in Rechnung gestellt werden muß, $= \frac{1}{3}$, h = 2 Fuß, also:

$$M = 6{,}76 \times 4 \times \tfrac{1}{3} \sqrt{2 - \tfrac{1}{6}} = 12{,}22 \text{ Cubikfuß}.$$

Bei Anwendung von Metermaaß $\alpha = 3{,}79$, b = 1,2552, h = 0,6276 und e = 0,1046, also:

$$M = 3{,}79 \times 1{,}2552 \times 0{,}1046 \sqrt{0{,}6276 - 0{,}0523} = 0{,}37 \text{ Cubik-Meter}.$$

Nach einer dieser eben beschriebenen Arten wird sich mit Hinblick auf die vorangeschickten Bemerkungen überall eine genügende und sichere Uebersicht über die disponible Wassermasse gewinnen lassen.

IV. Anfertigung des Planes.

Generelles Projekt.

§. 52.

Nachdem diese Vorarbeiten beendet sind, kann das Projekt der Anlage selbst entworfen werden. Zunächst ist also zu überlegen, ob und in welcher Höhe die Ableitung aus dem Flusse oder Bache geschehen kann, um die entsprechende Fläche zu erreichen, ohne einen begründeten Widerspruch hervorzurufen, und welche Stelle dazu am zweckmäßigsten und passendsten liegt. So lange man sich hierbei in den eigenen Grenzen hält, bedarf man zur Anlage keiner besonderen Erlaubniß. Wird aber ein Aufstau, welcher oberhalb oder auf dem anderen Ufer über die eigenen Grenzen hinaus sich erstreckt, oder wird auch nur der Anschluß des dazu nöthigen Stauwerks an das gegenüberliegende fremde Ufer erforderlich, oder wird durch die Anlage einem vor 1843 bereits existirenden, seitdem nicht erweiterten, also zum Widerspruch berechtigten Triebwerke ein Theil des zum Betriebe in dem bisherigen Umfange nothwendigen Wassers wirklich entzogen, kurz, ist die Einwilligung eines Nachbarn zu der Anlage nachzusuchen, weil eine Ausdehnung der Einrichtungen über die gesetzlich gesteckten Grenzen beansprucht wird, so ist mit den betheiligten Interessenten deshalb Rücksprache zu nehmen, ihnen das Sachverhältniß zu erklären, und der Versuch einer gütlichen Einigung, wenn solche auch nur mit Opfern herbeizuführen sein sollte, zu machen. Gelingt ein solcher Vergleich nicht, so ist nach dem schon früher erwähnten Gesetze vom 28. Februar 1843 über die Benutzung der Privatflüsse nach Einreichung einer Provokation, unter Beifügung eines Situations- und Nivellements-Planes und des Erläuterungsberichts bei dem Königlichen Landrath des Kreises, die Vermittelung der Landes-Polizei-Behörde in Anspruch zu nehmen, um die Einwilligung der Widerspruchsberechtigten, natürlich gegen volle Entschädigung, zu erzwingen.

Hierauf muß die Prüfung der Qualität des Wassers folgen. Sie bestimmt die Art des Baues, und den Wasserbedarf der Fläche.

Was die Art des Baues betrifft, so werden bei geringer Qualität des Wassers und genügendem Gefälle Rücken und Hänge, oder bei geringerem Gefälle und genügender Vorfluth drainirte Wässerwiesen in Aussicht zu nehmen, bei besonders guter Qualität des Wassers die Formen des natürlich regelmäßigen Wiesenbaues zu wählen sein. §. 34, 35e, 36d und §. 37.

Demnächst ist die Größe der nach dem Nivellement unter der angenommenen Stauhöhe liegenden Fläche zu berechnen, die Höhenlage derselben zu prüfen. Aus der Größe und Vertheilung des vorhandenen Gefälles läßt sich ungefähr übersehen, wie oft das Wasser gebraucht und wieder benutzt werden kann, und der wievielste Theil der Wiese also auf frisches Wasser anzuweisen ist. Ist das Gefälle nicht gleichmäßig vertheilt, ist dasselbe vielleicht an dem Rande herum größer, viel geringer aber längs dem Ufer des Flusses ꝛc., oder umgekehrt, so wird der flachere Theil vorzugsweise ins Auge gefaßt, seine Größe, und nach dem Gefälle desselben sein Bedürfniß an frischem Wasser berechnet werden müssen. Mit diesem Theil der Wiesenfläche ist nun die disponible Wassermasse zu vergleichen. Hat dieselbe bei gewöhnlicher Qualität und in unseren Gegenden ein Drittel so viel Cubikfuß, als die darauf angewiesene Fläche Morgen, oder 0,04 mal so viel Cubik-Meter, als Hektare, kann also der dritte Theil der letzteren damit gleichzeitig, das Ganze mithin in drei Abtheilungen neben einander abwechselnd gerieselt werden, so liegen die Verhältnisse günstig. Ist dieselbe größer, so daß weniger Abtheilungen ausreichen, so ist das noch besser; ist dagegen die Wassermenge geringer, so ist von der Fläche so viel abuschneiden, daß das zuerst angeführte Verhältniß hergestellt wird, das übrige aber einer anderen Kultur zu übergeben. Man hat von diesem Theile, für den das Wasser ausreicht, nach der Berieselung nicht weniger, als von dem Ganzen zu erwarten, für welches dasselbe nicht genügt, kann aber den abgeschnittenen Rest auf andere Weise nutzbar machen, und wird mindestens an Anlage- und später an Unterhaltungskosten nicht unbedeutend sparen.

Hat also zum Beispiel eine Fläche von 160 Morgen = 40,8516 Hektaren, am Rande herum zwar ein stärkeres, am Flusse aber geringeres Gefälle, und enthält diese weniger geneigte Fläche vielleicht 120 Morgen = 30,6396 Hektaren mit 6 Fuß oder 1,8828 Meter Gefälle, welches ziemlich gleichmäßig darauf vertheilt ist, so ist darauf eine siebenmalige Benutzung des Wassers wahrscheinlich durchzuführen. Der siebente Theil von 120 Morgen, also 17 Morgen = 4,38 Hektaren, würde frisches Wasser erhalten müssen, und zwar würde dasselbe abwechselnd gegeben werden können, wenn drei Abtheilungen à $5^{2}/_{3}$ Morgen = 1,4467 Hektaren eingerichtet wären, von denen zur Zeit immer nur eine rieselte. Schüttete nun der dazu verwendbare Bach nur 4 Cubikfuß oder 0,1237 Cubik-Meter, so ist zu wenig Wasser vorhanden, die Fläche zu groß. Man thut in diesem Falle besser, der Fläche 30 Morgen = 7,6597 Hektaren abzunehmen und die übrigbleibenden 90 Morgen = 22,979 Hektaren stärker zu bewässern. Wären aber 8 Cubikfuß = 0,1497 Cubik-Meter pro Sekunde zur Disposition, so wird sich die Anlage auf der ganzen Fläche ausgezeichnet machen, und man kann des höchstmöglichen Ertrages ganz sicher gewärtig sein.

Ist aber das Wasser düngerreicher und die Vegetationszeit länger, bedarf also die Wiese zur Fettwässerung davon weniger, und die geringere Quantität auch kürzere Zeit, so sind die einzelnen Abtheilungen nicht nur zu vergrößern, sondern auch deren Zahl dem entsprechend zu vermehren, und mit Rücksicht hierauf die Größe der berieselungsfähigen Fläche zu berechnen.

Es läßt sich hiernach übersehen, daß die Erfahrung und die Kunst des Wiesenbauers einen weiten Spielraum hat, sich zu bethätigen, und daß die gewöhnliche Schablonen-Arbeit selten das Rechte zu treffen vermag. Zu wünschen bleibt nur, daß diese Erkenntniß erst allgemein verbreitet sein möchte. Es könnte viel Geld für verunglückte Anlagen erspart werden!

Spezieller Plan.

§. 53.

Ist auf diese Weise die Vorfrage erledigt, in welchem Umfange das Terrain berieselungsfähig ist, so werden zuerst die Hauptabtheilungen, welche das frische Wasser erhalten sollen, festgestellt. Es wird ferner bestimmt, ob dazu **eine** Ableitung des Wassers aus dem Bache 2c. genügt, oder ob es mehreremal, oder wie oft und an welchen Stellen es herausgenommen werden muß, ob der natürliche Wasserlauf für die Entwässerung benutzt werden kann und soll, oder ob zur Beschaffung der nöthigen Vorfluth und zur Trockenlegung noch besondere Einrichtungen getroffen werden müssen, und ob und wie viele Schleusen dazu dann nothwendig werden, um das übergelaufene Wasser von neuem auf die Wiese hinauf zu leiten. Nachdem dann nach den oben gegebenen Regeln der Hauptzuleitungs- und die anderen Hauptgräben ausgesteckt sind, macht man sich in den einzelnen Abtheilungen an das Abstecken der kleineren Zuleitungs-Be- und Entwässerungsgräben. Um deren Lage und Richtung zu bestimmen, sucht man zuerst mit dem Nivellir-Instrumente sich die Horizontalen auf. Die Höhen dieser Horizontalen richten sich nach dem Gefälle des Terrains.

Eignet sich dasselbe zum Hangbau, d. h. hat es mehr als 3 Zoll Gefälle pro Ruthe, oder mehr als 2 Procent, so genügt es, wenn die Horizontalen, je nach der Breite der anzulegenden Hänge, 5 bis 6 Ruthen = 18,8280 bis 22,1936 Meter von einander entfernt abgesteckt, wenn also hinter 3 Hängen ein Horizontalgraben zur Regulirung des Wassers projektirt und angelegt wird. Es kommt hierbei vorläufig noch gar nicht auf den Unterschied in der Höhe dieser Horizontalen an, weil das Gefälle der einzelnen Hänge sehr verschieden sein kann, nur muß, wenn der Uebergang aus dem stark fallenden in ein weniger hängiges Terrain an einzelnen Stellen sich besonders markirt, ohne Rücksicht auf die Entfernung gerade durch diese, wenn man es so nennen darf, Kniffe oder Brechpunkte des Terrains eine Horizontale hindurchgelegt werden.

Bei wechselndem natürlichen Gefälle werden diese Horizontalen niemals parallel. Sie entfernen sich auf einzelnen Stellen von einander, da wo das relative Gefälle schwächer wird, sie rücken, wo dasselbe sehr zunimmt, zuweilen dicht zusammen. Da wo auf diese Weise dieselben einander zu nahe kommen, läßt man sie ausfallen.

Wird das Gefälle des Terrains 3 Zoll pro Ruthe oder noch schwächer, d. h. geringer als 2 Procent, so legt man unbekümmert um die Entfernung der abzusteckenden Linien diese Horjzontalen 9 bis 10 Zoll = 0,2354 bis 0,2615 Meter untereinander. Geht es endlich auf $^3/_4$ bis $^1/_2$ Zoll pro Ruthe = $1^1/_2$ bis 1 Procent herab, so wird der Höhenunterschied unter denselben nur 5 Zoll = 0,1308 Meter groß gemacht.

Die mit dem Nivellir-Instrument gesuchten Horizontalen werden beim Abstecken alle 2 bis 4 Ruthen = 7 bis 15 Meter mit Pfählen bezeichnet, und zwar werden, um die zu einer und derselben Horizontale gehörigen

Punkte nicht mit denen einer anderen Linie zu verwechseln, die zur ersten, dritten, fünften, siebenten u. s. w. Linie gehörigen senkrecht, die zur zweiten, vierten, sechsten u. s. w. gehörigen schräg eingeschlagen.

Durch diese Horizontalen gewinnt man nicht nur die klarste und deutlichste Uebersicht über die verschiedenen Höhenverhältnisse des Terrains, sondern man ist auch sofort im Stande, die zu wählende Bauart für jede Quadratruthe zu bestimmen. Die nächste Arbeit ist nämlich die Auswahl derjenigen von diesen Linien, welche Wässergräben werden sollen. Die dazu bestimmten werden dann noch spezieller möglichst nahe der Pfahllinie so ausgesteckt, daß sie eine hübsche und geschmackvolle Form erhalten, §. 27 d. Wo aber zwei oder mehrere Pfahlreihen der Horizontalen zu nahe aneinander gekommen sind, da werden diejenigen kassirt, welche am wenigsten passend liegen. Nach dem Gefälle des Terrains zwischen den Wässergräben und nach der Entfernung der letzteren von einander wird dann die für jede Schicht sich passende Einrichtung und die Lage der Wässer- und Entwässerungsrinnen für die Hänge oder Rücken nach den in den §§. 35, 36, 40 bis incl. 43 gegebenen Regeln bestimmt.

Aus der Beschaffenheit des Bodens und aus dem Gefälle ergiebt sich ferner die Nothwendigkeit der minder oder mehr ins Auge zu fassenden Entwässerung, und damit die Entscheidung darüber, ob und welche Wässergräben behufs der Fortschaffung des Grundwassers breiter und tiefer zu machen, oder ob noch besondere Entwässerungsgräben und wo diese anzulegen sind.

Aus der Lage der Wässergräben zu einander folgt ferner die Lage der Zubringer, welche ihnen frisches Wasser zuführen sollen, und der Entwässerungsgräben, durch welche nach der Beendigung der Wässerung das Wasser abgelassen werden muß, und daraus wieder die Lage der kleinen Schleusen zum Aufstauen des Wassers in den Wässergräben zur Regulirung des Zuflusses nnd zur Entwässerung nach beendigter Rieselung, und die Lage der Heuwege.

Endlich entscheidet die Größe der einzelnen Schichten und die Art der Zuleitung über die Breite der Wässergräben. Somit entwickelt sich der der ganze Plan bis in die kleinsten Details hinein aus der Lage der Horizontalen. Er paßt sich deshalb auch der Form des Terrains immer am genauesten an, und macht, da sich Auf- und Abtrag nicht allein auf das geringste Maaß reduziren, sondern auch in jeder Schicht selbst, also in nächster Nähe ausgleichen, die möglichst geringsten Erdbewegungen nothwendig.

Schließlich muß noch auf eines aufmerksam gemacht werden. Es hat oft seine Schwierigkeit, das benutzte Wasser ohne Schaden wieder in das ursprüngliche Flußbette zurückzuführen. Sie nimmt mit der Höhe der Ufer zu. Da ist denn früher der Rath gegeben worden, diese Ufer zu Hängen abzuplaniren, und dann das Wasser rieselnd über dieselben zurückzuleiten. Das erscheint im ersten Augenblick ganz zweckmäßig und in der Ausführung leicht zu machen. Dennoch ist es nicht zu empfehlen, denn, wird der Hang auch so abplanirt, daß er unter dem mittleren Wasserstande des Flusses ausläuft, das Wasser also auf glatter berasster Fläche bis in diesen hineingelangt, so hilft das doch nicht viel. Unter dem mittleren Stande hält sich die schützende Rasennarbe nicht, und vergeht. Wird nun das Wasser aus dem Flusse zum Rieseln abgeleitet, so fällt der Wasserstand darin unterhalb dieser Ableitung in geringerem oder größeren Maaße. Der untere, früher inundirte Theil des Hanges wird frei, und nun zuerst der hier lose liegende Schlamm von dem, auf diesem letzten Hange sich wieder konzentrirenden, und deshalb sehr stark überrieselnden Wasser fortgewaschen, dadurch ein Absatz gebildet, über welchen das Wasser senkrecht und in Strömen hinunterfällt. Auf diese Weise wird ein stetes Abbrechen des Ufers eingeleitet, so daß der Fluß immer breiter und breiter wird, bis endlich der Hang nach und nach vollständig verschwunden ist. Dasselbe gilt von den Entwässerungsrinnen der Rücken, welche direkt in den Fluß auslaufen.

Es ist deshalb besser, das abgerieselte Wasser in Gräben vor solchen Ufern aufzufangen, und es dann aus diesen an einzelnen Stellen in das Flußbett zurückzuführen. Auch hier tritt dieselbe Gefahr des Abbruches der Ufer zwar ein, allein sie wird auf einzelne Punkte beschränkt, deren Deckung und Sicherung durchgeführt werden kann. Wie diese Deckung auszuführen, hängt vorzugsweise von der Höhe der Ufer ab. Gewöhnlich wird das Einsetzen von Mönchen das Hochhalten des Wassers während der Wässerzeit, und das genügende Ablassen des Füllwassers, wenn nicht gerieselt wird, am leichtesten möglich machen.

Der Raum zwischen dem Flußufer und Parallelgraben wird sich in der Regel zum Heuwege einrichten lassen.

Es ist nicht wohl möglich, für jeden einzelnen Fall noch speziellere Regeln zu geben, es muß vielmehr das Anpassen der gegebenen für die verschiedenen örtlichen Verhältnisse der Erfahrung, dem Ueberblick, Scharfsinn und Geschmack des Technikers überlassen bleiben. Eine Zusammenstellung der in den vorigen Paragraphen an verschiedenen Stellen aufgestellten und besonders zu berücksichtigenden Gesichtspunkte und Regeln und der Bedingungen, von deren Erfüllung das Gelingen des Werkes abhängt, mag hier nicht am unrechten Orte sein. Also

1) Ceterum censeo, es muß über die genügende Wasserquantität zu jeder Zeit zu verfügen sein.
2) Der Boden muß so trocken gelegt werden, als möglich.
3) Das ganze Graben- und Grippensystem muß so eingerichtet sein, daß dadurch jedem einzelnen Wiesenstücke der ihm zukommende Antheil von Wasser zugeführt werden kann.
4) Die überrieselten Flächen müssen die der Qualität des Wassers entsprechende Breite erhalten.
5) Sie müssen eben und geneigt sein, damit das Wasser überall gleichmäßig darüber fortfließe und nirgends stehen bleibe.
6) Das einmal benutzte Wasser darf, nachdem es eine, wenn auch nur sehr kurze Strecke in einer Rinne oder einem Graben geflossen, zum Rieseln einer niedriger liegenden Fläche wieder benutzt werden, doch darf dabei kein Theil der Wiesen durch Rückstau überschwemmt werden.
7) Den sämmtlichen Gräben muß frisches Wasser gegeben, und das Füllwasser derselben abgelassen werden können.
8) Die Größe der Schichten ist dem Zufluß des Wassers entsprechend einzurichten. Größere Schichten von vielen Morgen (oder mehreren Hektaren) sind, wenn auch zu ihrer gleichzeitigen Bewässerung hinreichendes Wasser vorhanden ist, in mehrere kleine zu theilen, welche unabhängig von einander einzurichten sind. Sie sind dann leichter zu behandeln, und zu erhalten, und können auch dem Bedürfniß entsprechend leichter stark oder schwach gerieselt werden.
9) Die Zahl der Abtheilungen neben einander, welche abwechselnd auf das Wasser angewiesen sind, muß der Qualität desselben und der Jahreswärme entsprechen.
10) Endlich ist darauf zu sehen, daß die Werbung und Abfuhre des Heues durch die Lage der Gräben und namentlich durch die Lage der, gleichzeitig als Brücken benutzbaren Kastenschleusen auf alle Weise erleichtert werde. Bei größeren Anlagen müssen eigene Heuwege liegen bleiben, damit nicht alles Heu abgetragen zu werden braucht. Geeignet liegende Hänge können, wenn sie nicht viel Gefälle haben, häufig statt der Heuwege dienen.
11) Daß es das Bestreben des Technikers sein muß, allen diesen verschiedenen Anforderungen mit dem möglichst geringsten Kostenaufwande zu genügen, bedarf wohl kaum noch der Erwähnung.

Schließlich mag hier an einem Beispiele noch die Anwendung dieser

Andeutungen nachgewiesen werden. Taf. VII. ist eine zusammenhängende Einrichtung einer etwas größeren Fläche gezeichnet. Das Wasser ist weiter oberhalb aus dem Flusse abgeleitet, und wird durch den Hauptzuleitungsgraben AB den Wiesen zugeführt. Bei A liegt derselbe schon $3^1/_2$ Fuß (1,0983 Meter) höher, als der Wasserspiegel des Flusses, welcher auf der gezeichneten Strecke noch 3 Fuß (0,9414 Meter) Gefälle hat. Das Totalgefälle von oben herunter ist also $6^1/_2$ Fuß (2,0397 Meter). Dasselbe ist indeß hier höchst ungleichmäßig vertheilt. Das stärkste liegt vornan am Hauptzuleitungsgraben. Bei C ist eine kleine Höhe, welche aber vom Hauptzuleitungsgraben aus zu erreichen ist. Weiter unterhalb wird das Gefälle allmählich schwächer, bis es ganz unten in der Nähe des Flusses auf eine Ruthe etwa noch $^1/_3$ Zoll (0,002 Procent) beträgt. Aus den beiden Profilen geht dasselbe genauer und deutlicher hervor.

Es sind zunächst die horizontalen Wässergräben abgesteckt, und zwar zuerst cd, hineinpassend in eine scharfe Biegung des Terrains, so daß oberhalb 2 Hänge, unterhalb noch eine Schicht Rücken angeordnet werden konnten, demnächst ef, den Berg C einfassend, welcher zu einer Rückenschicht eingerichtet ist. Dieser Graben liegt 10 Zoll (0,2615 Meter) unter dem Wasserspiegel des Hauptzuleitungsgrabens. Von f bis g fällt das Terrain sichtlich so sehr, daß mit dem Maaßstock die Breite des Hanges überall gleich groß abgemessen, und dadurch die Lage von fg bestimmt werden konnte. Die Horizontale hni liegt 9 Zoll (0,2354 Meter) niedriger, als die vorige. Die Entfernung von g beträgt 8 Ruthen (30,1248 Meter). Die Schicht mußte also in der gezeichneten Weise zu Rücken eingerichtet werden. Von n bis i geht die Horizontale dem Hauptzuleitungsgraben parallel, und so weit davon entfernt, daß 2 Hänge angelegt sind. Die Verlängerung über h fort war, da sie ef zunahe kam, zu kassiren. Die dritte Horizontale klm liegt wieder 9 Zoll (0,2354 Meter) niedriger, als hni, und ist von hi nur 4 bis 5 Ruthen (15 bis 18,8 Meter) entfernt. Dieser Wässergraben hn konnte also die Rücken direkt speisen. Er ist auf das Abwasser der vorigen Schicht angewiesen.

Von dem Graben klm ab wird das Gefälle noch geringer. Die nächste Horizontale pq ist etwa 18 Ruthen (67,78 Meter) davon entfernt, und liegt 10 Zoll (0,2615 Meter) niedriger. Die zu klm gehörige Schicht mußte daher in der gezeichneten Weise zu Rücken eingerichtet werden. Außer dem Abwasser der vorigen Schicht fließt ihr das Abwasser der zu cd gehörigen zu. Beides genügt aber nicht, da die Schicht klm größer ist, als die darüber liegenden zusammen genommen. Es muß daher das fehlende durch einen kleinen Zubringer von oben herunter, aus dem Hauptzuleitungsgraben zugegeben.

werden. Die Strecke qr war aber lm so nahe, daß die Rücken unmittelbar daraus mit Wasser versehen werden konnten. Mit dem Wässergraben klm korrespondirt in der Höhe der Wässergraben oo. Er liegt so weit vom Hauptzuleitungsgraben entfernt, daß 3 Hänge eingerichtet werden konnten. Dagegen hat die Schicht unter oo bis rr nur 10 Zoll (0,2615 Meter) Gefälle bei 5 Ruthen (18,828 Meter) Entfernung der Gräben. Es mußten deshalb Rücken hier Platz finden, welche aus oo direkt gespeist werden.

Mit der Höhe des Grabens pqrr korrespondirt die Höhe von ss. Die Entfernung des letzteren vom Hauptzuleitungsgraben ist aber so groß, daß 4 Hänge hätten eingerichtet werden müssen. Da ist es vorgezogen, noch einen kleinen Wässergraben xx dazwischen zu legen, und zweimal 2 Hänge einzurichten.

Der Wässergraben pqrr konzentrirt nun alles bis dahin abgerieselte Wasser. Da das Gefälle unterhalb noch schwächer wird, pro Ruthe 1/3 Zoll (0,002 Procent), so ist hier die schon früher §. 42, Nr. 4, beschriebene und Taf. V. Fig. 1. gezeichnete Einrichtung getroffen worden. Um den Uebergang aus dem vorigen in diesen Bau zu vermitteln, mußte tu 6 1/2 Zoll (0,17 Meter) niedriger gelegt werden, als pq; weil bei diesem Gefälle schon etwas Auftrag am Wässergraben tu nöthig wurde. Von da ab sind aber die folgenden Horizontalen nur 5 Zoll (0,1308 Meter) unter einander gelegt. Der Wässergraben vw kommt also 1 Fuß 5 Zoll (0,4446 Meter) niedriger, als pq und dessen Fortsetzung ss. Es konnte also zwischen ss und dem Entwässerungsgraben yy noch eine Schicht Rücken eingeschoben werden. Am Bache herum ist ein Damm geführt, welcher aber nur gerade so hoch zu halten ist, daß er das Wasser für die Rieselung hält, damit nicht das überlaufende Fluthwasser hoch hinabstürzend in den Wiesen Schaden thun kann.

Somit ist die spezielle Planlage nach den verschiedenen Höhen entworfen. Es bleibt dabei nur noch auf eine bequeme Werbung zu rücksichtigen. Namentlich sind zur Abfuhre des Heues Heuwege angelegt, welche sich theils an die Hänge am Hauptzuleitungs- und einigen Wässergräben, theils an die Dämme zwischen den Be- und Entwässerungsgräben anschließen.

Nach Feststellung der Lage der Gräben, müssen nun deren Breiten und Tiefen bestimmt werden. Es gelten dabei die in den §§. 25 bis incl. 28 gegebenen Regeln. Sie sind im Plane eingeschrieben.

Endlich sind noch die Gräben und Schleusen anzuordnen, welche die Kommunikation des frischen Wassers aus dem Hauptzuleitungsgraben nach den entfernteren Wässergräben und die Entfernung des Füllwassers aus denselben vermitteln. Die dazu einzulegenden Kastenschleusen sind im

Plane Taf. VII. mit zzz bezeichnet. Die Größe der Kastenschleusen richtet sich nach der Quantität des durchzulassenden Wassers, und sind zur bequemeren Uebersicht und Bestimmung derselben die hinten stehenden Tabellen berechnet, es ist aber dabei nicht das normale Quantum zu Grunde zu legen, sondern besser, sie für ein größeres einzurichten, damit in Zeiten reichlicheren Zuflusses durch stärkere Wässerung der in größerer Menge zugeführte Dünger mehr ausgenutzt werden kann.

Ueberhaupt dürfte aus diesem beispielsweise beigefügten Plane die ganze Einrichtung hinreichend deutlich hervorgehen. Der Wiesenbauer, welcher die Ausführung zu überwachen hat, muß einen solchen bekommen, um danach zu arbeiten. Diese Leute wissen sich, wenn sie erst darauf eingeübt sind, ohne alle weitere Instruktion sehr gut daraus zu vernehmen.

Schließlich mag noch die Bemerkung hier Platz finden, daß der am Rande herum quellige und nasse Boden eine Tiefe von 3 Fuß = 1 Meter in denjenigen Wässergräben, bei welchen diese Tiefe beigeschrieben, nöthig machte. All das Wasser, welches auf die Wiese hinaufkommt, muß vorwärts arbeiten bis an das Ende derselben, und geht erst vor der unteren Grenze in das ursprüngliche Flußbett zurück.

Werden bei einer solchen Anlage nur die Gräben und Rinnen gemacht, der Boden aber nicht umgebaut, so ist das eine natürlich regelmäßige Wässerung. Es leuchtet ein, daß dabei, wenn die Fläche von Natur nicht ganz eben ist, ein gleichmäßiges Ueberrieseln nicht überall stattfinden kann. Nur da, wo so viel Gefälle vorhanden ist, daß Hänge gebaut werden können, ist es manchmal möglich, dies durch richtige Lage der Rieselrinnen in derselben Vollkommenheit zu erzielen. Bei diesem natürlich regelmäßigen Bau beschränken sich die Arbeiten daher auf das Ausheben der erforderlichen Gräben und Rinnen, und auf die zweckmäßige Benutzung und Vertheilung des daraus gewonnenen Bodens. Eine jede andere Erdbewegung fällt fort. Dadurch wird aber der Bau auch bedeutend weniger kostspielig, und kann aus diesem Grunde unter gewissen Verhältnissen vor jenem den Vorzug verdienen. Auf kleineren Flächen wird er sehr häufig da Anwendung finden können, wo es sich um die Anwendung und Ausnutzung der Abgangswasser aus Zuckersiedereien, Stärkefabriken und anderer sehr düngerreicher Gewässer handelt.

Zuweilen können allerdings Umstände eintreten, und Verhältnisse vorkommen, welche Abweichungen von diesen Regeln nicht blos rechtfertigen, sondern sogar nöthig machen. Der umsichtige und erfahrene Techniker wird solche zu würdigen wissen. Der Ertrag solcher Wiesen wird zwar nie die

Höhe erreichen, welche bei vollständiger Erfüllung aller der vorher auseinandergesetzten Bedingungen zu erwarten sind, allein das ist auch nicht jedesmal die Aufgabe. Dieselbe bleibt vielmehr die, die vorhandenen und darum gegebenen Verhältnisse möglichst auszunutzen, und die darauf verwendete Mühe und Kosten möglichst hoch zu verzinsen. Darum wird bei Prüfung dieser Verhältnisse, welche Abweichungen von den gegebenen Regeln nöthig machen, die Frage zu beantworten sein: sind die Vortheile, welche trotzdem zu erreichen sind, noch groß genug, die Nachtheile, welche die Vernachlässigung derselben oder die Unmöglichkeit, sie zu erfüllen, zur Folge haben, bedeutend zu überwiegen? Kann diese Frage entschieden bejaht werden, so sind die Ausnahmen von jenen Regeln gewiß gerechtfertigt.

Schließlich mag nun auch noch an ein Paar Beispielen die einfache Einrichtung einer drainirten Wässerwiese näher erläutert werden. Der Plan zu der einen ist auf Taf. VIII. Fig. 1. gezeichnet.

Die Anlage selbst ist wirklich ausgeführt. Auf der einen Seite wird die Wiese durch einen kleinen Fluß begrenzt, von dem ein Mühlengraben abgezweigt ist, welcher auf der andern Seite längs der Wiese herläuft. Beide Wasserläufe, welche sich oberhalb derselben trennen, sind unterhalb durch Mühlen so angespannt, daß bei jedem Ansteigen des Flusses das Wasser in die Wiese hineinlaufen, und, da diese auf den beiden anderen Seiten von sandigen Höhen abgeschlossen war, darin versauern mußte. Die Folge davon war Versumpfung, zeitweise Unzugänglichkeit und ganz schlechter Ertrag von 3 bis 6 Ctr. Heu pr. Morgen oder 600 bis 900 Kilogr. pr. Hektare. Das Gras bestand fast ausschließlich aus Carex acuta und caespitosa, zwischen dem Comarum palustre und dergleichen Pflanzen und überall üppiges Moos wuchs. Nur nach dem Fluß und Grabenrande hin kamen etwas bessere Gräser vor. Das Wasser des Flusses ist, wie die Ufer und die auf einem benachbarten Gute schon längere Zeit bestehenden Rieselwiesen beweisen, sehr gut. Der Boden der Wiesen besteht aus leichtem torfigen Humus. Das Totalgefälle der im ganzen 160 Morgen = 40,8516 Hektare großen Fläche beträgt nur 8 Zoll = 0,2092 Meter, d. h. die Oberfläche liegt fast ganz horizontal, und steigt nur nach dem Flusse zu unbedeutend an.

Hätte diese Wiese nach alter Weise gebaut werden sollen, so würde dabei nur eine einmalige Benutzung des Wassers möglich gewesen sein. Nach den früheren Entwickelungen würden also, wenn die Rücken auch der guten Qualität des Wassers halber 3 Ruthen = 11,2968 Meter Breite erhalten hätten, in 3 Abtheilungen nebeneinander, doch 36 Cubikfuß Wasser Zufluß pro Sekunde = 1,1135 Cubik-Meter zu ihrer Berieselung gehört haben. So viel Wasser schüttet aber der Fluß bei mittlerem Wasser gar nicht. Es hätte mithin ein Theil der Wiese unbewässert bleiben und auf andere Weise kultivirt werden müssen. Ueberdies wollte und konnte unter den gegebenen Verhältnissen der Pächter, welcher die Melioration aus eigenem Geldbeutel und ohne Aussicht auf Ersatz hat machen lassen, die hohen Kosten dazu nicht hergeben. Es mußte also eine theils wassersparende, theils weniger kostspielige Wässerungsmethode angewendet werden. Eine solche giebt es rationell nur in der Wässerung drainirter Wiesen. Es traten aber dem Schwierigkeiten nach zwei Richtungen entgegen, nämlich erstens die nöthige Vorfluth, und zweitens, das erforderliche Gefälle für die Drains zu gewinnen.

Vorfluth wurde dadurch geschafft, daß ein entsprechend tiefer Graben von der Schleuse II aus durch die vorliegenden Höhen hindurch geführt wurde, welcher das Unterwasser der Mühlen erreicht. Es wurde dadurch das ganze nutzbare Gefälle derselben gewonnen und möglich, dem die Wiesen durchschneidenden Graben QRTP eine wasserfreie Tiefe von 5 Fuß zu geben. In diesen wurden ferner die offenen Gräben RS, TU, MNOP und YZ von gleicher Tiefe hineingeleitet, und dadurch für alle Wiesentheile vollständig genügende Vorfluth gewonnen.

Es kam nun also nur noch darauf an, die Drainirung so anzuordnen, daß auch die Drains das nöthige Gefälle erhielten. Da die Oberfläche der Wiese beinahe ganz horizontal liegt, so konnte dasselbe nur ein künstliches werden. Die Draingräben mußten dazu eine verschiedene, dem entsprechende Tiefe erhalten. Nimmt man nun an,

1) daß die Saugdrains mindestens 3 bis 4 Fuß Gefälle auf 100 Ruthen oder 0,25 bis 0,33 Procent haben müssen, so weit dazu $1^1/_4$zöllige oder 0,03 Meter weite Röhren verwendet werden sollen,
2) daß das Gefälle der Sammeldrains bei Anwendung weiterer Röhren ein dem entsprechend geringeres sein darf,
3) daß die Tiefe der Saugdrains mindestens 3 Fuß = 0,9414 Meter groß werden muß,
4) daß wegen der Durchlässigkeit des Humusbodens und der Benutzung des Grundstücks zur Wiese für jeden Fuß Tiefe eine Entfernung der Stränge von $1^1/_2$ bis 2 Ruthen, oder für 1 Meter Tiefe von 18 bis 24 Meter gerechtfertigt ist,

so wird man in diesen Rücksichten die Motive für die gezeichnete Einrichtung der Drainirung erkennen.

Da die Oberfläche der Wiese fast horizontal liegt, so ist von einem stärksten Gefälle des Terrains gar keine Rede, die Stränge konnten eine ganz willkürliche Lage bekommen. Nun sollen die Saugdrains 3 Fuß auf 100 Ruthen d. h. 0,025 Procent als Minimalgefälle haben. Bei diesem Gefälle ist die zulässige größte Länge für 1zöllige (0,0262 Meter weite) Röhrenstränge bei 6 Ruthen (22,59 Meter) Entfernung von einander 16 Ruthen = 60,25 Meter. Sie durften nicht länger projektirt werden, wenn auch anstatt der 1zölligen (0,0262 Meter weiten) $1^1/_4$zöllige (0,03 Meter weite) Röhren angewendet wurden, weil bei der hohen Lage der die Wiese auf zwei Seiten begrenzenden Wasserläufe und der ganzen Natur des Terrains auf einen nicht unbedeutenden Zufluß von Grundwasser, welches sich auch in den Vorfluthgräben offen zeigte, zu rechnen war. Zu 16 Ruthen oder 60,25 Meter Länge gehören bei der verlangten Größe des Gefälles 6 Zoll = 0,1569 Meter. Diese waren nur dadurch zu schaffen, daß die Draingräben an dem einen Ende um so viel tiefer gemacht wurden, als an dem andern. Wurde also am todten Ende 3 Fuß oder 0,94 Meter als Minimum der Tiefe angenommen, so mußten sie am anderen $3^1/_2$ Fuß = 1,1 Meter tief gemacht werden.

Die Porosität des Bodens gestattete aber für jeden Fuß Tiefe eine Entfernung von 2 Ruthen oder für jeden Meter Tiefe 24 Meter. Bei 3 Fuß = 0,94 Meter Tiefe konnten daher die Stränge 6 Ruthen = 22,6 Meter von einander entfernt angenommen werden. In dieser Weise sind sie auch angelegt, und die früher durchbrüchigen Wiesen dadurch überall fahrbar geworden.

Die ganze Fläche mußte nun der Länge der Saugdrains entsprechend in Tafeln von 18 bis 19 Ruthen oder 67,78 bis 71,54 Meter Breite eintheilt werden. Es fragte sich demnächst, wie lang diese Tafeln zu machen? Hierbei war wieder zu erwägen, in welcher Weise das nothwendige Gefälle für die Sammeldrains zu gewinnen. Gegeben war dazu die Tiefe der Saugdrains an ihrem unteren Ende mit $3^1/_2$ Fuß = 1,1 Meter, und die des offenen Vorfluthgrabens von 5 Fuß = 1,569 Meter. Es konnten mithin dem Sammeldrain $1^1/_2$ Fuß = 0,4707 Meter Gefälle gegeben werden. Es entstand aber andererseits die Frage, ob es zweckmäßig sei, dasselbe in dieser Ausdehnung vollständig auszunutzen. Will man die Saugdrains auf die beste Weise mit den Sammeldrains verbinden, d. h. von oben in dieselben einmünden lassen, so müssen diese etwas tiefer gelegt werden, als jene. Nimmt man ferner darauf Rücksicht, daß das zu erwartende, aus den Drains beständig ausfließende Grundwasser bei dem geringen Gefälle der offenen Gräben in denselben ein verhältnißmäßig großes Profil gebraucht, so wird man zu dem Schlusse kommen, es sei besser, das vorhandene Gefälle für die

Sammeldrains nicht ganz auszunutzen, sondern sie am Ausfluß $^1/_2$ Fuß = 0,1569 Meter weniger, also nur $4^1/_2$ Fuß = 1,4121 Meter tief zu machen. Es bleibt dann für dieselben ein Gefälle von 1 Fuß = 0,3138 Meter übrig. Damit korrespondirt eine Länge derselben von 40 Ruthen oder 150,624 Meter. Damit paßt auch die Entfernung der offenen Gräben.

Es konnten mithin 6 Saugdrains in einem Sammeldrain, welcher in einen der offenen Gräben mündete, vereinigt werden. Die 18 Ruthen (67,78 Meter) breiten Tafeln konnten mithin eine Länge von 40 Ruthen (150,624 Meter) erhalten. Der Flächeninhalt einer jeden derselben betrug mithin 4 Morgen, nahezu 1 Hektare. Die Drains einer solchen Fläche müssen zur Abführung der atmosphärischen Niederschläge, und zwar von 0,025 Cubikfuß = 0,0007725 Cubik-Meter Wasser pro Sekunde eingerichtet werden. Rechnet man hier noch für den beständigen Zufluß von Grundwasser die Hälfte hinzu, so werden von jeder einzelnen Tafel 0,0372 Cubikfuß oder 0,0011587 Cubik-Meter Wasser abfließen. Auf 40 Ruthen (150,624 Meter) 1 Fuß (0,3138 Meter) giebt auf 100 Ruthen $2^1/_2$ Fuß Gefälle oder 0,21 Procent für die Sammeldrains. Dabei geben 2zöllige = 0,55 Meter weite Röhren 0,014 Cubikfuß = 0,0004326 Cubik-Meter, 3zöllige = 0,08 Meter weite 0,039 Cubikfuß = 0,001323 Cubik-Meter. Der dritte, obere Theil der Sammeldrains mußte also 2zöllige = 0,055 Meter, der übrige untere Theil 3zöllige = 0,08 Meter weite Röhren erhalten.

Mit Berücksichtigung dieser maßgebenden Momente machte sich die Eintheilung in der auf Taf. VIII. gezeichneten Weise am besten, eigentlich von selbst. Zum Verständniß des Planes sei noch bemerkt, daß darauf die Saugdrains durch rothe einfache, die Sammeldrains durch doppelte rothe Linien bezeichnet sind. Die Tiefen und Entfernungen sind mit schwarzen Ziffern eingeschrieben und die Weite der Sammeldrainröhren für 2zöllige mit ✗ und für 3zöllige mit ✗✗ angedeutet sind.

Da bei der horizontalen und ebenen Oberfläche der Wiese die Wässergräben nach Belieben gelegt werden können, so schließen sich die Einrichtungen zur Wässerung genau dem Drainplane an. Durch den Hauptzuleitungsgraben AB wird der Wiese das Wasser zugeführt, und dieser Zufluß durch die Schleuse I regulirt, event., wenn nicht gerieselt wird, ganz abgesperrt. Von den, die Fortsetzung desselben bildenden Zubringern BG, BEC, CD, EF, HI und KL wird das Wasser an die kleinen Wässergräben aa aa und bb bb abgegeben, und denselben durch die Staubretter xxxx so zugemessen, daß jeder Morgen bei mittlerem Zufluß 0,1 Cubikfuß Wasser, jede Hektare also 0,012 Cubik-Meter bekommt.

Von den Wässergräben aaa und bbb, welche auf der oberen Seite etwas beufert sind, vertheilt sich das Wasser über die Fläche.

Die Breite der Zubringer und Wässergräben ist im Plane gleichfalls mit schwarzen Ziffern eingeschrieben. Sie sind zur besseren Unterscheidung von den Drains und den Entwässerungsgräben blau gezeichnet.

Die Drains bleiben während der Wässerung in Thätigkeit. Da aber die 3zölligen = 0,08 Meter weiten Röhren bei einer Druckhöhe von $4^1/_2$ Fuß = 1,4121 Meter über der Ausflußöffnung in 1 Sekunde 0,7 Cubikfuß = 0,0225 Cubik-Meter Wasser auszugeben vermögen, so mußte deren Thätigkeit noch ermäßigt werden können. Wenn viel Wasser vorhanden ist und ein großer Theil der Wiesen gleichzeitig berieselt wird, so macht sich das dadurch von selbst, daß das aus den vielen Drains stark ausfließende Wasser in dem Vorfluthgraben ein größeres Profil verlangt, und dieses nur dadurch erreicht, daß es darin höher ansteigt, und damit das Gefälle der Drains vermindert. Für geringen Wasserzufluß mußte aber noch auf andere Weise dafür gesorgt werden. Dies ist durch die Anlage der Schleuse II geschehen. Durch Einsetzen von Schützbrettern darin läßt sich das Wasser in dem Entwässerungsgraben zu jeder beliebigen und durch das Bedürfniß gebotenen Höhe anstauen.

Diese Schleuse verbindet durch ihre Lage mit jener Anstauung auch noch den Vortheil, daß sie verhindert, daß bei Fluthen das aus dem Fluß und Mühlenbach austretende und die Wiesen überschwemmende Fluthwasser in den Vorfluthgraben stürzen und denselben ausreißen kann. Um hierüber auch von der anderen Seite mehr Herr zu werden, und den Austritt des Fluthwassers zur Unzeit zu verhindern, ist der Hauptzuleitungsgraben BEC mit einem kleinen Damm versehen, zu welchem das Material aus dem Parallelgraben VW genommen ist. Der letztere vereinigt mit der Hergabe des Bodens in nächster Nähe noch den Vortheil, daß er die nicht bewässerten Wiesen zwischen dem Hauptzuleitungsgraben und dem Flusse entwässert, und vor dem Rückstau aus ersterem schützt.

Die zweite auf Taf. IX. gezeichnete Anlage ist auf einem dem vorigen benachbarten Gute an demselben Flusse ausgeführt, zu deren Bewässerung aber das Freiwasser der im Dorfe belegenen herrschaftlichen Mühle benutzt. Schon vor mehreren Jahren waren von mir dort 200 Morgen rationell gebaute Rieselwiesen eingerichtet worden, soweit sich nämlich das Wasser des Flusses hinaufbringen ließ, ohne der Mühle durch Rückstau in die Räder Nachtheil zu bringen. Der große Nutzen der Bewässerung (die Wiesen trugen in den letzten Jahren durchschnittlich 660 Fuder Heu) ließ dem

Besitzer eine weitere Ausdehnung der Anlagen wünschenswerth erscheinen. Dazu sollte nun das Freiwasser der Mühle gebraucht werden, welches bis dahin bei derselben ungenutzt vorbeigelassen werden mußte. Es leuchtet ein, daß dabei das ganze Gefälle der Mühle gewonnen und die Ableitung des Wassers auf eine höher gelegene Fläche oberhalb der alten Rieselwiesen möglich wurde. Somit sind bis jetzt noch 72 Morgen = 18,3832 Hektaren eingerichtet.

Da indessen hier einerseits auf einen beständigen Wasserzufluß nicht zu rechnen, und es mindestens zweifelhaft ist, ob die Wiesen mit dem allerdings sehr guten Wasser, welches für sie verwendbar wird, vollständig fett gewässert werden können, andererseits aber der Ertrag der jetzt zum Theil fast werthlosen Flächen voraussichtlich nicht unbedeutend besser werden wird, so mußte zuerst daran gedacht werden, welche Kosten sind zu dieser Melioration anzulegen, und auf welche Weise müssen demgemäß die Wiesen eingerichtet werden?

Zur Beantwortung dieser Fragen mußte das berieselungsfähige Terrain vorher näher in's Auge gefaßt werden. Es wurde daher zuerst die Linie des Hauptzuleitungsgrabens gesucht und festgestellt, um zu wissen, wie weit die Berieselung möglicherweise ausgedehnt werden könne. Dieselbe ging auf der ersten Strecke dem alten Flusse so nahe, daß es nicht nur nicht lohnte, den schmalen Streifen zu berücksichtigen, sondern daß eine Bewässerung desselben des zu starken Gefälles wegen geradezu gefährlich geworden wäre. Erst da, wo das Terrain etwas breiter wurde, Punkt A auf Taf. IX., konnte mit der Einrichtung begonnen werden. Hier ging der Graben ziemlich hoch auf dem nach den Wiesen zu stark abfallenden Acker hin, so daß bis zu diesen eine Breite von 6 bis 12 Ruthen = 22,5936 bis 45,1872 Meter mit leichter Mühe zu Hängen eingerichtet werden konnte. Da das Gefälle dazu mehr, als genügend vorhanden, und die früher geackerte Ackerfläche ziemlich glatt war, wurde es nur nöthig, die Wässerrinnen nach den Horizontalen des Terrains zu legen. Der natürlich regelmäßige Bau wurde zum rationellen. In dieser Weise ist dieser Theil der Anlage, CC, gemacht.

Zwischen dem Acker und dem Flusse lag nun eine alte Wiesenfläche von ungefähr 27 bis 30 Morgen oder 6,8482 bis 7,6597 Hektaren. Der vordere Theil derselben B hatte angeschwemmten humosen Sandboden, der in Folge der bei Fluthen wiederkehrenden Ueberschwemmungen in der Nähe der Ufer etwas erhöht war, zwischen diesem und dem Lande aber eine flache Niederung bildete. Der Länge nach hatte dieselbe einiges Gefälle, aber auch tiefere und höhere Stellen.

Weiterhin wurde die Wiese bei D breiter, und in der Oberfläche glatter. Allerdings bildete dieselbe hier keine Ebene, sondern hatte auch ein Paar flache Erhöhungen a und b, es hatten dieselben aber doch eine solche Form und Ausdehnung, daß sie beim Drainiren auf die Richtung der Stränge von entscheidendem Einfluß, beim Rieseln aber angenehm waren. Diese Erhöhungen hatten mehr sandigen, die tieferen Partien dagegen einen ähnlichen Humusboden, wie die oben beschriebenen Wiesen des Nachbargutes. Auch hier waren die letzteren, namentlich in der Nähe des Ackerrandes sehr versumpft, augenscheinlich eine Folge des dort vorhandenen Grundwassers. Das Gefälle war im ganzen kein großes. Hätte die Wiesenfläche zu Rücken gearbeitet werden sollen, so würde das Wasser nur ein- oder zweimal zu benutzen, dazu aber eine größere Quantität nothwendig gewesen sein, als zu Gebote stand. Da hier zu Zeiten das Wasser fehlen wird, so muß schon bei der Anlage an die Möglichkeit gedacht werden, daß in solcher Noth die Mühle einmal etwas abgeben muß. Das Wasser hat dann aber schon einen gewissen Werth, und dieser Preis verbietet jede Art von Verschwendung desselben.

Es kam also auch hier darauf an, die Wiese so einzurichten, daß die geringere Quantität von Wasser durch höhere Ausnutzung womöglich einen eben solchen Ertrag zu schaffen vermochte, als die größere in den alten Rieselwiesen. Das war aber hier nur möglich, wenn die Wiese zur drainirten Wässerwiese eingerichtet werden konnte.

Da sah es aber sehr schlimm aus mit der Vorfluth. Der Fluß, welcher die Wiese auf der niederen Seite begrenzt, liegt bei mittlerem Stande wohl $1^1/_2$ bis 2 Fuß = 0,4707 bis 0,6276 Meter unter dem Ufer, der Wasserspiegel desselben wird aber bedeutend gehoben, wenn unterhalb die alten Wiesen gerieselt, und dazu die Schleuse im Flusse geschützt wird. An eine Abwässerung der Drains in den Fluß war daher gar nicht zu denken. Eben so wenig konnte man auf der Seite der Wiesen mit dem Sammeldrain längs demselben hinabgehen, um unterhalb der Rieselschleuse zu münden. Einestheils kamen auf dieser Strecke einige steile und hohe Ufer dazwischen, anderntheils war dieser Punkt einige 100 Ruthen entfernt*), drittens lag der Hauptzuleitungsgraben der alten Wiesen dazwischen, und viertens würde der großen Entfernung halber im Sammeldrain zu viel Gefälle verloren gegangen sein. Und doch war eine Ableitung des Drainwassers nach dem

*) Die Entfernung ist viel größer, als auf dem Plane gezeichnet. Die Schleuse und der alte Hauptzuleitungsgraben sind überhaupt nur angedeutet, um ein Bild zu geben, wie die Verhältnisse dort liegen.

Unterwasser der Schleuse der einzig mögliche Ausgang. Es mußte daher auch das jenseitige Ufer des Flusses untersucht werden. Durch die dort vorhandenen flachen Wiesen ließ sich ein offener Graben bis dahin leicht hinabführen. Die dazwischen liegenden kleinen Erhebungen waren von keiner Bedeutung. Dazu konnte dieser Graben in der Nähe des Ufers vis-à-vis der zu drainirenden Wiese beginnen, auch war damit eine Tiefe von 3 bis 4 Fuß = 0,94 bis 1,2552 Meter für die Vorfluth zu gewinnen, aber der Sammeldrain mußte, um dies zu erreichen, — unter dem Flusse hindurch geführt werden. Dieses Hinderniß mußte also überwunden werden.

Die Drainirung selbst ist nun in der Weise eingerichtet, wie solche in dem Plane auf Taf. IX. gezeichnet ist. Die Saugdrains sind auch hier durch einfache rothe Linien bezeichnet. Ihre Richtung wurde durch die Neigung des Terrains bedingt. Ihre Entfernung von einander ist der größeren oder geringeren Nässe und dem Boden entsprechend zu $1^1/_4$ bis $1^1/_2$ Ruthen pro Fuß Tiefe oder 15 bis 18 Meter pro 1 Meter Tiefe angenommen. Sie haben durch ihre Lage schon das nöthige Gefälle erhalten, ohne daß dasselbe hätte künstlich vermehrt zu werden brauchen, es wurde sogar möglich, manche Drains nach dem Rande zu, unter dem das meiste Grundwasser steckt, noch tiefer zu machen, deshalb weiter auseinander zu legen, und dadurch auf die einfachste Weise dem stärksten Gefälle des Terrains Rechnung zu tragen. Tiefe und Entfernung der Drains sind mit schwarzen Ziffern eingeschrieben.

Dagegen hat das richtige Gefälle der mit rothen Doppellinien bezeichneten Sammeldrains mehrfach nur durch verschiedene, nach dem Abfluß hin zunehmende Tiefe hergestellt werden können. Auch diese Tiefen sind eingeschrieben. Schließlich sind alle Sammeldrains in einen einzigen, mit 5zölligen oder 0,13 Meter weiten (im Plane mit X bezeichneten) Röhren ausgelegten, vereinigt, in einer 36 Fuß = 11,3 Meter langen, 5 Zoll = 0,13 Meter im Quadrat weiten hölzernen Röhre unter dem Flusse hindurch nach dem Vorfluthgraben hin geleitet, und bei x mit einer Vorrichtung zum Anhalten des Wassers in jeder beliebigen Höhe versehen. Dieser Graben mündet, wie oben schon gesagt, bei y unterhalb der Rieselschleuse.

Die drainirten Flächen B und D sind auf das Abwasser (abgerieselte Wasser) der Hänge CC angewiesen, und erhalten dadurch mehr, als sie bedürfen, so daß während der Rieselung noch ein Theil über der Erde abläuft. Für den Theil D mußte aber bei G noch eine besondere Zuleitung eingerichtet werden, weil die Hänge hier einen so beweglichen Sandboden hatten, daß die Berieselung desselben in der ersten Zeit und so lange mit großer

Vorsicht betrieben werden mußte, bis sich eine dichte schützende Rasendecke darauf gebildet hatte.

Trotzdem, daß während der Wässerung das Wasser im Vorfluthgraben etwas höher geht, und dadurch ein geringer Rückstau auf die Drains ausgeübt wird, fließen aus dem Sammeldrain 0,3 Cubikfuß = 0,00927 Cubik-Meter Wasser pro Sekunde aus.

Die Einrichtung der Fläche B und D ist ganz nach Art der einfachsten wilden Rieselung gemacht. Die in der erforderlichen Höhe am Rande herumgelegten Wässergräben ff und dd nehmen das Abwasser der Hänge auf und reguliren es für die untere Fläche. Da die Fläche B etwas Gefälle hat, so wurde zur gleichmäßigen Vertheilung des Wassers noch die Anlage der beiden kleinen Wässergräben cc und ee nöthig. Für eine besondere Entwässerung ist, da der Boden drainirt ist, nicht gesorgt.

In der Wiese D sind nur ein Paar kleine Wässergräben ak und bh nach den höheren Stellen hingeführt. Da sich in der Wiese endlich einige Kavitäten fanden, in denen das Wasser sich ansammelte und Blänken bildete, bevor es ablief oder versackte, so sind noch einige kleine Entwässerungsrinnen angeordnet, welche dies verhindern. Weitere Erdarbeiten sind nicht vorgenommen worden. Auch ist die alte Narbe unberührt liegen geblieben.

Der Ertrag war schon im ersten Jahre glänzend.

Hinter der Wiese D folgt dann noch eine hoch liegende sandige Fläche, E, welche vorher mit Kiefern bestanden war. Sie ist nach Lage des Terrains zu Rücken und Hängen eingerichtet, da die Unebenheit der Oberfläche und die vielen Stubbenlöcher deren Planirung nothwendig, die Durchlässigkeit des Sandbodens aber und das theilweis starke Gefälle die Behandlung als drainirte Wässerwiese unthunlich machte. Wurden aber einmal Erdbewegungen nothwendig, so erschien es rathsam, sie gleich in der richtigen Form auszuführen. Die Kosten dafür wurden dadurch kaum vergrößert.

V. Umbau der Wiesen.

Instrumente zu den Grabenarbeiten.

§. 54.

Der Instrumente zur Anfertigung der Grabenarbeiten geschieht hier nur der Vollständigkeit wegen in der Voraussetzung Erwähnung, daß dieselben theils bekannt, theils aus der Zeichnung deutlich sind. Dazu gehören:

a) Spaten.

Taf. VI. Fig. 4. der Pommersche Gräberspaten, 12 Zoll (0,3138 Meter) lang, 6 bis 7 Zoll (0,1569 bis 0,1831 Meter) breit, von Holz mit starkem Eisen beschlagen und verstahlt, vorzüglich brauchbar, wo Wurzeln im Boden vorkommen.

Taf. VI. Fig. 5. der Limburger Spaten, 11 Zoll (0,2877 Meter) lang, oben 8 (0,2092 Meter), unten $8^1/_2$ Zoll (0,2223 Meter) breit, ganz eisern, eignet sich nicht besonders zur Anfertigung der Gräben, weil er etwas hohl ist.

Taf. VI. Fig. 6. der Brabanter Spaten (Schwerz' praktischer Ackerbau, Theil I. Seite 433), gleichfalls von Eisen, aber gerade, ist zu dergleichen Arbeiten besser, als der vorige.

Taf. VIII. Fig. 2. der Schlesische Drainspaten. Es ist nicht zu verkennen, daß die Engländer, unsere Lehrmeister im Drainiren, ein ganz besonderes Verständniß dafür haben, daß gutes Handwerkszeug die Arbeit erleichtert und fördert, und daß sie gerade in dieser Richtung sehr tüchtiges leisten. Das gilt auch von der Herstellung ihrer Geräthe zum Drainiren. Trotzdem wird es für das Drainiren unserer Wiesen nicht nöthig sein, uns in dieser Beziehung gar zu strenge an die englischen Muster zu binden. Bei der in der Regel weichen Beschaffenheit unseres Wiesenbodens, und dem wassersüchtigen, vielfach treibenden Untergrunde werden die etwas größeren Drainspaten sich am besten bewähren. Sie sind 18 Zoll (0,47 Meter) im Spateisen lang, gut verstahlt, unten 4 bis 6 Zoll (0,1046 bis 0,1569 Meter) breit, ganz von Eisen und stark gewölbt. Sie sind bedeutend leichter, als die englischen.

b) Schippen.

Taf. VI. Fig. 7. die Pommersche Brettschippe, aus einem dünnen buchenen Brette mit aufgesetztem Stiele bestehend, 12 Zoll (0,3138 Meter) lang, 9 bis 12 Zoll (0,2354 bis 0,3138 Meter) breit, vorn mit Eisen beschlagen und verstahlt, zum Ausschippen der losen Erde beim Anfertigen der Gräben, ein ganz vorzügliches Instrument.

Taf. VI. Fig. 8. die Siegener Stechschippe, im Original zu klein, hier 12 Zoll (0,31,38 Meter) lang, 7 Zoll (0,1831 Meter) breit, ganz von Eisen und gut verstahlt, zur Anfertigung und Räumung der Gräben und Grippen ganz gut.

Die Lüneburger Schippe, 8 Zoll (0,2092 Meter) lang und 9 Zoll (0,2354 Meter) breit, von Eisen, zum Graben und Schippen brauchbar, ist zu klein.

Der Schottische Brustpflug Taf. VI. Fig. 9a u. b, eine dünne eiserne, nach vorn zugespitzte Schippe, mit 5 bis 6 Fuß (1,5 bis 1,88 Meter) langem, breiten Stiel, woran oben ein 2 Fuß (0,6276 Meter) langes Querholz, zum Rasenschälen. An der einen Seite desselben ist die eine Ecke des Eisens x aufgebogen, und schneidet bei der Arbeit (dem Segg des Pfluges ähnlich) an der Seite, aber von unten, den Rasen ab. Es hält schwer, einen Schmied zu finden, welcher einen guten Brustpflug machen kann, wenigstens arbeiten die Leute immer lieber und schneller mit den aus England direkt eingeführten. Die Arbeit damit ist schwer, aber fördert ganz ungemein.

Taf. VIII. Fig. 3. die Kellen zum Herausnehmen des losen Bodens und zum Abgleichen der Sohlen in den Draingräben. Diese Arbeiten müssen, da bei der geringen Breite der Gräben niemand hinein kann, von obenher verrichtet werden. Sie haben für Saug- und Sammeldrains verschiedene Größen.

c) Schneidende Instrumente.

Taf. VI. Fig. 10. das Siegener Wiesenbeil. Im Original ist es mit einer Hacke verbunden, und dient zum Abtheilen der Rasen, behufs des Schälens und zum Hauen der Borten der Grippen. Es ist ein unnützer Kraftaufwand nöthig, um bei der Benutzung des Beiles immer die dann unnöthige Hacke mitzuheben, und so umgekehrt; darum ist es besser, aus dem Wiesenbeil und der Hacke zwei besondere Instrumente zu machen. Damit die Arbeit rascher von statten gehe, können beide dafür größer gemacht werden, als sie im Original sind. Das hier gezeichnete Beil ist 15 bis 16 Zoll (0,3923 bis 0,4185 Meter) lang. Zu den erwähnten Zwecken ist es in festem oder mit Wurzeln durchwachsenen Boden ganz vorzüglich.

Taf. VI. Fig. 11. das Lüneburger Wiesenmesser, auch etwas abweichend vom Original, 15 bis 18 Zoll (0,3923 bis 0,47 Meter) lang in der Schneide, 3 bis 4 Zoll (0,0785 bis 0,1046 Meter) breit, gut verstahlt, zum Hauen und Schneiden, in weichem Boden dem Wiesenbeil der größeren Leichtigkeit wegen vorzuziehen; es ist das vorzüglichste Instrument zum Abschneiden der Borten beim Räumen der Rinnen, und zwar ganz besonders im Bruch- und Torfboden.

d) Die Hacken.

Taf. VI. Fig. 12. und 13. Plaggenhauen oder Palthacken, zum Schälen des Rasens nach Lüneburger Art.

Taf. VI. Fig. 14. die Siegener Hacke, wie schon erwähnt, im Original mit dem Beile verbunden, hier 12 Zoll (0,3138 Meter) lang, 5 bis 6 Zoll (0,1308 bis 0,1569 Meter) breit, im festen Boden brauchbar, zum Herausnehmen der Rasen aus den gehauenen und querüber abgetheilten Rinnen.

e) Der Legehaken

zum Legen der Drainröhren von $1\frac{1}{4}$ bis 3 Zoll (0,03 bis 0,08 Meter) Durchmesser. Er ist Taf. VIII. Fig. 4. gezeichnet, von Eisen 10 Zoll (0,2615 Meter) lang, $\frac{1}{2}$ Zoll (0,013 Meter) stark und an einem langen der Tiefe des Grabens entsprechenden hölzernen Stiel befestigt. Weitere Röhren werden mit der Hand gelegt.

f) Zum Transport der Erde.

Taf. VI. Fig. 15. die Handkarre. Die Baumkarren, wie sie bei Chaussee- und Eisenbahnbauten sehr häufig angewandt werden, sind zu wenig dauerhaft. Sie müssen überall mit Eisen beschlagen werden, wenn sie haltbar sein sollen. Das macht sie jedoch schwer, und nebenbei auch theuer. Dennoch sind sie den sogenannten Kummkarren (aus Brettern zusammengesetzt) bei weitem vorzuziehen, weil sie, da bei ihnen die Last viel weiter nach vorne, nach dem Rade zu, und hoch liegt, sich leichter karren und auch gar zu viel leichter ausschütten lassen.

Am besten, dauerhaftesten und dabei am leichtesten werden die Karren, wenn sie aus Brettern in der Fig. 15. gezeichneten Weise, d. h. wie die Kummkarren, zusammengesetzt werden, dabei aber eine den Baumkarren ähnliche Form erhalten. Die obere Länge des Kastens wird dann im Lichten $26\frac{1}{2}$ Zoll (0,693 Meter), die untere $19\frac{1}{2}$ Zoll (0,51 Meter); die obere Breite vorn beim Rade $19\frac{1}{4}$ Zoll (0,503 Meter), die untere $16\frac{1}{4}$ Zoll (0,424 Meter); die obere Breite hinten $21\frac{1}{4}$ Zoll (0,555 Meter), die untere $18\frac{1}{4}$ Zoll (0,477 Meter); die Höhe des Rades 18 bis 20 Zoll (0,471 bis 0,523 Meter), die Länge von dem Unterstützungspunkte der Radachse bis zum Handgriffe ungefähr 6 Fuß (1,8828 Meter). Eine solche Karre enthält, wenn der Kasten gestrichen voll ist, 3 Cubikfuß = 0,0927 Cubik-M.

Muß man viel auf Dielen karren lassen, so werden dieselben bei feuchtem Wetter glatt, und die Karrenräder gleiten leicht herunter. Oefteres Streuen mit Sand ist gut dagegen, noch besser aber, wenn um hölzerne Karrenräder ein schmales eisernes Band gelegt wird, und sie dadurch eine kleine Rippe bekommen.

Im Siegener Lande bedient man sich zweiräderiger Karren, deren Kasten 10 Zoll (0,2615 Meter) hoch, 3 Fuß 6 Zoll (1,0983 Meter) lang und 1 Fuß 10 Zoll (0,5753 Meter) breit ist. Sie enthalten 5 bis 6 Cubikfuß = 0,1545 bis 0,1854 Cubik-Meter, werden aber jetzt bei den neueren Eisenbahnbauten zur Bewegung bedeutender Erdmassen auf weite Entfernungen noch viel größer gemacht. Karrbretter werden auch bei Anwendung dieser Karren nöthig. Zu der Fortbewegung der größeren gehören zwei Mann.

g) Das Schwemmen.

Zum Transporte größerer Bodenmassen bedient man sich auch, wenn sich die Gelegenheit dazu bietet, des Wassers. Selbstverständlich muß dasselbe, da es eine Kraft ausüben soll, fließendes sein, und, da diese Kraft einen erheblichen Widerstand zu überwinden hat, ein nicht unbedeutendes Gefälle haben. Das Schwemmen läßt sich also nur da anwenden, wo über starkes Gefälle disponirt werden kann.

Es eignet sich ferner nicht jeder Boden in gleicher Weise dazu. Je fester und bindiger derselbe ist, je größere Kraft mithin nöthig ist, die einzelnen Bodentheilchen von einander zu trennen, desto schwieriger macht sich die Arbeit, je loser der Zusammenhang derselben, desto leichter. Es eignet sich daher am besten der Sandboden zum Schwemmen. Mit dem steigenden Gehalt desselben an Thon wächst die Schwierigkeit, ihn durch Wasser weiter zu schaffen. Loser Humusboden schwemmt sich leicht, zäher Moostorf fast gar nicht.

Das Verfahren beim Schwemmen ist nun folgendes:

Das Wasser wird zunächst in einem auf gewöhnliche Weise und mit den nöthigen Dimensionen aufgenommenen Graben nach dem natürlich hoch genug liegenden Punkte hingeführt, an dem das Schwemmen beginnen soll. Von da aus läßt man es in die Niederung hineinstürzen, in welche die Erde hineingebracht werden soll. Bei dieser heftigen Bewegung strebt das Wasser, den Boden mit fortzureißen. Es kommt also darauf an, die dabei entwickelte Kraft entsprechend zu regeln und zu dirigiren. Das geschieht durch die Leute, welche das Schwemmen besorgen. Sie müssen dem im Graben fließenden Wasser stets eine solche Richtung anweisen, daß es direkt gegen das abzuschwemmende Ufer gerichtet ist. Indem es dann mit Kraft dagegen anfließt, unterwascht es einerseits dasselbe und bewirkt dessen Nachstürzen, andererseits nimmt es bei seinem Abfließen das Hineingestürzte mit fort. Die Arbeiter haben nur noch danach zu sehen, daß dies in der Weise geschieht, wie das Bedürfniß es erfordert, und daß nachgeholfen wird, z. B. durch Nachstechen der Ufer, wo die Kraft des Wassers nicht ausreicht oder dessen Wirkung der Beschleunigung bedarf. Je thoniger der Boden, desto mehr Hülfe wird nöthig.

Die dazu nöthige Kraft entwickelt das Wasser aber nur, so lange sein Profil nicht zu groß geworden. Bei dem Vorrücken des Abschwemmens dehnt sich aber dasselbe immer länger und länger aus. Es muß also während der Arbeit nach und nach immer wieder kleiner gemacht, und in seinen ursprünglichen regelrechten Dimensionen erhalten werden. Dies geschieht dadurch, daß anschließend an das feste Ufer des eingeschnittenen Zuleitungsgrabens auf der unteren Seite, nach welcher hin geschwemmt wird, von den Arbeitern ein kleiner Wall auf das bereits abgeschwemmte und unter dem Wasserspiegel liegende Terrain geworfen, und somit als Fortsetzung und Verlängerung der alten eine neue Grabenborte gebildet wird, welche das Wasser zwingt, in den Ufern zu bleiben und darin weiter zu fließen. Der Boden zu diesem Walle ist von dem jenseitigen Ufer zu entnehmen. Will bei der Anfertigung der Wall nicht gleich stehen, weil das Wasser aus dem Graben zu stark andrängt, und den hingeworfenen Sand wieder mit fortnimmt, so packt man eine Schicht Rasen davor oder stellt längs der Bort ein Brett auf die hohe Kante, hält es durch daneben eingeschlagene Pfähle in dieser Stellung fest, und weist auf diese Weise zunächst die Wasserströmung so lange ab, bis der Wall selbst stark genug ist, den nöthigen Widerstand zu leisten.

Mit dem Vorschreiten der Arbeit wird dieser Wall Schritt haltend immer mehr verlängert.

Von der Stelle des Grabens aus, von wo das Wasser sich in die Niederung ergießt, verbreitet es sich nach allen niedriger gelegenen Punkten, und nimmt dahin den abgeschwemmten Boden mit. Da aber mit seiner Verbreitung auch seine Kraft abnimmt, so fällt vorn am meisten und zwar der an Korn gröbere Boden nieder, und nur die feinsten abschlämmbaren Theile gehen weiter fort. Es bildet sich daher aus dem abgeschwemmten Material bei regelmäßigem Fortschreiten der Arbeit ein stetiger Hang.

Das ist aber nicht die einzige Form, in der man das fortgeschaffte Material fallen zu lassen braucht, auch nicht die Form, welche gewöhnlich gewünscht wird. Verbindet man daher einen anderen Zweck damit, will man vorhandene, nähere oder entferntere Vertiefungen, z. B. verlassene Flußbetten oder dergl. damit zumachen, so kommt es darauf an, das Wasser bei seinem Austritt aus dem Schwemmgraben nicht nach allen Richtungen auseinander fliegen zu lassen, sondern es in einem eingeschnittenen Graben, oder zwischen auf der hohen Kante auf beiden Seiten aufgesetzten Brettern oder Flechtzäunen bis zu dem Punkte hin, wo der Boden abgelagert werden soll, zusammen zu halten.

Auf diese Weise ist es möglich, die verschiedenartigsten Formen, sogar hohe Dämme damit zu bilden.

Bei dem Schwemmen gehen aber die feinen abschlämmbaren Theile des Bodens, welche einen großen Theil seiner Fruchtbarkeit bedingen, fast ganz verloren. Auch lagert sich der angeschwemmte Sand außerordentlich fest zusammen, und nimmt mehr oder weniger die Natur des Triebsandes an. Es wächst, wenn auch angesäet, zunächst nicht viel, und nicht viel gutes darauf. Darum haben sich auch die Schwemmwiesen in der Lüneburger Haide, welche in Joh. Fr. Meyer's gekrönter Preisschrift und nach ihm sogar von Thaer in seiner rationellen Landwirthschaft, von Schwerz und anderen Koryphäen der Landwirthschaft, gerade so und vielleicht noch mehr empfohlen und gelobt wurden, als heutzutage die Petersen'sche Wässerung, nicht bewährt, und sind schon lange eingegangen und umgebaut worden. Wo man daher auf den angeschwemmten Stellen Wiesen einzurichten hat, thut man wohl daran, den Boden wieder etwas zu lockern, und mit guter Erde einige Zoll hoch zu überdecken.

Uebrigens ist das Schwemmen gewöhnlich der bei weitem billigste Erdtransport. Da wo hohe Ufer und alte Flußserpentinen zu überwältigen sind, ist dies Verfahren sehr lohnend. Man reicht oft mit Hunderten von Thalern, wo die Karre Tausende kosten würde.

h) Andere Werkzeuge.

Mistforken

zum Anfassen der abgeschälten Rasen beim Zusammenwerfen, beim Decken damit und bei den Rasenpackungen.

Rasenklatsche oder Klappe, Taf. VI. Fig. 16.,

bestehend in einem Plankenstück von 20 Zoll (0,523 Meter) Länge mit schräg eingesetztem Stiel zum Festschlagen der aufgedeckten Rasen, und dadurch auch zur vollständigen Ebenung der Fläche.

Stampfer,

bestehend in einem Klotze von der Form eines abgestumften Kegels mit aufrechtstehendem Stiel zum Feststampfen der Erde in den Verwallungen u. s. w.

Endlich noch kürzere Maaßstöcke, Schnüre und kleine Pfähle zum Abstecken der Grabenlinien und Stangen zum Einrichten derselben.

Anfertigung der Gräben.

§. 55.

Die abgesteckten Horizontalen bezeichnen die untere Grabenborte. Die Breite des Grabens wird aufwärts, und zwar, da die Horizontalen meistentheils Kurven bilden, immer im rechten Winkel auf die abgsteckte Linie abgesetzt. Auch diese Seite wird durch eingesteckte Pfählchen bezeichnet. Nach diesen Pfählen wird das Schnur gespannt, so daß sich nirgends scharfe Ecken bilden. Dann setzen die Gräber auf der äußeren Seite in der Richtung der Böschung, die der Graben erhalten soll, a b Taf. V. Fig. 5., den Spaten an das Schnur heran, und stechen, oder treten ihn so weit hinein, als das Spateisen oder Holz lang ist, also beinahe einen Fuß (0,3138 Meter). In der Richtung c d geschieht dasselbe auch auf der anderen Seite. Ist auf diese Weise die Borte gestochen, so wird das Schnur aus dem Wege, oder weiter gebracht. Jetzt stechen die Arbeiter auf beiden Seiten, in der Richtung e b und d f, den Spaten ein, und nehmen in etwa 1 Fuß = 0,3 Meter langen Stücken diese dreikantigen Rasen heraus. Dann drehen sie sich so, daß sie den Graben lang sehen, graben den zwischen den Auskehlungen stehen gebliebenen Satz Rasen heraus, und werfen ihn nach derjenigen Seite des Grabens, auf welcher voraussichtlich die Erde untergebracht, oder gebraucht werden soll. Ist so der erste Stich herausgenommen, so kommt der zweite an die Reihe. Bei diesem wird der Spaten zuerst etwas von der Borte entfernt eingesetzt, und gerade herunter gestochen, so daß die Stiche neben einander liegen, wie g h i k, und erst wenn diese ausgeworfen sind, wird der bis dahin stehen gebliebene Boden an der Borte xx herausgenommen. Eben so wird es beim dritten Stiche u. s. w. gemacht, bis der Graben die gehörige Tiefe hat. Dann erst werden von einem recht geschickten Grabenarbeiter die Böschungen und die Sohle recht genau und sauber mit einer flachen Schippe nachgeschippt. Es gehören zu dieser Art der Gräberei eingearbeitete Leute, welche Augenmaaß und Geschicklichkeit besitzen. Hat man solche, so thut man am besten, jedem Einzelnen seine bestimmte Länge des Grabens abzumessen.

Anfertigung der Gräben in unebenem Boden.

§. 56.

So lange das Terrain ziemlich eben ist, machen sich die Gräben in der eben beschriebenen Weise leicht und gut; sie gerathen aber niemals ganz gut, sobald das Terrain etwas uneben ist. Dann setzt man von der abgesteckten Pfahlreihe aufwärts erst die Breite der Dossirung in horizontaler Projection, z. B. bei 3 Fuß oder 1 Meter Tiefe und $^1/_2$ facher Dossirung $1^1/_2$ Fuß oder 0,5 Meter, Taf. V. Fig. 6 a b, und dann die Breite der

Grabensohle bc ab, so daß der abgesteckte Streifen gerade und lothrecht über dieser liegt. Diesen gräbt man dann senkrecht bis zu der gehörigen Tiefe hinunter, und gleicht dann die Sohle entweder nach einem Nivellir-Instrumente, oder durch Abtafeln, oder, wo in feuchtem Untergrunde Wasser sich ansammelt, nach diesem aus. Sie muß überall die vorschriftsmäßige Breite haben und eine möglichst ebene Fläche bilden. Erst wenn dies erreicht ist, werden die Seitenwände des Grabens nach der verlangten Böschung ausgearbeitet und nachgeputzt.

Aber auch diese Weise paßt nicht überall hin. Sie läßt sich nur bei nicht sehr großer Tiefe ausführen. Würde der Graben sehr tief, so würden die senkrecht herunter gestochenen Wände sich nicht halten, sondern nachstürzen. Man muß also in solchen Fällen beim Ausheben des Grabens wieder anders verfahren. Die Aufgabe bleibt dieselbe, der Graben soll in der Sohle und im Wasserspiegel überall gleiche Breite, und das später darin fließende Wasser gleiche Tiefe erhalten. Das Terrain, durch welches derselbe geführt wird, hat sehr verschiedene Höhe. Um nun die danach sich richtende Breite und Tiefe zu bestimmen, wird zuerst die Mittellinie des zu ziehenden Grabens festgestellt und nivellirt. Hierbei sind vorzugsweise die Unebenheiten des Grundes zu beachten, und die wechselnden Höhen durch Stationspunkte zu bezeichnen und festzulegen. Taf. X. Fig. 2. sind im Grundrisse die Stationspunkte der Mittellinie durch die laufenden Nummern 0 bis 7 bezeichnet. In Fig. 1. ist das Nivellementsprofil aufgetragen. In dies Längenprofil des Grabens wird die Linie der Grabensohle ab mit dem nöthigen Gefälle eingezeichnet. Der senkrechte Abstand dieser Linie von den einzelnen Stationspunkten cd, ef, gh u. s. w. giebt die künftige lothrechte Grabentiefe auf jedem Stationspunkte. Wird nach §. 24 diese Tiefe mit der Dossirung multiplizirt, das Produkt doppelt genommen und die vorher bestimmte Sohlenbreite dazu addirt, so erhält man die obere Breite des Grabens bei jedem Stationspunkte. Die mittlere Grabenbreite ergebe sich z. B. aus Wassermenge, Gefälle und Tiefe = 9 Fuß oder 2,8242 Meter für den mit Wasser gefüllten Theil des Grabens. Die Wassertiefe sei 3 Fuß = 0,9414 Meter, die Dossirung werde 1fach, dann ist die Sohlenbreite 6 Fuß oder 1,8828 Meter. Die Tiefe des ganzen Grabens bei Station 1 cd ist 5 Fuß = 1,5690 Meter, also $5 \times 1 \times 2 + 6 = 16$ Fuß = 5 Meter die obere Breite tu bei Station 1, Taf. VIII. Fig. 2. Die Tiefe gh ist bei Station 3 = $3^1/_4$ Fuß oder 1,02 Meter, also $3^1/_4 \times 1 \times 2 + 6 = 12^1/_2$ Fuß oder 3,9225 Meter die obere Breite vw bei dieser Station. Diese Breiten werden draußen in der Art abgesteckt, daß nach jeder Seite des die Station bezeichnenden Pfahles Nr. 1 die Hälfte der so gefundenen Breite 8 Fuß = 2,5104 Meter = $^1/_2$ tu, Nr. 15 = $6^1/_4$ Fuß = 1,9614 Meter = $^1/_2$ vw u. s. w. von der Mittellinie winkelrecht abgemessen und durch einen Pfahl bezeichnet wird.

Diese Berechnung wird richtig, wenn das Terrain, so weit die Grabenbreite trifft, horizontal und eben ist. Liegt der Boden aber in der Richtung quer über den Graben geneigt, so müssen besondere Querprofile nivellirt und aufgezeichnet werden. Taf. X. Fig. 3. und 4. sind zwei solche Querprofile bei den Stationen 4 und 5. In diese wird dann ein Graben-Querprofil für die zur Station gehörige Tiefe eingezeichnet. Die obere Breite ist dabei von der Mittellinie nach jeder Seite zu messen, danach draußen abzustecken und durch Pfähle zu markiren.

Wird ein solcher Graben über 6 Fuß oder 1,8828 Meter tief, so dürfen die Seiten keine ununterbrochene Ebene bilden, sondern müssen terrassirt werden. Sie erhalten zu dem Ende für jede 5 bis 6 Fuß = 1,5690 bis 1,8828 Meter lothrechte Höhe einen Absatz, ein Banquet, von 1 bis 2 Fuß = 0,3138 bis 0,2676 Meter Breite. Taf. VIII. Fig. 3. und 4. ik, ik, Fig. 2. lmno, pqrs. Ein Graben von 5 bis 12 Fuß oder 1,5690 bis 3,7656 Meter Tiefe erhält also ein, bei 10 bis 18 Fuß = 3,1380 bis 5,6484 Meter Tiefe zwei Banquets u. s. w. Die Breite der Banquets ist natürlich bei Bestimmung der oberen Breite des Grabens der vorhergefundenen noch zuzusetzen.

In Taf. X. Fig. 2. bezeichnen die Linien xuwmlnoz und ytvpqsrz den Grundriß eines auf diese Weise dargestellten Grabens für das Fig. 1. aufgezeichnete Längenprofil des nivellirten Terrains.

Gräben in fließendem Boden.

§. 57.

Zuweilen muß ein Graben durch einen sehr lockeren und mit Wasser gesättigten moorigen, oder aus Schlick oder Triebsand bestehenden Boden hindurchgeführt werden, dessen Ufer sich nicht zu halten vermögen, und immer wieder zusammenfließen. Beim Graben in weichem Moorboden, der oft nicht einmal Menschen trägt, und es nöthig macht, daß den Leuten während der Arbeit Bretter untergelegt werden, um nicht zu versinken, ist gewöhnlich einige Geduld und Ausdauer nöthig. Man wird sich, nachdem die Borten losgestochen, zuerst oft damit begnügen müssen, die obere Narbe mit Haken fort- und herauszuziehen. Indessen setzt sich, sobald nur gründliche Vorfluth geschafft ist, der Boden doch einmal, und wird fest, sowie nach und nach mit dem allmählichen Tieferlegen das Wasser absackt.

Viel schlimmer ist es, wenn man auf Schichten von Triebsand trifft, welcher durch das darin enthaltene Grund- oder Quellwasser in der Spannung gehalten, und stets von neuem in den ausgehobenen Graben hineingetrieben wird. Da hilft, wenn das Quellwasser nicht in einiger Zeit ablaufen, und der Boden dadurch trocken werden und stehen sollte, die Ausdauer beim Auswerfen gewöhnlich nicht allein aus. Es müssen dann künstliche Mittel, die Ufer zu halten, angewendet werden, welche je nach der Tiefe, in welcher der Graben in den Triebsand einschneidet, nach der Mächtigkeit der Wasser führenden Schicht, und nach der Höhe des Druckes, der auf das Wasser darin wirkt, einerseits, und nach dem dazu disponiblen Material andererseits sehr verschieden sein können.

1) Ist der Graben nicht tief, oder der Druck auf das Wasser der Triebsandschicht nicht groß, so reicht die Deckung durch eine Kopfrasenpackung zuweilen schon hin, die Grabenufer zu schützen. Bei einer solchen Packung wird zuerst eine Reihe ungefähr 1 Fuß = 0,3 Meter im Quadrat groß gestochener Rasen, Taf. III. Fig. 5. aa, regelmäßig und fest längs der Grabensohle so aneinandergepackt, daß die Narbseite derselben unten auf dem Boden aufliegt. Demnächst wird die obere Fläche dieser Schicht glatt gemacht, und wo die Rasenstücke verschieden stark ausfallen oder etwas ausgebrochen sind, mit loser, krümlicher Erde ausgeglichen, so daß die Rasen der zweiten Schicht bb ebenfalls fest darauf ruhen. Auch diese werden, wie die vorigen, mit der Grasseite nach unten, und im Verbande, d. h. so, daß immer die Mitte eines Rasenstückes auf die Fuge zwischen den darunter liegenden trifft, fest zusammengepackt. Die vordere Kante der oberen wird dabei, soviel es die Dossirung nöthig macht, gegen die untere zurückgezogen. Die Rasenschicht darf dabei keine nach dem Graben zu abschüssige Lage erhalten. Sie muß mindestens ganz horizontal gelegt, und mit dem gewachsenen Boden durch schichtweis dahinter gestampfte Erde in gute Verbindung gebracht werden. In dieser Weise wird mit der Packung fortgefahren, bis die Rasenwand die verlangte Höhe erreicht hat. Die oberste Rasenschicht wird schließlich umgekehrt, d. h. mit der Rasenseite nach oben gelegt. Endlich werden noch die nach dem Graben zu vorstehenden Ecken und Kanten der Rasen mit einem scharfen Spaten abgestochen, und die Böschung bc gehörig nachgearbeitet.

2) Bei stärkerem Wasserdruck genügt die Rasenpackung nicht mehr, da sie dem seitwärts andrängenden Wasser einen wenig durchdringlichen Wall, aber vermöge ihrer Konstruktion nicht den genügenden Widerstand entgegenstellt. Hier wird die Deckung des Ufers durch Faschinen nöthig, Taf. III. Fig. 6. Hinter die mit einer Handramme oder auch nur mit der Axt eingeschlagenen Pfähle aa, welche entweder aus stärkerem Holze gespalten, oder aus jüngerem Rundholz gemacht sind, immer aber roh bleiben können, werden die Faschinen bb gepackt, und in demselben Verhältniß, wie der Graben tiefer gemacht wird, möglichst heruntergebracht, so daß sie die Ufer bis auf die Sohle festhalten. Da die Pfähle in dem losen Boden keinen festen Halt bekommen, und durch den Druck der hinter den Faschinen liegenden ausfließenden Erde leicht umgeschoben werden, so werden die einander gegenüberstehenden durch die Spreithölzer cc auseinander gehalten. Dadurch hebt der Erddruck von beiden Seiten sich auf.

Die Faschinen aus jungem Strauchholze haben jedoch in dieser feuchten, der Luft ausgesetzten Lage nur eine sehr geringe Dauer, darum ist es zweckmäßig, hinter denselben ein tüchtiges Banquet anzulegen und dieses mit Erlen dd zu bepflanzen, welche mit ihren Wurzeln späterhin, nachdem die Faschinen verfault sind, den Boden halten. Ist das im Boden streichende Wasser nur nicht gar zu schlecht, so pflegen die Erlen ganz freudig zu wachsen. Man muß sie aber möglichst weit von der Bort entfernt pflanzen, damit sie, wenn sie größer werden, den Graben nicht beschränken. Das alle Herbst abfallende Laub trägt aber immer viel zum Verschlammen des Grabens bei, stört den Wasserfluß darin, und macht jährliche Räumungen nöthig.

3) Statt dieser Faschinenpackung können endlich auch Flechtzäune Taf. III. Fig. 7. gefertigt werden. Nimmt man zu den Pfählen aaa, welche übrigens, wie bei den Faschinen, durch Spreithölzer cc auseinander gehalten werden müssen, und zum Auszäunen grünes Weidenholz, und läßt man die Zäune im Frühjahre machen, so wachsen dieselben mitunter aus, sind dann unverwüstlich und ersetzen vollständig das, was durch die Erlenpflanzung erstrebt wurde. Man hüte sich aber sehr, dergleichen Gräben zu schmal zu machen. Die lebenden Wurzeln des Strauches machen später eine Verbreiterung des Grabens nicht allein sehr schwierig, sondern es wird sogar in der Regel die gänzliche Fortschaffung derselben nöthig, und damit fängt die erste Arbeit von vorne an. Auch hier hat das Hineinfallen des Laubes dieselben Uebelstände zur Folge, wie vorher.

Uebrigens halten sich solche Gräben, wenn erst die Ufer benarbt sind, besser, und dies geschieht um so eher, je flacher ihre Dossirung ist. In manchen Fällen kann es sogar zweckmäßig werden, sie mit Flachrasen abzudecken, um dieses Benarben noch zu befördern.

4) Bei der Anwendung von Faschinen und Flechtzäunen wird in dem Graben viel herumgetreten, und durch das Einrammen der Pfähle der Boden erschüttert. Dadurch fallen gewöhnlich die Ufer sehr nach. Auch vergeht verhältnißmäßig viel Zeit, bis alles fertig ist. Da ist es da, wo größeres Holz zu haben und nicht zu theuer ist, zuweilen besser, zur Deckung der Ufer Planken oder Schalen zu verwenden. Es werden dann zwei Plankenenden von etwa 12 Fuß = 3,7656 Meter Länge schon vorher oben sowohl, wie unten durch mehrere leichte Querhölzer in der Entfernung der Sohlenbreite so mit einander verbunden, daß sie ein Ganzes bilden, und sobald eine eben so lange Strecke des Grabens fertig ist, so eingesetzt, daß die Planken die Ufer halten.

Uebrigens pflegt das Grundwasser, die Ursache des Treibens des Bodens, mit der Zeit sehr abzulaufen.

5) Sind aber diese Schlick- und Triebsandschichten sehr mächtig, so bleibt nichts übrig, als die Anlage von soliden Bollwerken, Taf. III. Fig. 8. Sie bestehen aus den Pfählen aa, welche in einer Entfernung von 4 bis 5 Fuß = 1,25 bis 1,5 Meter von Mitte zu Mitte eingerammt werden. Hinter dieselben wird das Bollwerksholz bbbb, Halbholz oder besäumte Bohlen, gelegt. Die Pfähle werden durch aufgezapfte Holme cc in der Richtung der Grabenlinie, und die gegenüberstehenden Bollwerke durch die aufgekämmten Zangen dd auseinander gehalten, und vor dem Zusammensacken bewahrt. Man sieht sehr leicht ein, daß diese Konstruktion sehr kostbar ist, nicht allein der Arbeit, sondern hauptsächlich des Materials wegen, welches, wenn auch beim ersten Ankaufe nicht sehr theuer, seiner geringen Dauer in einer halb nassen, halb trocknen Lage wegen, doch häufige Reparaturen u. s. w. nöthig macht.

6) Man kann daher statt der Bollwerke auch Steinmauern von Feld- oder Bruchsteinen machen lassen. Auf steinreichen Feldern, wo das Abfahren der Steine an und für sich eine Melioration ist, wird sich das Setzen solcher Steinmauern verlohnen; ist der Transport aber weit, so werden auch sie sehr theuer. Uebrigens können sie bei hinreichender Stärke, um dem Erddruck zu widerstehen, ohne Mörtel in langem Wassermoos aufgesetzt werden. Das Grundwasser kann dann zwischen den Steinen hindurch sickern und abfließen. Sie sind aber nur da anwendbar, wo sie auf festem Boden fundamentirt werden können.

Verwallte Gräben.

§. 58.

Endlich tritt zuweilen noch der Fall ein, daß das Wasser, über ein niedrig liegendes Terrain fort, nach einer höheren Stelle hingeleitet werden muß. Dies kann in hölzernen oder massiven Gerinnen oder in verwallten Gräben geschehen. Auf die ersteren Bauanlagen wird später zurückzukommen sein. Dieselben werden ihrer Kostbarkeit wegen selten, und zwar in der Regel nur dann, wenn die Niederungen, über welche das Wasser geleitet werden soll, kurz und tief sind, Anwendung finden. Oefter kommen dagegen verwallte Gräben vor. Dieselben müssen aber ganz besonders gut gemacht werden, sonst bleiben sie immer gefährlich, weil Wasserratten, Maulwürfe u. s. w., welche darin während der Wässerung der umliegenden Flächen eine Zuflucht finden, sie zu ihrem Lieblingsaufenthalte wählen, und durch ihr Wühlen Durchbrüche und bedeutenden Schaden verursachen können. Man darf darum, wenn die Leitung des Wassers auf einem Walle nicht zu vermeiden ist, die Kosten für eine sehr solide und tüchtige Ausführung dieser Schüttung niemals scheuen.

Bei geringer Höhe, von 1 bis 2 Fuß = 0,3138 bis 0,6276 Meter, reichen zur Bildung des Grabens zwei Verwallungen, Taf. XI. Fig. 5. A und B, aus. An der Stelle, wo diese Wälle hintreffen, wird zuerst der Rasen des gewachsenen Bodens am zweckmäßigsten, um ihn nachher gebrauchen zu können, in Stücken von 1 Fuß oder 0,3 Meter im Quadrat, 3 bis 5 Zoll = 0,0785 bis 0,1308 Meter stark abgeschält, auch alles etwa vorhandene Strauchwerk, Wurzeln u. dergl. sorgfältig fortgeräumt, weil Holz in den Wällen, vorzüglich quer hindurch reichendes Langholz, durchaus nachtheilig ist (§. 39, d.).

Demnächst werden die Grabenwände durch Kopfrasenpackungen, wie sie in §. 57 näher beschrieben sind, mit den an Ort und Stelle gehauenen, oder in Ermangelung solcher, mit anderwärts her zu beschaffenden Rasen gebildet, der äußere Theil des Walles tüchtig festgestampft, der Graben da, wo das Terrain dazu hoch genug liegt, ausgegraben und die Grabensohle nach dem Gefälle ausgeglichen.

Um nun die Gefahr hoher und steiler Ufer zu vermindern, erhält der Graben auf beiden Seiten zwei horizontale kleine, je nach der Größe desselben 3 bis 4 Fuß = 0,9414 bis 1,2552 Meter breite und 4 bis 6 Zoll = 0,1046 bis 0,1569 Meter über dem Wasser erhöhte Wälle, aa, hinter jedem dieser Wälle eine Wässerrinne, bb, deren äußere Kante einige Zoll niedriger liegen darf, als der Wasserspiegel im Graben, und dann auf den beiden Seiten eine solche Anschüttung von Erde, daß die äußere Böschung der Verwallung zum Hange eingerichtet werden kann. Das Gefälle dieses Hanges kann, um nicht unnöthige Kosten daran zu wenden, etwas stärker, als das normale, selbst bis zu 1 bis 2 Zoll pro Fuß Breite = 8,3 bis 16,6 Procent, angenommen werden. Alles Ungeziefer wird dadurch, daß die Böschungen unter Wasser gehalten werden können, am sichersten fern gehalten, und ihr Dasein schon bemerkt, wenn der durch sie verursachte Schaden noch klein und leicht auszubessern ist. Es geht ferner für die Berieselung kein Terrain verloren. Endlich erhalten die Wälle auf diese Weise eine die möglichste Sicherheit gewährende Stärke.

Etwas anders wird die Arbeit ausgeführt, wenn der Graben in einer Dammschüttung, welche höher wird als die Tiefe des durchzuführenden Grabens, über die Niederung fortgeleitet werden muß. Wie vorher werden zuerst an der Stelle, wo der Wall aufgeschüttet werden soll, die Rasen, aber nur flach, abgehauen, und an die Seite und auf Haufen gebracht. Dann wird der Wall selbst aufgekarrt und schichtweise festgestampft, Taf. XI. Fig. 4. Zur Kronenbreite ab erhält derselbe die Breite des künftigen Grabens + 6 bis 8 Fuß oder + 1,8828 bis 2,5104 Meter. Beiläufig sei hierbei bemerkt, daß es viel zur Befestigung des Dammes beiträgt, wenn man nicht auf Dielen, sondern auf dem Boden karren läßt; die Arbeit wird dadurch zwar etwas schwerer, allein sie macht sich, wenn man nur gehörig vom Ende anfängt, doch leichter, als es zuerst scheint, und erspart viel Stampfen. Nachdem sich die Schüttung dann gesackt, wird der Graben mit einfacher Possirung, wie in gewachsenem Boden, ausgehoben und die Erde nach beiden Seiten ausgeworfen.

Auch hier wird die äußere Böschung des Grabens sehr flach gehalten, und so viel Erde angekarrt, daß auf jeder Seite zwei Hänge eingerichtet werden können, welche ihre eigenen Wässerrinnen erhalten, und durch eben so, wie im vorigen Falle konstruirte Wälle vom Graben getrennt sind.

Die Krone steckt man entweder, nachdem die Grabenlinie nivellirt und die Höhen analog den Tiefen des Grabens §. 56 berechnet sind, mit dem Maaßstock oder einfacher gleich an Ort und Stelle so ab, daß man die Köpfe einer in der Linie des Walles eingeschlagenen Reihe von Pfählen nach dem Nivellir-Instrumente horizontal abgleicht. Dies geschieht folgendermaßen. Die Tafel wird zuerst an einem Punkte, welcher der Höhe des künftigen Wasserspiegels entspricht, aufgestellt und nach der Visirlinie des Instruments eingerichtet und tüchtig festgemacht. Darauf wird dieselbe oben auf dem ersten Pfahl aufgestellt. Trifft die Visirlinie hier die Tafel unter dem Mittel der Scheibe, so muß der Pfahl tiefer eingeklopft werden, bis Visirlinie und Tafel passen. Trifft die Visirlinie aber über das Mittel der Tafel, so ist der Pfahl herauszunehmen, ein längerer an dessen Stelle zu setzen, und dann so zu verfahren, wie vorher. Demnächst stellt der Arbeitsmann die festbleibende Tafel auf dem zweiten Pfahle auf. Hier wiederholt sich dieselbe Operation. Wenn sie beendet, gehts zum dritten Pfahl und so weiter bis zum Ende.

Hat man kein anderes Material zur Hand, als Bruch- oder Torfboden, so kann man zwar die Wälle auch daraus fertigen lassen, doch müssen dieselben dann etwas größere Stärke, d. h. die daraus gebildeten Hänge etwas schwächeres Gefälle erhalten. Wenn es irgend angänglich, ist derselbe mit anderem Boden zu vermischen, oder doch mehrere Zoll hoch damit zu bedecken.

Verdeckte Gräben.

§. 59.

Wo die Anwendung verdeckter Gräben vortheilhaft, ja nothwendig wird, das ist schon in §. 19 angeführt. Es sind dort auch die Vorzüge erwähnt, welche Strauchdrains an manchen Orten vor denen mit gebrannten Thonröhren haben. Sie verdienen indessen den Vorzug nur dann, wenn sie sehr solide und gut gemacht sind. Läßt man dabei den losen Strauch nur in den offenen Graben hineinwerfen, oder denselben regelmäßig hineinpacken, oder auf kreuzweis untergesteckte Pfähle hinauflegen, so daß der Raum darunter hohl bleibt, oder läßt man ihn in Faschinen zusammenbinden und diese einzeln an einander legen, so entstehen bei allen diesen verschiedenen Manipulationen, welche früher von manchen Seiten empfohlen wurden, zwischen und neben dem Strauch hohle Räume, welche ein Nachstürzen der Erde und dadurch über kurz oder lang eine Verstopfung des verdeckten Grabens verursachen. Am besten ist es daher, eine einzige feste Wurst von der Länge des ganzen Grabens zu binden und in denselben hineinzulegen. Das Verfahren dabei ist folgendes: Man macht aus etwa 5 Fuß oder 1,5690 Meter langen, unten angespitzten und kreuzweis in den Boden fest eingeschlagenen Pfählen, Taf. XI. Fig. 1A, 1B und 1C aa, zuerst eine Faschinenbank von etwa 2 Ruthen = 7,5312 Meter Länge längs dem

Graben. Die Pfahlkreuze erhalten 2 bis 6 Fuß oder 0,6276 bis 1,8828 Meter Entfernung von einander, je nachdem kurzer oder langer Strauch verarbeitet werden soll. Auch können, wenn der Boden weich ist, die beiden zusammen ein Kreuz bildenden Pfähle am Kreuzungspunkt durch ein Band leicht verbunden werden. Diese Verbindung wird aber kaum nöthig, wenn die Pfähle einigermaßen fest eingeschlagen werden können. Von dem vorher gehauenen Strauch wird nun so viel auf die ersten Pfähle der Faschinenbank hinaufgelegt, als nöthig ist, eine Faschine von der verlangten Stärke, d. h. 9 bis 18 Zoll = 0,2354 bis 0,4708 Meter Durchmesser, zu erhalten. Die Arbeiter müssen sich gewöhnen, die richtige Menge durch das Augenmaaß zu erkennen. So packt man erst die erste Hälfte der Faschinenbank ganz voll, und läßt die längeren Enden so weit vorstehen, als es eben geht. Der Strauch muß nun gebunden werden. Das geschieht mit weidenen Ruthen in der Entfernung von 1 bis 2 Fuß = 0,3138 bis 0,6276 Meter, jenes bei kurzem, dies bei längerem Strauch. Damit aber diese weidenen Bänder fest umgelegt und der Strauch so zusammengepreßt wird, daß dadurch das Eindringen von Sand und Erde möglichst verhindert wird, und damit die gebundene Wurst, ohne zu zerreißen, bewegt werden kann, wird die Faschine an der zu bindenden Stelle erst gewürgt. Dazu dient eine Kette oder ein Strick von 3 bis 5 Fuß = 0,9414 bis 1,5690 Meter Länge, an dessen Enden zwei 3 Fuß = 0,9414 Meter lange, 2 Zoll = 0,0523 Meter starke Stöcke bb von hartem Holz befestigt sind. Die Kette wird von unten um die Faschine herumgelegt, und die oberen Enden der Stöcke auseinander gedrückt, Fig. 1B und 1C. Diese Stöcke wirken als Hebel, ziehen die Kette möglichst straff an, und diese preßt wieder mit großer Kraft den Strauch zusammen. Unmittelbar neben der Kette wird die Faschine dann mit einer vorher tüchtig gedrehten Weidenruthe gebunden, die Kette losgelassen und abgenommen, und an der nächsten Bindestelle angelegt.

Ist man so mit dem ersten Ende der Faschine fertig, so werden die obersten Pfähle herausgezogen, und weiter unterhalb hinter den früher schon hingestellten eingeschlagen, Fig. 1. cc. Das obere Ende der Faschinen läßt man auf die Erde hinabsinken, das untere mit den vorstehenden Strauchenden bleibt auf der Faschinenbank liegen. Hier wird nun der Strauch so weiter gepackt, daß die Wurst in gleicher Stärke und im Zusammenhange verlängert wird, und in derselben Weise fortgefahren, bis endlich eine einzige Wurst von der gewünschten Stärke und von der Länge des ganzen Grabens neben demselben liegt. Man faßt dieselbe nun am oberen Ende an, wälzt zuerst dies, und so nach und nach die ganze Wurst in den Graben hinein, tritt sie darin fest, bedeckt sie nachher mit Rasen, deren Narbseite nach unten gelegt wird, und schüttet nun die vorher ausgegrabene Erde wieder darauf. Dieselbe muß fest eingestampft werden, wenn die Rieselung darüber fortgebaut werden soll, weil die lockere Erde sonst später zu stark zusammensinkt und eine Vertiefung bildet, in der das Rieselwasser sich zusammenzieht und senkrecht nach der Wurst hinabsackt, oder darin hinabläuft, und den eingefüllten Boden wohl gar ganz wegspült.

Draingräben.

§. 60.

Bei der Anfertigung der Gräben für die regelmäßige und systematische Drainirung und bei der Anwendung von gebrannten Thonröhren hat man es in der Regel nicht mit so großen Schwierigkeiten zu thun, als bei der Abgrabung von bestimmt ausgesprochenen Quellen. Sie haben es mehr mit der Fortschaffung des allgemein verbreiteten und nur der Oberfläche zu nahe kommenden Grundwassers zu thun, und brauchen deshalb selten so tief gemacht zu werden, als diese.

Bei ihrer Anfertigung kommt es, da sie nur kurze Zeit offen stehen bleiben und bald wieder zugeworfen werden, der Ersparung des Anlagekapitals halber vorzugsweise darauf an, möglichst wenig, und nur gerade so viel Boden auszuheben, als nöthig ist, um die Röhren in der als zweckmäßig erkannten Tiefe legen zu können. Sie sind deshalb so schmal aufzunehmen, daß sich der Gräber nur gerade darin rühren kann. Bei 3 bis 4 Fuß = 0,9414 bis 1,2552 Meter Tiefe genügen 14 Zoll = 0,3661 Meter, bei größerer muß auch die Breite entsprechend größer gemacht werden. Die untere Breite richtet sich nach der Breite des Drainspatens, für größere Röhren nach dem Durchmesser derselben. Eine zu große Breite erfordert nicht nur das Herauswerfen einer unnöthig großen Bodenmasse, sondern giebt auch eher Gelegenheit zum Verschieben der Röhren dadurch, daß das Lager derselben zu breit wird.

Mit dem Aufgraben darf niemals eher begonnen werden, als bis die Röhren zur Stelle sind. Stehen die Gräben längere Zeit offen, so stürzen die steilen Grabenwände bei eintretendem Regenwetter oder wegen der schwemmigen Beschaffenheit des Untergrundes sehr leicht ein, stauen das darin abfließende Wasser, und machen wiederholte Räumungen nöthig. Dazu kommt, daß an diesen eingefallenen Stellen durch das viele Treten und Arbeiten und durch das stauende Wasser der Boden außerordentlich aufweicht, und daß die Röhren dann gar oft versacken und Verstopfungen eintreten. In größere Sammeldrains, welche zuweilen lange Zeit offen stehen müssen, legt man darum gleich nach dem Aufgraben interimistisch die Röhren hinein, damit, wenn etwas nachfällt, das Wasser darunter abfließen, und das Hineingefallene so lange liegen bleiben kann, bis man später mit dem definitiven Legen der Röhren herankommt.

Das Ausheben der Gräben ist stets am untersten Ende zu beginnen, damit das während der Arbeit sich anfindende Wasser abfließen kann. Nachdem dann die eine Seite des Grabens gehörig abgeschnürt, wird mit dem senkrecht gehaltenen Spaten tief Bort gestochen, da sonst schon im zweiten Stich der Graben zu schmal werden würde, dann die Breite abgesetzt, und auf der anderen Seite eben so verfahren. Demnächst wird von unten anfangend der erste Stich bis zum Ende des Grabens herausgenommen. Dem ersten folgt in gleicher Weise der zweite, dann der dritte, bis die erforderliche Tiefe erreicht ist. Bei dieser Gräberei muß der Arbeiter bemüht sein, die rechte Breite mit zwei, höchstens drei Stichen nebeneinander so herauszunehmen, daß die Grabenwände möglichst steil werden, und nicht weiter nachgestochen und nachgeputzt zu werden brauchen. Ein Nachschippen der beim Graben abgefallenen losen Erde findet nur beim vorletzten Stiche statt. Der letzte Stich endlich erhält für die kleineren Röhren von $1^1/_4$ bis 3 Zoll = 0,03 bis 0,08 Meter im Durchmesser immer nur einen Spaten Breite, und die Sohle wird mit der Kelle von oben her nachgearbeitet.

Da sich in diesen Gräben gewöhnlich Wasser findet, so erkennt man an dem Stande und Fließen desselben leicht, ob die Sohle derselben das erforderliche stetige Gefälle, oder aber ob sie zu hohe Stellen oder Wassersäcke hat. Jene müssen fortgeschafft, diese mit grobem Sande, so weit dies nöthig, erhöht werden.

Sobald der Graben fertig ist, muß er sogleich zugelegt werden. Dazu sind die Röhren einzeln erst auf der Grabenbort neben einander und von da in den Graben hinein zu legen. Das letztere beginnt immer vom oberen Ende des Grabens. Die erste Röhre, welche eingelegt wird, wird durch ein vorgelegtes Stückchen Ziegel oder Dachstein verschlossen. Ist dieselbe hingelegt, so wird der Legehaken in eine zweite auf der Grabenbort liegende hineingesteckt, diese in die Höhe gehoben und etwas geschüttelt, damit die zufällig hineingekommene Erde wieder herausfällt, in den Graben hinabgelassen und scharf an die bereits gelegte herangedrückt. Paßt sie so, daß die Stoßfuge rundherum gleich enge genug ist, daß die etwaige Krümmung der Röhre nach der Seite liegt, die Richtung derselben aber der Grabenlinie entspricht, so wird der Haken noch etwas hin- und hergebogen, und die Röhre dadurch auch auf der Sohle fest angedrückt, und der Haken vorsichtig herausgezogen. Paßt dagegen die Röhre beim ersten Hinlegen nicht gleich, so wird sie durch Schleifen des Hakens an der Grabenwand auf diesem so lange herumgedreht, bis die richtige Lage gefunden ist. Zu hohe Lage wird durch gelindes Aufklopfen oder Drücken mit dem Haken, und seitliches Verschieben durch etwas hinabgescharrte und zwischen die Röhre und die Grabenwand gebrachte Erde leicht gehoben. Paßt dann alles, so wird mit dem Haken die folgende Röhre von der Grabenbort genommen, und ganz in derselben Weise weiter verfahren, wie eben beschrieben. Die Arbeit mit dem Haken läßt nichts zu wünschen übrig, und geht bei einiger Uebung schneller, als das Legen mit der Hand. Nur die großen Sammeldrainröhren werden mit der Hand gelegt, wobei der Arbeiter im Graben steht.

Zur Verbindung der Saug- mit den Sammeldrainröhren werden an den passenden Stellen Löcher in die letzteren mit einem scharfen Hammer eingehauen, und die Saugdrains, wenn Gefälle genügend vorhanden ist, von oben, wenn nicht, von der Seite hineingeführt, doch dürfen im letzteren Falle die Saugdrainröhren nicht so weit durch diese hindurch und in die Sammeldrainröhren hineingesteckt werden, daß dadurch das Profil der letzteren verengt wird.

Schließlich wird der ausgehobene Boden wieder in den Graben hineingeworfen, vorher aber etwas lose Erde durch Hinabscharren an der Grabenwand mit dem Spaten auf die Röhren hinaufgekrümelt. Die hineingeworfene Erde ist schichtweise festzustampfen oder festzutreten, damit das Rieselwasser nicht zu schnell zu den Röhren gelangt, und dadurch Ausspülungen veranlaßt.

Ist der Boden in der Grabensohle sehr weich, so daß ein Versacken oder Versinken der Röhren zu befürchten ist, so muß den Röhren eine Unterlage von eingeschüttetem groben Sand oder von zwei neben einander gelegten dünnen Latten gegeben werden.

Sicherung der Gräben mit zu starkem Gefälle.

§. 61.

Zuweilen ist es nicht zu vermeiden, daß kleinere Zubringer oder auch nur Zuleitungsrinnen ein so starkes Gefälle bekommen, daß das darin reißend hinabfließende Wasser den Boden und die Seitenwände derselben angreift, Löcher auswühlt, die Ufer unterwäscht und hinabstürzt, und unten alles versandet u. s. w. In diesem Falle müssen die dem Angriff ausgesetzten Stellen besonders geschützt werden. Nach dem zur Disposition stehenden Material, Holz oder Steine, nach der Größe der Wassermasse und nach dem Gefälle werden die dazu nöthigen Einrichtungen verschieden ausfallen.

In sehr holzreichen Gegenden, aber auch nur da, kann man der leichten Arbeit wegen den Boden und die Seiten mit Planken oder Brettern bekleiden. Wo das Holz aber schon knapp ist, wendet man zu diesen und ähnlichen Arbeiten nur Strauch an, und verfährt dabei folgendermaßen:

Man legt, von unten anfangend, den Strauch dicht neben einander, so breit wie der Graben ist, auf die Grabensohle, so, daß die Zopfenden nach unten, die Stammenden nach oben hin liegen. Ueber diese erste legt man dachziegelförmig, d. h. mit den Stammenden aufwärts weiter rückend wieder Strauch, dessen Zopfenden die Stammenden der ersten Lage bedecken, und fährt immer aufwärts gehend in derselben Weise fort, bis die Sohle durch den Strauch ganz dicht zugedeckt ist, Taf. X. Fig. 5. Damit das darüber fortlaufende Wasser diese Deckung nicht wegnehme, werden Stangen aa so lang, als die Grabensohle breit ist, quer über dieselbe gelegt, und jede derselben mit hölzernen Pflöcken, welche oben einen, durch einen abgeschnittenen Zweig gebildeten Widerhaken haben bb, an den Boden so fest gemacht, daß der Widerhaken über die Stangen greift, und sie auf den unten liegenden Strauch festpreßt. Die Entfernung dieser Stangen wird je nach der Länge des Strauches 2 bis 4 Fuß = 0,6276 bis 1,2552 Meter. Außerdem werden dann noch die Ufer durch Flechtzäune cc, und dahinter durch Rasenpackungen gedeckt. Das Holzwerk ist aber hier sehr vergänglich, und obgleich dazwischen bald Gras und Kraut in die Höhe wächst, werden doch in nicht allzu langen Zwischenräumen Reparaturen nöthig.

Dauerhaft werden daher diese Arbeiten nur, wenn sie aus Steinen gemacht werden können. Für kleinere Wassermassen kann man sie muldenförmig mit cubisch geschlagenen Feld- oder Bruchsteinen, wie man solche zum Pflastern der Straßen gebraucht, pflastern, muß aber dabei auf möglichst dichte Fugen halten, damit das Wasser nicht in Menge unter die Steine kommen und den Boden darunter fortspülen kann. Für größere Wassermassen muß man jedoch die Sohle mit größeren, lagerhaften Steinen treppenartig aufführen, und die beiden Borten durch feste Steinwände sichern, Taf. X. Fig. 6. Je größer die Wassermenge, desto größer und schwerer müssen die Steine sein. Zu kleine und leichte würden weggerissen und fortgeschwemmt werden.

Anfertigung der Verwallungen und Deiche.

§. 62.

Die Regeln zur Bestimmung der Dimensionen der Verwallungen oder Deiche sind bereits §. 39 besprochen Auch ist dort schon eben so, wie bei Gelegenheit der verwallten Gräben in §. 58 manche Andeutung über die Anfertigung derselben gegeben. Hier braucht daher nur noch kurz das Fehlende nachgeholt zu werden.

Das beste Material zu den Verwallungen ist Thon- und Lehmboden, weil derselbe, wenn er einmal abgelagert und fest ist, am wenigsten Sickerwasser durchläßt. Weniger gut ist Sand, und am wenigsten gut Moor- und Bruchboden. Der letztere ist bei niedrigen Dämmen, welche keinen bedeutenden Wasserdruck auszuhalten haben, nur dann brauchbar, wenn er wenigstens $1/2$ mal so stark gemacht wird, als die Regel es verlangt. Noch besser ist es, ihn mit Thon oder sonst einer dichtenden Erde einige Zoll hoch zu plattiren, um den Zutritt der Luft abzuhalten, und dadurch das Verwittern desselben wenigstens zu verlangsamen.

Einer besonderen Vorsicht bedarf die Verbindung des aufgeschütteten Deiches mit dem darunter liegenden gewachsenen Boden. Durchaus fehlerhaft ist es, wenn dieser beraset, die Auffüllung auf den Rasen zu legen. Derselbe muß erst abgehauen, jeder Strauch und sämmtliche Wurzeln müssen entfernt werden, und unter hohen Dämmen erst der Länge nach ein Graben gemacht werden, um so die möglichste Sicherheit zu gewinnen, daß das Wasser sich nicht zwischen dem alten Boden und dem neuen Damme hindurch drängen kann. Die Erde zum Damme wird schichtenweis aufgekarrt, und gut festgestampft, und die Dossirung mit Flachrasen belegt. Zu dieser letzteren Arbeit ist endlich eine Jahreszeit zu wählen, in der keine bedeutende Fluth, wohl aber das Anwachsen der Rasen zu erwarten ist.

Manipulation bei der Ausführung des Baues.

§. 63.

Von den meisten Kunstwiesenbauern wird der Hauptaccent bei ihrer Arbeit auf eine gewisse Manier in den Handgriffen beim Abstecken und

Ausführen der nöthigen Erdarbeiten gelegt. Jeder von ihnen glaubt, der Erfolg beruhe darauf. Darum findet man in den meisten Werken über den Wiesenbau diese Handgriffe als das Hauptthema behandelt, und je nachdem der Verfasser der Siegener, oder der Süddeutschen, oder der Lüneburger Schule zugethan ist, die eine oder andere Manier ganz besonders, oder vielmehr allein als die beste empfohlen. Wenn nun gleich nach den vorstehenden Auseinandersetzungen, der Kern des Wiesenbaues, der ihn durchdringende Geist, in einer ganz anderen Sphäre, als in der äußeren Form gesucht werden muß, und gefunden ist, so ist doch nicht zu leugnen, daß auch eine gewisse Genauigkeit und Sauberkeit in der Ausführung bedeutenden Einfluß auf den Erfolg einer Berieselungsanlage habe. Diese Sauberkeit, welche sich eben in der Herstellung der besten Form ausspricht, darf daher keineswegs vernachlässigt werden. Sie verdient namentlich von Seiten der Techniker schon darum eine gewisse Berücksichtigung, weil die Menschen es einmal nicht lassen können, nach der äußeren Erscheinung auch den inneren Werth einer Sache zu beurtheilen.

Eben so wenig läßt es sich verkennen — es entspricht nur der, durch die dieser Manier beigelegte Wichtigkeit angeregten Erwartung — daß die zur Herstellung der verlangten Form erforderlichen Arbeiten von den Kunstwiesenbauern mit außerordentlichem Fleiß und Geschicklichkeit und mit großer Genauigkeit ausgeführt werden, so daß deren Verfahren vielfach beibehalten werden kann. Da aber die verschiedenen Schulen der Kunstwiesenbauer auch hierin sehr weit auseinandergehen, so wird bei der Beurtheilung der verschiedenen Manieren auf Gründe zurückgegangen, es wird eine jede einer genauen Prüfung unterworfen werden müssen, ehe der Vorzug der einen vor der andern zuerkannt, und dieselbe als nachahmenswerth empfohlen werden kann. In dem Folgenden wird daher nach einer Beschreibung derselben die Kritik zu entscheiden haben, welche für den rationellen Wiesenbau beizubehalten und welche zu verwerfen sei.

Das Rasenschälen.

§. 64.

Die erste Arbeit, welche, nachdem die größeren Gräben ausgehoben, der Anfertigung der kleineren noch vorangehen muß, ist das Abschälen des Rasens auf der zu bauenden Fläche.

Die Siegener machen diese Arbeit in zweifacher Weise, sie schälen den

Rasen entweder in quadratischen Stücken, oder in langen Streifen. Im ersteren Falle werden mit dem Wiesenbeile nach der Richtung ab, ab, Taf. XI. Fig. 2., Streifen von 12 bis 14 Zoll Breite (0,3138 bis 0,3661 Meter) gehauen. Dasselbe geschieht dann auch querüber in der Richtung cd, cd in eben so weiter Entfernung. Dadurch werden die quadratischen Stücken an den Seiten abgetheilt. Sie werden dann noch mit der Stechschippe unten losgestochen. Ist der Boden hart, so kann unten am Stiel der Schippe noch ein Strick befestigt werden, an welchem ein Mann zieht, während der andere hinten am Stiele schiebt. Die Schippe geht dabei unter den Graswurzeln. Nach der Stärke der Narbe richtet sich daher auch die Stärke der abgeschälten Rasen. Zuweilen werden sie auch mit einer Hacke losgehauen.

Beim Abschälen in längeren Streifen wird der Wiesengrund nur nach der Richtung ab, ab Taf. XI. Fig. 3. mit dem Beile in eben so breite Streifen, wie vorher abgetheilt, aber nur der erste davon cc in quadratischen Stücken herausgenommen. Sobald dadurch Platz gewonnen, wird mit der von dem zur Seite stehenden Arbeiter, rechtwinklig gegen den Hieb, also in der Richtung ef gehaltenen Schippe, der zweite und dann in eben der Weise die folgenden Streifen unten losgestochen. Ein anderer Arbeiter rollt den losgestochenen Streifen auf. Soll die Arbeit fördern, so gehört ein Mann zum Vorhauen, zwei Männer zum Losstechen und der vierte zum Aufrollen. Ist die Rolle für den Transport zu groß gerathen, kann ein Mann sie nicht fortschaffen, so wird in der Mitte ein runder glatter Stock gd hindurchgesteckt, an welchem zwei Männer anfassen.

Nur an sehr wenigen Orten ist das Schälen mit dem Schottischen Brustpflug bekannt. Der Rasen wird damit von einem Mann 1 Zoll = 0,0262 Meter stark in Streifen von beliebiger Länge beinahe in eben so kurzer Zeit, wie nach der eben beschriebenen Siegener Art von Dreien abgeschält. Der Arbeiter hängt sich zuerst ein Paar mit einander verbundene Hölzer so um den Hals, daß dieselben senkrecht herunterhängend auf beiden Seiten die Brust und den Unterleib decken, setzt dann den Brustpflug an, wobei der Handgriff desselben beinahe in der Magengegend an diesen beiden Hölzern anliegt, und stößt nun mit dem ganzen Leibe den Pflug vorwärts. Der schwerste Theil der Arbeit wird hierbei mit dem Kreuz und nicht mit den Armen ausgeübt, daher ist die Arbeit damit sehr schwer, und es gehört Gewohnheit und Uebung dazu, sie dauernd und mit Geschick auszuführen. Andererseits geht aber das Schälen damit viel schneller, als bei irgend einem anderen Verfahren.

Die Lüneburger benutzen wieder ein anderes Instrument, die Plaggenhaue oder Poßhacke, dazu. Mit dieser Hacke werden die Rasen unten losgehauen, und dann in ganz unregelmäßigen, bald größeren, bald kleineren Stücken abgerissen. Sie werden in der Regel nur einen Zoll = 0,0262 Meter stark.

Geht man nun auf eine Kritik dieser verschiedenen Methoden ein, so hat zunächst der Quadrathieb gar manche Nachtheile. Dahin ist zuerst zu rechnen, daß die Rasen verschieden stark werden. Wo das Gras tief wurzelt, werden die gestochenen Sohden dick, wo es flach wurzelt, dünn. Es ist aber gar nicht durchzuführen, daß schon beim Planiren hierauf Rücksicht genommen werde. Die Höhe der gedeckten fertigen Flächen, welche gleich werden soll, wird dadurch wieder ganz ungleich. Zweitens wird es beim Auflegen dicker, und wie hier unvermeidlich, fester Rasen durchaus nöthig, daß dieselben dicht an einander schließen, weil sonst das Wasser nicht über die Fläche überrieselt, sondern in den klaffenden Fugen zwischen den einzelnen Sohden abläuft, die lose Erde darunter und dazwischen fortwascht, und Unregelmäßigkeiten herbeiführt. Werden aber die Rasen, dies zu verhindern, fest an einander gestoßen, so vermindert sich dadurch der Flächeninhalt derselben, und die gedeckte Fläche wird viel kleiner, als sie ursprünglich war. Für die übrige Fläche fehlen die Rasen. Man hat deren aber nie zuviel, weil außer dem Decken der Rücken und Hänge zu den kleinen Verwallungen der Gräben, zum Einpacken der Schleusen und zu vielen anderen Arbeiten noch eine Menge derselben verbraucht werden. Dieses Fehlen ist also doppelt empfindlich. Aus diesen Gründen ist vom Quadrathieb abzurathen, ganz abgesehen davon, daß der beim Bau nothwendige Transport von einer Stelle zur andern, durch das größere Gewicht dicker Rasen erschwert und vertheuert wird.

Besser ist deshalb schon das Aufrollen. Die Rasen recken sich bei diesem Verfahren. Beim Decken kommt man später aus, behält auch wohl etwas übrig. Allein auch hierbei bekommen die aufgerollten Streifen bei verschieden starker Narbe verschiedene Dicke. Weil das gleichmäßige Stechen mit der Stechschippe außerordentlich große Uebung und Geschicklichkeit erfordert, so gerathen die einzelnen Streifen auf einer Stelle oder Seite leicht stärker, als an einer andern, und bleiben trotz des Rollens oft noch recht hart. Es erschwert aber nichts die spätere Arbeit mehr, als Auflegen ungleich starker, großer und harter Rasen. Der Transport wird, wenn auch nicht ganz so, wie bei quadratischen Stücken durch das Gewicht der dickgeschälten Streifen ebenfalls unnöthigerweise vermehrt.

Auch beim Schälen mit dem Schottischen Brustpfluge, zu dessen richtiger Führung eine besondere Geschicklichkeit gehört, bleiben die geschälten Streifen bei zäher Narbe hart und fest.

Dagegen werden die mit der Plaggenhaue abgehackten Rasen durch die Arbeit selbst (das Umdrehen zum zweiten Hiebe, und das Hin- und Herzerren beim Abreißen) mürber, als die mit der Stechschippe unten glatt abgestochenen, sie werden nicht sehr stark, und sind deshalb leicht zu transportiren, und haben auch in dieser Beziehung vor den anderen den Vorzug.

Hierzu kommt, daß das dünne Schälen der Rasen überhaupt besser ist, und daß das Gras nach dem Auflegen dünner Rasen eher kräftig wächst. Betrachtet man nämlich die Narbe von Wiesen verschiedener Qualität genauer, so findet man dieselbe da, wo die besseren Gräser vorherrschen, mürbe und nicht allzu stark. Wo dagegen die Schnitt- oder Riedgräser (namentlich z. B. Carex acuta u. dergl.) vorherrschen, da gehen die Wurzeln tiefer in die Erde hinein, die Narbe ist zähe und hart.

Zwischen den vorherrschend schlechten Gräsern, wachsen im Moose zwar Klee, die bessern Gräser und andere gute Futtergewächse, allein alle diese Pflanzen kümmern, und entgehen durch ihre Kleinheit der Aufmerksamkeit. Sie haben daher auch nur schwächliche Wurzeln, welche in der Oberfläche liegen. Werden nun diese Rasen dick abgestochen, und dann wieder aufgelegt, so bleiben die darauf stehenden Pflanzen, die schlechten sowohl, wie die guten, zunächst unverändert, und es dauert längere Zeit, ehe jene so weit weichen, daß die besseren sie überwachsen. Beim flachen Abhauen des Rasens werden dagegen die Wurzelstöcke der schlechteren Gräser quer durchgehauen, so daß sie nach dem Aufdecken bald vergehen. Dagegen werden die Wurzeln der besseren Gräser, wenn sie auch in überwiegender Menge vorhanden sind, beim flachen Abhieb nur in den feineren Wurzelfasern verletzt. Dies Abhauen der jüngsten Wurzelspitzen schadet aber nicht, schneidet sie ja doch der Gärtner, wenn er Gewächse umpflanzt, absichtlich ab. Auf eine neue Stelle und in neuen Boden gebracht, wachsen sie bald wieder durch. Schadet aber das flache Abhauen nur den schlechten Gräsern, und nicht den bessern, bleiben dagegen jene noch lange Zeit in den dickeren Rasen erhalten, so paßt es für alle Verhältnisse besser, nur dünn zu schälen, und darum ist die Lüneburger Methode die bessere. Sie ist auch nächst dem Schälen mit dem Brustpfluge die billigste.

Ist zwischen der Grasnarbe viel Moos, so kann man die Rasen einige Zeit auf Haufen liegen lassen. Die besseren Pflanzen darin halten sich etwas länger, als das Moos. Dies Verfahren trägt daher zur schnelleren

Unterdrückung des letzteren bei. Nur darf das ja nicht zu lange dauern, weil sonst die Rasen vollständig verstocken, und auch die besseren Sachen darin Schaden leiden.

Hat der umzubauende Boden keine zusammenhängende Narbe, wie der Sandboden, auf welchem vorwiegend Bocksbart (Aira canescens), Ruhrkraut (Gnaphalium) u. dergl. wachsen, oder ist es Acker, der mit Gras oder Klee oder auch gar nicht angesäet war, so muß anstatt des Schälens die obere Krume, welche doch immer einige Pflanzenwurzeln enthält, mit der Schippe abgenommen, und auf kleine Haufen zusammengeworfen werden. Die feinen Wurzeln schlagen später wieder aus und helfen mit, den losen Boden zusammenzuhalten. Das eingesäete Gras wächst besser.

Ist endlich die Oberfläche bültig, d. h. in weichem Zustande vom Vieh sehr zertreten, wie dies auf bruchigen Hütungen oft der Fall ist, so ist ein zusammenhängender Rasen eben so wenig zu gewinnen. Man muß sich daher darauf beschränken, die Bülten abzuhauen und auf Haufen zu werfen, später aber, ehe etwas weiteres damit vorgenommen werden kann, sie durcharbeiten, ganz kurz hacken, und in dieser Form wieder oben aufbringen.

Es wird oft die Meinung ausgesprochen, es sei ein solches Abhacken des Rasen nicht nur zu theuer, sondern sogar überflüssig, weil durch Ansaat der geeigneten besseren Gräser dasselbe Ziel besser und billiger erreicht werde. Petersen hat dies sogar als zweiten Theil seiner Wiesen-Meliorationsmethode, als durchaus nothwendig vorgeschrieben. Das ist aber nicht richtig. In jeder alten Wiesennarbe ist eine solche Menge und Mannigfaltigkeit von Pflanzen vorhanden, wie solche durch Ansaat gar nicht hergestellt werden kann. Genaue Untersuchungen weisen in 1 Quadratfuß (0,0985 Quadratmeter) schlechter Wiesennarbe 600, in besserer bis 1200 Pflanzen nach. Es kommt nur darauf an, die Verhältnisse so zu gestalten, daß die vorhandenen besseren Gräser dadurch besonders bevorzugt werden. Geschieht das, so wachsen sie in unglaublich kurzer Zeit mit solcher Ueppigkeit, daß sie alle anderen unterdrücken. Ich habe Wiesenbauten geleitet, wo zuerst durch den Besitzer selbst damit angefangen und gesäet war. Das Gras wuchs zwar sehr gut, derselbe ließ aber, nachdem er den Erfolg des Deckens mit Rasen gesehen, sie später sogar mit Pferd und Wagen dazu anfahren.

Auf Haidesand und anderen sehr armen Bodenarten wächst sogar das angesäete Gras nicht einmal. Es geht auf, wächst in die Höhe, soweit die Mineralien und Nahrungsstoffe des Samens ausreichen, wird dann aber gelb und vertrocknet. Gerade hier ist das Aufdecken auch der schlechtesten

Narbe gar nicht zu entbehren, und es erscheint oft wunderbar, wie aus dem alten Haidekraut in kurzer Zeit das üppigste Wiesengras emporsprießt. Ich habe schon in wenigen Jahren aus solchem Haideboden 30 Thlr. Pacht pro Morgen gemacht. Will man in solchem Falle etwas schneller zum Ziele kommen, so mag man einige Pfund Gras pro Morgen über die alte Narbe übersäen, und ist dazu besonders Honiggras (Holcus lanatus) zu empfehlen.

Wenn daher gegen dies Verfahren gepredigt wird, so liegt die Vermuthung nahe, daß die Prediger selbst die vorliegenden Thatsachen nicht kennen. Das ist jetzt, wo so viel über Wiesenbau gesprochen und geschrieben wird, leider nur zu oft der Fall.

Anfertigung und Abgleichen der Wässer- und Entwässerungsrinnen oder Grippen.

§. 65.

Nachdem bestimmt worden, welche Form jede einzelne Schicht erhalten, ob Rücken oder Hänge angelegt werden sollen, nachdem die Gräben fertig sind, und der Rasen abgeschält und auf Haufen geworfen ist, müssen die Rinnen gemacht werden. Die Regeln über die Lage derselben sind schon oben in den §§. 35 und 36 entwickelt. Ihre Entfernung von einander wird mit einem Maaßstabe abgemessen, ihre Linie durch kleine Pfähle bezeichnet. Bevor sie jedoch ausgehoben werden, wird an denjenigen Stellen, an denen der Boden zu tief liegt, wo also Auftrag nothwendig wird, eine kleine Erhöhung in der Rinnenlinie etwas höher angekarrt, als der Wasserstand später sein wird. Allenfalls geben das Augenmaaß und das bekannte Gefälle der Schicht schon die ungefähre Höhe derselben an. Wo dies fehlt, wird mit einem Nivellir-Instrumente die ungefähre Höhe bestimmt. Die anzukarrende Erde wird da weggegraben, wo später doch Abtrag hinkommt, also in der Nähe der Entwässerungsrinne. Der angekarrte kleine Wall wird dann festgetreten oder festgestampft. Das ist deshalb besonders wichtig, weil je fester die Wässerinnen gearbeitet sind, je weniger Wasser mithin durch die Wandungen derselben in den Boden eintritt, und je mehr die Pflanzen auf das von oben herunterfließende Wasser angewiesen sind, desto besser sich der Graswuchs macht. Erst nachdem dies geschehen, werden die Rinnen nach dem Schnur so angefertigt, daß von beiden Seiten tief Bort gestochen, und die Erde mit dem Spaten von dem seitwärts stehenden

Arbeiter ausgehoben wird. Wollte man die Rinnen vor einem solchen Aufkarren in den gewachsenen ursprünglichen Boden einschneiden, und die nothwendige Erhöhung nachher durch Anpacken der Ufer machen lassen, so werden sie dadurch am unteren Ende, wo sie schmaler und flacher werden könnten, zu tief und zu breit. Deshalb sehen solche Rinnen später auch durchaus schlecht und widersinnig aus.

Die Entwässerungsrinnen werden in dem gewachsenen Boden ausgegraben, und die dabei gewonnene Erde, soweit es geht, gleich mit dem Spaten dahin geworfen, wo Auftrag nöthig wird. Es schadet gar nichts, wenn man allen Rinnen bei der ersten Anfertigung nicht gleich die volle Breite und Tiefe giebt, welche sie später haben sollen, sondern erst später, nachdem die Grasnarbe vollständig zusammengewachsen ist, durch Nachschneiden die verlangten Dimensionen herstellen läßt. In losem Sandboden ist dies sogar nothwendig, weil sie sonst ganz unförmlich werden.

Da die gleichmäßige Vertheilung des Wassers, die erste Bedingung eines gleichmäßigen und darum hohen Ertrages, vorzugsweise von der genauen Arbeit der Kanten der Wässerrinnen, über welche dasselbe überläuft und auf die Flächen hinabfließt, abhängig ist, so ist es einleuchtend, daß das Abgleichen dieser Kanten gar nicht sorgfältig genug gemacht werden kann. Die Siegener nivelliren daher jede Rinne, und schlagen alle Ruthe einen Pfahl ein, dessen Kopf genau in der Höhe des künftigen Wasserspiegels eingerichtet wird. Da sie denselben in der Regel Gefälle geben, so haben sie für das richtige Maaß dieses Gefälles darin ihr Merkmal, daß sie bei dem Gebrauch ihrer Setzwage das Loth in einer gewissen Entfernung neben dem Strich anschlagen lassen. Ueber die Köpfe der eingeschlagenen Pfähle werden dann Schnüre recht stramm gespannt und danach die Rinne abgeglichen. Die Arbeit des Abwiegens ist aber nicht allein unendlich mühsam, sondern wird auch nicht genau, da das dazu benutzte Instrument doch nur sehr unvollkommen ist. Ueberdies wird das Abgleichen nach Schnüren, welche zwischen den Unterstützungspunkten sich sacken, oder durch berührende Erdstückchen oder andere Körper leicht und oft unmerklich aus der Richtung geschoben werden, dem Wasser gegenüber ebenfalls nicht genau genug.

Die Lüneburger benutzen hierbei das Wasser selbst, als Mittel zum Abwiegen auf eine höchst zweckmäßige Weise. Es wird zu dem Ende zunächst die Höhe des Wasserstandes im Vertheilungsgraben durch ein vergleichendes Nivellement der Schicht, und nach dem sich daraus ergebenden Ab- und Auftrag festgestellt, und diese Wasserhöhe durch den gerade und glatt abgeschnittenen Kopf eines in den Graben eingeschlagenen Pfahles bezeichnet. Dann wird das Wasser in denselben so weit hineingelassen, bis es die Höhe dieses Pfahlkopfes, und damit seinen normalen Stand erreicht hat. In dieser Höhe wird es erhalten, und aus dem Graben in die Wässerrinnen hineingelassen. Sollten die Ränder der letzteren irgendwo zu niedrig sein, so muß schnell noch etwas Boden angepackt und das Wasser am Ueberlaufen verhindert werden. Jetzt wartet man die Zeit ab, bis überall das Wasser zur Ruhe gekommen ist, beobachtet aber und sorgt dafür, daß es im Wässergraben weder steigt noch fällt und immer genau die Höhe des Pfahlkopfes behält. Steht nun das Wasser still mithin horizontal, so zeigt dessen Wasserspiegel ganz genau die Höhe der Kante an. Mit scharfen Schippen oder Hacken werden daher nun die Ränder der Wässerrinnen für die Rücken auf beiden Seiten ganz scharf so weit herunter gearbeitet, bis sie mit dem Wasserspiegel genau in der nämlichen Höhe liegen. Es kann kein leichteres, bequemeres und dabei sichereres Verfahren geben, als das eben beschriebene. Sollte der Vertheilungsgraben etwas Gefälle bekommen, so braucht man nur in eine gewisse Zahl von Rinnen das Wasser gleichzeitig und in gleicher Höhe eintreten zu lassen, und mit der Höhe des Pfahlkopfes nur die ersten abzurichten. Für eine gleiche Zahl der folgenden Rücken wird dann das Wasser entsprechend niedriger gehalten, und die Kanten derselben dann nach diesem niedriger liegenden Wasserspiegel des Grabens in der nämlichen Weise abgerichtet u. s. f.

Sind die Wässerrinnen der Rückenschicht abgeglichen, so läßt man, nachdem an einer passenden Stelle ein Stau in den Entwässerungsgraben gelegt worden, das Wasser auch in diesen hinein, und darin so weit ansteigen, bis es um die Höhe der Rücken (also für 2 Ruthen Breite 6 bis 7 Zoll oder für 7,5312 Meter Breite 0,1569 bis 0,1831 Meter) niedriger steht, als vorher im Wässergraben. Auch zur Bestimmung dieser Höhe ist die Anwendung eines besonderen Nivellir-Instrumentes nicht erforderlich. Man braucht nur eine Entwässerungsrinne nach oben zu bis dicht an den Wässergraben heran zu verlängern, die Bort des letzteren an dieser Stelle mit dem normalen Wasserspiegel desselben in gleicher Höhe abzurichten, und nun von dieser Bort mit einem Maaßstock senkrecht bis auf den im Entwässerungsgraben angestauten Wasserspiegel oder bis auf einen darin eingeschlagenen Pfahl herunter zu messen, oder aber von der abgeglichenen Kante der einen Wässerrinne bis zu der der nächsten ein Schnur recht straff anhalten zu lassen, und von diesem Schnur ab die verlangte Rückenhöhe abzusetzen. Der Wasserspiegel wird im Entwässerungsgraben ebenfalls durch einen Pfahl bezeichnet, das Wasser darin während der Arbeit immer in gleicher Höhe erhalten, und danach die Kanten der Entwässerungsrinnen $^1/_2$ bis 1 Fuß oder 0,1569 bis 0,3138 Meter breit genau abgestochen. Die Erde wird nach der Wässerrinne hin ausgeworfen. Auch bei dieser Arbeit ist mithin die Lüneburger Manier der anderen bei weitem vorzuziehen.

Ganz in der nämlichen Weise werden die Rinnen für die Hänge, nur mit den dabei nöthigen Veränderungen abgeglichen. Die ersten Hänge längs dem Wässergraben werden, je nach dem schwächeren oder stärkeren Abfalle des Terrains $^1/_2$ bis 9 Zoll = 0,0131 bis 0,2354 Meter niedriger gelegt, als der Wasserspiegel in diesem. Mit dem Gefälle des Grabens müssen sie mindestens parallel gehen, und jeder folgende Hang etwas niedriger gelegt werden, als der vorherige. Niemals dürfen sie nach dem Ende zu, zu hoch gehalten werden, ein Fehler, in den namentlich die Hannoverschen Wiesenbauer gar leicht verfallen, wenn sie nach einem stehenden Wasserspiegel bauen, und nicht auf das zum Fließen nöthige Gefälle des Wassers im Graben Rücksicht nehmen, und der sich dadurch straft, daß entweder das Wasser im Graben zu hoch angetrieben werden muß, oder daß die Wässerung schlecht von statten geht. Jeder Hang bildet übrigens ein Ganzes für sich. Daher brauchen mehrere Wässerrinnen auch nicht in gleicher Höhe zu liegen. Da aber nur die untere Kante derselben überrieselt, so wird auch nur diese mit dem Wasser gleich hoch abgerichtet. Auf der anderen Seite bleibt der kleine Wall, auf dessen Höhe es weniger ankommt. Die obere Seite der Wässerrinnen wird daher nach Augenmaaß 2 bis 3 Zoll oder 0,0523 bis 0,0785 Meter über dem Wasser abgehauen. An der Entwässerungsrinne werden dagegen beide Kanten gleich hoch abgerichtet, damit beim Mähen später darüber fortgehauen werden kann. Die Hänge mit den Wällen erhalten daher die auf Taf. IV. Fig. 3. und 4. gezeichnete Form. Die Höhe des zum Abrichten zu benutzenden Wasserstandes richtet sich darnach, wie sich Auf- und Abtrag auf jedem Hange ausgleichen. Da, wo weder der eine noch der andere nöthig ist, ergiebt sich natürlicherweise die Höhe des Terrains als solche.

Das Planiren.

§. 66.

Da die Rinnen am besten nach Lüneburger Manier abgeglichen werden, so ist an den Kanten derselben nach dem Abgleichen die Höhe des Auf- und Abtrages auf das allerdeutlichste zu erkennen. Da, wo das

Terrain zu hoch ist, muß nun der überflüssige Boden fortgenommen werden. Es ist hierbei aber nicht gut, ihn nur gerade bis zu der Tiefe wegzuschaffen, wie es zur Ebenung der Fläche nöthig ist, sondern besser, an kleinen Stellen mit dem Spaten zuerst etwas tiefer zu greifen, und dann die so entstandenen kleinen und flachen Löcher von den Seiten her wieder zuzuplaniren. Der Untergrund wird dadurch gelockert und mit der oberen Krume gemischt. Er bleibt, wo die obere Erde nur ganz genau weggenommen ist, hart und fest und die Wurzeln der später aufgelegten Rasen dringen nur schwer und zuweilen erst nach langer Zeit in den nicht gelockerten Boden ein. Im ganzen können bei rationeller Eintheilung die ab- und aufzutragenden Erdmassen niemals von großer Bedeutung sein, da sie, wie oben bereits nachgewiesen, auf der ganzen Fläche in der Regel durchschnittlich nur $1^3/_4$ Zoll = 0,0459 Meter Höhe, und an den kleinen Stellen, wo die Köpfe der Rücken ganz durch Auftrag von den Entwässerungsrinnen her gebildet werden, nur 6 bis 7 Zoll = 0,01569 bis 0,1831 Meter als größte Höhe haben. Will man seine Sache recht gut machen, so läßt man an den Stellen des Abtrags einen Theil der besseren Erde zurückwerfen, und sie nach dem Fortschaffen des dem entsprechend mehr weggenommenen Bodens wieder überbreiten. Da wo Auftrag hingekommen ist, wächst alles sehr gut, wenn der Boden dazu auch von dem todten Untergrunde zusammen geworfen ist. Hier ist ein Obenaufbringen der besseren Erde nicht nöthig. Aus diesem Grunde muß man das Verfahren der Siegener, die sogenannte Bauerde, d. h. die bessere dicht unter dem Rasen liegende Krume, auf der ganzen Fläche mehrere Zoll stark abzunehmen, an die Seite und erst nach dem Planiren wieder aufzubringen, für eine überflüssige, die Anlage unnöthigerweise vertheuernde Operation halten. Mit Berücksichtigung dieser Regeln wird der Boden überall zuerst ausgeglichen, so daß an jeder Stelle die nöthige Erde vorhanden ist, dann diese Erde gehörig gebreitet, die vorstehenden Klöße kleingehackt, die kleineren Vertiefungen zugefüllt, und so planirt, daß überall die von den Wässer- nach den Entwässerungsrinnen hingezogenen Linien gerade sind. Nichts ist fehlerhafter als der überrieselten Fläche eine gewölbte Form, Taf. XI. Fig. 7., zu geben. Solche Flächen rieseln stets schlecht. Die Rücken werden später bei etwas mangelhafter Unterhaltung schon ganz von selbst und viel zu früh so rund. Viel eher ist es zu erlauben, daß wenn an irgend einer Stelle der Boden einmal fehlt, die Rücken hohl gemacht werden, Taf. XI. Fig. 8.

Bei einiger Uebung der Arbeitsleute geht das Planiren sehr gut nach dem Augenmaaß. Die abgeglichenen Ränder der Rinnen auf beiden Seiten der zu planirenden Flächen geben dem Auge dabei vollständig genügende Anhaltspunkte. Bei geringerer Uebung giebt das Auflegen eines Richtscheides, oder das Anhalten eines recht stramm angezogenen Schnures eine sehr gute Kontrole für die richtige Arbeit.

Beim Hangbau kommen zuweilen Flächen vor, welche schon in ihrer natürlichen Lage einen genügend starken und so regelmäßigen Abfall haben, daß mit der Einrichtung und dem Abgleichen der Rinnen die ganze Anlage fertig ist. Solche Flächen brauchen eigentlich weder abgeschält, noch planirt zu werden. Eigenthümlich aber ist es, und beweist die in dem §. 64 ausgesprochene Ansicht, daß durch flaches Schälen der Rasen die nicht auf die Rieselwiesen gehörigen Pflanzen eher zerstört werden, daß solche unberührt gebliebenen Hänge gewöhnlich erst später, nachdem sie viel Wasser bekommen haben, die spezifischen Rieselgräser und damit den vollen Grasertrag hervorbringen. Die Qualität des Bodens bleibt zu lange Zeit von Einfluß. Ist derselbe fest, so kann das Wasser nicht in genügender Quantität in denselben eindringen. Sind daher so gelegene Flächen nicht ganz eben, haben sie kleine Vertiefungen und Erhöhungen und nicht besonders guten, namentlich keinen mürben Boden, so ist es am besten, sie abzuhacken, umzugraben, und die kleinen Unebenheiten glatt zu planiren.

Im Lüneburgischen wurde früher viel geschwemmt. Der geschwemmte Boden legt sich aber, wie oben bereits erwähnt, sehr fest zusammen, und bringt gewöhnlich rauhen Duwock oder Heermus (Equisetum palustre) hervor, wenn er nicht wieder gelockert und gedeckt wird. Außerdem hat die Oberfläche der geschwemmten Flächen selten schon die gehörige Form, sie muß doch noch nachgearbeitet, der Boden auch wohl theilweise wieder auf eine andere Stelle gebracht werden. Darum ist das Schwemmen auf die Ausfüllung alter Bachbetten, oder tieferer Löcher zu beschränken. Wenn es sich nicht um große Massen handelt, so läßt sich der gewöhnliche Transport mit der Handkarre eben so billig und besser bewirken, da der Boden damit gleich auf die rechte Stelle gebracht werden kann.

Das Decken mit Rasen.

§. 67.

Während des Planirens der einen Hälfte eines Rückens oder Hanges werden die abgehackten Rasen auf der andern Hälfte oder auf einem anderen Hange auf Haufen zusammengeworfen, damit sie während der

Arbeit nicht im Wege sind. Sobald diese beendet ist, werden sie auf den fertig planirten Theil herübergebracht und nun der Rest der Fläche planirt. Ist auch diese Arbeit beendet, so werden die Rasen wieder aufgedeckt. Am schnellsten geht das Decken unstreitig, wenn die Narbe vorher aufgerollt war. Die Rollen werden an der Wässerrinne zuerst zurechtgelegt. Mit geringer Nachhülfe breiten sie sich bis zur Entwässerungsrinne hinab aus, und brauchen dann nur noch mit einer Forke aneinander geschoben zu werden. Da aber die §. 64 nachgewiesenen Nachtheile, welche mit dem Schälen in Streifen verbunden sind, diese Methode weniger empfehlenswerth erscheinen lassen, als das Abhacken mit der Plaggenhaue, so wird auch nach Lüneburger Manier gedeckt werden müssen. Die unregelmäßigen Rasen werden auf dem geebneten Boden dabei so aneinander gelegt, daß die kleineren, aber möglichst gleich starken Stücke die Wässerrinnen einfassen, die größeren den Rand der Entwässerungsrinnen bilden, Taf. X. Fig. 7. Die anderen füllen den Raum zwischen beiden, je nachdem der Boden vorher eine dichte oder lockere Narbe hatte, mehr oder weniger aus. Sie werden so eingetheilt, daß sie überall gleichmäßig zu liegen kommen. Dabei ist darüber zu wachen, daß die Ränder der einzelnen Stücke nicht aufeinander gelegt werden, weil sie dann sich nicht gut glatt schlagen lassen. Es schadet nichts, wenn zwischen denselben schmale Streifen des Bodens ganz unbedeckt bleiben, denn erstlich dehnen sich die Rasen beim Schlagen etwas auseinander, zweitens quillt der vorher erweichte Boden in diesen Zwischenräumen in die Höhe, so daß die Flächen doch glatt werden, und drittens überziehen die Gräser mit kriechender Wurzel und mit Stolonen, wie z. B. Agrostis stolonifera, Alopecurus fulvus, Poa compressa, Glyceria fluitans u. a. m. diese Stellen sehr bald, und wachsen mit besonderer Ueppigkeit darauf an. Auch lassen sich Unregelmäßigkeiten, welche durch die ungleiche Stärke der Rasen entstehen, sehr leicht dadurch wieder gut machen, daß man mit den dickeren etwas lockerer, d. h. weitläufiger deckt, und dadurch dem in Masse in die Höhe gedrängten Boden in den weiteren Zwischenräumen zwischen den aufgelegten Sohden den erforderlichen Raum verschafft.

Ein großer Vortheil dieser Methode besteht außerdem noch darin, daß dabei so viel Rasen übrig bleiben können, als anderweitig zu einer Menge von Arbeiten gebraucht werden.

Sind die Deckrasen knapp, so muß man sich schon damit begnügen, zunächst nur die Kanten der Wässer- und Entwässerungsrinnen einzufassen. Was dann noch übrig bleibt, muß in möglichst kleine Stücke zerrissen und gleichmäßig vertheilt werden, oder es müssen andere Rasen aus der Nähe, wenn auch nicht gerade von der zu bauenden Fläche selbst, sondern vielleicht von einer anstoßenden Weide, oder aus dem Walde, und wenn es nur Moos-palten aus einem Kiefernholze sein sollten, herbeigeschafft werden. Die Kosten entscheiden darüber. Bei dieser Berechnung ist aber darauf Rücksicht zu nehmen, daß nur die gedeckte Wiese in kürzester Zeit den vollen Ertrag zu gewähren vermag. Auch der aufgesäete Grassame wächst besser an, wenn vorher nur ganz locker gedeckt werden konnte.

Sind gar keine Rasen vorhanden, und sind solche auch nicht herbeizuschaffen, so wird die vorher zusammengeschippte Krume wieder obenauf gebracht und stark angesäet. Hier gilt es, im Boden zuerst nur Wurzeln zu produziren, welche ihn zusammenhalten und das Rieseln ermöglichen. Da indeß im mageren Boden die Pflanzen nur kümmerlich wachsen und daher keine starken Wurzeln bilden, so muß man schon durch die Menge derselben, also durch recht dicke Ansaat, diesen Zweck zu erreichen, bemüht sein. Womit soll nun angesäet werden? Das ist eine oft aufgeworfene Frage. Für alle armen Bodenarten, für den Sand-, wie für den Bruch- und Moorboden, paßt am besten das Honiggras (Holcus lanatus). Findet sich dasselbe auf schlechten Wiesen erst in der Nähe der Entwässerungsrinnen von selbst ein, ohne angesäet zu sein, so ist das ein gutes Zeichen, und deutet darauf hin, daß die Wiesen bald ausgeglichen sein und viel Ertrag geben werden. Es ist in seinen Ansprüchen äußerst bescheiden und verträgt Trockenheit und Nässe gleich gut, sogar die Kälte des Bodens schadet ihm wenig. Es ist mit anderen Gräsern außerordentlich verträglich und macht den besseren Arten später leicht Platz. Der Samen desselben ist leicht zu haben und billig. Diese Vorzüge machen das Honiggras zur Aussaat besonders geeignet, und obgleich es der Qualität nach nur zu den ziemlich guten Gräsern gehört, so thut man doch wohl daran, für geringen Boden davon die größte Quantität zu nehmen, und ihm andere Sämereien nur beizumischen. Das Thimotegras (Phleum pratense) wächst auf gutem Boden recht gut, kommt sogar als Uebersaat über Haideplaggen kräftig hervor, allein es taugt weder für mageren losen Sand, noch für sauren Humusboden, und kann kalten Boden gar nicht vertragen. Wenn es daraus auch zuerst wie eine Bürste hervorsprießt, und fingerlang scheinbar freudig emporwächst, so wird es nachher bald gelb und vergeht spurlos. Da, wo es vorherrscht, ist es mit anderen Gräsern unverträglich und läßt sie nur sehr schwer aufkommen. Daher lohnt dessen Ansaat auf magerem Boden gar nicht, auf besserem kann man etwas davon unter die anderen Gräser mischen. Ferner ist für mageren Boden die Beimengung von etwas weißem Klee (Trifolium repens) und gelbem Klee (Medicago lupulina), für bessern auch von rothem Klee (Trifolium pratense) anzurathen. Auch kann man der Einsaat Hafer und Wicken beimischen. Es kommt in solchem Falle zuerst nur darauf an, den Boden so weit zu befestigen, daß er das Rieselwasser vertragen kann.

Wo guter Boden ohne Narbe zu Rieselwiesen umgeschaffen werden soll, wird man am besten thun, die Ansaat aus solchen Gräsern zusammenzusetzen, wie solche auf den besseren Rieselwiesen sich später einfinden. Die anderen würden von diesen doch wieder unterdrückt werden. Eine solche Ansaat würde daher zur Hälfte aus

dem gemeinen Wiesenrispengras (Poa trivialis)
pro Morgen 10 Pfund, pro Hektare 20 Kilogramme,
Wiesenrispengras (Poa pratensis)
pro Morgen 2 Pfund, pro Hektare 4 Kilogramme,
Wiesenfuchsschwanz (Aropecurus pratensis)
pro Morgen 2 Pfund, pro Hektare 4 Kilogramme,
Wiesenschwingel (Festuca pratensis und etatior)
pro Morgen 1 Pfund, pro Hektare 2 Kilogramme,
Mielitz (Phalaris arundinacea)
pro Morgen 1 Pfund, pro Hektare 2 Kilogramme,
Schwadengras (Glyceria fluitans und spectabilis)
pro Morgen 1 Pfund, pro Hektare 2 Kilogramme,
Rothen und weißen Klee
pro Morgen 3 Pfund, pro Hektare 6 Kilogramme

bestehen können. Hierbei ist aber anzurathen, daß man sich vorher von der Keimfähigkeit des Samens gründlich überzeugt. Die selten geforderten Gräser sind wohl nicht immer auf Treue und Glauben zu verwenden.

Das Anklappen.

§. 68.

Sind die Deckrasen wieder aufgelegt, so wird das Wasser angelassen und so lange gerieselt, bis der Boden erweicht ist. Es ist durchaus nicht nachtheilig, wenn dies so lange dauert, daß das Gras der noch lose oben aufliegenden Rasenstückchen schon anfängt durchzuwachsen. Ist dann der Boden gehörig erweicht, so wird das Wasser so weit abgelassen, daß nur die

Gräben und Rinnen noch vollstehen, und nun die Oberfläche mit der Rasenklatsche tüchtig und glatt geschlagen, um dadurch die Rasen an den Boden fest anzutreiben, das Durchwachsen der Wurzeln zu befördern, und die kleinen durch das Decken entstandenen und in den Rasen selbst liegenden Unebenheiten auszugleichen. Eine besondere Vorsicht ist bei dieser Arbeit in der Nähe der Rinnen, namentlich der Wässerrinnen nöthig. Hier wird durch ungleichmäßiges Schlagen die vorher mühsam hergestellte Abgleichung derselben zerstört, und, da der Boden unter den Rasen hier besonders leicht ausweicht und in die Rinnen hineinfällt, ein ganz unregelmäßiges Ueberrieseln hervorgerufen.

Die voll Wasser gehaltenen Gräben und Rinnen geben dem Auge Anhaltspunkte bei dieser Arbeit.

Nach dem Anklappen werden, wenn die Rasen erst an- und zusammengewachsen sind, die sämmtlichen Rinnen nachgeschnitten und mit dem erfolgenden Material die etwas gesackten oder vom Rieselwasser ausgespülten Stellen wieder ausgebessert.

Faktischer Erfolg.

§. 69.

Sind die Rieselwiesen nach den bisher gegebenen Regeln angelegt, so entspricht der Erfolg überall den davon gehofften Erwartungen. Ueberall, sogar auf den schlechtesten Bodenarten, auf dem kalten und sauren, dunkelbraunen eisenschüssigen und sandigen Haideboden, wie auf dem schlechtesten Moostorf, und auf dem ärmsten Bruchboden wachsen bei sorgfältiger Unterhaltung und richtiger Behandlung die oben in §. 22 angeführten spezifischen Rieselgräser in der gewünschten Masse. Dieser Erfolg tritt mit einer solchen Sicherheit und in verhältnißmäßig so kurzer Zeit ein, daß der Wiesenbau jetzt eine der lohnendsten Meliorationen ist, und das größte Vertrauen verdient. Wenn hier noch einmal darauf zurückgekommen wird, so geschieht dies nur darum, weil dadurch Gelegenheit gegeben wird, auf einzelne, bei neuen Anlagen vorkommende Erscheinungen aufmerksam zu machen, und über manche derselben zu beruhigen. Dahin gehört das Auftreten der Binsen (Scirpus). Auf eisenreichem Sandboden kommen sie, zumal wenn er kalt ist, nicht selten vor, erscheinen aber auch nach dem Umbau oft in großer Menge. Man kann sie sogar auf manchem warmen Sande dadurch hervorrufen, daß man die Wässergräben und Rinnen immer voll Wasser hält, und den Boden dadurch künstlich auskältet. Sie sind jedoch nur Uebergangspflanzen, welche in einigen Jahren spurlos verschwinden. Auch die kleine Krötenbinse (Juncus bufonius) wächst im ersten Jahre oft in großer Menge, und bis zur Höhe von einem Fuß. Sie vergeht indeß noch viel schneller, als die große. Ihr Erscheinen ist immer ein sicheres Zeichen, daß die Wiese sehr bald besser werden wird. Schon im zweiten Jahre ist der Ertrag gewöhnlich den Verhältnissen nach sehr zufriedenstellend.

Es wird oft gefragt, ob auch das Heermus, der rauhe Duwock (Equisetum palustre) durch das Rieseln zu vertreiben sei? Leider ist das nicht ganz der Fall. Die Bedingungen für das Wachsthum der besseren Gräser sind zwar gegeben; diese wachsen daher auch üppig und kräftig in die Höhe, und zwischen ihnen wird das Heermus in seinem Wuchse beeinträchtigt, allein es weicht nicht ganz, und wenn es auch in manchen Jahren zu verschwinden scheint, so ist und bleibt es doch, wenn auch nur in geringer Menge, vorhanden.

Von der Güte des Wassers und der aufgelegten Deckrasen hängt die Zeit bis zum vollen Ertrage der Wiese ab. Ist beides gut, sind namentlich durch vorhergegangene wilde Wässerungen oder durch frühere Ueberschwemmungen die entsprechenden Gräser schon vor dem Umbau vorhanden, so ist, von der im Frühjahr gebauten Wiese oft noch im Herbst ein guter, manchmal sind sogar, wenn der Bau recht zeitig fertig geworden, noch zwei Schritte zu nehmen. Unter weniger günstigen Verhältnissen vergehen oft mehrere (bis 6) Jahre, in denen der Ertrag nach und nach zunimmt, bis er die normale Höhe erreicht. Die im Spätherbst aufgelegten, vor Winter nicht angewachsenen Rasen frieren leicht auf, und bleiben, wenn auch nachher noch einmal angeklappt, im ersten Jahre zurück. Am schlimmsten ist in dieser Beziehung der arme Moor- und Bruchboden.

Auch auf den drainirten Wässerwiesen verspricht der Erfolg ein lohnender zu werden. Auf dem schlechten Humusboden, dessen Einrichtung oben beschrieben worden ist, war der erste Erfolg der, daß das viele Moos verschwand. Ein zweiter bestand darin, daß die schädlichen Modersäuren und die im Boden enthaltenen Extraktivstoffe ausgewaschen wurden. Das durch die Drains abgeführte Wasser war zwar klar, aber kaffeebraun gefärbt. Auf anderen schon mehr gewässerten Wiesen läßt der Ertrag nichts zu wünschen übrig, und wird dem auf den gebauten Rieselwiesen immer ähnlicher. Auch bei dieser Art der Anlage stehen Wasserquantität und Ertrag im Verhältniß, es kommt nur noch darauf an, das Minimum des

Bedarfs genauer festzustellen. Die Art der Einrichtung entspricht allen daran zu stellenden Anforderungen.

Ist Wasser genug vorhanden, so können dadurch allein die Wiesen auf dem Höhepunkt des Ertrages erhalten werden, ohne daß ein neuer Umbau oder eine Düngung derselben nöthig wird.

Ich muß hier noch einen wichtigen Punkt erwähnen. Es wird manchmal dem Rieselwiesenheu der Vorwurf gemacht, es gebe zwar viel Masse, aber es sei kraftlos, und füttere nicht gut, ja es geht mancher noch weiter, und erklärt es sogar für schlechter, als Stroh, für ungesund u. dergl. m. Diese Vorwürfe sind aber entschieden unbegründet. Sie treffen nicht das Rieselwiesenheu im allgemeinen, sondern höchstens die Art der Anlage oder den Rieselwirth. Es ist in dem vorigen schon genug geeifert über die Mangelhaftigkeit vieler Anlagen, und da muß zugegeben werden, daß darin nicht selten die Ursache des Verderbens zu finden ist, ist ja doch wiederholt nachgewiesen, daß und warum auf vielen Wässerwiesen schlechtes Gras und Moos u. dergl. wächst. Es ist leider ebenso wahr, daß viele Rieselwiesen schlecht behandelt werden, und diese mangelhafte Behandlung auch ihren Antheil zum Verderben des Futters hat, es kann endlich auch nicht bestritten werden, daß die Werbung des fetten Rieselgrases, welche an und für sich schon manche Schwierigkeiten darbietet, nicht überall mit der nöthigen Sorgfalt vorgenommen wird. Dieser Mißbrauch nach den verschiedenen Richtungen hin rechtfertigt indessen die obigen Behauptungen in keiner Weise. Sie sind für rationell gebaute und sorgfältig unterhaltene Wiesen ganz unbegründet. Das Heu besteht aus verschiedenen Sorten von Pflanzen. Sein Nährwerth, gute Werbung natürlich vorausgesetzt, richtet sich nach dem Werthe derselben. Es steht aber fest, daß die Gramineen, die hohlstengligen Gräser, nahrhafter sind, als die Riedgräser. Wenn auch der Futterwerth der zu jener Familie gehörenden Arten nicht gleich ist, so ist doch bekannt, daß gerade die auf guten Rieselwiesen wachsenden zu den nahrhaftesten gehören. Warum soll nun ein Heu, welches gerade aus diesen besteht, schlecht sein, warum die Summe entgegengesetzte Wirkung zeigen, als die Summanden?

Ja, sagt man, das Gras ist getrieben. Was denkt man sich wohl bei dieser Redensart? Ich meine: nicht viel. Das Rieselgras wird lang, es wird zuweilen sehr stark, es sieht blaß aus, aber warum? Einfach doch nur, weil die Bedingungen zu seinem Gedeihen so günstig sind und weil die ihm dargebotene Nahrung so reichlich zufließt, daß es kräftig wächst, und alle anderen Pflanzen durch seinen dichten Stand unterdrückt. Eine kräftig entwickelte Pflanze muß aber unter allen Umständen an organischen und unorganischen Bestandtheilen reicher sein, als eine mangelhaft ernährte. Darüber geben uns die neueren Wasserkulturversuche die unwiderleglichen Beweise. Wenn es dabei gelungen ist, das Tausendfache des Samens zu produziren, so wird niemand diesen Pflanzen aus ihrem kräftigen Stande einen Vorwurf machen und sie für weniger werthvoll halten.

Es schien zwar vor einigen Jahren eine Analyse von Rieselgras des Dr. Schutz-Fleeth die obige Meinung zu unterstützen, allein dieselbe hat keinen Werth. Ich hatte nämlich dem Landes-Oekonomiekollegium eine Probe von getrocknetem Grase eingereicht, um zu zeigen, in welcher Vollkommenheit die einzelnen Grasarten auf den Rieselwiesen gedeihen können, und diese Probe war zu jener Untersuchung benutzt worden. Wäre ich danach gefragt, so würde ich davon abgerathen haben, denn sie hatte bei mir schon Jahr und Tag auf dem Schranke gelegen, war oft vorgezeigt und besehen worden, und in Folge dessen eine Menge von Blättern, Blüthen und Früchten abgefallen. Andere Analysen des frischen Grases von Professor Dr. Birner, die er in einer Versammlung der Pommerschen ökonomischen Gesellschaft in Cöslin mittheilte, widersprechen dem auch ganz entschieden. Sie weisen sogar einen größeren Gehalt an Proteïnkörpern, also auch einen höheren Futterwerth nach, als beim gewöhnlichen Wiesenheu.

Endlich spricht auch die Erfahrung dafür. Zum Beweise nur ein Beispiel. Bei Schloßkämpen existiren seit einigen zwanzig Jahren Rieselwiesen auf Moorboden von mir. Der frühere Besitzer konnte mit seinem Viehstand nicht auf einen grünen Zweig kommen. Natürlich war das Rieselwiesenheu daran Schuld! Seit drei Jahren ist das Gut in die Hände der Regierung zu Cöslin übergegangen. Seitdem werden die Rieselwiesen dort verpachtet. In den ersten beiden Jahren wurde der Morgen mit 10 Thaler bezahlt, in diesem Jahre sind 15 Thaler im Durchschnitt dafür gegeben worden. Die kleinen Leute, welche sie gepachtet haben, erklären und beweisen durch das Mehrgebot und den großen Andrang auf dem Termine, daß das Heu nicht schlecht sein könne, und gestehen gerne ein, daß ihr Vieh sich nie so gut im Fleische gehalten und nie so viel Milch gegeben habe, als jetzt, seitdem sie dies Rieselheu füttern. Die natürlichen daneben liegenden Wiesen bringen 10 bis 15 Sgr. pro Morgen. Dasselbe wird von sehr vielen anderen Rieselwiesenbesitzern durchaus bestätigt. Auch der Eifer, mit welchem die kleinen bäuerlichen und städtischen Besitzer in vielen Gegenden von Pommern bisher immer einstimmig zu Genossenschaften zur Berieselung ihrer Wiesen zusammengetreten sind, und noch immer zusammentreten, weil sie die Beweise vor Augen haben, spricht mehr, als alle Reklame, für die Sache.

Dritter Abschnitt.

Stauapparate und Wasserbauten.

Allgemeine Bemerkungen.

§. 70.

Bei einer jeden Rieselanlage wird, sowohl um das Wasser zu der erforderlichen Höhe anzuspannen, als auch um dessen Zufluß zu reguliren, die Erbauung von Schleusen nöthig. Ihre Größe und Konstruktion wird durch die davorliegende oder durchzulassende Wassermasse und deren Stauhöhe bedingt. In kleinen Rinnen genügt ein vorgelegtes Rasenstück, während große Flüsse oder tiefe Bassins starke und sehr kostbare Wasserbauten nöthig machen. Kenntniß der erfahrungsmäßig besten Konstruktionen, so wie richtige Würdigung der Verhältnisse sind also die ersten Anforderungen an den Wiesenbaumeister. Er darf da, wo Sicherheit und Schutz großer Berieselungsanlagen nothwendig, wo bedeutendem Druck hoher Wasserstände Widerstand zu leisten u. s. w., nur durchaus tüchtig bauen; die Kosten dürfen dann nicht gescheut werden. Eine unzeitige Ersparung wird an solchen Orten häufig zur allergrößten Verschwendung. Wo dagegen nur kleine Wassermengen vollständig in seiner Gewalt sind, da kann und muß er leichter bauen, und unnöthige Ausgaben zu vermeiden wissen.

Die aus dem Siegener Lande und dort aus dem vorigen Jahrhundert herstammenden Schleusenkonstruktionen sind so schlecht, und stehen mit den Grundprinzipien der Wasserbaukunst in so schneidendem Widerspruch, daß sie ganz zu verwerfen sind. Daher können die in dem Folgenden zu gebenden Regeln mit den in den meisten anderen Werken über den Wiesenbau enthaltenen nicht übereinstimmen. Auch hierbei wird der rationelle Wiesenbauer sicherer und im ganzen auch billiger arbeiten.

Die Nothwendigkeit, das Wasser zu gewissen Zeiten frei laufen zu lassen, oder die Möglichkeit, es beständig gestaut zu halten, bestimmen die Wahl des Stauapparats, die Anlage von Schleusen oder von Wehren.

Schleusen.

§. 71.

Die Schleusen dienen zum temporären Aufstauen des Wassers. Deshalb haben sie bewegliche Schützbretter, welche eingesetzt dem Wasser theilweise oder ganz den Durchgang versperren, herausgenommen aber dessen freien Abfluß nicht behindern.

Hieraus folgt, daß Zu- und Abfluß durch mehr oder minderes Oeffnen nach Belieben regulirt werden können. Die Schleusen sind mithin da zu erbauen, wo die Aufstauung großer Wasserzuflüsse ein zu leichtes Bauwerk gefährden würde, oder durch einen beständigen Stau, Grundstücke von Nachbaren, gleichviel ob immer oder nur zeitweise überschwemmt, und diese dadurch im Genuß ihres Besitzes gestört werden würden, also fast überall in Flüssen und Bächen mit nicht übermäßig großem Gefälle u. s. w., endlich da, wo durch dieselben der Zufluß für eine Berieselungsanlage regulirt und der Andrang zerstörender Fluthen oder ein unzeitiger Zufluß abgehalten werden soll, wie am Anfange des Hauptzuleitungsgrabens. Die Schleusen gehören, wenn auch zu den sichersten, doch auch zu den kostbarsten Wasserbauten, daher ist deren Anordnung nur da, wo die Nothwendigkeit es unabweisbar gebietet, anzuempfehlen. Nach dem Material, woraus sie erbaut werden, unterscheidet man hölzerne oder massive Schleusen.

Lage der Schleusen.

§. 72.

Bei der Auswahl der Baustelle für eine Schleuse hat man hauptsächlich sein Augenmerk darauf zu richten, daß der Stromstrich möglichst in der Mitte des Flusses, Baches u. s. w. liegend, senkrecht auf die Hauptspundwand falle und eben so das Gerinne verlasse, damit derselbe weder ober- noch unterhalb der Schleuse deren eine Seite und das Ufer besonders angreife, und dadurch Veranlassung werde, daß das Wasser um die Schleuse herum durchbreche. Man wird dieselbe daher an einer Stelle, wo das Bett eine ziemliche Strecke gerade ist und die stärkste Strömung in der Mitte geht, winkelrecht auf diese Richtung zu erbauen haben.

Ist man genöthigt in einem Flußbette selbst zu bauen, so sind ober- und unterhalb der Baustelle Fangdämme durch den Fluß zu legen, welche das Eindringen des Wassers in die Baugrube verhindern, während neben der Baustelle durch einen interimistischen Freigraben für ungehinderten Abfluß des von oben her zufließenden Wassers gesorgt wird. Aus der Baustelle selbst wird das Wasser je nach der eindringenden Masse und der Höhe der Hebung durch Wurfschippen, Eimer, Pumpen, Schnecken, Centrifugalmaschinen u. dergl. m. fortgeschafft.

Die Fangdämme konstruirt man nach der Höhe des davor liegenden Wassers verschieden, immer aber macht man sie etwas höher als den höchsten Wasserstand, wenigstens etwas höher, als die Flußufer selbst.

Bei geringer Wassertiefe von $1^1/_2$ bis 2 Fuß oder 0,470 bis 0,6276 Meter und bei geringer Breite des Baches &c. genügt es, ein Stück Holz quer über zu legen, Taf. X Fig. 8. aa, und dessen Enden in den Ufern durch Eingraben oder davor geschlagene Pfähle zu befestigen. Auf der äußeren Seite werden Pfähle b in etwa $^1/_2$ Fuß oder 0,1569 Meter Entfernung von einander dahinter geschlagen, und hinter diese eine Kopfrasenpackung c gemacht, welche durch etwas davor geworfene Erde d verstärkt wird.

Bei einer Wasserhöhe von 3 bis 4 Fuß oder 0,9414 bis 1,2552 Meter muß man schon eine Reihe von Spitzpfählen in 4 bis 5 Fuß = 1,12552 bis 1,5690 Meter Entfernung von Mittel zu Mittel quer durch den Fluß hindurch schlagen, Taf. X. Fig. 9. a, Zapfen an die Pfähle schneiden, einen Holm b darüber legen und nun außerhalb neben einander unten etwas geschärfte Bretter c schräg (ungefähr unter 45 Grad) in den Boden einstoßen. Die Fugen zwischen denselben werden durch eine zweite Lage von darüber gelegten Brettern oder Schalen d gedeckt, und endlich, um das Ganze vollkommen zu dichten und gegen das Durchsickern des Wassers zu schützen, etwas Erde e auf die letzteren geschüttet.

Bei noch größerer Wasserhöhe bis 8 Fuß oder 2,5104 Meter werden zwei Reihen von Pfählen aa Taf. X. Fig. 10. quer über geschlagen und die Entfernung der Reihen von einander so groß gemacht, als der Wasserdruck hoch ist. Beide werden dann verholmt und über die Holme bb Zangen cc gekämmt, auf der inneren Seite der Holme Plankenenden, welche geschärft, senkrecht in den Boden gestoßen, die Fugen zwischen denselben durch eine zweite Reihe von Planken oder Schalen, gedeckt und dann der innere Raum dazwischen mit Erde ausgefüllt und diese festgestampft.

Höhere Fangdämme kommen nur selten vor, daher braucht hier nur auf Gilly's und Eytelwein's Wasserbaukunst hingewiesen zu werden, wenn etwas mehreres darüber verlangt wird.

Oft wird sich die Gelegenheit darbieten, die Erbauung solcher kostspieligen Fangdämme zu vermeiden. Hat nämlich der Fluß oder Bach bedeutende Serpentinen, so kann die Schleuse in einen neu zu fertigenden Durchstich gesetzt werden, Taf. IV. Fig. 8., und zwar in der Art, daß zuerst die Baugrube abcd in der nöthigen Breite und Tiefe ausgegraben und erst nach Beendigung des Baues der ganze Durchstich gefertigt wird. Der aus demselben gewonnene Boden ist dann zum Abstauen und Zufüllen eines Theils der Serpentine zu verwenden.

Erlaubt es das Gefälle, so ist die dadurch abgeschnittene Serpentine am unteren Ende, bei x, zu coupiren, weil durch das Abschwächen der Strömung in dem oberen offenen Theil bei Fluthen das Zuschlammen desselben befördert wird, während bei einer Coupirung am anderen Ende, bei y, die überstürzenden Fluthen nicht allein keinen Schlick darin absetzen, sondern ihn vielmehr daraus wegschwemmen.

Dient die Schleuse dazu, das Wasser im Bach, Fluß ꝛc. aufzustauen, damit es in den Hauptzuleitungsgraben hineingehe, so wird sie am zweckmäßigsten einige Ruthen unterhalb der Einmündung des letzteren erbaut, damit der zwischen Graben und Bach stehen bleibende Block Erde Stärke genug behalte, um dem Druck und dem Anstoß des davor hoch stehenden oder fließenden Wassers widerstehen zu können, Taf. IV. Fig. 8., ohne besondere Bollwerke oder andere künstliche Mittel zum Schutze nöthig zu machen. Auch die Schleuse im Hauptzuleitungsgraben zur Regulirung des Zuflusses für denselben und zum Abhalten des Fluthwassers muß aus demselben Grunde in einiger Entfernung vom Bache erbaut werden.

Konstruktion hölzerner Schleusen.

§. 73.

Die hölzernen Schleusen bestehen aus folgenden 3 Haupttheilen:

1) der Hauptspundwand,
2) dem Gerinne, und
3) den Flügeln.

a) Die Hauptspundwand.

Die Hauptspundwand, Taf. XII. Fig. 1. und 2. AA, besteht aus senkrecht dicht neben einander eingerammten, mit Feder und Nuth gespundeten Pfählen, Fig. 1., 2. und 4. aa. Diese werden bei größeren Schleusen von eichenem oder stark kiefernen Bauholz, 9 bis 11 Zoll oder 0,2354 bis

0,2877 Meter stark (je harzreicher letzteres ist, desto dauerhafter), bei kleineren schwächer, von Halbholz, 5 bis 6 Zoll oder 0,1308 bis 0,1569 Meter stark, gefertigt. Sie werden nach Fig. 5. nur von zwei Seiten und nur die beiden äußersten Pfähle der Spundwand bb Fig. 2. von drei Seiten geschärft, nicht wie Fig. 7. und 6. gespitzt oder von drei Seiten geschärft. Die Schärfung muß dreimal so lang gemacht werden, als der Spundpfahl stark ist. Die Pfähle erhalten auf einer Seite eine Feder, auf der anderen eine Nuth, in welche wieder die Feder des nächsten Pfahles eingreift, 2 Zoll oder 0,0523 Meter breit und stark, bei guter Arbeit nachgehubelt. Es können aber Feder und Nuth auch wegbleiben, und die Pfähle ganz stumpf an einander gestellt werden. Die Kanten derselben müssen dann aber sehr glatt gehubelt, überhaupt die Arbeit sehr sauber gemacht sein, auch dürfen keine Steine im Baugrunde das seitliche Ausgleiten der Pfähle veranlassen.

Die Länge der Spundpfähle richtet sich nach der Beschaffenheit des Baugrundes. Ist dieser fest, so brauchen sie nur 4 bis 6 Fuß = 1,2552 bis 1,8828 Meter unter die Sohle des Fluß- oder Bachbettes hinabzureichen. Als durchschnittliches Maaß ist bei festem Boden anzunehmen, daß sie unter der Sohle des Flusses, Baches u. s. w. eben so lang werden, als sie über derselben in die Höhe stehen. Besteht der Boden dagegen aus Bruch oder Torf, oder findet sich Triebsand oder Schlick im Untergrunde, so sollen sie der Sicherheit wegen bis in den darunter befindlichen festen Boden hineinreichen, weil bei hohem Wasserdruck oberhalb der Schleuse, und bei der oft klüftigen und rissigen Beschaffenheit und dem geringen spezifischen Gewicht des Humusbodens und bei dem geringen Zusammenhange des Triebsandes das Wasser leicht unter den Spundpfählen hindurch, manchmal sogar große Stücke von mehreren Cubikfuß aus der Sohle des Flusses oder Grabens in die Höhe bricht, und die Pfähle dann ausspült. Die Spundpfähle werden in einer Zwinge, Fig. 9. xx, bestehend aus ein Paar Stücken Holz, welche etwas weiter, als die Pfähle stark sind, mit einander verbunden werden, nach der Reihe aufgestellt und mit der Lauframme eingerammt.

Bei den Rammarbeiten rechnet man auf jeden Centner = 50 Kilogr. Gewicht des Rammbären 3 Mann, oder besser auf 3 Centner = 150 Kilogr. 10 Mann, außerdem einen Schwanzmeister, d. h. einen Zimmergesellen, der das Rammen dirigirt, bei großen Rammarbeiten auch noch einen zweiten Zimmermann, den Pfahlmeister, welcher dafür zu sorgen hat, daß der Pfahl senkrecht in die Erde hineingeht, nach keiner Seite hin abweicht, und sich unter der Ramme nicht dreht.

Das Rammen der Spundwände wird an den Enden angefangen, und damit nach der Mitte zu fortgefahren, auch wird nicht jeder Pfahl sogleich bis zur vollen Tiefe, sondern nach und nach eingerammt, indem zu wiederholten Malen von den Enden angefangen, und nach der Mitte zu damit vorgegangen wird. Dadurch, und durch die Schärfung der beiden äußersten Pfähle bb, Fig. 2., keilen sich die Pfähle je tiefer, desto fester und dichter an einander. Ein Theil der Spundfähle, nämlich diejenigen, welche unter dem Flußbette durchgehen, Fig. 2. und 3. cc, sind kürzer. Um sie, wenn sie erst so tief eingerammt sind, als die Schwellen der Rammstube, mit dem Rammbär noch treffen zu können, wird während des Rammens ein hinreichend langes Pfahlende, eine Jungfer, aufgehalten. Ist auch zu allen übrigen Spundpfählen Halbholz angewendet, so müssen doch die beiden an den äußeren Seiten der Schützöffnung, Taf. XII. Fig. 1., 2. und 4. kk, von Ganzholz gemacht werden.

Die Spundpfähle zusammen bilden die Hauptspundwand. Dieselbe reicht nicht allein über die ganze Breite des Flusses, sondern auch noch auf beiden Seiten in die Ufer hinein; wie weit — hängt nach Beschaffenheit des Bodens der Ufer, der Druckhöhe des Oberwassers u. s. w. hauptsächlich von dem Ermessen des Technikers ab. Gewöhnlich wird diese Länge zwischen 6 und 12 Fuß oder 1,8828 bis 3,7656 Meter betragen.

Sind die Pfähle bis zur gehörigen Tiefe eingerammt, so werden zunächst an den niedriger stehenden, welche unter dem Flußbette hindurchgehen, Zapfen angestämmt und ein gefalztes, starkes 11—12 Zoll = 0,2877 bis 0,3138 Meter breites Stück Holz, der Grundbalken oder Fachbaum Fig. 1., 2., 3. und 4. d, darauf gelegt, verbohrt, auch wohl stromaufwärts mit eisernen Klammern an der Spundwand befestigt, damit er nicht aufkippen kann. Beim Einlegen des Fachbaums sind die Zimmerleute strenge zu kontroliren. Dabei ist besonders darauf zu achten, daß derselbe gehörig tief gelegt wird, weil sie theils aus Bequemlichkeit, theils um nicht viel Wasser zu schöpfen, gar zu gern die Zapfen an den Spundpfählen zu hoch anschneiden. Manche Schleuse ist allein aus diesem Grunde die Veranlassung zur Versumpfung bedeutender Wiesenflächen, oder unterspült und weggerissen worden.

Parallel mit dem Fachbaum wird oben über die ganze Spundwand, nachdem auch an den oben hervorstehenden Pfählen Zapfen angeschnitten worden sind, ein anderes langes und starkes Stück Holz gelegt und verbohrt, der Kopfbalken Fig. 1., 2. und 3. e. Die oberen Kanten desselben werden, damit das Regenwasser schneller ablaufe, gewöhnlich gebrochen oder etwas abgerundet, abgewässert.

Die Oeffnung zwischen dem Kopfbalken und dem Fachbaum ist die Schützöffnung. Bei großer Breite wird sie durch ein, zwei oder mehrere senkrechte Stücken Holz, die Griessäulen, Fig. 1. und 2. ff, welche unten in den Fachbaum eingezapft, und oben in den Kopfbalken entweder eingezapft oder nur angeblattet sind, in mehrere Theile getheilt, vor welche dann, wenn die Schleuse geschlossen werden soll, die Schützen gestellt werden. Die beste Breite der einzelnen Schützen, Fig. 2. u. 3. gg, hh, ist 3 Fuß = 0,949 Meter. Sie lassen sich bei dieser Größe mit der Hand ohne besondere Vorrichtungen herausnehmen. Sie werden aus $^5/_4$ zölligen oder 0,0328 Meter starken Dielen zusammengesetzt, und daran die Schützenstiele befestigt, welche bis über den Kopfbalken in die Höhe reichen und einen Handgriff zum Herausnehmen bilden. Die Schützen werden bei einem Druckwasser von $2^1/_2$ Fuß = 0,8145 Meter und darüber auch in der Höhe getheilt, so daß die über den Grundschützen hh stehenden Oberschützen gg für sich herausgenommen werden können. Ihre Breite muß indeß, falls der Bach oder Fluß zum Holzflößen benutzt wird, und es üblich ist, mehrere Stücken langes Bauholz zu einer Traft zu verbinden, größer werden. Sie richtet sich dann natürlich nach der üblichen Breite dieser Traften. Zur Schütze für eine so breite Oeffnung sind aber keine Dielen, sondern stärkere Planken zu nehmen. Auch ist zum Ziehen derselben eine Welle zwischen den Griessäulen anzubringen, über welche Ketten laufen, welche unten an der Schütze mittelst Haken befestigt sind. Die Welle wird durch hineingesteckte Hebel gedreht. Die Schützen schlagen in einer Falz an, welche an den inneren Spundpfählen kk, dem Fachbaum und den Griessäulen ausgearbeitet ist. Ihre Oberkante muß bei mittlerem Wasser mit dem Spiegel des Flusses in der für die Berieselung nöthigen Höhe gleich hoch abgeschnitten sein, so daß wenigstens der größere Theil von unerwartet mehr zufließendem Wasser überfallen, und nicht eine Ueberschwemmung entstehen kann, ehe jemand die Schützen zu ziehen herankommt. Die Sicherheit der ganzen Anlage gewinnt durch diese Einrichtung bedeutend.

Mitunter kann es auch nöthig werden, die Schützen anzuschließen, um ein unbefugtes Herausnehmen oder Verstellen derselben zu verhüten. Ein sehr praktischer Verschluß zu diesem Behuf ist Taf. XII. Fig. 8. gezeichnet. ab ist ein Schraubenbolzen, welcher an dem einen Ende a drei- oder viereckig ausgearbeitet, bei ii mit einer Platte versehen und genau so lang ist, als der Kopfbalken und Schützenstiel zusammen stark sind. Durch diese beiden ist für den Bolzen ein Loch gebohrt und von g bis i so viel erweitert, daß die Platte ii hineingeht. Bei a ist der Kopfbalken mit einer eisernen Platte gh beschlagen, worin ein rundes Loch = ii. In dieses hinein paßt der hohle Schlüssel k, ähnlich einem Uhrschlüssel, welcher auf den Bolzen aufgestreift wird. Auf der äußeren Seite des Schützenstiels ist die zum Bolzen gehörige Mutter ef eingelassen und befestigt. Soll nun die Schütze angeschlossen werden, so wird der Schraubenbolzen so weit hineingeschoben, daß das Ende b desselben mit der äußeren Seite der Schiene ef, der Kopf a mit der Platte gh bündig liegt.

Bei kleineren Schleusen läßt sich, um Holz zu ersparen, ein Theil der Spundpfähle durch Planken ersetzen. Dann erhalten jene, Taf. XIII. Fig. 1. und 3. aa, auf beiden Seiten Nuthen, zwischen denen die letzteren bb ein-eingeschoben werden. Da aber das dünne Holz der Planken sich da, wo es an der Oberfläche der Erde dem Wechsel der Nässe und Trockenheit ausgesetzt ist, nicht lange halten würde, so setzt man die Spundwand in dieser Art nur so weit zusammen, als sie beständig unter Wasser liegt. Der obere Theil derselben wird für sich aus Ganzholz aufgesetzt. Zu dem Ende läßt man den Fachbaum quer über die ganze Spundwand durchgehen, oder noch besser, man macht den Fachbaum und die beiden inneren Spundpfähle kk und die äußersten hh von Ganzholz in gewöhnlicher Art, legt aber auf der äußeren Seite der letzteren über die aus Pfählen und Planken gebaute Spundwand besondere Kopfbalken ll; auf diese wird dann der obere Theil der Spundwand cc für sich aus stärkerem Holze aufgesetzt und durch Streben an den Enden gegen das Umschieben durch den Druck des Wassers von oben her gesichert.

b) Das Gerinne.

Unterhalb der Spundwand soll das Gerinne das durch die Schützöffnungen im kontrahirten Strahl und mit gewaltiger Kraft hinabstürzende Wasser auffangen, und verhindern, daß es den Boden auskolke, die Ufer unterwasche und einstürze, und dadurch die Spundpfähle losspüle. Dieser Zweck wird durch Herstellung eines gehörig befestigten hölzernen Bodens, der dem Wasser widersteht, und ihm eine horizontale Fortbewegung anweist, erreicht. Zu dem Ende werden zunächst in einer Entfernung von 4 bis 4½ Fuß oder 1,2552 bis 1,4121 Meter von Mitte zu Mitte, Taf. XII. Fig. 1., 2. und 3., die Spitzpfähle mm eingerammt. Diese Spitzpfähle können zwar rund bleiben, doch muß deren Borke vorher abgeschält sein. Sie werden am Stammende, Taf. XII. Fig. 10., von 3 oder 4

Seiten geschärft. Die Spitzen werden 3 mal so lang gemacht, als das Holz stark ist, und unten etwas abgestumpft, damit sie beim Einrammen sich nicht umlegen. Nachdem sie bis zur gehörigen Tiefe eingerammt sind, werden an diese Spitzpfähle Zapfen angeschnitten, und Holme Fig. 1., 2. und 3. nn parallel mit der Spundwand darauf gelegt. Die Löcher der Holme, welche auf die Zapfen der Spitzpfähle passen, müssen durchgehen, und oben etwas schwalbenschwanzförmig erweitert sein. Die durchgehenden Zapfen werden dann durch zwei Keile oben in dem Zapfenloch auseinandergetrieben, um das Abheben der Holme unmöglich zu machen, Taf. XII. Fig. 11. Auf diese Holme werden in der Richtung und zum Schutze der Ufer von den beiden Spundpfählen kk ausgehend Schwellen Fig. 2, und 3. oo aufgekämmt, und auf diese die Gerinnwände mit Ständern, Bändern pp und Rähmen qq aufgesetzt. Um das Zusammenfallen dieser Wände zu verhindern, werden über die Rähme noch die Zangen rr in der Richtung der Holme gekämmt, welche, sobald die Breite des Gerinnes größer ist, als 16 Fuß oder 5,0208 Meter, in der Mitte noch unterstützt werden müssen. Die oberen Kanten der Rähme und Zangen sind übrigens, wie die der Kopfbalken, zu brechen, abzuwässern.

Bei kleinen Schleusen läßt man auch wohl, Taf. XII. Fig. 1. und 2. m und Taf. XIII. Fig. 1., die äußersten Pfähle der Pfahlreihen, pp, länger, und so hoch hinaufgehen, daß sie zugleich die Seitenwände des Gerinnes bilden. Die Holme nn, Taf. XIII. Fig. 1., werden dann mit Jagezapfen darin eingelassen und nur nach der Länge des Gerinnes statt des Rähmes der Gerinnwand ein Holm y aufgelegt. Die Zangen rr bleiben dieselben.

Wird auf dem Flusse ꝛc. Flößerei betrieben, so muß der Theil des Gerinnes, durch welchen, wenn nicht etwa die ganze Schleuse geöffnet werden soll, das Holz geht, das Floßgerinne, noch besondere, eben so, wie die vorhin beschriebenen Gerinnwände, konstruirte Seitenwände erhalten.

Der Boden, welcher auf der Sohle des Baches, Grabens ꝛc. horizontal liegen muß, und die inneren Seitenwände des Gerinnes werden demnächst mit besäumten Dielen verkleidet, und diese mit hölzernen oder eisernen Nägeln, welche in divergirender Richtung einzuschlagen sind, befestigt.

Ueber dem Boden der Floßgerinne für verbundenes Langholz ist es zweckmäßig, auf einer Strecke einen beweglichen und am Ende in die Höhe zu hebenden zweiten Boden anzubringen, welcher beim Durchflößen der Traften durch eigene Vorrichtungen so weit in die Höhe gehoben wird, daß die Hölzer beinahe darauf schleifen, während dessen anderes Ende am Grunde festgehalten bleibt. Es kann dadurch viel Wasser erspart werden, welches sonst unter dem Holze durch die Schützöffnung und das Gerinne ohne Nutzen hindurchgeht.

Die Breite des Gerinnes richtet sich nach der Schützöffnung, die Länge nimmt man gewöhnlich zu 12 Fuß = 3,7656 Meter (halbe Dielenlänge) an.

Bei größeren Schleusen ist die Länge des Gerinnes aber größer zu zu machen, und als Fortsetzung der Gerinnwände zum Schutze der Ufer, die hier durch die starken Widerströmungen beim Durchfließen des Wassers durch eine oder mehrere Schützöffnungen ganz besonders angegriffen werden, die Anlage von Bollwerken noch besonders nöthig. Die Konstruktion solcher Bollwerke ist in §. 57 näher beschrieben und auf Taf. III. Fig. 8. gezeichnet. Auch die Befestigung der Ufer durch angepflanzte Strauchweiden ist hier sehr zu empfehlen.

c) Die Flügel.

Um die Ufer oberhalb der Hauptspundwand vor dem Unterwaschen und Nachstürzen, welches durch das Kreiseln des Wassers vor dem Eintritt in die Schutzöffnung gar zu leicht stattfindet, zu schützen, werden dieselben durch die Flügel gedeckt. Diese bestehen bei größeren Schleusen gleichfalls aus Spundwänden, Taf. XII. Fig. 1. und 3. ss, oder bei kleineren aus liegenden Bollwerken, Taf. XIII. Fig. 2. mm. Zu den Spundpfählen der Flügel ss nimmt man in der Regel nur Halbholz. Die Verbindung der Flügel-Spundpfähle mit der Hauptspundwand ist auf Taf. XII. Fig. 4. ersichtlich. Auch auf diese Flügelspundwände werden zur Erhaltung in gerader Linie Kopfbalken, Taf. XII. Fig. 1. und 3. tt, aufgezapft und verbohrt.

Werden bei kleineren Schleusen liegende Bollwerke gewählt, so bestehen diese aus Spitzpfählen, Taf. XIII. Fig. 1. dd, welche in einer Entfernung von 4 bis 4$^{1}/_{2}$ Fuß = 1,2552 bis 1,4121 Meter von Mitte zu Mitte eingerammt werden, und hinter welche das Bollwerkholz ee, entweder aus halbem mittleren Bauholz, oder aus Planken, oder auch nur aus Schalen, hintergelegt wird. Letztere werden besäumt und nur die eine Kante der untersten Planke geschärft, damit sie unten in den Boden fest hineingestoßen werden kann. Hinter dieses Bollwerksholz wird reine Erde, am besten Lehm, fest hintergestampft. Steine, Späne, Strauch u. dergl. sind sorgfältig aus der Füllerde zu entfernen. Auch an die Bollwerkspfähle werden Zapfen geschnitten und Holme ff darauf gelegt. Um die Bollwerke auseinanderzuhalten und den Erddruck dagegen gegenseitig aufzuheben, werden auch wohl noch Zangen darüber gekämmt.

Die Richtung der Flügel macht mit der der Hauptspundwand gewöhnlich einen Winkel von 45 bis 60 Grad.

Ihre Länge ist nicht unter 10 Fuß oder 3,1380 Meter anzunehmen.

d) Das Vorgesenk.

Um bei größeren und wichtigeren Schleusen oberhalb der Hauptspundwand das Unterspülen der Spundpfähle noch besonders zu verhüten, wird auch da, zwischen den Flügeln, dem Gerinnboden ähnlich, eine Bedielung angebracht, das Vorgesenk. Am Ende desselben wird dazu parallel mit der Hauptspundwand Taf. XII. Fig. 1. und 3. eine Bohlenspundwand uu eingerammt. Da aber bei der geringen Stärke der Bohlen oder Planken Federn und Nuthen unter der Ramme zu leicht abspringen würden, so werden die Bohlen in der Taf. XII. Fig. 12. gezeichneten Art verbunden Auf die Plankenspundwand kommt ebenfalls ein Kopfbalken Fig. 3. v. Der Raum zwischen diesem und dem Fachbaum wird bedielt. Da aber die Dielen, leichter als das Wasser, bei großer Länge von diesem gehoben und abgerissen werden könnten, so müssen sie in der Mitte noch befestigt werden. Es wird daher auch hier, wie bei dem Gerinne, eine oder mehrere Reihen von Spitzpfählen ww eingerammt, 4 bis $4^1/_2$ Fuß oder 1,2552 bis 1,4121 Meter von Mitte zu Mitte, Zapfen daran geschnitten, die Holme xx darauf gelegt, die Zapfen verkeilt, und auf diese Holme der Dielenboden des Vorgesenks aufgenagelt. Die Fachbäume der Haupt- und der Bohlenspundwand erhalten Falzen, worauf die Enden der Dielen ruhen und befestigt sind. Der Boden des Vorgesenks selbst steigt von der Bohlenspundwand bis zum Fachbaum ungefähr um 1 Fuß oder 0,3138 Meter an.

Bei kleineren Schleusen kann das Vorgesenk ganz fehlen.

Massive Schleusen.

§. 74.

Massive Schleusen werden ihrer Kostbarkeit halber nur da erbaut, wo theure Holzpreise die Anwendung eines anderen Materials noch kostbarer machen würden. An der Stelle der Hauptspundwand, der Flügel und der Seitenwände des Gerinnes werden Mauern von hinreichender Stärke, um dem Wasser- und Erddrucke zu widerstehen, von gesprengten Bruch- oder Feldsteinen oder von gebrannten Ziegeln mit Kalk oder Cement aufgeführt. Im festen Baugrunde müssen dieselben hinreichend tief und sicher fundamentirt sein. Zur größeren Sicherheit werden die Fundamente der größeren Schleusen mit einer Spundwand, welche tiefer hinabreicht, rund umher umgeben, um das Mauerwerk gegen ein Unterwaschen zu schützen, bei kleineren genügt eine im Grunde vorgeschlagene Bohlenspundwand. Die Mauern dürfen aber an keiner Stelle auf diesen umgebenden Spundwänden aufstehen.

Ist aber der Baugrund unsicher, und steht der feste Untergrund so tief, daß es zu kostbar werden würde, mit den Fundamentmauern bis auf den letzteren hinab zu gehen, so wird noch ein besonderer Pfahlrost nothwendig, welcher unter dem niedrigsten bekannten Wasserstande anzulegen ist, und zum sicheren Stande der massiven Mauern dient.

Es werden dazu zwei oder mehrere Reihen Pfähle, je nach der Stärke der darauf zu stellenden Mauern in der lichten Entfernung von 2 bis $2^1/_2$ Fuß = 0,6276 bis 0,8145 Meter von einander fest eingerammt. Die Entfernung der Pfähle in den Reihen kann 3 bis 4 Fuß oder 0,9414 bis 1,2552 Meter betragen. Sie selbst können rund bleiben, und werden eben so behandelt, wie die Spitzpfähle unter dem Gerinne der Schleusen. Der Länge der Wände nach werden über die einzelnen Pfahlreihen Holme aufgezapft, und quer über diese alle 4 bis 5 Fuß oder 1,2552 bis 1,5690 Meter Zangen darüber gekämmt. Zwischen den Zangen wird dann mit Bohlen ein fester Boden geschaffen, auf den das erste Mauerwerk mit Lehm gelegt wird.

Auch diese Pfahlroste werden rings herum mit einer isolirenden Bohlenspundwand eingefaßt.

Der Fachbaum, die Griessäulen und der Kopfbalken werden von Holz gemacht. Zur Befestigung des Fachbaums und des Kopfbalkens werden eiserne Schraubenbolzen eingemauert, welche durch die Hölzer hindurchgehen und woran dieselben mit Schraube und Mutter angeschroben und festgehalten werden. Das Vorgesenk und der Gerinnboden können durch Anschüttungen von Steinen ersetzt werden, doch müssen diese ein solches Gewicht und Größe haben, daß sie vom Wasser nicht fortgerissen werden können

Die Schützen werden ebenso konstruirt, wie bei den hölzernen Schleusen, auch gilt für die Größe derselben das dort bereits Mitgetheilte.

Wehre.

§. 75.

Die Wehre dienen, wie die Schleusen, zum Aufstau des Wassers in den Flüssen oder Bächen. Während diese aber eine Veränderung der Durchflußöffnung gestatten und dadurch eine veränderliche Stauhöhe möglich machen, wird durch jene ein beständiger Stau bewirkt. Sie sind daher auch nur da zulässig und anwendbar, wo durch ein solches Heben des Wasserspiegels kein bestehendes Recht verletzt, keinem Nachbar durch Ueberstauung seiner Grundstücke, selbst wenn eine solche vortheilhaft wäre, zu nahe getreten wird 2c., kurz nur in solchen Gewässern, welche mit rapidem Gefälle zwischen hohen Ufern hinabstürzen. Ueberdies beschränken sie bei Fluthen das Flußprofil, und müssen deshalb besonders stark konstruirt sein. Sie werden aus diesen Gründen seltener gebaut, als Schleusen.

Das Material, welches zum Bau der Wehre verwendet wird, ist das verschiedenartigste: lose Feld- oder Bruchsteine, Mauersteine, Holz, ja selbst Faschinen, Strauch und Rasen. Nach ihrer Höhe muß sich ihre Stärke richten. Man macht sie am besten fünfmal so stark, als hoch. Ihre Länge ist gleich der Breite des Flusses. Auch legt man sie, um die Größe des Querprofils des überfließenden Wassers, dessen Tiefe durch das Wehr gegeben ist, schräg über denselben, um die Länge des Ueberfalls zu vergrößern. Besondere Aufmerksamkeit verdient die Form ihrer Oberfläche. Diese muß der Figur, welche das durch eine Oeffnung überstürzende Wasser von selbst annimmt, entsprechen, damit nicht einzelne Theile vom überfließenden Wasser besonders angegriffen und zerstört werden. Auch muß dadurch das Wasser so geleitet werden, daß es das Wehr verlassend in horizontaler Richtung sich fortbewegt, nicht gerade herunterfällt und den Boden des Flußbettes auswäscht und zur Zerstörung des Baues Veranlassung wird. Das Profil des Wehres wird daher eine gekrümmte Linie bilden, deren unterer Theil in eine horizontale übergehen muß.

Die Konstruktion dieser Linie ist folgende:

Man theilt die Linie ab Taf. XIII. Fig. 4. = der Stärke des Wehres in fünf Theile. In dem dritten Theilungspunkte aufwärts in c errichtet man einen Perpendikel cd = $1/5$ der Grundlinie, also = der Höhe des Wehres, und verbindet a und d durch eine gerade Linie. Auch diese wird in fünf Theile getheilt. Drei dieser Theile = ae halbire man und errichte in dem Halbirungspunkte f einen Perpendikel fg. Ein anderer auf ab in a errichteter Perpendikel durchschneidet jenen in g. Von g aus ziehe man durch e eine gerade Linie gh. Diese schneidet die nach unten verlängerte Linie cd in h; g und h sind nun die Mittelpunkte, ga und hd die Halbmesser der Kreise, aus deren Bogen die Oberfläche des Wehres zusammengesetzt ist. Endlich verbindet man noch den Punkt b durch eine Tangente bi mit dem Kreisbogen edi.

Der Bau größerer Wehre kommt nur ausnahmsweise vor. Die kleineren können nach dem Material, woraus sie gefertigt, auf so verschiedene Art konstruirt werden, daß deren Erläuterung hier zu weit führen würde, und deshalb schon auf Werke über Wasserbaukunst verwiesen werden muß. Der schwächste Theil der Wehre ist immer deren Verbindung mit dem Boden und den Ufern. Es muß daher der Platz, worauf sie erbaut werden, hinreichend tief und bis auf den festen Grund ausgegraben werden, oder diese Sicherung durch hölzerne Spundwände bewirkt werden.

Siele.

§. 76.

Siele sind verdeckte Schleusen, welche zur Aufstauung von Bassins oder zum Abhalten der Fluthen unter bedeutenden Wallschüttungen und Deichen hindurchgehen. Gewöhnlich werden sie nur von Holz nach denselben Prinzipien konstruirt und verbunden, wie die hölzernen Schleusen. Sie bestehen auf jeder Seite des Walles aus einer Spundwand und den Flügeln, welche durch eine verdeckte Röhre verbunden sind, über welche der Wall ohne Unterbrechung fortgeht. Auf die Befestigung des Bodens und der durch Langholz gebildeten Seitenwände der Röhre kommt es wesentlich an, weil dies die schwächsten Stellen des Baues sind. Der Verschluß wird durch Schützen, oder zur Abwehr von Fluthen durch Thüren bewirkt, welche sich von selbst schließen, sobald das außerhalb höhere Wasser hineinzufließen beginnt, sich aber wieder öffnen, wenn der Wasserspiegel innerhalb höher steht, als draußen. Taf. XIII. Fig. 6. ist ein halbes Siel im Profil, und Fig. 7. im Grundriß gezeichnet.

AA ist die Hauptspundwand,
aa die Spundpfähle,
b der Fachbaum,
c eine Griessäule zur Abtheilung der Schützöffnung,
d der Kopfbalken,
ee Spitzpfähle der liegenden Flügelbollwerke,
ff das Bollwerksholz,
gg Holme des liegenden Bollwerks,
hh Spitzpfähle unter dem Boden der Röhre,
ii Holme darüber,
kk Schwellen der Seitenwände der Röhre,

l eine Schwelle zur Unterstützung des Bodenbelags,
m Ständer der Seitenwände der Röhre,
nn Halbholz zur Schalung hinter den Seitenwänden,
oo Belag des Bodens der Röhre,
p eine Schwelle darüber in der Mitte,
qq die darauf stehenden Unterzugständer,
rr ein Unterzug zur Unterstützung der Decke gegen den darauf lastenden Erddruck,
ss Zangen zum Zusammenhalten der Seitenwände der Röhre,
tt endlich die Decke, aus Planken oder Halbholz.

Kastenschleusen oder Durchlässe.

§. 77.

Kastenschleusen sind viereckige, aus Dielen, oder besser aus Planken zusammengesetzte hölzerne Röhren, welche in Verbindung mit einer Erdpackung (ähnlich den Sielen) zum temporären Stauen kleiner Wassermassen bei nicht zu hohem Drucke da dienen, wo man den Wasserzufluß vollständig beherrscht. Taf. XIV. Fig. 1. bis incl. 4. sind Kastenschleusen von verschiedener Größe im Profil und Grundriß und mit der vorderen Ansicht gezeichnet.

Taf. XIV. Fig. 1. A und B ist eine Kastenschleuse 1 Fuß (0,3138 Meter) breit und hoch und 12 Fuß (3,7656 Meter) lang. Auf die Seitenstücken aa ist die Decke b und der Boden c, gleich jenen aus einem Plankenstücke bestehend, aufgenagelt. Decke und Seiten sind an dem oberen Ende recht genau und winkelrecht abgeschnitten. Die Schütze liegt hier stumpf vor. Um derselben auch nach unten Anschlag zu geben, ist die einige Zoll, etwa 0,1 Meter vorstehende Bodenplanke bei d halb eingeschnitten und die Hälfte des Vorsprunges abgehauen. Am oberen Ende sind ferner zwei 3 bis 4 Zoll (0,0785 bis 0,1046 Meter) breite, 2 bis 3 Fuß (oder 0,6276 bis 0,9414 Meter) hohe Plankenstücken ee so angenagelt, daß sie vor den Seitenplanken bei f um 1 bis 2 Zoll (oder 0,0262 bis 0,0523 Meter) vorstehen und so die Schütze vor der Oeffnung halten. Oben sind dieselben durch ein Querholz g verbunden, an welchem der Schützenstiel anliegt. Zweck desselben ist, einen Anhalt zu haben, um, nachdem ausprobirt worden, wie weit die Schütze aufgezogen werden muß, damit die nöthige Wassermasse hindurchfließen könne, die Schützen selbst in dieser Höhe durch einen eingesteckten hölzernen Nagel festhalten zu können.

Taf. XIV. Fig. 2. ist eine Kastenschleuse 1 Fuß (0,3138 Meter) hoch, 3 Fuß (0,9414 Meter) breit. Bei den mehr als 1 Fuß (0,3138 Meter) breiten Kastenschleusen ist die Decke und der Boden von querüber gehenden besäumten und dicht aneinander geschobenen Plankenstücken bb und cc zu machen. Allenfalls können zur Decke auch starke Schalen verwendet werden. Sonst ist die Konstruktion ganz die vorige.

Bei dem Zuschneiden der querüber liegenden Planken der Decke ist besonders darauf zu sehen, daß dieselben über die Außenseite der Seitenplanken nicht hinüberstehen, wie Taf. XIV. Fig. 5., weil sich beim Einpacken des Durchlasses die bei a entstehende Ecke niemals dicht machen läßt, das Wasser sehr bald einen Weg durch dieselbe hindurch findet, den Durchlaß umgeht und das Ausreißen desselben veranlaßt.

Taf. XIV. ist ein Durchlaß von 3 Fuß = 0,9414 Meter Breite und 2 Fuß = 0,6276 Meter Höhe. Würden hier die Seiten nur aus leicht aufeinandergesetzten Planken gemacht, so würde der von außen dagegen wirkende Erddruck sie nach innen zusammenschieben. Sie müssen daher noch besonders gehalten werden. Dazu dienen die aufrecht stehenden, 4 Fuß = 1,2552 Meter von Mitte zu Mitte entfernten und bei ii nach oben und unten durchgezapften Plankenstücken hhh, an welche die Seitenplanken außerhalb angenagelt werden. Die Konstruktion der Decke und des Bodens zwischen den zuerst zusammengesetzten Lehren ist die vorige.

Taf. XIV. Fig. 4. ist eine Kastenschleuse von 6 Fuß = 1,8828 Meter Breite und 2 Fuß = 0,6276 Meter Höhe. Bei dieser Breite ist die Decke gegen den darauf lastenden Erddruck noch besonders zu unterstützen. Dazu dient der Unterzug kk von 4 bis 5zölligem = 0,1046 bis 0,1308 Meter starkem Holz, welcher durch die kleinen Ständer ll, die unten in den Bodenplanken eingezapft sind, getragen wird. Durch einen der letzteren ist auch die Schützöffnung in zwei Theile getheilt, zwischen denen die angenagelte Leiste m den Anschlag für die beiden Schützen bildet.

Die Größe der Schützenöffnung, und damit der Höhe und Breite des Durchlasses, richtet sich nach der durchzulassenden Wassermenge. Die gegebenen Momente zur Bestimmung derselben können aber so unendlich mannigfaltig sein, daß es sehr schwer, beinahe unmöglich wird, die bei verschiedenen Querprofilen der Kastenschleusen und Druckhöhen des Oberwassers durchfließenden Wassermassen in einer Tabelle zusammenzustellen. Dennoch habe ich die Tabellen B. und C. für Fuß- und B'. und C'. für Metermaaß berechnet, dabei sind aber nur die beiden Fälle vorgesehen, daß die Ausflußöffnung des Durchlasses ganz unter Wasser liegt, und daß dieselbe ganz frei von rückstauendem Wasser ist. Zwar sind für den ersten Fall die durchfließenden Wassermassen etwas zu klein oder die dazugehörigen Schützöffnungen zu groß berechnet, doch können sie demungeachtet der Bestimmung der Größe für die letzteren zu Grunde gelegt werden, weil es zu Zeiten, wenn bedeutender Zufluß vorhanden, äußerst angenehm und vortheilhaft ist, der Wiese noch mehr, als das normale Wasser geben zu können. Dieser zeitweise stärkeren Wässerung halber ist es sogar geboten, sie immer größer zu machen, als gerade nothwendig. Für knappere Zeiten muß dann durch mehr oder minderes Zusetzen der Schützen der Zufluß regulirt, und gleichmäßig vertheilt werden. In diesem Falle gewährt das Querstück des am oberen Ende befestigten Joches die Bequemlichkeit, nach diesem festen Punkte die Höhe der für die verschiedenen Zuflüsse ausprobirten Oeffnung am Schützenstiel ein- für allemal zeichnen, feststellen und leicht wieder finden zu können.

Die Kastenschleusen größer zu machen, als zu 12 □Fuß (1,1820 □Meter) Schützenöffnung, d. h. 6 Fuß oder 1,8828 Meter breit und 2 Fuß oder 0,6276 Meter hoch, ist nicht zweckmäßig.

Die Durchlässe werden in die Erde gepackt und dienen bei der Abfuhr des Heues gleichzeitig anstatt der Brücken. In diesem Falle müssen sie mindestens 12 Fuß 3,7656 Meter lang sein und mit dem oberen Ende 6 bis 8 Fuß oder 1,8828 bis 2,5104 Meter von dem Graben zurückgelegt werden, aus dem sie das Wasser erhalten, damit die Räder der überfahrenden Wagen weder diesem noch den Kanten der Erdpackung zu nahe kommen und dadurch das Abbrechen der Ufer veranlassen. Dienen sie nur zum Stauen des Wassers und nicht zum Ueberfahren, haben sie keine große Schützöffnung, und liegen nicht über 3 Fuß (0,9414 Meter) Wasserhöhe davor, so genügen allenfalls 6 Fuß (1,8828 Meter) Länge.

Endlich ist es auch vortheilhaft, die Kastenschleusen recht tief einzulegen, so daß der Boden derselben mindestens $2^1/_2$ bis 3 Fuß oder 0,8145 bis 0,9414 Meter unter dem Wasserspiegel des gestauten Oberwassers liegt. Es schadet dabei gar nichts, wenn sie auch tiefer liegen, als an der Stelle eigentlich die Grabensohle sein sollte. Dieselbe muß nur eine Strecke davor und dahinter gehörig tief aufgenommen sein. Gründe dafür sind: 1) es geht, wenn die Ein- und Ausflußöffnungen der Kastenschleuse ganz unter Wasser liegen, verhältnißmäßig am meisten Wasser hindurch, weil bei freiliegender Ausflußöffnung eine sehr starke Kontraktion des durchfließenden Wasserstrahls stattfindet; 2) das Holz hält sich in der Kastenschleuse um so länger, je tiefer dieselbe gelegt ist, weil es bei tiefer Lage dem Wechsel der Nässe und Trockenheit weniger ausgesetzt ist, als bei flacher; 3) Frost und Dürre können nicht so leicht und tief eindringen, das Erdreich über dem Holze heben und die Verbindung zwischen dem Durchlasse und der Erdpackung lose machen; 4) die Schleusen liegen durch das größere Gewicht der belastenden stärkeren Erdmassen fester; 5) greift das ausströmende und gleichsam zum Steigen gezwungene Wasser den Boden und die Seitenwände der Gräben unterhalb der Durchlässe weniger an, als wenn dasselbe aus einer freien Oeffnung herunterfällt, und 6) wird endlich das Ungeziefer, wie Maul würfe, Mäuse u. dgl., dem Durchlasse weniger schädlich.

Eigentlich ist die Konstruktion der Kastenschleusen, welche ohne Spundwand, nur aus Langholz bestehend, durch einen stauenden Erddamm hindurchgehen, gegen alle Regeln der Wasserbaukunst. Auch hat die Erfahrung schon oft die Gefährlichkeit des Baues (doch nicht in höherem Grade, als bei den gewöhnlichen schlecht verbundenen kleinen Schleusen) bewiesen. Trotzdem sind sie ihrer Billigkeit und des doppelten Nutzens wegen, den sie als Stau und Brücke gewähren, besonders und zwar da, wo man Herr des Zuflusses ist, und ihn schnell und mit geringer Mühe absperren kann, wenn ein Unglück passiren sollte, zu empfehlen. Auch halten sie sich, sobald sie zuerst gut eingelegt worden, hinreichend lange Zeit. Es giebt z. B. Durchlässe, die bereits 12 Jahre gelegen haben, und noch immer brauchbar sind. Endlich kann durch große Vorsicht und Akkuratesse beim Einlegen ein bedeutender Theil der Gefährlichkeit beseitigt werden.

Das beste Verfahren dabei ist folgendes: Nachdem der Platz im Graben, welchen die Kastenschleuse einnehmen soll, 2 bis 3 Fuß oder 0,6276 bis 0,9414 Meter breiter, als diese, und gehörig tief aufgenommen, und nachdem der Boden da recht glatt und gerade geschippt worden ist, wird eine Schicht Rasen, mit der Grasseite nach unten, dicht neben einander, auf keinen Fall aber mit den Kanten auf einander gelegt, mürbe gestampft und mit etwas loser Erde ganz genau abgeglichen. Auf dieses Lager wird die Kastenschleuse mit dem Schützende nach oben, d. h. nach der Seite, wo das Wasser hoch gehalten werden soll, so hinaufgelegt, daß ihre Mittellinie genau in die Mitte des Grabens fällt, damit das heftig ausströmende Wasser nicht, auf die eine oder andere Seite gerichtet, die Grabenufer unterwasche und hinabstürze. In neuen Gräben von Bruch- und Torfboden kann man die Unterlage von Rasen allenfalls entbehren, doch ist alles Holz, Wurzeln Steine u. dgl. von dem Boden sorgfältig zu entfernen. Die Kastenschleuse wird demnächst durch Hinauf- und Hin- und Hertreten der Arbeitsleute und Abrammen der Kanten möglichst fest an die Grabensohle (denn das ist immer die schwächste Stelle) angedrückt. Noch besser gelingt dies, wenn die untergelegte Rasenschicht oder der Boden etwas naß sind, weil sich dann das Holz um so fester ansaugt. Hierauf wird an beiden Enden der Zwischenraum zwischen den Seitenwänden der Kastenschleuse und den Grabenufern mit verkehrt gelegten Rasenstücken, Taf. XIV. Fig. 6. A und B, aa, von einigen Zoll Höhe ausgelegt und reine Erde ohne Holz und Rasenstücke zur Ausfüllung des Raumes längs den beiden Seiten des Durchlasses zwischen diesen Kopfrasen hingeworfen, in der Höhe der Rasen glatt gezogen, und fest getreten, oder fest gestampft. Auf die erste wird die zweite Schicht Kopfrasen bb am vorderen und hinteren Ende aufgelegt und der Raum dazwischen wieder mit Erde ausgeglichen. Beim Festmachen dieser Füllerde ist immer darauf zu sehen, daß dieselbe vorzugsweise an die Seiten der Kastenschleuse dicht und fest herangebracht werde. Das muß aber auf beiden Seiten gleichzeitig geschehen, weil der Durchlaß, nach der andern Seite übergeschoben, wohl auch vom Boden wieder losgedrängt werden würde, wenn die Packung nur auf einer Seite geschähe und der Raum auf der anderen zu lange leer bliebe. In dieser Art wird fortgefahren, bis die Packung die Höhe der Kastenschleuse erreicht hat. Dann werden die Rasen an den Enden cc über die Decke der Schleuse fortgelegt, die Erde darüber fortgeworfen, festgestampft und diese Arbeit so lange wiederholt, bis der Graben zugefüllt ist, die Erdschüttung die erforderliche Höhe erreicht hat, und das Wasser für die Berieselung hoch genug zu halten vermag. Wird dann die oberste Schicht der bloßen Erde noch mit Flachrasen abgedeckt, so wird sie desto eher das Hinüberfahren zulassen. Die Kopfrasenpackungen dd an beiden Enden, Taf. XIV. Fig. 6. B, erhalten $^1/_4$fache Differenz. Sie werden nach Beendigung der Arbeit mit einem scharfen Spaten entweder winkelrecht auf die Grabenrichtung, oder etwas schräg, ähnlich den Flügeln der Schleusen, oder nach dem Rande hin etwas abgerundet, glatt abgestochen.

Eine große Hauptsache ist, daß die Schützen der Kastenschleusen recht dicht schließen.

Mönche.

§. 78.

Bei einem sehr abhängigen Boden ist, wenn das Wasser 2 oder mehrere Fuß (0,6276 Meter oder mehr) tief in den Zuleitungsgraben hinabfallen muß, statt der Kastenschleusen die Anwendung sogenannter Mönche vortheilhaft.

Dies sind einfache Kastenschleusen, welche aber statt des Joches am oberen Ende mit einer aufrecht stehenden Röhre, in welcher das Wasser zuerst senkrecht hinabfällt, verbunden sind. Taf. XIII. Fig. 5. A und B ist ein Längen- und ein Querprofil eines solchen Mönches gezeichnet. a ist die ganz nach Art der Kastenschleusen konstruirte, unten und horizontal liegende Röhre. An diese sind am oberen Ende die aufrecht stehenden Seitenstücken ff angenagelt. Diese werden hinten bis oben hinauf durch die querübergehenden Brett- oder Plankenstücken bb, welche an den Seiten am besten eingelassen werden, verbunden. In eben der Art ist die vordere Seite durch querüber befestigte Stücke cc geschlossen, welche so weit hinaufgehen, daß die Schütze d aufsteht. Oben wird die auf diese Art fest verbundene Röhre noch durch ein Deckstück e, welches auf die Seitenbretter aufgezapft ist, mehr zusammengehalten.

Wird nun die Schütze d gezogen, so fällt das Wasser in der senkrecht stehenden Röhre zwischen den hölzernen Wänden gerade herunter und fließt in der horizontalen ab.

Die Gefahr des Durchreißens ist bei der Anwendung der Mönche noch größer, wie bei der der Kastenschleusen, weil ein höherer Wasserdruck davorliegt. Sie müssen daher mit der allergrößten Sorgfalt eingelegt werden, namentlich ist die stehende Röhre und der zunächst daranstoßende Theil der horizontalen ganz mit Rasen zu umgeben, und der Boden rund herum recht gründlich festzustampfen. Die Länge der horizontalen Röhre richtet sich nach dem Abfall des Terrains. Der Graben soll an ihrem Ausfluß höchstens 3 Fuß Tiefe haben.

Staubretter.

§. 79.

Die Staubretter dienen zum Durchlassen ganz kleiner Wassermassen, hauptsächlich zur Regulirung des Zuflusses in den Zuleitungsrinnen des Hangbaues. Sie bilden kleine Ueberfälle und bestehen, Taf. XIV. Fig. 7. A und B, aus einem 3 bis $3^1/_2$ Fuß (rund 1 Meter) langen, 1 Fuß = 0,3138 Meter breiten Brettstück, worin die Schützöffnung 3 bis 8 Zoll oder 0,0785 bis 0,2092 Meter tief eingeschnitten ist. Die Größe derselben richtet sich natürlich nach der durchzulassenden Wassermenge, ihre Form ist rechtwinklig, doch sind ihre Seiten unter einem Winkel von 45 Grad schräg auszuschneiden, Taf. XIV. Fig. 7. A, so daß sich also die Oeffnung oberhalb etwas erweitert. Das ausgeschnittene Brettstück kann nöthigenfalls als Schütze darin dienen, indem es davorgesetzt von dem davorliegenden Wasser in die

Oeffnung hineingedrückt und festgehalten wird. Die schräge Form der Seiten wird der Oeffnung der Kontraktion des durchfließenden Wasserstrahls wegen gegeben.

Die durchfließende Wassermenge richtet sich, da die Staubretter einen Ueberfall bilden, zwar nach der Durchflußöffnung, doch kommt es auch noch darauf an, ob der Ueberfall vollkommen oder ein unvollkommener ist, sie wird eine andere, wenn das Oberwasser als ein stillstehendes zu betrachten, als wenn es von oben her schon mit einer gewissen Geschwindigkeit vor dem Ueberfall ankommt. Die Berechnung dieser Wassermassen nach den Formeln ist für manche Fälle etwas umständlich. Deshalb sind dieselben für die kleineren Schützöffnungen, wie sie beim Hangbau vorkommen, in den Tabellen D., E. und F. für Fußmaaß ausgeführt. Von diesen enthalten die Tabellen D. und E. die Berechnung für den Fall, daß der Ueberfall vollkommen ist, d. h. daß der Wasserspiegel unterhalb entweder mit der Unterkante der Schützöffnung gleich oder darunter steht. Die Tabellen D'. E'. geben dieselbe Sache auf Metermaaß reduzirt. Die Tabelle F. gilt für unvollkommene Ueberfälle, d. h. solche, bei denen das Unterwasser höher steht, als die Unterkante der Oeffnung, in dieselbe also noch hineinstaut. Die Tiefe der Schützöffnung wird nach der Tiefe der Wässerrinnen, welche nach dem Abstellen trocken ablaufen sollen, und ihre Breite dann nach einer der Tabellen bestimmt.

Es sei z. B. für 9 Hänge von $1^1/_2$ Ruthen (3,9225 Meter) Breite und 10 Ruthen = 37,656 Meter Länge, welche alle frisches Wasser erhalten sollen, dasselbe zu vertheilen, so bedarf jeder Hang

= 15 □Ruthen an Wassermasse $\frac{15 \times \frac{2}{3}}{180} = \frac{1}{18} = 0,055$ Cubikf. pro Sek.

= 212,7 □Meter „ $0,0213 \times 0,08 = 0,0017$ Cubik-Meter.

Die Zuleitungsrinne muß also oben an ihrem Anfange $9 \times 0,055 = 0,495$ Cubikfuß ($9 \times 0,0017 = 0,0153$ Cubik-Meter) enthalten, der ersten Wässerrinne 0,055 (0,0017 Cubik-Meter) abgeben und 0,440 (0,0136 Cubik-Meter) weiter führen, bei der zweiten Wässergrippe wieder 0,055 (0,0017 Cubik-Meter) abgeben und 0,385 (0,0119 Cubik-Meter) weiter führen u. s. f. Die Wässerrinnen sind 4 Zoll (0,1 Meter) tief, auch liegen die Hänge 5 Zoll (0,1308 Meter) unter einander, so daß die Ueberfälle bei 4 Zoll Höhe vollkommene sind. Die Oeffnung in den Staubrettern wird also, damit die Wässerrinnen beim Trockenlegen noch ablaufen können, mindestens 4 Zoll (0,1 Meter) hoch werden müssen. Bei dieser Höhe der Durchflußöffnung ergiebt sich nach Tabelle D., da der obere Wasserspiegel im Graben fast stillsteht, die Breite der obersten Schütze mit $9^1/_3$ Zoll = 0,2441 Meter. Die zweite wird, weil das Wasser davor mit einer gewissen Geschwindigkeit ankommt, nach Tabelle E. nur 8 Zoll oder 0,2092 Meter breit und jede folgende aus demselben Grunde 1 Zoll oder 0,0262 Meter schmaler werden müssen.

Bei dem Einsetzen der Staubretter und schon vorher bei Bestimmung der Höhe der Durchflußöffnung ist darauf zu sehen, daß deren obere Kante etwas über dem mittleren Wasserspiegel des Vertheilungsgrabens erhöht bleibt, damit, wenn in wasserreicheren Zeiten ein stärkeres Rieseln wünschenswerth erscheint, und durch bedeutenden Zufluß der Wasserspiegel in dem Graben steigt, das stärkere Wasser noch möglichst proportional durch die Oeffnungen hindurchgehen und gleichmäßig in die Rinnen vertheilt werden kann, ohne noch besondere Vorrichtungen nöthig zu machen. Man muß deshalb die Oeffnungen 1 bis 2 Zoll (0,0262 bis 0,0524 Meter) höher machen, als die Berechnung ergiebt, die Oberkante der Staubretter aber beim Einsetzen eben so viel über dem mittleren Wasserstande des Grabens hervorragen lassen.

Das Einsetzen selbst ist sehr einfach und bequem. Die untere Kante des Staubrettes ist etwas zu schärfen. Nachdem der Bau beendet ist, wird da, wo das Brett stehen soll, mit dem Spaten quer über die Zuleitungsrinne 1 Fuß oder etwas, etwa 0,5 Meter, tiefer, und so lang, als das Brett, in den Boden hineingestochen, in diesen Stich das Staubrett hineingesetzt, und nun mit einer Axt so tief in die Erde hineingetrieben, als nöthig. Bei diesem Eintreiben muß man indeß vorsichtig sein, weil die Stücken neben den Oeffnungen bei zu starkem oder schiefen Daraufhauen sehr leicht abspalten. Schließlich braucht nur noch der Rasen an den Seiten des Brettes scharf angetreten und oberhalb vor der Oeffnung ein Rasenstück auf den Boden der Zuleitungsrinne fest eingelegt zu werden, damit das Wasser nicht um das Brett herum oder darunter sich hindurchfrißt. Unterhalb desselben bricht ein eingelegter breiter Stein die Kraft des herabstürzenden Wassers und verhütet auf diese Weise das Auskolken des Bodens der Rinne.

Rückstau.

§. 80.

Es scheint hier, nachdem die verschiedenen Stauwerke selbst durchgenommen, der Ort zu sein, einige Worte über den dadurch veranlaßten Rückstau einzuschalten, weil gerade hierdurch so oft Rechtsverletzungen entstehen, welche zu langwierigen Prozessen, wohl gar zur Aufhebung der ganzen oder eines Theils der Berieselungsanlage, oder wenigstens zu bedeutenden Entschädigungen Veranlassung werden. — Setzt man

die Stauweite Taf. XI. Fig. 9. AK = A,

die Stauhöhe KE = H,

die ursprüngliche Tiefe AB oder HJ oder EF = h,

die ursprüngliche Breite des Flusses = b,

seine Wassermenge = M,

so ist nach Eytelwein's Hydraulik §. 141

$$A = \frac{15700\, H b^3 h^3 (H+h)^3}{M^2 [(b+2h) H+h)^3 - (b+2(H+h))\, h^3]}$$

Beispiel. Ein Graben, dessen mittlere Breite 4 Fuß und dessen Tiefe 3 Fuß ist, welcher dabei eine Geschwindigkeit von 2 Fuß in der Sekunde hat, mithin 24 Cubikfuß Wasser führt, werde 2 Fuß hoch angestaut, wie weit erstreckt sich hier der Rückstau?

Hier ist M=24, b=4, h=3, und H=2 Fuß, folglich

$$A = \frac{15700 \times 2 \times 64 \times 27 \times 125}{576\, [10 \times 125 - (4+10) \times 27]} = 13503 \text{ Fuß}$$

$$= 1125^1/_4 \text{ Ruthen.}$$

Bei der Umwandlung in Metermaaß ändert sich auch hier wieder zuerst die Formel. Sie heißt

$$A = \frac{4942\, H b^3 h^3 (H+h)^3}{M^5 [(b+2h)(H+h)^3 - (b+2(H+h))\, h^3]}$$

Ist nun die Stauhöhe H = 0,6276 Meter,

die Tiefe des Grabens h = 0,9414 Meter,

die Breite desselben b = 1,2552 Meter,

die Wassermenge M = 0,7416 Cubik-Meter,

so reicht der Rückstau

$$A = \frac{4942 \times 0{,}6276 \times 1{,}2552^3 \times 0{,}9414^3 \times 1{,}5690^3}{0{,}7416^2 \times [3{,}1380 \times 1{,}5690^3 - 4{,}3932 \times 0{,}9414^3]}$$

$$= 4251 \text{ Meter weit aufwärts.}$$

Natürlicherweise gilt diese Berechnung nur für den Fall, daß der aufgestaute Wasserspiegel noch innerhalb der Ufer bleibt. Würde sich durch den Stau oberhalb der Schleuse ꝛc. ein Teich bilden, so ist die Stauhöhe da zu messen, wo die alten Flußufer an diesen Teich anstoßen, und nur für die dort gefundene Stauhöhe H die Stauweite A zu berechnen.

Diese Berechnung gilt ferner nur für gerade Wasserläufe mit gleichem Querprofil und stetigem Gefälle. Sie genügt aber keineswegs für unregelmäßige Bäche und Flüsse.

Annähernd und für die Praxis ausreichend kann folgendes Verfahren gelten: Man nivellirt und trägt den ursprünglichen Wasserspiegel des Flusses AD auf, zeichnet die Stauhöhe EK in dies Nivellements-Profil ein und zieht dann durch die Stauhöhe K eine Horizontale, bis sie den ungestauten Wasserspiegel des Flusses in O schneidet. Wird nun diese Entfernung KO doppelt genommen, so giebt dies annähernd die Stauweite. Dieselbe wird auf diese Weise zwar etwas zu groß gefunden werden, und zwar um so mehr, je größer das Gefälle, doch ist die Differenz zwischen dem gestauten und natürlichen Wasserspiegel auf diese Entfernung schon so unbedeutend, daß der Unterschied für gewöhnlich unbeachtet gelassen werden kann. Kommt es indessen dabei auf eine ganz besondere Genauigkeit z. B. eines oberhalb liegenden Triebwerks wegen an, so ist die ganz genaue Stauweite durch Versuche für den vorliegenden Fall festzustellen. Man schlägt zu dem Ende in gleichen Entfernungen Pfähle ein, deren Kopf mit dem gestauten Wasserspiegel in genau gleicher Höhe liegt, räumt dann den Stau fort, so daß das Wasser in seiner gewöhnlichen Höhe abfließt, und kann dann an jedem Pfahle, dessen Kopf nun aus dem Wasser hervorragt, die Höhe des Staues an jedem Punkte und die Weite des Rückstaues ganz genau erkennen. Daß während dieser Beobachtung darauf geachtet werden müsse, daß der Zufluß von oben her unverändert derselbe bleibe, und der Beharrungsstand vor der Messung eingetreten sei, darf wohl kaum noch erwähnt werden.

Röhren oder Gerinne?

§. 81.

Gerinne und Röhren haben nicht die Bestimmung, das Wasser zu stauen, sie dienen vielmehr nur dazu, dasselbe in verschiedener Höhe über- oder untereinander wegzuleiten. Die ersteren Bauwerke sind oben offen, liegen frei und in ihnen wird das obere Wasser über dem unteren, die letzteren sind von vier Seiten geschlossen, ganz in Erde verpackt und in ihnen wird das untere Wasser unter dem oberen fortgeleitet. Bei der Entscheidung über die Art des Bauwerks, ob Gerinne oder Röhren, ist Folgendes zu berücksichtigen.

Gewöhnlich werden diese Bauten sowohl wegen der geringeren ersten Anlagekosten, als auch der leichteren Konstruktion halber von Holz ausgeführt. Der besseren Erhaltung wegen ist dasselbe so wenig, als möglich, dem Wechsel der Nässe und der Trockenheit auszusetzen. Darum muß die Anlage so gemacht werden, daß sämmtliche Verbandstücke, wenn es irgend so einzurichten ist, beständig unter Wasser liegen. Schon aus diesem Grunde sind die tief liegenden Röhren vorzuziehen. Dazu kommt, daß Sonnenhitze, Trockenheit und Frost die Verbindung der Holzbauten mit der anstoßenden Erd- und Rasenpackung stets locker und dadurch immer wiederkehrende Reparaturen nöthig machen. Auch solche Einflüsse wirken weniger nachtheilig auf die tief unter der Erde eingepackten Röhren, als auf die obenauf und freiliegenden Gerinne. Endlich sind auch Maulwürfe, Ratten u. s. w., welche mehr an der Oberfläche der Erde, als in bedeutender Tiefe ihre Gänge machen, den Röhren weniger gefährlich. Hieraus folgt, daß unter übrigens gleichen Verhältnissen die Röhren den Gerinnen vorzuziehen sind.

Sind aber diese Verhältnisse nicht gleich, so kommt es darauf an, zu erwägen, ob die Vortheile der Röhren gegenüber den Gerinnen durch zu große Kosten nicht aufgewogen werden. Es kommt z. B. darauf an, ob das obere oder das untere Wasser bedeutender ist, oder ob und wo außergewöhnliche Zuflüsse zu erwarten sind. Ist nämlich das obere Wasser bedeutend kleiner, als das untere, und sind die Kosten für Gerinne so viel geringer, daß die Gefahr eines etwaigen Ausrisses, und der zur Wiederherstellung nöthigen Reparatur dagegen nicht ins Gewicht fällt, so verdient die Anlage eines solchen den Vorzug. Sind in dem unteren Wasser Fluthen oder auch nur bedeutende Zuflüsse, welche nicht geregelt oder abgeleitet werden können, zu erwarten, so sind auch in diesem Falle Gerinne zu erbauen, wären diese Zuflüsse dagegen in dem oberen Wasserlauf vorherzusehen, so würden Röhren besser sein. Ueberhaupt ist vorher zu rechnen, Anlage- und Unterhaltungskosten für Gerinne und Röhren sind mit einander zu vergleichen, denn diese Kosten bleiben neben den vorerwähnten Rücksichten entscheidend.

Röhren.

§. 82.

Was nun die Konstruktion der Röhren anbelangt, so ist dieselbe nach ihrer Größe verschieden. Für kleinere Wassermassen, selbst bis zu einer Breite von 6 Fuß oder 1,8828 Meter und 2 Fuß oder 0,6276 Meter Höhe, werden sie ganz in derselben Art von Planken zusammengesetzt, wie die Kastenschleusen. Es fehlen diesen dann nur die Schütze und das Joch am oberen Ende. Auch bei dem Einpacken solcher Röhren ist in eben der Art zu verfahren, wie bei den Kastenschleusen beschrieben worden. Für größere Wassermengen, besonders aber, wenn loser Boden zum Einlegen genommen werden mußte, muß sicherer gebaut werden. Im letzteren Falle ist es gewöhnlich besser und billiger, gute lehmige Erde zum Einpacken, selbst aus einiger Entfernung, anzufahren. Kommen aber größere Wassermassen ins Spiel, geht z. B. die Röhre unter einem Flusse hindurch, so daß Gefahr entstehen könnte, wenn dieser, seine Ufer durchbrechend, in den tiefen Graben, worin die Röhre liegt, sich ergösse, so ist entweder die Röhre selbst durch Spundwände zu bilden, oder wenigstens deren Ein- und Ausflußöffnung durch solche einzufassen. In diesem Falle wird ihre Konstruktion der der vorher im §. 76 beschriebenen Siele ähnlich. Ueberhaupt läßt sich ein tüchtiger Verband für die Röhren nach den oben bei den Schleusen gegebenen Regeln leicht entwerfen.

Die Länge der Röhren ergiebt sich aus der Sohlenbreite der darüber fortzuleitenden Wallschüttung, und auf diese hat die Breite und Tiefe des darüber fortzuleitenden Grabens, die Höhe der nöthigen Verwallung und die Tiefe des Grabens, worin die Röhre liegt, Einfluß. Auf Taf. XI. Fig. 4. sei z. B. der über die Röhre fortzuleitende Graben cd 4 Fuß = 1,2552 Meter breit, 2 Fuß = 0,6276 Meter tief und die Höhe ce betrage 3 Fuß = 0,9414 Meter.

Sie wird hiernach folgendermaßen berechnet:

Die Breite des Grabens beträgt . .	4 Fuß	=	1,2552	Meter.
Auf jeder Seite desselben ein Wall ac u. db, à 3 Fuß oder 0,4914 Meter	6 „	=	1,8828	„
Dahinter eine Wässerrinne 10—12 Zoll	2 „	=	0,6276	„
Die Breite der beiden zu Hängen abplanirten Böschungen des Walles à 12 Fuß	24 „	=	7,5312	„
Die Böschung der Kopfrasenpackung im Graben über den Enden der Röhren bei xx	2 „	=	0,6276	„
Summa	38 Fuß	=	11,9244	Meter.

Hätte die Schüttung höher gemacht werden müssen, so würden statt des einen Hanges an jeder Seite deren zwei anzulegen gewesen sein. Die Röhre hätte dann 26 bis 34 Fuß oder 8,1588 bis 10,6692 Meter länger werden müssen.

Die Weite der Röhren ergiebt sich aus der durchfließenden Wassermenge. Dieselben müssen daher, wenn der Graben, in welchem sie liegen, ein nur unbedeutendes Gefälle hat, zur Breite die mittlere Breite desselben, zur Höhe dessen Wassertiefe erhalten. Sie werden dagegen bedeutend kleiner werden können, wenn derselbe viel Gefälle hat, und wenn ein kleiner Aufstau und dadurch die Bildung von Druckwasser oberhalb der Röhre nicht nachtheilig wird. Aus den Tabellen B. und B'. für die Kastenschleusen werden sich auch für diesen Fall die Dimensionen der Röhren sehr leicht entnehmen lassen.

Gerinne.

§. 83.

Die Konstruktion kleiner Gerinne für geringe Wassermassen ist ebenfalls sehr einfach.

Taf. XIV. Fig. 7. A und B sind aa die Seitenplanken eines 1 Fuß (0,3138 Meter) breiten, 1 Fuß (0,3138 Meter) hohen Gerinnes, zwischen denen unten die den Boden bildende Planke bb mit Nägeln befestigt ist, und welche oben durch die Spannhölzer cc in ihrer Lage und steif gehalten werden. Taf. XIV. Fig. 8. ist ein Gerinne von 3 Fuß (0,9414 Meter) Breite und 2 Fuß (0,6276 Meter) Höhe. Sie werden durch Zwingen zusammengehalten, bestehend aus den Querhölzern unter dem Boden aa, den Seitenstücken bb und den Spannhölzern cc. Durch jene Quer- und Spannhölzer werden die Seitenstücken durchgezapft und verkeilt. An dieselben werden die Seitenplanken dd auf der inneren Seite angenagelt. Auf diese Weise tragen diese die Unterlagen des Bodens aa. Auf dem letzteren liegen die Bodenbretter ee nach der Länge des Gerinnes. Die Entfernung der Zwingen von einander beträgt 4 Fuß oder 1,2552 Meter von Mitte zu Mitte. Dieselben umfassen das Gerinne außerhalb, damit der von innen wirkende Druck des Wassers den Boden und die Seitenplanken an diese Zwingen hinandrängt, und nicht die Nägel allein denselben auszuhalten haben.

Diese kleineren Gerinne müssen an den Enden in die Gräben, deren Verbindung sie herstellen sollen, 4 bis 6 Fuß = 1,2552 bis 1,8828 Meter hineinreichen. Der Boden des Grabens wird an diesen Stellen mit einer Schicht Rasen, wie zur Einlegung der Kastenschleusen, belegt, diese ordentlich gestampft und recht gerade abgeglichen, darauf das Gerinne aufgelegt und, so weit es auf beiden Enden in den Graben hineinreicht, auf den Seiten mit Kopfrasen und Erde tüchtig festgepackt.

Bei Anlage solcher kleinen Gerinne ist ferner zu beachten, daß sie durch das durchfließende Wasser außerordentlich, und zwar pro Quadratfuß Grundfläche mit $^1/_2$ bis $1^1/_2$ Centner oder pro Quadrat-Meter mit 253 bis 760 Kilogramme belastet werden. Da nur die Seitenplanken derselben die

Träger sind, so leuchtet es ein, daß sie nicht zu weit frei liegen dürfen. Werden sie daher länger als 8 Fuß oder 2,5104 Meter zwischen den Unterstützungspunkten, so müssen sie entweder durch der Länge nach untergelegtes stärkeres Bauholz, oder durch eingerammte und aus verholmten Pfählen bestehende Joche noch besonders unterstützt, und dadurch vor dem Durchbiegen und Zerbrechen gesichert werden.

Für größere Wassermassen reicht aber eine so einfache Konstruktion nicht aus. Die Auflager an den Enden des Gerinnes müssen dann mehr versichert, und durch Spundwände unterstützt und eingefaßt werden.

Die Konstruktion eines solchen größeren Gerinnes ist Taf. XI. Fig. 6. im Grundriß A, im Längenprofil B, und im Querprofil C gezeichnet.

aa sind die Pfähle, welche das Gerinne tragen, höchstens 15 Fuß oder 4,7070 Meter von einander entfernt,
bb die Kopfbänder,
cc Holme über den Pfahlreihen,
dd die darüber gekämmten Unterlagen des Gerinnbodens,
ee die Ständer der Gerinnwände,
ff die Rähme derselben,
gg Zangen darüber, um dieselben zusammen zu halten,
hh die Bedielung des Gerinnbodens,
ii die Verkleidung der inneren Seiten der Gerinnwände,
kk Bollwerke an den Enden des Gerinnes, um eine möglichst feste Verbindung mit der anliegenden Erdpackung zu ermöglichen.

Die Anlage von Sprengwerken zum Tragen der Gerinne ist nicht rathsam, weil dabei die ganze Last auf den Zapfen konzentrirt wird, hier aber die Zerstörung durch die Witterung am ersten vor sich geht, und dadurch die ganze Anlage sehr bald wandelbar wird. Die Fugen zwischen der Ausschalung des Bodens und der Seitenwände sind mit Werg und Pech zu dichten, daher nach oben zu etwas weiter zu machen.

Zur Breite der Gerinne wird die durchschnittliche Breite der Gräben, deren Verbindung sie bewirken sollen, angenommen, weil ein schnelles Fließen des Wassers darin, welches bei seinem Austreten den Boden und die Seitenwände des Grabens angreifen würde, nicht gerade zu wünschen ist. Die Gerinne sind deshalb auch im Boden ganz horizontal zu legen. Eben so richtet sich ihre Tiefe nach der Wassertiefe des Grabens Die oberen Kanten der Seitenwände brauchen nur einige Zoll über dessen Spiegel hervorzuragen. Sie sollen den Wasserfluß in keiner Weise hindern.

Vierter Abschnitt.

Kosten der verschiedenen Arbeiten beim Wiesenbau.

Allgemeine Bemerkungen.

§. 84.

Bei allen Kostenberechnungen der Erdarbeiten u. s. w. beim Wiesenbau kommt es zunächst auf den denselben zu Grunde gelegten Tagelohnsatz an. Derselbe ist hier zu 10 Sgr. angenommen. Bei den Akkordarbeiten wird, weil die Leute sowohl früher zur Arbeit gehen, als auch fleißiger sind, mehr, und zwar mindestens 15 Sgr. pro Tag verdient werden können.

Nur da, wo die Arbeiter mit den beim Wiesenbau vorkommenden Arbeiten vollkommen vertraut sind, wird man den ganzen Bau in Akkord ausführen lassen können. Und auch dann wird noch besondere Aufsicht dabei nothwendig werden, damit nirgends gepfuscht, sondern alles tüchtig und gut gearbeitet werde. Da aber solche Leute nur in einzelnen Gegenden zu Hause sind, und man sich fast immer der Arbeiter aus der Nähe wird bedienen müssen, so sind gewöhnlich auch nur einzelne, allgemeiner bekannte Arbeiten, wie das Grabenmachen, Rasenschälen u. dgl., in Akkord zu geben, die anderen, weniger übersichtlichen und mehr Akkuratesse erfordernden dagegen, wie das Planiren, Einpacken der Kastenschleusen u. s. w., unter tüchtiger Leitung in Tagelohn machen zu lassen.

Ich habe eine spezielle Berechnung der Arbeiten nach Metermaaß hier noch unterlassen, weil erst abzuwarten ist, in welcher Weise diese Berechnung in Gebrauch kommen wird, eine wörtliche Uebersetzung der bisherigen Sätze aber dann eben so wenig brauchbar sein würde, als die alten. Ich muß es deshalb dem geneigten Leser überlassen, sich bis dahin die Uebertragung in das neue Maaß selbst zu machen.

Im allgemeinen will ich hier nur bemerken, daß

1 Fuß rheinländisch	=	0,3138 Meter,
1 Ruthe	=	3,7656 Meter,
1 Quadratfuß	=	0,0985 Quadrat-Meter,
1 Quadratruthe	=	14,1797 "
1 Cubikfuß	=	0,0309 Cubik-Meter,
1 Schachtruthe	=	4,4496 Cubik-Meter ist.

Akkordarbeiten.

§. 85.

Es werden also in Akkord zu fertigen sein:

a) Die Grabenarbeiten.

Der Preis der Gräben richtet sich natürlich nach dem Cubikinhalt der auszuwerfenden Erdmasse. Derselbe wird verschieden sein müssen

1) je nachdem der Erdboden locker oder fest, rein oder mit Wurzeln durchwachsen oder mit Steinen vermengt ist,
2) oder je nachdem er mit einemmale ausgeworfen oder aus der Tiefe zwei- oder mehrmals abgesetzt werden muß.

Der cubische Inhalt wird nach Schachtruthen à 144 Cubikfuß berechnet. Er wird gefunden, wenn das Produkt aus der mittleren Breite (die Summe der obern + untern Breite, dividirt mit 2) und der Tiefe mit der Länge einer Ruthe = 12 Fuß multiplizirt und mit 144 dividirt wird.

Eine Schachtruthe bis zu 6 Fuß Tiefe von einem losen Boden, der keine besonderen Schwierigkeiten bietet, wie Bruch-, Torf- oder weicher Sandboden, auszuwerfen und die Grabenerde zu planiren, kostet 4 Sgr.

Je nachdem der Boden fester wird, weniger oder mehr Wurzeln darin vorkommen rc., steigt der Preis pro Schachtruthe bis zu 5 Sgr.

Hat der Graben eine so bedeutende Tiefe, daß die Erde zwei- oder mehrmale geworfen werden muß, so sind den vorstehenden Preisen pro Schachtruthe für jedes wiederholte Werfen 2 Sgr. zuzurechnen.

Künftig wird der Cubik-Meter die Einheit abgeben und unter den oben angegebenen Verhältnissen mit 1 Sgr., 1 Sgr. 3 Pf. und jedes wiederholte Werfen der Erde mit 1/2 Sgr. zu berechnen sein.

Die Preise für die gewöhnlich vorkommenden Gräben sind demzufolge für 1 Ruthe Graben:

Bei 1füßiger Böschung:

3' obere Breite,	1' Tiefe,	1' Sohle	— Sgr.	8 Pf.	bis — Sgr.	10 Pf.
4' „ „	1' „	2' „	1 „	— „	„ 1 „	3 „
5' „ „	1' „	3' „	1 „	4 „	„ 1 „	8 „
5' „ „	2' „	1' „	2 „	— „	„ 2 „	6 „
6' „ „	1' „	4' „	1 „	8 „	„ 2 „	1 „
6' „ „	2' „	2' „	2 „	8 „	„ 3 „	4 „
7' „ „	1' „	5' „	2 „	— „	„ 2 „	6 „
7' „ „	2' „	3' „	3 „	4 „	„ 4 „	2 „
7' „ „	3' „	1' „	4 „	— „	„ 5 „	— „

8' obere Breite,	1' Tiefe,	6' Sohle	2 Sgr.	4 Pf.	bis	2 Sgr.	11 Pf.
8' = =	2' =	4' =	4 =	— =	=	5 =	— =
8' = =	3' =	2' =	5 =	— =	=	6 =	3 =
9' = =	1' =	7' =	2 =	8 =	=	3 =	4 =
9' = =	2' =	5' =	4 =	8 =	=	5 =	10 =
9' = =	3' =	3' =	6 =	— =	=	7 =	6 =
9' = =	4' =	1' =	6 =	8 =	=	8 =	4 =
10' = =	1' =	8' =	3 =	— =	=	3 =	9 =
10' = =	2' =	6' =	5 =	4 =	=	6 =	8 =
10' = =	3' =	4' =	7 =	— =	=	8 =	9 =
10' = =	4' =	2' =	8 =	— =	=	10 =	— =
11' = =	1' =	9' =	3 =	4 =	=	4 =	2 =
11' = =	2' =	7' =	6 =	— =	=	7 =	6 =
11' =	3'	5' =	8 =	— =	=	10 =	— =
11' = =	4' =	3' =	9 =	4 =	=	11 =	8 =
11' = =	5' =	1'	10 =	— =	=	12 =	6 =
12' = =	1' =	10' =	3 =	8 =	=	4 =	7 =
12' = =	2' =	8' =	6 =	8 =	=	8 =	4 =
12' = =	3' =	6' =	9 =	— =	=	11 =	3 =
12' = =	4'	4' =	10 =	8 =	=	13 =	4 =
12' = =	5' =	2' =	11 =	8 =	=	14 =	7 =

Mit ¾füßiger Böschung:

3' ob. Breite,	1' Tiefe,	1½' Sohle	— Sgr.	9 Pf.	bis	— Sgr.	11¼ Pf.
4' = =	1' =	2½' =	1 =	1½ =	=	1 =	4¼ =
4' = =	2' =	1' =	1 =	5 =	=	2 =	1 =
5' = =	1' =	3½' =	1 =	5 =	=	1 =	9¼ =
5' = =	2' =	2' =	2 =	4 =	=	2 =	11 =
6' = =	1' =	4½' =	1 =	9 =	=	2 =	2¼ =
6' = =	2' =	3' =	2 =	8 =	=	3 =	4 =
6' = =	3' =	1½' =	3 =	9 =	=	4 =	5¾ =
7' = =	1' =	5½' =	2 =	1 =	=	2 =	7¼ =
7' = =	2' =	4'	3 =	8 =	=	4 =	7 =
7' = =	3' =	2½' =	4 =	9 =	=	5 =	11¼ =
7' = =	4' =	1, =	5 =	4 =	=	6 =	8 =
8' = =	1' =	6½' =	2 =	5 =	=	3 =	¼ =
8' = =	2' =	5'	4 =	4 =	=	5 =	5 =
8' = =	3' =	3½'	5 =	9 =	=	7 =	2¼ =

8' ob. Breite,		4' Tiefe,		2' Sohle,		6 Sgr.		8 Pf. bis		8 Sgr.		4 Pf.
9'	= =	1'	=	7½'	=	2	=	9	= =	3	=	5¼ =
9'	= =	2'	=	6'	=	5	=	—	= =	6	=	3 =
9'	= =	3'	=	4½'	=	6	=	9	= =	8	=	5¼ =
9'	= =	4'	=	3'	=	8	=	—	= =	10	=	— =
9'	= =	5'	=	1½'	=	8	=	9	= =	10	=	11¼ =
10'	= =	1'	=	8½'	=	3	=	1	= =	3	=	10¼ =
10'	= =	2'	=	7'	=	5	=	8	= =	7	=	1 =
10'	= =	3'	=	5⅓'	=	7	=	9	= =	9	=	8¼ =
10'	= =	4'	=	4'	=	9	=	4	= =	11	=	9 =
10'	= =	5'	=	2½'	=	10	=	5	= =	13	=	¼ =
10'	= =	6'	=	1'	=	11	=	—	= =	13	=	9 =
11'	= =	1'	=	9½'	=	3	=	5	= =	4	=	3¼ =
11'	= =	2'	=	8'	=	6	=	4	= =	7	=	11 =
11'	= =	3'	=	6½'	=	8	=	9	= =	10	=	11¼ =
11'	= =	4'	=	5'	=	10	=	8	= =	13	=	4 =
11'	= =	5'	=	3½'	=	12	=	1	= =	15	=	1¼ =
11'	= =	6'	=	2'	=	13	=	—	= =	16	=	3 =
12'	= =	1'	=	10½'	=	3	=	9	= =	4	=	8¼ =
12'	= =	2'	=	9'	=	7	=	—	= =	8	=	9 =
12'	= =	3'	=	7½'	=	9	=	9	= =	12	=	2¼ =
12'	= =	4'	=	6'	=	12	=	—	= =	15	=	— =
12'	= =	5'	=	4½'	=	13	=	9	= =	17	=	2¼ =
12'	= =	6'	=	3'	=	15	=	—	= =	18	=	9 =
12'	= =	7'	=	1½'	=	15	=	9	= =	19	=	8¼ =

Bei ½füßiger Böschung.

2' obere Breite,		1' Tiefe,		1' Sohle,		— Sgr.		6 Pf. bis		— Sgr.		7½ Pf.
3'	= =	1'	=	2'	=	—	=	10	= =	1	=	½ =
3'	= =	2'	=	1'	=	1	=	4	= =	1	=	8 =
4'	= =	2'	=	2'	=	2	=	—	= =	2	=	6 =
4'	= =	3'	=	1'	=	2	=	6	= =	3	=	1½ =
5'	= =	2'	=	3'	=	2	=	8	= =	3	=	4 =
5'	= =	3'	=	2'	=	3	=	6	= =	4	=	4½ =
5'	= =	4'	=	1'	=	4	=	—	= =	5	=	— =
6'	= =	2'	=	4'	=	3	=	4	= =	4	=	2 =
6'	= =	3'	=	3'	=	4	=	6	= =	5	=	7½ =
6'	= =	4'	=	2'	=	5	=	4	= =	6	=	8 =

6'	obere	Breite,	5'	Tiefe,	1'	Sohle,	5	Sgr.	10	Pf.	bis	7	Sgr.	$3^1/_2$	Pf.
7'	„	„	2'	„	5'	„	4	„	—	„	„	5	„	—	„
7'	„	„	3'	„	4'	„	5	„	6	„	„	6	„	$10^1/_2$	„
7'	„	„	4'	„	3'	„	6	„	8	„	„	8	„	4	„
7'	„	„	5'	„	2'	„	7	„	6	„	„	9	„	$4^1/_2$	„
7'	„	„	6'	„	1'	„	8	„	—	„	„	10	„	—	„
8'	„	„	2'	„	6'	„	4	„	8	„	„	5	„	10	„
8'	„	„	3'	„	5'	„	6	„	6	„	„	8	„	$1^1/_2$	„
8'	„	„	4'	„	4'	„	8	„	—	„	„	10	„	—	„
8'	„	„	5'	„	3'	„	9	„	2	„	„	11	„	$5^1/_2$	„
8'	„	„	6'	„	2'	„	10	„	—	„	„	12	„	6	„
8'	„	„	7'	„	1'	„	10	„	6	„	„	13	„	$1^1/_3$	„
9'	„	„	2'	„	7'	„	5	„	4	„	„	6	„	8	„
9'	„	„	3'	„	6'	„	7	„	6	„	„	9	„	$4^1/_2$	„
9'	„	„	4'	„	5'	„	9	„	4	„	„	11	„	8	„
9'	„	„	5'	„	4'	„	10	„	10	„	„	13	„	$6^1/_2$	„
9'	„	„	6'	„	3'	„	12	„	—	„	„	15	„	—	„
10'	„	„	2'	„	8'	„	6	„	—	„	„	7	„	6	„
10'	„	„	3'	„	7'	„	8	„	6	„	„	10	„	$7^1/_2$	„
10'	„	„	4'	„	6'	„	10	„	8	„	„	13	„	4	„
10'	„	„	5'	„	5'	„	12	„	6	„	„	15	„	$7^1/_2$	„
10'	„	„	6'	„	4'	„	14	„	—	„	„	17	„	6	„
10'	„	„	7'	„	3'	„	15	„	2	„	„	18	„	$11^1/_2$	„
10'	„	„	8'	„	2'	„	16	„	—	„	„	20	„	—	„
11'	„	„	2'	„	9'	„	6	„	8	„	„	8	„	4	„
11'	„	„	3'	„	8'	„	9	„	6	„	„	11	„	$10^1/_2$	„
11'	„	„	4'	„	7'	„	12	„	—	„	„	15	„	—	„
11'	„	„	5'	„	6'	„	14	„	2	„	„	17	„	$8^1/_2$	„
11'	„	„	6'	„	5'	„	16	„	—	„	„	20	„	—	„
11'	„	„	7'	„	4'	„	17	„	6	„	„	21	„	$10^1/_2$	„
11'	„	„	8'	„	3'	„	18	„	8	„	„	23	„	4	„
11'	„	„	9'	„	2'	„	19	„	6	„	„	24	„	$4^1/_2$	„
12'	„	„	2'	„	10'	„	7	„	4	„	„	9	„	2	„
12'	„	„	3'	„	9'	„	10	„	6	„	„	13	„	$1^1/_2$	„
12'	„	„	4'	„	8'	„	13	„	4	„	„	16	„	8	„
12'	„	„	5'	„	7'	„	15	„	10	„	„	19	„	$9^1/_2$	„
12'	„	„	6'	„	6'	„	18	„	—	„	„	22	„	6	„
12'	„	„	7'	„	5'	„	19	„	10	„	„	24	„	$9^1/_2$	„

12' obere Breite,	8' Tiefe,	4' Sohle,	21 Sgr. 4 Pf.	bis 26 Sgr. 8 Pf.
12' = =	9' =	3' =	22 = 6 =	= 28 = 1½ =
12' = =	10' =	2' =	23 = 4 =	= 29 = 2 =

Bei generellen Veranschlagungen kann man in Pausch und Bogen die Kosten für die nöthigen Grabenarbeiten nach Umständen (excl. des Hauptzuleitungsgrabens) pro Morgen mit 1 Thlr. 15 Sgr. bis 2 Thlr., pro Hektare mit 6 bis 8 Thlr. berechnen.

b) Anfertigung der Rinnen.

60 Ruthen (226 Meter) 1 Fuß (0,3138 Meter) breite, 6 bis 8 Zoll (0,1569 bis 0,2092 Meter) tiefe Rinnen zu hauen, und die Rasen herauszunehmen, sind ein Tagewerk, mithin kostet die Ruthe 2 Pf. oder 1 Meter ½ Pf.

Für das regelmäßige Anpacken der Rasen an die Wässerrinnen, wo es nöthig ist, und das einen Spatenstich tiefe Ausgraben der Entwässerungsrinnen ist eben so viel zu bewilligen, für die Ruthe 2 Pf., pro Meter ½ Pf.

Hiernach kosten die sämmtliche Rinnen pro Morgen bei

2 Ruthen breiten Rücken	ungefähr 1 Thlr.	20 Sgr.
3 = =	= 1 =	5 =
1 Ruthe breite Hänge	2 Thlr.	20 Sgr.
1½ = =	1 =	28 =
2 = =	1 =	15 =

pro Hektare bei 7,5 Meter	breiten Rücken	6 Thlr.	20 Sgr.,
= = = 11,3 =	= =	4 =	20 =
= = = 3,75 =	= Hängen	10 =	20 =
= = = 5,62 =	= =	7 =	22 =
= = = 7,5 =	= =	6 =	— =

c) Transport der Erde mittelst Handkarren.

Bei dem Transport der Erde mittelst der Handkarren war die Schachtruthe à 144 Cubikfuß das übliche Maaß. Künftig wird nach Cubik-Metern gerechnet. Die Kosten dieses Transports richten sich nach der größeren oder geringeren Schwierigkeit, den festen Erdboden zum Einladen loszumachen, und nach der Entfernung.

Die §. 24 beschriebenen Karren enthalten gestrichen gemessen 3 Cubikfuß (0,0927 Cubik-Meter). Um einen Cubik-Meter lose Erde fortzuschaffen, sind also 10 Karren abzufahren. Wird aber ein Cubik-Meter im gewachsenen Boden abgemessen, so gehören 13 bis 15 Karren dazu, weil die feste Erde beim Einladen gelockert um ¼ und darüber an Volumen zunimmt. Es wird daher auch bei der Bestimmung des Preises für den Transport eines Cubik-Meter außer der Entfernung noch zu unterscheiden sein, ob feste Erde, also die Grube, woraus die Erde fortgekarrt, oder ob lose Erde, wie bei den Wallschüttungen, gemessen wird.

Einen Cubik-Meter feste Erde = 13 bis 15 Karren auf 25 Schritt fortzukarren, kostet, wenn der Boden zwar fest, doch mit den Spaten gegraben werden kann, 1 Sgr. 3 Pf.; muß der Boden erst mit mit der Hacke losgehauen werden, so kann der Preis steigen bis 1 Sgr. 9 Pf.

Einen Cubik-Meter gewachsenen Boden auf 50 Schritt zu verkarren kostet $1^1/_2$ bis 2 Sgr., auf 75 Schritt 1 Sgr. 9 Pf. bis 2 Sgr. 6 Pf. und auf 100 Schritt 2 bis $2^3/_4$ Sgr.; dagegen kostet ein Cubik-Meter lose Erde = 10 Karren, wenn der gekarrte Boden gemessen wird, auf 25 Schritt Entfernung zu verkarren nur bis 1 Sgr., desgl. auf 50 Schritt Entfernung nur bis $1^1/_4$ Sgr., desgl. auf 75 Schritt Entfernung nur bis $1^1/_2$ Sgr. und auf 100 Schritt Entfernung nur bis $1^3/_4$ Sgr.

d) Die Kosten des Rasenschälens.

Die Kosten des Rasenschälens sind gleichfalls nach der Schwierigkeit verschieden, welche die Zähigkeit oder der mürbe Boden erzeugen. Beim Abschälen nach Siegener Art im Quadrathieb oder in Rollen ist das Tagewerk für einen Mann, wenn die Arbeit gehörig vertheilt ist, so daß nicht einer auf den andern zu warten braucht, 10 bis 20 Quadratruthen = 142 bis 284 □Meter, mithin kostet eine Quadratruthe nach dieser Art abzuschälen und die Rasen bei Seite zu bringen 6 Pf. bis 1 Sgr., 1 □Meter $^1/_2$ bis 1 Pf., oder pro Morgen 3 bis 6 Thlr., pro Hektare 12 bis 24 Thlr.

Das Abschälen nach Lüneburger Art ist viel leichter und geht schneller, daher kann ein Mann recht gut in einem Tage ein und ein halbmal so viel abhacken, es kostet also eine Quadratruthe nur 4 bis 6 Pf., oder pro Morgen 2 bis 3 Thlr., d. i. 1 □Meter $^1/_3$ bis $^1/_2$ Pf. und pro Hektare 8 bis 12 Thlr.

Noch mehr fördert das Schälen mit dem Schottischen Brustpflug. Es ist die Quadratruthe für 2 bis 3 Pf. zu machen. Danach kostet der Morgen 1 bis $1^1/_2$ Thlr., 1 □Meter also $^1/_6$ bis $^1/_7$ Pf. und die Hektare 4 bis 6 Thlr.

e) Kosten des Eindeckens.

Auch hierbei stellen sich die Preise ungemein verschieden. Es kommt darauf an, ob viel oder wenig Rasen ein dichtes oder lockeres Decken erheischen. Sind deren so viele vorhanden, daß sich die Fläche dicht damit belegen läßt, und liegen sie so nahe, daß sie von dem Haufen unmittelbar mit der Forke fortgenommen werden können, oder nur eine ganz kurze Strecke transportirt zu werden brauchen, so kann man für das Decken der planirten Flächen, das Tagewerk im Durchschnitt zu 15 Quadratruthen oder 213 □Meter angenommen, für eine Quadratruthe durchschnittlich 6 Pf., für 1 □Meter $^1/_2$ Pf. berechnen, oder pro Morgen 3 Thlr., oder pro Hektare 12 Thlr.

Müssen die Rasen lockerer gelegt werden, weil daran Mangel ist, so ermäßigt sich auch der Preis.

Umgekehrt erhöht er sich, wenn die Plaggen von einer anderen Fläche, also weiter heran transportirt werden sollen.

Kosten der Wasserwerke und Stauwerke.

§. 86.

Das Arbeitslohn für die kleineren Kastenschleusen, Gerinne und Röhren ist nach laufenden Fuß oder Metern zu berechnen und kostet, wenn sie nur einen Fuß (03138 Meter) hoch werden, pro Fuß excl. Holz und Nägel 2 Sgr., pro Meter 6 Sgr., bei 2 Fuß (0,6276 Meter) Höhe pro laufenden Fuß 3 Sgr. bis 6 Sgr., pro Meter 9 bis 18 Sgr.

Die größeren Wasserbauten müssen speziell veranschlagt werden, weil die Kosten derselben von der Konstruktion, von der Lokalität und von anderen Umständen zu sehr abhängen; auch weichen die Arbeitslöhne in den verschiedenen Gegenden von einander ab. Der nachfolgende Kostenanschlag einer Schleuse soll daher mehr die Art der Veranschlagung deutlich machen, als in seinen verschiedenen Positionen maßgebend sein.

Kostenanschlag zum Bau einer hölzernen Stauschleuse.

Dieselbe wird nach der auf Taf. XII. Fig. 1., 2., 3. beigefügten Zeichnung 30 Fuß lang in der Spundwand, erhält $12^1/_2$ Fuß lange Spundpfähle unter dem Kopfbalken, $13^1/_2$ Fuß Schützöffnung, ein 12 Fuß langes Gerinne, 10 Fuß lange Flügelspundwände und ein Vorgesenk.

Das dazu Erforderliche ergiebt sich aus dem Anschlage.

	Thlr.	Sgr.	Pf.	Thlr.	Sgr.	Pf.
I. An Holz.						
162 □ Fuß $\frac{5}{4}$zöllige Dielen zum Gerinnboden ($13\frac{1}{2} \times 12$)						
72 □ Fuß zur Verkleidung der inneren Seiten der Gerinnwände ($2 \times 12 \times 3$)						
140 □ Fuß zum Boden des Vorgesenks $\left(\frac{21\frac{1}{2} \times 13\frac{1}{2}}{2} \times 8\right)$						
80 □ Fuß zu den 8 Schützen incl. Verleistung und Handgriff à 10 □ Fuß,						
454 □ Fuß oder $22\frac{1}{2}$ Stück $\frac{5}{4}$zöllige Dielen à 20 Fuß, dazu:						
$2\frac{5}{8}$ Sägeblöcke, 24 Fuß lang, 17 Zoll stark im mittleren Durchmesser, aus dem Block 8 Stück $\frac{5}{4}$zöllige Dielen berechnet,						

	Thlr.	Sgr.	Pf.	Thlr.	Sgr.	Pf.
97 □ Fuß 4zöllige Planken zur Spundwand des Vorgesenks ($21\frac{1}{2} \times 4\frac{1}{2}$),						
72 □ Fuß dito zur Schälung auf der äußern Seite der Gerinnwände ($2 \times 12 \times 3$),						
169 □ Fuß oder 8 Stück 4zöllige Planken à 20 □ Fuß, dazu:						
$2\frac{2}{3}$ Sägeblöcke dito pro Block 3 Stück 4zöllige Planken berechnet,						
$5\frac{1}{2}$ Sägeblöcke 24 Fuß lang, 17 Zoll stark im mittleren Durchmesser, das Stück enthält 38 Cubikfuß, sind $5\frac{1}{2} \times 38 = 209$ Cubikfuß à 3 Sgr. .	20	27	—			
25 Fuß starkes Bauholz zu den beiden Spundpfählen kk an den Seiten der Schützöffnung à $12\frac{1}{2}$ Fuß,						
$112\frac{1}{2}$ Fuß zu 225 laufenden Fuß Halbholz zu den anderen 18 Stück Spundpfählen unter dem Kopfbalken à $12\frac{1}{2}$ Fuß,						
$58\frac{1}{2}$ Fuß zu 117 laufenden Fuß Halbholz zu 18 Spundpfählen unter dem Fachbaum à $6\frac{1}{2}$ Fuß,						
32 Fuß zum Kopfbalken,						
14 Fuß zum Fachbaum,						
147 Fuß zu 294 lauf. Fuß Halbholz zu 28 Spundpfählen der beiden Flügelwände à $10\frac{1}{2}$ Fuß,						
$4\frac{1}{2}$ Fuß zu 6 Ständern der Gerinnwände à 3 Fuß von Kreuzholz,						
4 Fuß zu 4 Bändern der Gerinnwände à 4 Fuß von Kreuzholz,						
12 Fuß zum Verschnitt 3 Procent,						
$409\frac{1}{2}$ Fuß, dazu:						
$10\frac{1}{4}$ Stück starkes Bauholz 40 Fuß lang, 16 Zoll stark im mittleren Durchmesser, das Stück enthält 56 Cubikfuß, sind $10\frac{1}{4} \times 56 = 574$ Cubikfuß à $3\frac{1}{2}$ Sgr.	66	29	—			
18 Fuß Mittelbauholz zu den 3 Griessäulen à 6 Fuß						
90 Fuß zu 15 Spitzpfählen unter dem Gerinne à 6 Fuß,						
$49\frac{1}{2}$ Fuß zu 3 Holmen darüber à $16\frac{1}{2}$ Fuß,						
24 Fuß zu 2 Schwellen der Gerinnwände à 12 Fuß,						
24 Fuß zu 2 Rähmen derselben à 12 Fuß,						
33 Fuß zu 2 Zangen darüber à $16\frac{1}{2}$ Fuß,						
$22\frac{1}{2}$ Fuß zu 5 Spitzpfählen unter dem Vorgesenk à $4\frac{1}{2}$ Fuß,						
18 Fuß zum Holm darüber,						
22 Fuß zum Holm der Bohlenspundwand,						
22 Fuß zu 2 Holme der Flügelspundwände à 11 Fuß,						
9 Fuß zum Verschnitt 3 Procent,						
$342\frac{1}{4}$ Fuß, dazu:						
Latus	87	26	—			

	Thlr.	Sgr.	Pf.	Thlr.	Sgr.	Pf.
Transport	87	26	—			
9¼ Stück Mittelbauholz, 36 Fuß lang, 12 Zoll stark im mittleren Durchmesser. Das Stück enthält 28½ Cubikfuß, sind 9¼ × 28¼ = 261 Cubikfuß à 2 Sgr. 6 Pf.	21	22	6			
Holzwerth				109	18	6
II. An Arbeitslohn.						
Dem Zimmermann und Holzschneider.						
5½ Stück Sägeblöcke zu stämmen, zöpfen und bewaldrechten à 5 Sgr.	—	27	6			
Diese mit der Hand zu Dielen und Planken zu schneiden sind 868 laufende Fuß Schnitt, pro 100 Fuß incl. Auf- und Abbringen 20 Sgr. . .	5	23	7			
10½ Stück starkes Bauholz zu stämmen und zu beschlagen à 10 Sgr.	3	15	—			
Davon 330 Fuß, incl. Verschnitt mit der Hand zu Halbholz zu schneiden und incl. Auf- u. Abbringen à 4 Sgr.	3	20	—			
8 Fuß desgleichen zu Kreuzholz, dito 8 Pf. . . .	—	5	4			
9¼ Stück Mittelbauholz zu stämmen und beschlagen à 8 Sgr.	2	14	—			
375 □ Fuß Hauptspundwand zuzulegen, die Spundpfähle mit Feder und Nuth zu spunden, sie auch gehörig zu schärfen, den Fachbaum und die Griessäulen zuzurichten und einzulegen, à 1 Sgr. . .	12	15	—			
20 Stück Spundpfähle unter dem Kopfbalken der Hauptspundwand unter die Lauframme zu bringen und nach der Zeichnung gehörig tief einzurammen, incl. Halten der zum Rammen gehörigen Mannschaft, Schmiere u. s. w. (pro laufenden Fuß Pfahl 1¼ Sgr.) à 19 Sgr.	12	20	—			
18 Stück Spundpfähle unter dem Fachbaum desgl. à 10 Sgr.	6	—	—			
32 laufende Fuß den Kopfbalken zuzurichten und abzuwässern, Zapfen an die Spundpfähle zu schneiden, den Kopfbalken aufzulegen und zu befestigen, à 2 Sgr.	2	4	—			
15 Stück Spitzpfähle unter dem Gerinne zuzurichten, zu spitzen und mit der Laufsramme nach der Zeichnung einzurammen, incl. Halten der Mannschaft u. s. w. (pro Fuß 1 Sgr.) à 6 Sgr. . . .	3	—	—			
49½ laufende Fuß Holme darüber zuzuschneiden, durchzulochen und, nachdem Zapfen an die Pfähle gestämmt, aufzulegen und zu verkeilen, à 9 Pf. .	1	7	2			
Latus	54	1	7	109	18	6

		Thlr.	Sgr.	Pf.	Thlr.	Sgr.	Pf.
	Transport	54	1	7	109	18	6
115	laufende Fuß Holz, die Schwellen der Gerinnwände über die Holme zu kämmen, die Gerinnwände selbst aus Schwellen, Ständern, Bändern, Rähmen und Zangen zu verbinden und aufzustellen, à 6 Pf.	1	27	6			
210	□ Fuß, die Flügelspundwände zuzurichten und die Spundpfähle mit Feder und Nuth zuspunden, dieselben auch zu schärfen, à 1 Sgr. . . .	7	—	—			
28	Stück Spundpfähle derselben unter die Lauframme zu bringen und vorschriftsmäßig einzurammen, incl. Halten der Mannschaft, à 15 Sgr. . . .	14	—	—			
22	Fuß Holme darüber zuzurichten und zu falzen, Zapfen an die Spundpfähle zu schneiden, die Holme aufzulegen und zu befestigen à 1 Sgr. 6 Pf.	1	3	—			
97	□ Fuß Bohlenspundwand zum Vorgesenk gefalzt zuzulegen, zu schärfen à 9 Pf.	1	12	9			
24	Stück Bohlenspundpfähle unter die Ramme zu bringen und einzurammen, desgl. à 7 Sgr. . . .	5	18	—			
21½	Fuß Grundbalken darüber zu falzen, aufzulegen und zu befestigen, à 1 Sgr.	—	21	6			
5	Stück Spitzpfähle unter dem Vorgesenk zuzurichten, zu spitzen, unter die Laufranme zu bringen und einzurammen, desgl. à 5 Sgr.	—	25	6			
18	Fuß Holme darüber zuzuschneiden, durchzulochen, und nachdem Zapfen an die Pfähle geschnitten, aufzulegen und zu verkeilen, à 9 Pf.	—	13	6			
374	□ Fuß, den Boden des Vorgesenks und des Gerinnes, so wie die inneren Seitenflächen der Wände des letztern mit $\frac{3}{4}$zölligen rauh besäumten Dielen zu verkleiden, à 3 Pf.	3	3	6			
72	□ Fuß, die äußeren Seiten der Gerinnwände mit Planken zu verkleiden und tüchtig zu hinterfüllen, à 3 Pf.	—	18	—			
	Für Anfertigung der 8 Grund- und Oberschützen, incl. Verleistung und Handgriff, à 7½ Sgr.	2	—	—			
7½	Schock Lattnägel à 8 Sgr. (pro □ Fuß Dielenarbeit 1 Nagel)	1	22	6			
	Für Haltung der Ramme, Taue und Kloben . . .	10	—	—			
					104	17	4
	III. Insgemein.						
	Für sonst noch vorfallende, nicht vorherzusehende und im Anschlage nicht bemerkte kleine Ausgaben, Aufgraben der Baustelle, Hinterfüllen der Bollwerke u. s. w. zur speziellen Berechnung 10 Procent der Anschlagssumme	—	—	—	20	—	—
	Summa excl. Fuhrlohn	—	—	—	234	5	10

Genereller Ueberschlag der Kosten für die verschiedenen Arten des Wiesenbaues.

§. 87.

a) Kosten der Kunstwiesen.

Am höchsten sind stets die Kosten, welche durch den Kunstbau veranlaßt werden, weil bei diesem alles umgearbeitet und der Boden dem Projekte angepaßt wird. Sie differiren aber, je nachdem der Bau nach der Siegener oder Lüneburger Art ausgeführt wird, und größere oder geringere Schwierigkeiten dabei vorkommen, sehr bedeutend.

Einen Magd. Morgen nach Siegener Art zur Kunstwiese umzuschaffen, kostet, wenn der Boden fest, steinig oder mit Busch bewachsen ist, bis 90 Thlr. Das macht pro Hektare pp. 350 Thlr. Als Mittelpreis sind dafür 50 bis 70 Thlr. pro Morgen, oder 200 bis 275 Thlr. pro Hektare anzunehmen, und der niedrigste Satz dürfte pro Morgen 40 Thlr., oder 150 bis 160 Thlr. pro Hektare sein.

Im Lüneburgischen sind einige Wiesen zwar bedeutend theurer geworden, und mancher Morgen hat 100 bis 120 Thlr. oder 400 bis 450 Thlr. pro Hektare gekostet; doch ist dieser Preis nur darum so hoch geworden, weil, eigentlich aus Liebhaberei, die Wiesenfläche durch Abtragen bedeutender Sandhöhen vergrößert werden sollte, oder weil bedeutende Bodenbewegung nöthig war, um die Wiese in ein vorher generell entworfenes Projekt hineinzupassen, ein Fall, der bei den dortigen Gemeinheitstheilungen oft vorgekommen ist.

Der mittlere Satz für einen Morgen nach Lüneburger Art gebauter Kunstwiesen ist 40 bis 50 Thlr. pro Morgen oder 160 bis 200 Thlr. pro Hektare. Unter 25 Thlr. pro Morgen = 100 Thlr. pro Hektare dürften sie im günstigsten Falle nicht herzustellen sein.

b) Kosten rationell gebauter Wiesen.

Der rationelle Wiesenbau paßt das Projekt möglichst genau dem Boden an. Es werden darum die Erdkarrungen, und dem entsprechend die Kosten bedeutend geringer, als beim Kunstbau.

Der höchste Preis, welcher hier für den Umbau eines mit großen Steinen bedeckten, von Schluchten durchzogenen und kurz zuvor abgeholzten Waldterrains bezahlt worden ist, beträgt 80 Thlr. pro Morgen, 250 Thlr. pro Hektare.

Als ein hoher, aber auch nur seltener Preis unter erschwerenden Umständen sind pro Morgen 40 bis 50 Thlr. oder 150 bis 200 Thlr. pro Hektare anzunehmen.

Der gewöhnliche Mittelsatz ist nur zu 25 bis 30 Thlr. oder 100 bis 150 Thlr. pro Hektare, und der niedrigste da, wo ein guter milder Boden von Natur bereits ein normales Gefälle hat, und eben ist, so daß der Umbau überflüssig erscheint, pro Morgen zu 5 bis 10 Thlr., oder pro Hektare zu 20 bis 40 Thlr. zu veranschlagen.

Fünfter Abschnitt.

Unterhaltung und Pflege der Wiesen.

Nothwendigkeit einer aufmerksamen Behandlung.

§. 88.

„In der ganzen Oekonomie, sagt Pogge, giebt es kein Geschäft, welches „mehr Aufsicht erfordert, und mehr durch eigene Thätigkeit betrieben werden „muß, als die Berieselung, indem man so äußerst selten Menschen „findet, welche richtige Begriffe davon besitzen. Die meisten „wollen immer nur stauen, und nicht dem Wasser einen zweckmäßigen Lauf lassen. Sie begnügen sich damit, wenn die „Wiesen nur naß sind. Bei jeder anderen Arbeit kann man hingehen „oder reiten, hier aber, wenn die Wiese von Bedeutung ist, muß ich solche „bis über die Knöchel im Wasser sehr oft durchwaten, und wem das kein Vergnügen macht, der giebt sich gewiß nicht damit ab. Ich kann nicht läugnen, „daß dies bei der ganzen Wirthschaft mein Steckenpferd ist, und daß bei „offenem Wetter beinahe kein Tag vergeht, wo ich nicht wenigstens meine „Berieselung besehe. Aber was für eine Belohnung habe ich nicht dafür, „wenn ich nachher hinter den Mähern stehe, und sie nicht durchkommen „können und sagen, hier muß man sich die Seele aus dem Leibe ziehen! und „dann die Streuer hinterher keinen Raum für das Gras haben."

Pogge hat vollkommen Recht: eine gut angelegte, gut unterhaltene und gepflegte Rieselwiese ist ein wahres Treibhaus für den Graswuchs, vernachlässigt dagegen — doch davon später!

Die Rieselwiese ist, wie vorher bereits ausgeführt, eine Maschine zum Transport und zur gleichmäßigen Vertheilung einer gewissen Quantität Wasser, als dem Träger einer entsprechenden Quantität von herrenlos und ungenutzt weg- und verlorengehendem Dünger, über die Wiesenfläche. Soll eine solche das leisten, was von ihr verlangt werden kann, so ist, eine richtige Konstruktion und solide Ausführung derselben vorausgesetzt, die erste Bedingung, daß sie richtig gebraucht, die zweite, daß sie auch stets in Ordnung gehalten wird. Nun lehrt die Erfahrung, daß auf ein und derselben Rieselwiese, auch wenn sie vollkommen rationell eingerichtet ist, bei Anwendung desselben Wassers nur durch eine verschiedene Behandlung die verschiedenartigsten Resultate erzielt werden können. Da kann durch richtiges Berieseln so viel Gras darauf hervorgebracht werden, als neben einander nur Platz hat, so viel, daß die Blattgewächse dazwischen vollständig erstickt werden und verschwinden, während durch Veränderung der Wässerzeiten der Ertrag im ganzen zwar geringer, doch das Wachsthum besserer Blattpflanzen befördert wird. Durch Veränderung der Stärke der Rieselung können schlechtere Blattgewächse, der großblättrige Sauerampfer (Rumex hydrolapatum), die bittere Kardamine (Cardamine amara) u. dergl. m., vorwiegend, oder aber nur in der Nähe der Wässergräben und Rinnen besseres Gras, entfernter davon Riedgras und Moos erzeugt werden. Endlich kann es durch zu schwache Wässerung und mangelhafte Entwässerung dahin gebracht werden, daß das Moos zwischen dünnstehendem Riedgras die ganze Wiese überwuchert. Die Gelegenheit, derartige Beobachtungen zu machen, findet sich fast auf jeder wilden Berieselungsanlage. Weiter unten wird hierauf noch einmal zurückzukommen sein.

Es zeugt deshalb die zuweilen ausgesprochene Behauptung, das Heu von Rieselwiesen habe keinen Futterwerth, wohl gar, es sei für das Vieh Gift, von der größten Unkenntniß der Sache. Wohl kann zugegeben werden, daß zuweilen Mißbrauch mit dem Wässern getrieben wird, allein — derjenige, der eine Häckselmaschine verkehrt herumdreht, darf sich nicht wundern, wenn das Stroh dadurch nicht geschnitten wird. Wer aber nach einer solchen Operation behaupten wollte, die Maschine tauge nicht, es ließe sich damit kein Häcksel schneiden, der beweist doch sicher, daß er zu einem Urtheil darüber in keiner Weise berechtigt ist, und besser thäte, es zurück zu halten, bis er sich das Ding von allen Seiten gründlich angesehen.

Aber nicht die richtige Behandlung der Maschine allein ist zur Gewinnung eines genügenden Erfolges nothwendig, sondern eben so sehr deren richtige Unterhaltung. Das bei der Anlage von Rieselwiesen verwendete Material, Boden und Rasen, ist gegenüber dem fließenden Wasser leider das wandelbarste, was es geben kann. Das bewegte Wasser ist stets bestrebt, die Umfangswände der Gräben und Rinnen anzugreifen, an einer Stelle abzubrechen, an der anderen wieder anzulanden, und zwar um so mehr, je schneller es fließt, je mehr Kraft es dadurch zu äußern vermag. Darum verlangt eine gute Konstruktion der Maschine Ermäßigung der Geschwindigkeit des Wassers auf das möglichst geringste Maaß. Das hat allerdings einen anderen Nachtheil, der indessen weniger groß erscheint. In Gräben nämlich, in welchen das Wasser langsam fließt, welche sogar von Zeit zu Zeit ganz trocken gelegt werden, wachsen Kraut und Gras mit besonderer Ueppigkeit. Der vom Wasser mitgebrachte Schlamm, Blätter, Kraut u. s. w. wird davon festgehalten, oder fällt mit Leichtigkeit nieder. Dadurch wird die Vegetation darin nur noch mehr befördert. Alles dies vereinigt sich, das Profil der Gräben und Rinnen in kürzester Zeit in einer solchen Weise zu verändern, und zu verengen, daß die nothwendige Quantität des hineingeleiteten Wassers darin nicht weiter zu fließen vermag. Nothwendigerweise wird dadurch die Vertheilung desselben unregelmäßig. Am Anfange der Gräben und Rinnen stürzen zu große Wassermassen über, nach dem Ende derselben kommt die erforderliche Menge nicht hin. Dort schadet das zu viele Wasser, hier genügt das zu wenige nicht. Eben so unregelmäßig wird die Entwässerung. Durch eingetriebenen Boden verengt, namentlich verflacht, vermögen die Entwässerungsgräben das an Stellen massenhaft überstürzende Wasser nicht abzuführen. Dasselbe bleibt auf der Wiese zwar nicht stehen, doch bildet es Blänken. Wo das aber auf einer Rieselwiese geschieht, vergeht das Gras gewiß. Es wachsen an solchen Stellen nur einige wenige schlechte Kräuter. Alle diese Beschädigungen werden progressiv größer, und die Anlage verfällt sehr schnell, wenn ihr nicht die sorgfältigste Pflege geschenkt, und jeder ihrer Theile stets in der größten Ordnung erhalten wird.

Wer da glaubt, mit der Anlage einer Berieselung alles gethan zu haben, wer ihr nicht zu jeder Zeit die nöthige Aufmerksamkeit widmen kann, oder will, der unterlasse lieber die ganze Melioration. In solchem Falle ist nicht nur das Meliorationskapital rein fortgeworfen, sondern die Wiesen werden danach zuweilen noch schlechter, als sie vorher waren. Dagegen liegen eine sehr große Menge von Beobachtungen und langjährige Erfahrungen vor, welche unwiderleglich beweisen, daß keine Verbesserung das angelegte Geld sicherer, dauernder und höher verzinst, als eine rationell angelegte Rieselwiese, sobald sie nur so behandelt wird, wie sie behandelt werden muß, und die zu ihrer Erhaltung nöthigen jährlichen Ausgaben nicht gescheut werden. Man sollte glauben, daß bei einer solchen Alternative die Wahl nicht schwer fallen könne, und doch — wie wenig wird im ganzen noch geleistet, wie viel bleibt da noch zu wünschen übrig!

Warum, möchte man fragen, kann man sich nicht daran gewöhnen, der

Wiese die Aufmerksamkeit und Arbeit zuzuwenden, welche man dem Acker mit so unglaublich hohen Bestellungs-, Düngungs- rc. Kosten und Mühen schenkt?

Persönlichkeit des Wiesenwärters.

§. 89.

Bei einer jeden größeren Maschine wird ein sachkundiger Maschinist angestellt. Eben so verlangt eine jede größere Berieselungsanlage einen besonderen tüchtigen Wiesenwärter.

Ein solcher Mann soll vor allen Dingen zuverlässig, nüchtern und fleißig sein. Er hat in den meisten Fällen eine ziemlich selbstständige Stellung, ist der Kontrole weniger unterworfen, muß zu Zeiten den Arbeitern die nöthigen Arbeiten anweisen und deren tüchtige Ausführung überwachen. Er muß bei der Werbung des Heues für gutes Mähen sorgen und die Abfuhre desselben leiten, damit den Wiesen durch das Fuhrwerk nicht unnöthigerweise Schaden zugefügt wird. Wo Genossenschaften zur Berieselung der Wiesen zusammengetreten sind, muß er keinem zu Liebe und keinem zu Leide die Wässerung so besorgen, daß der Graswuchs überall ein gleichmäßiger wird, mit einem Worte, er soll zu jeder Zeit allen seinen Verpflichtungen besonders diensttreu nachkommen, die Regeln des Berieselns genau kennen, offene Augen für Beobachtungen, und ein Urtheil darüber haben, ob stark oder schwach gerieselt werden müsse, wie weit der vorhandene Zufluß reiche, wie groß die entsprechende Fläche dafür zu wählen, und welche Wirkung das rieselnde Wasser äußern werde. Er soll sofort die Ursachen erkennen, wenn irgendwo die Wässerung nicht normal von statten geht, und dem Uebel auf die einfachste und billigste, aber auch sachgemäße Weise abhelfen. Endlich soll er auch die erforderlichen kleinen Reparaturen sogleich selbst machen, oder wenn seine Kräfte dazu allein nicht ausreichen, dafür sorgen, daß ihm zur rechten Zeit die nöthige Unterstützung gewährt werde, damit der Schaden nicht unnöthig größere Dimensionen annehme. Er soll also mit der gehörigen Erfahrung auch Lust und Liebe zur Sache vereinigen.

Sind diese Eigenschaften nicht vorhanden, so kann nur ein Wechsel der Person helfen.

Sind sie aber vorhanden, so sorge der Wiesenbesitzer auch auf jede Weise dafür, daß sie wach erhalten werden. Uebewältigt die Arbeit den Wiesenwärter, wird ihm bei nöthigen Reparaturen nicht rechtzeitig die erforderliche Unterstützung zu Theil, die verlangte Arbeitskraft nicht gewährt, so muß er, da er nicht leisten kann, was er nach seiner Erfahrung leisten könnte und müßte, mißmuthig werden, zumal er vorher weiß, daß der mangelhafte Erfolg ohne sein Verschulden ihm allein zur Last gelegt, und dadurch sein guter Ruf, vielleicht seine ganze Zukunft geschädigt wird. Ist er moralisch auf dem Fleck, so kündigt er, und zieht weiter, ist er das nicht, so läßt er die Wässerung gehen, wie sie eben gehen will. Man darf sich dann aber auch nicht wundern, wenn die Anlagen mit Riesenschritten ihrem Verfalle entgegen eilen, und nur durch große und kostbare Arbeiten wiederhergestellt werden können.

Darum führe man den Wiesenwärter noch weniger in die Versuchung, zu erschlaffen, dadurch, daß man ihm nebenher noch andere Beschäftigung zuweist, welche sich mit seinen Berufsarbeiten nicht gut verträgt. So ist es z. B. mindestens gefährlich, ihn zum Fischer oder Jäger zu machen. Es taugt nichts, wenn er während des Rieselns mehr nach den Fischen in den Gräben, als nach dem Grase auf der Wiese sieht, und die einzige zulässige Jagd darf sich gegen die Maulwürfe und Wasserratten wenden. Eben so wenig darf er als Aufseher beim Drainiren, Mergeln und anderen landwirthschaftlichen Arbeiten, welche ihn von der Wiese fernhalten, verwendet werden, es sei denn, daß die berieselte Fläche so klein sei, daß sie ihn nicht vollständig beschäftiget. Dagegen ist bei der Heuernte seine Aufsicht geboten. Auch mag er etwas Holzarbeiter sein, um im Winter, wenn die Wiesen gefroren sind, beim Zuhauen des Nutzholzes zu helfen, oder die für das nächste Frühjahr nöthigen Kastenschleusen sich selbst machen zu können u. dergl. m. Während der Rieselzeit darf aber seine Thätigkeit von der Wiese nicht abgezogen werden. Es erscheint sogar ganz zweckmäßig, sie durch die Bewilligung einer Tantième vom Ertrage neben einem entsprechenden Gehalt noch besonders anzuregen.

Es wird nicht selten gerathen, vorerst einen anstelligen, fleißigen Arbeiter zum Wiesenwärter auszuwählen, und ihn während des Baues der Wiesen auszubilden. Das wird aber selten genügen. Beim Bau lernt er wohl die Einrichtung der Wasserleitungen auf der Wiese kennen, aber er hat dabei keine Gelegenheit, Erfahrungen zu sammeln darüber, wann und wie zu den verschiedenen Zeiten gewässert werden muß, welche Folgen das Rieseln hat, was dabei zu vermeiden u. s. w. Wird ein solcher Mann angestellt, so muß der Wiesenwirth selbst demselben die Zeit, die Art und Weise der Wässerung anzugeben, ihn selbst noch vollständig einzuschulen vermögen. Es gehören zur tüchtigen Ausbildung eines Wiesenwärters immer mehrere Jahre. Darum sind in der Regel solche Leute vorzuziehen, welche auf größeren Anlagen längere Zeit als Wiesenknechte gearbeitet, den Wiesenwärter in allen seinen Verrichtungen unterstützt, und auf diese Weise sich die nöthigen praktischen Erfahrungen erworben und sich bewährt haben.

Ein Wiesenwärter kann auf 100 bis 150 Morgen (25 bis 40 Hektaren) die laufenden Arbeiten ganz gut versehen. Sind die berieselten Flächen kleiner, so wird durch die Haltung eines eigenen Wiesenwärters der Reinertrag allerdings verringert; auch hat derselbe darauf zu Zeiten nicht volle Beschäftigung, und kann mit Vorsicht allenfalls zu anderen Arbeiten nebenher gebraucht werden. Sind die berieselten Flächen aber ganz klein, gehören sie zu kleineren Besitzungen, und übernimmt der Besitzer selbst oder dessen Stellvertreter einen Theil der Funktionen des Wiesenwärters, namentlich die Bestimmung, wann, wo und wie gerieselt werden soll, so läßt sich mit einem einfachen, aber findigen Arbeiter auskommen. Auf größeren Gütern bleiben bei geringer Ausdehnung der berieselten Flächen die nöthigen Anordnungen von oben her meistentheils aus, die anderen größeren, und deshalb wichtigeren wirthschaftlichen Arbeiten nehmen die Aufmerksamkeit vorzugsweise in Anspruch, eigene Aufsicht in den Wiesen ist zu theuer, und die geringen Verluste, welche durch die Vernachlässigung der Rieselwiese entstehen, sind leicht zu verschmerzen, daher werden die kleinen Anlagen da leider zu leicht und zu oft vernachlässigt, so daß es gewöhnlich gerathen ist, sie lieber ganz zu unterlassen.

Rieselzeit und Weise.

§. 90.

a) Allgemeines.

In der Landwirthschaft giebt es keine für alle möglichen Fälle gültigen Recepte. Dasselbe gilt auch für den Theil der Landwirthschaft, die Berieselung der Wiesen. Hier spricht die Qualität und Quantität des zufließenden Wassers, die Witterung, die Temperatur des Wassers und der Luft, und in mancher Beziehung auch der Boden mit. Nur allgemeine Grundsätze, welche bei der Behandlung der Rieselwiesen zu befolgen sind, lassen sich feststellen. Die Anwendung derselben auf den konkreten Fall muß dem Wiesenbesitzer überlassen bleiben. Diese allgemeinen Regeln sollen in dem Nachfolgenden besprochen werden. Dabei ist vorausgesetzt, daß die Anlage nach den Regeln des rationellen Wiesenbaues ausgeführt ist, daß namentlich einem jeden Wiesentheile nicht nur das nöthige Wasser (und zwar nach Bedürfniß eine größere oder geringere Quantität davon) zugeführt, sondern daß die Wiese auch vollständig trocken gelegt werden kann, mit einem Worte, daß der Wiesenwirth die Bewegung des Wassers auf der Wiese nach allen Richtungen hin vollständig beherrscht.

Zunächst soll also die Qualität des Wassers berücksichtigt werden. Es macht einen Unterschied, ob dasselbe trübe oder klar, reich oder arm ist. Wenn übrigens hier von trübem Wasser die Rede, so kann damit selbstverständlich nicht solches Wasser gemeint sein, welches, wie es bei Fluthen zuweilen wohl vorkommt, groben Sand oder gar Kies, sondern nur dasjenige, welches die feinen abschlemmbaren Theile des Bodens mitführt. Jenes muß man immer vorüberlaufen lassen, weil sich die davon herangebrachten Sinkstoffe zu unregelmäßig absetzen. Aber auch bei der Benutzung des letzteren ist mit einiger Vorsicht zu verfahren. Das Rieseln damit hat die Folge, daß durch die, wenn auch gleichmäßigere Ablagerung der darin schwebenden Erdtheilchen, welche bei dem Ueberrieseln zwischen dem Grase festgehalten werden, zwar die Planirung nicht verdorben, doch die Wiese allmählich so erhöht wird, daß, wenn nicht der Zufluß dem entsprechend ebenfalls nach und nach höher gebracht werden kann, das Rieseln zuletzt ganz aufhört und die Wiese wieder niedriger gelegt werden muß. Darum soll man auch in diesem Falle das zu dicke Wasser unbenutzt vorüberlaufen lassen. Es giebt aber Gewässer, welche selten klar, doch mit großem Vortheil zur Berieselung zu verwenden sind. Da soll man, um die Aufwässerung auf das kleinste Maaß zu beschränken, die Wässerungsperioden abkürzen und dadurch im ganzen die Zeit der Wässerung beschränken, und darf das auch unbeschadet des Erfolges thun. Es wird nämlich in dem aufgewässerten Schlamme der Wiese ein außergewöhnliches Düngungsmaterial zugeführt, welches, wenn es auch von den Pflanzen nicht direkt aufgenommen werden kann, doch eine dauernde Quelle immer neu sich erschließender Nahrung bildet, die Absorptionskraft des Bodens, d. h. die Fähigkeit desselben, dem Rieselwasser die wichtigsten Pflanzennährstoffe, Kali, Phosphorsäure, Ammoniak u. s. w. zu entziehen, erhöht, und auf diese Weise zur Bereicherung des Bodens wesentlich beiträgt. Es giebt sogar Bodenarten, z. B. alle Humusböden, deren nachtheilige Eigenschaften dadurch wesentlich und nachhaltig verbessert werden, für die also eine solche Wässerung mit trübem Wasser ein wahrer Segen ist. Darum ist es aber sehr wichtig, auch diesen Dünger möglichst gleichmäßig über die ganze Wiesenfläche zu vertheilen und damit auf die Gleichmäßigkeit des Ertrages hinzuwirken. Da aber diese trübenden Bestandtheile dem Wasser bei mehrmaligem Ueberlaufen desselben über berasete Flächen ganz entzogen werden, so daß es bei wiederholter Benutzung den unteren Schichten klar zufließt, so würden die letzteren in kurzen Wässerungsperioden entschieden benachtheiligt werden, wenn sie allein auf das klare Abwasser der oberen Schichten angewiesen blieben. Um auch hier eine Ausgleichung herbeizuführen, müssen die unteren Schichten durch direkte Zuleitung des trüben Wassers von obenher eben so überschlickt werden können, wie die oberen. Jede einzelne Fläche erhält auf diese Weise das Wasser allerdings nur eine kürzere Zeit, aber in dieser kürzeren Zeit zwiefache Düngung. Damit gleicht sich jener Verlust aus.

Wo dagegen das Wasser immer hell und klar ist, wie in den meisten Bächen und kleinen Flüssen des norddeutschen Tieflandes, wo also die Wiesengräser fast ausschließlich auf die im Wasser gelösten Stoffe, und damit auf sehr verdünnte Lösungen angewiesen sind, da bedarf die Wiese eines viel größeren Wasserquantums und längerer Wässerzeiten. Da dasselbe beim Ueberrieseln niemals ganz erschöpft wird, ist aber auch eine öftere Wiederbenutzung des Wassers zulässig. Damit werden längere Wässerungsperioden ermöglicht, so daß der Bedarf an Wasser im ganzen derselbe bleibt.

Einer besonderen Erwähnung bedarf hier noch das Quellwasser. Die Qualität desselben, d. h. sein Gehalt an Pflanzennahrungsstoffen, ist ein sehr verschiedener und abhängig von der Zusammensetzung und Beschaffenheit der Erdschichten, durch welche es läuft, ehe es zu Tage kommt. Hier ist es so reich an doppeltkohlensaurem Kalk, daß es hineingelegte Körper mit einer festen Kruste überzieht oder Kalktufflager bildet, dort enthält es so viel Eisen, daß es durch das daraus abgeschiedene Eisenoxydhydrat ganz roth aussieht, hier ist es durch Humussäure oder Extraktivstoff kaffeebraun gefärbt, dort schafft es durch seinen Gehalt an Kochsalz eine ganz eigenthümliche Vegetation. An anderen Orten wieder ist es so arm, daß es nur im Stande ist, magere Riedgräser und Moos zu ernähren. Letzteres ist namentlich da der Fall, wo dasselbe durch tiefstehende tertiäre Sandschichten streicht. Dazu kommt noch die Eigenthümlichkeit, daß es Jahr aus Jahr eine nahezu gleiche Temperatur, gewöhnlich die mittlere Temperatur der Gegend, besitzt, und dadurch im Winter warm, im Sommer dagegen kalt erscheint.

Die Art der Benutzung von Quellwasser kurz nach dessen Hervortreten aus der Erde kann bei einer so großartigen Verschiedenheit des Gehaltes nur durch die lokale Erfahrung bestimmt werden. Während das eine beständig auf derselben Stelle mit Vortheil gebraucht wird, vergeht nach dem anderen das Gras, wenn damit im Sommer gerieselt wird (vielleicht Folge der niedrigen Temperatur). Das sind Erfahrungen, welche das vorher Gesagte gewiß bestätigen.

In dem Folgenden wird daher vorzugsweise die Berieselung der Wiesen mit hellem und klaren Bach- und Flußwasser zu besprechen sein.

Berieselungen von einigem Umfang sind nur möglich, wenn das Wasser wiederholt benutzt wird, d. h. wenn das Wasser, welches über eine erste Fläche übergelaufen ist (das Abwasser), auf eine zweite von dieser auf eine dritte, vierte Fläche u. s. w. immer wieder von neuem hinaufgeleitet wird. Bei den längere Zeit andauernden Wässerungen müssen solche untereinander liegenden, aber zusammengehörigen Schichten gleichzeitig gerieselt werden. Sind dieselben in ihrem Flächeninhalt einander gleich, so reicht das Abwasser der oberen zur Bewässerung der unteren aus. Sind die unteren größer, so haben sie daran nicht genug. Damit sie ihr gehöriges Quantum bekommen, muß ihnen das Fehlende von oben her direkt zugegeben werden. Sind sie dagegen bedeutend kleiner, würden sie in Folge dessen zu viel bekommen, so sind Einrichtungen zum Ziehen von Freiwasser zu treffen, um auch das Uebermaaß unbenutzt ableiten zu können. Bei kürzeren Wässerungsperioden muß den unteren Schichten von Zeit zu Zeit frisches Wasser gegeben werden, damit sie nicht zu kurz kommen, wenn ihnen, da zum Durchwässern der oberen Schichten immer einige Zeit gehört, das Abwasser zu spät zufließt, oder damit die oberen nicht, um jenen genug zu thun, zu lange gewässert zu werden brauchen.

Durch das Wässern soll überall ein gleichförmiger Graswuchs erzeugt werden. Man soll auf einer gut gehaltenen, rationell angelegten Rieselwiese aus dem stehenden Grase niemals die Beschaffenheit des Bodens, niemals erkennen können, daß das Gras auf das Abwasser der oberen Schichten angewiesen ist. Die gleichen Grasarten müssen auf Sand und Torf, auf gutem Ackerboden und Bruch u. s. w. auf der ersten, wie auf der zehnten Schicht, in gleicher Ueppigkeit und Fülle wachsen. Nur dann ist der hohe Ertrag, welchen die Rieselwiesen liefern sollen, zu erwarten. Ihn zu schaffen, ist des Wiesenwärters Aufgabe. Nun giebt es auf allen Rieselwiesen Stellen, welche fast von selbst rieseln, und immer gutes und reichliches Gras hervorbringen, und wieder andere, welche mit jenen nicht gleichen Schritt halten wollen. Die letzteren sind daher in außerordentlichen Rieselzeiten besonders vorzunehmen, und ihnen durch die in der dadurch verlängerten Rieselzeit gewonnene größere Menge von Dünger nachzuhelfen. Wie das zu erreichen, wird weiter unten angegeben werden.

Wenn nicht gerieselt wird, müssen die Wiesen ganz trocken gelegt werden. Die nöthigen Schleusen und Entwässerungsgräben dazu dürfen auf keiner rationellen Anlage fehlen. Das Wasser in den Wässergräben und Rinnen steht, wenn sie voll oder beinahe voll sind, höher als die dazu gehörenden Wiesenflächen, es muß ja von da aus darüber fort laufen. Bleibt dasselbe, auch wenn nicht gerieselt wird, darin stehen, so durchdringt es den Boden nach allen Richtungen bis zur Horizontale des Wasserstandes im Graben, und da die Oberfläche der Wiese unter dieser liegt, bis zur Oberfläche des Bodens, füllt alle Zwischenräume zwischen den Bodenpartikelchen aus, so daß dadurch der Eintritt der Luft in denselben verhindert ist, und giebt im Humusboden bei längerer Dauer die Veranlassung zu immer neuer Bildung der so nachtheiligen Modersäuren. Dies findet selbst dann noch statt, wenn auch der Wässergraben nicht ganz voll Wasser ist, weil durch Capillarität das Wasser im Boden über jene Horizontale noch hinaus in die Höhe steigt. Die Nachtheile solcher Verhältnisse sind allgemein bekannt. Man sagt, der Boden versauert, er kältet aus. Auf dem Acker ist man bemüht, diesen Uebelstand mit vielem Gelde durch regelmäßiges Drainiren zu beseitigen. Er tritt aber nicht minder deutlich auf den Wiesen hervor. Die Wiesenwärter wollen ihn nur zuweilen nicht erkennen, ja sie erhalten einen solchen Zustand sogar absichtlich, damit die Maulwürfe von den Wiesen abgehalten werden, sie selbst aber der Arbeit überhoben sind, sie wegzufangen, und den durch sie verursachten Schaden wieder auszubessern. Maulwürfe sind in den Rieselwiesen gewiß sehr unangenehme Gäste, und können die Veranlassung sehr großer Beschädigungen werden, allein der Nachtheil, welcher durch jenes Mittel, sie abzuhalten, verursacht wird, ist doch gar zu viel größer. Die besseren Gräser verlieren zuerst ihre kräftige dunkle Farbe erblassen, und vergehen nach und nach, und zwar um so mehr, je größer die Hitze und je stärker die Verdunstung ist. Aber nicht an der Farbe allein läßt sich diese Sünde von weitem erkennen, sondern sogar beim Gehen auf der Wiese fühlen, indem der Boden unter den Füßen quitscht, so lange das Wasser in den Wässergräben zu hoch steht. Auch der Wiesenboden verlangt Wärme und bedarf der Lüftung. Aber nicht blos direkt schadet das künstliche Versauern des Bodens, sondern auch indirekt dadurch, daß es eine Verschwendung von Wasser nothwendig macht, weil ein größerer Theil von Rieselwasser dazu gehört, die nachtheiligen Folgen des Auskältens wieder gut zu machen, die Säure gewissermaßen auszuwaschen, als die trocken gelegten leeren Gräben wieder zu füllen.

b) Zweck der Berieselung.

Demnächst kommt es auf den Zweck an, welcher bei dem Rieseln verfolgt wird. Dieser ist bei der rationellen Wässerung ein zweifacher,

1) soll den Wiesenpflanzen die erforderliche Nahrung zugeführt und
2) sollen die darauf erzeugten Pflanzen gegen die nachtheiligen Einflüsse der Witterung, gegen Frost und Dürre geschützt werden.

c) Düngende Wässerungen.

Der Erfolg der Berieselung der Wiesen hängt wesentlich, ja man kann wohl sagen, einzig und allein von der Menge der zugeführten Pflanzen-Nahrungsstoffe ab, er ist damit proportional. Diese Menge ist ein Produkt aus der Quantität von Wasser, welche in einer gewissen Zeiteinheit (gewöhnlich der Sekunde) und der Zeitdauer, während welcher dasselbe den Wiesen gegeben wird. Daraus folgt selbstredend, daß das Trockenliegen der Wiesen, die unterlassene Berieselung an solchen Tagen, an denen mit Vortheil hätte gewässert werden können, ein ähnlicher Verlust ist, als wenn beim Abfahren der Dünger unbeachtet auf die Straße fällt. Verlorene Zeit ist bei der Berieselung gleichbedeutend mit verlorenem Dünger.

Eine düngende Wässerung kann aber einer Wiese zu jeder Zeit gegeben werden, sobald das Wasser wärmer ist, als die Luft.

d) Wässerung im Herbst.

Im Herbst ist das immer der Fall. Daher ist die Herbstwässerung vorzugsweise eine düngende und darum so außerordentlich wichtig. Mit derselben beginnt das Rieseljahr. Das Wasser kann in dieser Zeit fast niemals schädlich wirken. Bei der Herbstwässerung vereinigt sich außerdem noch manches, sie werthvoll zu machen. Die Nächte werden länger, die atmosphärischen Niederschläge, wenn auch nicht reichlicher, doch der geringeren Verdunstung halber Ursache stärkeren Zuflusses, heftige Regengüsse schwemmen aus den Dörfern und von den Feldern manche düngenden Stoffe herbei, die abgefallenen Samen keimen und wachsen an, die Wurzeln treiben neue Stöcke, kurz, die Grasnarbe wird vor Winter verjüngt und gekräftigt.

Darum muß, sobald nach dem letzten Schnitt die Wiesen vom Heu geräumt und frei sind, sogleich mit der Wässerung begonnen werden. Zwar wird dieselbe noch nicht vollkommen von statten gehen, weil die Gräben und Rinnen verwachsen sind und das Wasser sich deshalb nicht überall ganz regelmäßig vertheilen läßt, allein es erscheint doch vortheilhafter, den Dünger festzuhalten, wenn er auch nicht ganz regelmäßig verbreitet wird, als ihn unwiderbringlich verloren gehen zu lassen. Es bleibt ja unbenommen, dazu denjenigen Theil der Wiesen auszusuchen und da mit der Rieselung zu beginnen, wo die Gräben u. s. w. am wenigsten verkrautet sind. An solchen Stellen hat überdies am wenigsten Futter gestanden, und thut denselben deshalb eine Abhülfe gerade am meisten Noth. Auch kann man mit einem tüchtigen Ausmähen des Krautes für die erste Zeit zu Hülfe kommen.

Während der Zeit, welche zur Wässerung des ersten Theiles der Wiese benutzt wird, müssen auf einem anderen die Gräben und Rinnen geräumt, und damit die vollkommene Rieselung desselben vorbereitet werden.

Da es nun wünschenswerth ist, die erste Herbstwässerung einer jeden Fläche 14 Tage lang hinter einander zu geben, so müssen die Arbeitskräfte in der Art bemessen werden, daß auch die Räumung der Gräben und Rinnen jeder Abtheilung in 14 Tagen beendet ist. Fängt man dann Mitte September mit dem Rieseln an, und ist die Anlage, wie das bei rationeller Einrichtung der Fall sein soll, für den mittleren Zufluß in drei neben einander liegende Abtheilungen getheilt, welche abwechselnd berieselt werden, so wird man Ende Oktober mit dem Wasser einmal herum sein. In den Gegenden, wo man mit der Grummeternte später fertig zu werden pflegt, als Mitte September, wo also auch mit der Wässerung nicht so früh begonnen werden kann, tritt gewöhnlich auch der Winter später ein, so daß das Verhältniß nicht wesentlich geändert, sondern nur verschoben wird.

Ist man einmal herum, so fängt man wieder von vorne an, macht aber die folgenden Herbstwässerungs-Perioden kürzer, erstens, um das Wasser vor Eintritt des Winters der ganzen Wiesenfläche möglichst gleichmäßig zuzuwenden, und zweitens, weil ein zu lange anhaltendes Wässern ohne öfteres Trockenliegen dazwischen die Gefahr herbeiführt, daß einzelne Grasarten, z. B. Schwadengras (Glyceria fluitans), Honiggras (Holcus lanatus), Fioringras (Agrostis stolonifera) u. s. w., welche in dieser späten Jahreszeit noch eine außerordentlich mastige Vegetation zu entwickeln pflegen, dem Ausfrieren und Ausfaulen eben so ausgesetzt sind, wie eine zu üppige Wintersaat. Durch ein solches Auswintern verschwinden sie aber für mehrere Jahre. Der Stand des übrig bleibenden Grases ist dann ein sehr dünner. Im günstigeren Falle, d. h. wenn ein solches Auswintern nicht stattfindet, bleiben die hochgewachsenen, aber absterbenden Pflanzenreste des Herbstes zwischen dem jungen aufwachsenden Grase stehen, kommen später vor die Sense und unter das Heu, und tragen sicher nicht zur Verbesserung des Futters bei.

Ist aber der Herbst trocken und der Zufluß unter mittel, so ist es besser, mehr Abtheilungen und diese kleiner zu machen, als an der Stärke des überlaufenden Wassers etwas zu verlieren. Bei einer Eintheilung in 5 Abtheilungen neben einander würde man dann, wenn Mitte September begonnen ist, Ende November herum sein und Anfang December noch Zeit behalten, der inzwischen ebenfalls in Ordnung gebrachten ersten Abtheilung einen Ersatz für die unvollkommenere erste Wässerung zu gewähren.

Ist dagegen viel Wasser vorhanden, kann man damit mehrere Hauptabtheilungen gleichzeitig berieseln, so kommt man schneller und vor Winter mehr, als einmal herum, und gewinnt damit für jeden Wiesentheil den Vortheil einer längeren Zeitdauer der Wässerung und damit eine stärkere Düngung.

Im normalen Zustande soll die durchgewässerte Wiese schwarz aussehen, d. h. der Boden zwischen dem Grase soll dünn mit Schlamm bedeckt und schlüpfrig sein. Wird dabei in der ersten Zeit, wie vorgeschrieben, längere Zeit ohne Unterbrechung auf derselben Stelle gerieselt, und wird dadurch der Boden vollständig erweicht, so sagt dies vorzugsweise den hohlstengligen Gräsern (den Gramineen) zu, welche neben höherem Futterwerth die gute Eigenschaft besitzen, den ungünstigen Witterungseinflüssen, namentlich den Frösten im ersten Frühjahr viel länger und besser zu widerstehen, als die mageren und weichlichen Riedgräser (Carices).

Hat aber die Wiese dabei ein Ansehen gewonnen, wie eine üppige Roggensaat, so darf ihr vor dem Frühjahr kein Wasser mehr gegeben werden.

Vor einer zu starken Wässerung ist immer zu warnen. Da, wo das Terrain starkes Gefälle besitzt, zieht sich das darüber fortlaufende Wasser theils wegen geringer Mängel in der Planirung, theils in Folge kleiner Unebenheiten in den Kanten der Wässerrinnen, über welche es fortläuft, in Rinnen zusammen, und tödtet an solchen Stellen das Gras. Schlechte Blattgewächse, zuweilen fast ausschließlich das bittere Schaumkraut (Cardamine amara) oder großblättriger Sauerampfer (Rumex aquaticus und Hydrolapathum), sogar der giftige Wasserschierling (Cicuta virosa) und dergl. m. finden sich statt dessen ein. Dasselbe ist der Fall, wenn zu große Wassermassen längere Zeit über die Wiesenfläche hinüber gejagt werden, wenn auch das Gefälle derselben nur ein ganz geringes ist ($^1/_2$ Zoll pro Fuß Breite = 4 Procent) und das Ueberlaufen des Wassers ganz gleichmäßig geschieht. Ein Jahr hält das Gras letzteres wohl aus, im zweiten ist es verschwunden. Es dauert lange, ehe solche Stellen wieder recht zu Gange kommen.

Zu schwaches Rieseln giebt dagegen nur in der Nähe der Wässerrinnen etwas besseres Gras. In einiger Entfernung davon läßt dessen Wuchs nach, und weicht in der Nähe der Entwässerungsrinnen dem Riedgras und Moos.

Genauer läßt sich die Stärke, in der das Wasser über die Wiese fortrieseln soll, nicht gut beschreiben. Aufmerksame Beobachtung der Wässerung an denjenigen Stellen, auf denen ein normaler Graswuchs sich vorfindet und entwickelt, und richtiges Augenmaaß in der Schätzung der da vorhandenen Stärke des überrieselnden Wassers werden bald das rechte Maaß treffen lassen. Die oben gegebenen Andeutungen werden aber dazu dienen, den Wiesenwirth auf manche Erscheinungen aufmerksam zu machen, und ihn in den Stand setzen, rückwärts auf die möglichen Ursachen derselben zu schließen. Das richtige Erkennen dieser Ursachen wird die Verbesserung der Fehler erleichtern und beschleunigen.

Es wird nicht selten die Frage aufgeworfen, ob eine Rieselwiese behütet werden dürfe, oder nicht. Die Antwort darauf ist ein bedingungsweises Ja! und die Bedingungen, unter denen es zu gestatten, sind: 1) daß dies nur mit Schafen, und zwar im Herbst geschehen darf und 2) daß dadurch für die Wässerung keine Zeit versäumt wird.

Daß eine Wiese, welche mit so großer Mühe und mit so bedeutenden Kosten planirt und von so vielen kleineren und größeren Rinnen und Gräben durchzogen ist, wie eine rationell gebaute Rieselwiese, nicht mit schwerem, tief eintretenden Vieh behütet werden dürfe, leuchtet wohl von selbst ein. Dagegen treten die Schafe mit ihren feinen Klauen den Boden nur etwas fest und die alten Grasstoppeln herunter. War der Boden vorher etwas hohl geworden, so ist das sogar ein Vortheil. Thun sie dabei den Rinnen auch etwas Schaden, so läßt es sich doch so einrichten, daß derselbe wenigstens kein erheblicher, und vor der Wässerung wieder auszubessern ist. Ein Beispiel wird dies deutlicher machen. Angenommen werde, es sei zur Zeit nur so wenig Zufluß vorhanden, daß die Wiese in vier Abtheilungen nebeneinander abwechselnd berieselt werden muß, wenn dies kräftig genug geschehen soll, so wird nach den oben gegebenen Regeln gleich nach dem Fortbringen des letzten Schnittes auf der ersten mit dem Rieseln und auf der zweiten mit dem Aufräumen der Gräben und Rinnen begonnen. Während dieser Zeit bleiben die dritte und vierte Abtheilung unberührt und trocken liegen. Es hindert nichts, sie den Schafen einzugeben. Nach 14 Tagen hat die erste Abtheilung Wasser genug bekommen, in der zweiten soll die Räumung beendet sein und dieser letzteren das Wasser zugewendet werden, während die Räumungsarbeiten auf die dritte übergehen. Da müssen auch die Schafe dieselbe räumen und auf die vierte beschränkt werden. Möglicherweise können Fetthammel noch auf die erste, bereits berieselte, nun aber trocken gelegte Abtheilung so lange aufgetrieben werden, bis auch an sie die Räumung herankommt. Nach abermals 14 Tagen wird die Wässerung in der dritten Abtheilung begonnen; in der vierten soll gearbeitet werden. Da ist es mit der Weide vorbei. In keinem Falle dürfen die Schafe dahin getrieben werden, wo die Gräben bereits geräumt und die Rinnen wieder angepackt worden sind, wo also die Wiese schon wieder vollständig in Ordnung gebracht ist.

Die normale Herbstwässerung dauert bis Ende November, resp. bis Mitte December. Leichte Nachtfröste, wie sie im Oktober und November öfters einzutreten pflegen, führen keine wesentliche Unterbrechung darin herbei. Tritt der Winter nach dieser Zeit noch nicht ein, so ist es entschieden vortheilhaft, mit der Wässerung fortzufahren. Das ist dann auch die geeignete Zeit, denjenigen Stellen, welche schlechteren Boden haben, oder etwas zurück geblieben waren, noch besonders nachzuhelfen. Je später im Jahr, je kühler das Wetter, je geringer die Vegetation, desto stärker kann gerieselt werden. Man braucht dann wenigstens nicht mehr zu befürchten, daß das Gras zu lang werden werde.

e) Verhalten im Winter.

Tritt jedoch der Frost in einer Weise ein, daß ein vollständiges Einwintern zu erwarten ist, so lege man die Wiese ganz trocken. Es handelt sich dann, wenn man auch weiter wässern wollte, doch nur um den Verlust weniger Tage, da sich das Rieseln ganz von selbst verbietet, sobald das Wasser in den Gräben und Rinnen einfriert. Zwar schadet es nichts, wenn das rieselnde Wasser mit dem getränkten Boden darunter zu einer kompakten Eismasse erstarrt, es kann bei humosem Boden, welcher durch den Frost oft nicht unbedeutend gehoben wird, sogar von Nutzen sein, indem es ein solches Auffrieren verhütet, trotzdem bleibt es immer ein gewagtes Experiment, weil das Gras vergeht, sobald nur das Wasser gefriert, und das Eis als Decke längere Zeit auf dem ungefrorenen Boden liegen bleibt, ohne daß Wasser dazwischen läuft, sogenanntes Bolleis bildet. Nur auf neu angelegten oder solchen Wiesen, welche noch keinen rechten Ertrag geben, ist ein solches Experiment gerechtfertigt. Glückt es, so ist viel Zeit gewonnen, glückt es nicht, so ist wenigstens nicht viel zu verderben. Ist aber auch Boden und Rieselwasser zu einer Eismasse zusammen gefroren, also vom Bolleis kein Schaden zu befürchten, so kommt es immer noch auf die Art an, wie das Eis später wegthaut. Dasselbe verhält sich dann gerade so, wie eine dichte Schneedecke. Das Moos vergeht an solchen Stellen immer, zuweilen aber auch das Gras. Sicherer bleibt es daher, die Wiesen ganz trocken zu legen und sie ruhig dem Winterschlaf zu übergeben. Zu Gunsten dieses Verfahrens läßt sich außerdem noch das anführen, daß die folgende Wässerung früher begonnen werden kann. Mit dem Einfrieren des rieselnden Wassers auf der Wiese frieren nämlich auch die Gräben zu. Bei eintretendem Thauwetter dauert das Aufthauen des Eises in denselben sehr lange. Bis dahin sind dieselben nicht zu gebrauchen. Sind die Gräben dagegen leer, so können sie im Laufe des Winters wohl voll Schnee treiben und auch dadurch für die Zuleitung des Wassers unpractikabel werden, indeß ist, wenn die Zeit drängt, dessen Entfernung doch bei weitem weniger schwierig, und allenfalls durch Menschenhand zu beschaffen.

Sollte aber die vorher ausgesprochene Erwartung, daß nämlich alles fest einwintert, nicht in Erfüllung gehen, und wieder anhaltendes Thauwetter eintreten, so daß der Frost aus dem Boden vollständig verschwindet, so kann mit Vortheil weiter gerieselt werden. Dieser Zeitpunkt ist aber unter allen Umständen abzuwarten. Nichts schadet dem Grase mehr, als wenn sich im Boden mehrere Frostschichten über einander bilden. Auch dadurch kann der Graswuchs für mehrere Jahre zerstört werden. Wer kennt nicht das Auswintern des Rapses, des rothen Klees u. s. w. wenn im Frühjahr durch wechselndes Thau- und Frostwetter ähnliche Verhältnisse herbei geführt werden?

Ob im December, Januar und Februar zu rieseln ist, hängt daher lediglich von der Witterung ab.

f) Frühjahrs-Wässerung.

Werden die Tage erst wieder länger, läßt sich voraussehen, daß der Winter Abschied nimmt, deckt der Schnee nicht mehr, oder in geringer Menge den Boden, wie das im März gewöhnlich der Fall ist, so kann mit der Frühjahrs-Wässerung begonnen werden. Auch diese ist, zuerst wenigstens, eine spezifisch düngende. Um diese Zeit schadet es nicht, wenn in der Tiefe vielleicht noch etwas Frost im Boden steckt, da man hoffen kann, ihn mit dem überrieselnden Wasser ganz fortzuthauen. Der Boden wird dadurch früher erwärmt, und die Vegetationszeit verlängert. Diese Wässerung ist trotz des Frostes im Boden sogar geboten, wenn der Schnee an hellen Tagen durch die Sonne schmilzt und Nachtfröste das Schneewasser wieder zum Gefrieren bringen, um den Nachtheil eines solchen Wechsels aufzuheben. Auch soll, diesen Erfolg zu beschleunigen und zu sichern, im ersten Frühjahr eben so stark gerieselt werden, als im Herbst, und die Wässerung auf derselben Stelle ununterbrochen so lange fortgesetzt werden, bis der Frost verschwunden ist. Gewöhnlich wird dies durch stärkeren Zufluß begünstigt.

In manchen Gegenden hält man das beim Aufthauen abfließende Schneewasser zur Wässerung nicht geeignet. Das ist in dieser allgemeinen Fassung nicht richtig. Es kommt, wie schon aus dem oben Gesagten hervorgeht, auf die Zeit an, in welcher das Aufthauen erfolgt. Tritt dasselbe im Januar oder Februar ein, und ist der Boden darunter gefroren, so würde eine Berieselung damit fehlerhaft sein, da man die Dauer des Thauwetters nicht wissen, wohl aber mit Wahrscheinlichkeit annehmen kann, daß es noch wieder neuen Frost geben werde, ehe der alte durchgethaut ist. Unter solchen Verhältnissen soll man auch das fetteste Fluthwasser unbenutzt vorüber laufen lassen. Im März dagegen wird dasselbe Wasser ausgezeichnete Dienste leisten.

Hat während dieser Zeit ein Theil der Wiesen trocken liegen müssen, um einen andern so anhaltend wässern zu können, wie oben verlangt wurde, so ist demselben, nachdem dort der Zweck erreicht ist, das Wasser sofort zuzuwenden, und wenigstens so lange damit zu rieseln, bis auch hier der Frost aus dem Boden vollkommen verschwunden ist.

Leider ist ein solches Verfahren nicht auf jedem Boden durchführbar. Bei aufgefrorenem Humusboden verbietet es sich von selbst. Hier würde, wenn man den Frost weg wässern wollte, das Wasser gar nicht bis zur Oberfläche der Wiese in die Höhe steigen, sondern zwischen der hochgehobenen hohl liegenden Grasnarbe und dem Untergrunde hindurch gehen, den da vorhandenen krümlichen und leicht beweglichen Boden fortspülen und die Entwässerungsrinnen und Gräben damit verschlämmen. Die Folge davon würde sein, daß nach dem Sinken der aufgethauten Grasnarbe die Fläche ganz uneben und die Entwässerung durchaus mangelhaft geworden sein würde. In solchem Falle muß man ohne Ungeduld mit dem Beginn der Frühjahrs-Wässerung so lange warten, bis durch wärmere Luft oder Regen der Frost von selbst gewichen ist. Mancher neue Wiesenbesitzer wird durch den trostlosen Anblick erschreckt, welchen die aufgefrorenen Wiesen mit Humusboden während des Aufthauens gewähren. Alle Planirung scheint dann ruinirt zu sein. Die sorgfältig abgeglichenen horizontalen Kanten der Rinnen sind hier hoch, da niedrig, und scheinen bergauf und bergab zu gehen. Die Oberfläche der ganzen Wiese besteht aus kleinen Erhöhungen und Vertiefungen. Auf den hohen Stellen ist der Boden fest und hart, dicht daneben bricht man durch und sinkt tief ein. Trotz aller dieser Erscheinungen braucht man nicht ängstlich zu werden. Es legt sich alles wieder glatt zurecht, wenn erst der Frost vollständig verschwunden ist. Das dauert freilich mitunter recht lange, auch geht darüber oft viel schöne Zeit zum Rieseln verloren, ist aber nur selten zu ändern. Darin liegt der Grund, warum die Wiesen mit Humusboden anderen mit festem Grunde nachstehen. Um so größer soll aber die Aufmerksamkeit des Wiesenwerthes und die nächste Sorge die sein, die verlorene Zeit nachzuholen. Daher darf, wenn diese Zeit gekommen, mit dem Anlassen der Wässerung kein Augenblick versäumt werden.

Steigt im April die Sonne höher, werden die Tage dann wärmer, während die Temperatur des Wassers im ganzen sich niedrig erhält und in der Regel nur des Nachts etwas höher ist, als die der Luft, und fängt das Gras an, zu sprießen, so muß man mit der Wässerung vorsichtiger werden. Hier wirken sich verschiedene Momente entgegen, zwischen denen glücklich hindurch zu laviren, die Aufgabe ist. Es kommt dann nicht mehr allein darauf an, Pflanzen-Nahrungsstoffe herbei zu schaffen, und gegen nachtheilige Witterungseinflüsse zu schützen, sondern auch, die Wiese nicht durch unrichtiges Wässern zu schädigen.

Für die düngende Wässerung war oben die Bedingung gestellt, das Wasser solle wärmer sein, als die Luft. Nun wechseln in dieser Zeit häufig große Wärme und heller Sonnenschein am Tage mit kalten Nächten ab. Konsequenter Weise sollte daher am Tage nicht, und nur des Nachts gerieselt werden. Bei kleinen Anlagen ist das möglich, größere jedoch lassen sich in kurzer Zeit weder vollständig durch-, noch genügend entwässern. Es gehört immer einige Zeit dazu, die Gräben und Rinnen zu füllen und den Boden zu übersättigen, ihn für das wirkliche Ueberrieseln vorzubereiten, andererseits wieder für die Trockenlegung die Gräben zu leeren u. s. w., so daß es nicht möglich ist, jene Regel überall durchzuführen. Man ist deshalb gezwungen, zwischen den beiden Uebeln, dem Wässern an hellen warmen Tagen und dem Trockenlegen bei kalten Nächten, zu wählen. Da fällt die Entscheidung für das Wässern aus. Wird dadurch die Temperatur der Wiesen auch am Tage etwas herunter gestimmt, so wird dieser Nachtheil doch durch die vermehrte Zufuhr an Pflanzen ernährenden Stoffen und durch den Schutz der Wiesen gegen die Kälte der Nacht einigermaßen ersetzt, zuweilen gar überwogen, wogegen für das Trockenliegen der Wiesen eigentlich fast gar nichts spricht. Was der warme Tag gut gemacht, verdirbt eine kalte Nacht, und oft viel mehr.

Gewässert soll also werden! — Da ist nun Folgendes zu beachten: Scheint die schon hochstehende Sonne in offenes, blankes Wasser, so wird dasselbe bald grün. Es entwickelt sich darin in kurzer Zeit eine kryptogamische Vegetation. Algen, Konferven u. dergl. m. wachsen massenhaft und mit außerordentlicher Geschwindigkeit und entziehen dem rieselnden Wasser einen Theil seiner Nahrungsstoffe. Sie machen dasselbe weniger fruchtbar. Das wäre indeß bei der Masse des überrieselnden Wassers kaum in Betracht zu ziehen. Schädlicher werden diese Gewächse aber dadurch, daß sie den Boden dicht überziehen und kein Grashälmchen hindurchlassen, oder sich an die bereits herausgesproßten anhangen und sie durch ihr Gewicht mechanisch herunterziehen, bis sie überwachsen sind. Das wenige Gras, welches schon vorhanden war, scheint dann von Tag zu Tag zu vergehen. Wird jedoch dasselbe Wasser beschattet und auf diese Weise gegen die Sonnenstrahlen geschützt, so finden alle diese Vorgänge nicht statt. Es bleibt hell und klar.

Ist es daher, wie vorher erläutert, gerathen, im April zu rieseln, so hüte man sich, das Wasser bei hellem Sonnenschein so stark über die Wiese zu leiten, daß es darauf blank erscheint. Da soll vielmehr so schwach gewässert werden, daß man das Wasser nur zwischen den alten Grasstoppeln und durch dieselben beschattet, dahin rieseln sieht. Das schwache Rieseln in dieser Zeit ist indessen nur ein Nothbehelf. Mit dem Anwachsen des Grases kann und muß die Stärke der Rieselung wieder zunehmen. Bei bedecktem Himmel kann übrigens zu jeder Zeit stärker gewässert werden. Auf diese Weise kommt man wenigstens der für Berieselungen von geringem Umfange, aber auch nur für solche anwendbaren Regel, man solle im Frühjahr nur des Nachts oder bei trübem Wetter wässern, möglichst nahe.

Die vorhandene Wassermasse läßt sich bei schwacher Rieselung auf eine verhältnißmäßig größere Fläche vertheilen. Sie schützt deshalb auch in größerer Ausdehnung gegen die Kälte der Nächte. Schon die bloße Anwesenheit oder Nähe des Wassers genügt dazu. Auch wird es dadurch möglich, jedem Theile der Wiesen längere Zeit hinter einander das Wasser zuzuwenden, in weniger Abtheilungen zu rieseln, und das ist namentlich dann von Wichtigkeit, wenn, wie das in dieser Jahreszeit so häufig der Fall, die kalte Witterung mit Nord- und Nordostwinden mehrere Wochen anhält. Das junge Gras ist durch die früheren Wässerungen der Zeit voraus, und bedarf, wenn auch die besseren Arten an und für sich sehr widerstandsfähig sind, doch des Schutzes, um wenigstens nicht zurückzugehen.

Nur auf den drainirten Wässerwiesen, auf denen das Wasser von oben gerade nach unten versinkt, ist eine gleiche schwache Bewässerung zu allen

Zeiten gerechtfertigt. Außerdem scheinen endlich auch die durch die anhaltende und nicht zu schwache Wässerung hergestellten physikalischen Verhältnisse dem Hauptgrase der Rieselwiesen, dem gemeinen Rispengrase (Poa trivialis), ganz besonders zuzusagen. Diese Grasart verträgt einen dichteren Stand, als alle übrigen, und läßt dadurch wenig andere Pflanzen neben sich aufkommen. Es wächst von Jugend auf so dicht, daß es, kaum ½ Fuß (0,1569 Meter) hoch unten am Boden schon weiß erscheint. Da dieses Rispengras zu den besten Futtergräsern gehört, so ist es gewiß kein Nachtheil, wenn es massenhaft erzeugt wird. Schon Burger führt an, daß es auf den besten Rieselwiesen der Lombardei ⅔ des Ertrages ausmache. Auch in unsern Gegenden besteht der erste Schnitt der besseren Rieselwiesen fast ausschließlich aus dem gemeinen Rispengrase und dem Wiesenfuchsschwanz (Alopecurus pratensis) welcher letztere sich nur darum erhält, weil er schneller und früher in die Höhe wächst, und sich dann nicht mehr verdrängen läßt.

Wässert man in dieser Zeit nicht so anhaltend, sondern stellt das Wasser in kürzeren Perioden von wenigen Tagen um, so erhält man viel weniger Gras. Bei dem dünneren Stande desselben kommen dann mehr Blattgewächse empor, wie der weiße, rothe und gelbe Klee (Trifolium repens und pratense und Lotus major und corniculatus), Platterbse (Lathyrus pratensis) u. s. w., daneben aber auch andere, weniger werthvolle, wie Kuckuksblume (Lychnis flos cuculi), Lämmerschwanz (Polygonum bistorta), Spiräen u. dergl. m. Der Futterwerth solchen blattreichen Heues mag etwas größer sein, als wenn dasselbe aus reinem Grase besteht, allein die Masse der von einer bestimmten Fläche gewonnenen Nahrungsstoffe ist bei der Produktion von Gras weit überwiegend. Auch enthält ja das Gras die stickstoffhaltigen und stickstofffreien Nährstoffe in normalem Verhältniß.

Die erste Frühjahrswässerung muß in der vorbeschriebenen Stärke an jeder Stelle so lange ununterbrochen fortgesetzt werden, bis der Boden vollständig erweicht ist, und sich bei dem Darüberfortgehen weich anfühlt. Dazu gehören mindestens 14 Tage. Man beginnt selbstredend damit da, wo man im Herbst aufgehört hat. So lange der Boden hart bleibt, wachsen die edleren Wiesengräser nicht. Erst nach dem Erweichen stellt man das Wasser um. Es hängt mithin von der Stärke des Zuflusses ab, in welcher Zeit man mit dem Rieseln herum kommt. Gewöhnlich ist derselbe im Frühjahr größer, als im September und Oktober, und man deshalb im Stande, größere Flächen gleichzeitig zu bewässern. Reicht der Zufluß zur Berieselung der ganzen Fläche aus, so braucht man die Wässerung nur zu unterbrechen, wenn warme Nächte eintreten. Muß man aber mehrere Abtheilungen machen, so rieselt man dieselben nach der Reihe und fängt dann, wenn man herum ist, wieder von vorne an. Bei dem zweiten Durchwässern ist aber auf die Witterung mehr Rücksicht zu nehmen. Hat z. B. ein Nachtfrost die Wiese überrascht, so schadet er den Theilen, die Wasser hatten, weniger, als den trocken liegenden. Da soll man die regelmäßige Wässerordnung unterbrechen und das Wasser den vorher trocken liegenden Theilen einen Tag zuwenden, um sie dadurch kühler zu halten. Nichts können die Pflanzen weniger vertragen, als einen raschen und bedeutenden Temperaturwechsel. Nachdem dies geschehen, kehrt man zur alten Ordnung zurück. Giebt es warme Tage und warme Nächte, so stellt man die Wässerung ein, und legt die Wiese so lange ganz trocken. Ueberhaupt werden mit fortschreitender Vegetation die Wässerungsperioden immer kürzer.

g) Sommer-Wässerung.

Sind erst die gestrengen Herren, die fast immer kalten Tage des Mai, vorüber, und schlagen erst die Eichen aus, so ist es mit den eigentlich düngenden Wässerungen fast vorbei. Nur bei kaltem, trüben, sogar bei regnerischem Wetter darf man einige Zeit hintereinander wässern, eine wesentliche Vermehrung der pflanzenernährenden Stoffe ist indessen wegen der Kürze der Wässerungsperioden nicht mehr zu erwarten. Von da an kommt es vorzugsweise nur noch darauf an, das Gras gegen späte Nachtfröste und gegen zu große Trockenheit zu schützen. Ist eine kalte Nacht zu erwarten, so stelle man aus den oben angegebenen Gründen die Rieselung, soweit es geht, an, und am Morgen danach um, so daß auch die in der Nacht nicht berieselten Theile Wasser erhalten, so weit solches eben reicht.

Wichtig wird dann der Schutz gegen zu großes Austrocknen des Bodens. Die Erwärmung des Bodens geschieht um so eher, je trockner derselbe ist. Je wärmer der Boden, desto mehr und desto nahrhafter ist das darauf gewachsene Futter, desto weniger Riedgräser und Moos. Darum kann eine Rieselwiese auch nie zu trocken gelegt werden. Zur Anfeuchtung derselben, soweit solche nöthig, gehört aber sehr wenig Wasser, und wenn auch die Wiesenpflanzen dessen mehr bedürfen, als die Getreidearten, so genügt es für eine Wiese mit Lehm- oder Humusboden doch, wenn sie alle acht Tage einen Tag Wasser erhält. Sandboden verlangt mehr, jeden fünften, sehr durchlässiger warmer Sand bei großer Trockenheit und brennender Sonnenhitze sogar jeden dritten Tag das Wasser. Bei Regenwetter kann die Wässerung ausfallen. Zur bloßen Anfeuchtung reicht es auch aus, wenn kaum etwas mehr geschieht, als daß die Gräben und Rinnen mit Wasser gefüllt und die Flächen ganz schwach überrieselt werden. Wird dann nach 24 Stunden wieder abgestellt, so müssen auf feuchtem und weniger durchlassenden Grunde auch die Gräben wieder geleert werden. In durchlassendem Sandboden pflegt das Füllwasser sehr bald in die Tiefe zu versinken. Liegen mehrere Schichten unter einander und werden die unteren von dem Abwasser der oberen in der kurzen Zeit nicht naß genug, so ist ihnen von oben her frisches Wasser direkt zuzuführen.

Nur an kühlen, trüben Tagen darf den zurückbleibenden Stellen das Wasser längere Zeit hintereinander gegeben werden.

Wässert man bei großer Wärme anhaltend und stark auf derselben Stelle, so fängt das Wasser auf der Wiese an, faulig zu werden, und giebt dem Grase einen moorigen Geschmack, der dem Vieh vielleicht eben so unangenehm ist, als dem Menschen der Moorgeschmack mancher Fische. Vielleicht gehört dazu gar nicht einmal so viel. Kann man ja selbst auf jeder Weide mit kaltem Boden die Beobachtung machen, daß das Vieh das Futter darauf unangerührt stehen läßt, wenn ihm daneben auf wärmeren Stellen anderes zugänglich ist, und daß es nur durch den Hunger zu dem Genuß jenes gezwungen wird. Solche Weidestellen sehen darum auch immer besonders üppig aus. Thatsache ist es, daß das Vieh das Futter von Wiesen, welche im Sommer viel gewässert sind, nicht mag, während es das auf mehr trocken gehaltenen Rieselwiesen gewonnene eben so gern frißt, als das der besten Flußwiesen.

Wässert man bei großer Wärme dagegen anhaltend und schwach, und kältet damit künstlich den Boden aus, so darf man sich auch nicht wundern, wenn in Folge solcher Auskältung die Wiese schlechte Gräser bringt, wohl gar vermoost und hinter den berechtigten Erwartungen zurückbleibt. Je wärmer und trockner die Luft, desto stärker die Verdunstung des im Boden gehaltenen Wassers, desto stärker die Erkältung des Bodens.

Zuweilen wird die Besorgniß ausgesprochen, das in die Höhe gewachsene Gras werde durch das Rieseln mit trübem Wasser beschmutzt und das Heu verdorben, wenn nicht mit klarem Wasser noch nachgewässert werden könne, oder ein kräftiger Regen den Schlamm vor dem Mähen wieder abspüle. Solche Besorgniß ist aber unbegründet. Die Sommerwässerung wird nie so stark, das Wasser nie so hoch über die richtig angelegte und gut planirte Fläche geleitet, daß die Sense den beschlammten Theil des Grases faßte. Ueberdies soll im langen Grase ja auch nur selten gerieselt werden.

Acht Tage vor dem ersten Schnitt wird die Wiese ganz trocken gelegt, damit der Boden fest werde. Am letzten Tage vor demselben kann indessen noch einmal Wasser gegeben werden, damit sich das Gras besser mähen lasse, und des Nachwuchses wegen die Wiese während der Heuernte nicht zu sehr austrockne. Der Boden erweicht in dieser kurzen Zeit auch nicht so sehr, daß durch das Abfahren des Heues Beschädigungen zu erwarten wären.

h) Wässerung nach der Heuernte.

Es ist eine bekannte Sache, daß ein tüchtiger Regen nach dem Abmähen des Grases dessen Nachwuchs außerordentlich befördert. Auf den Rieselwiesen läßt sich ein solcher durch das Wässern ersetzen. Man riesele also, sobald das Heu von der Wiese entfernt ist, 2 bis 3 Tage hintereinander recht tüchtig, damit der Boden vollständig gesättigt werde. Natürlich beginnt man auch hier mit demjenigen Theile, der das Wasser am längsten entbehrt hat, wenn die ganze Wiese nicht mit einemmale gerieselt werden kann, und fährt damit der Reihe nach so lange fort, bis die ganze Fläche durchgerieselt ist. Von da ab wässert man mit Berücksichtigung der Zusammensetzung des Bodens und der Witterung in der nämlichen Weise weiter, wie in der letzten Zeit vor dem Schnitt. Das dort angegebene Maaß genügt zur bloßen Anfeuchtung auch jetzt vollkommen. Stärkere Regengüsse machen die Wässerung entbehrlich. Man achte zu dieser Zeit vorzugsweise auf die Farbe des Grases, welches sich bald wieder dunkelgrün färben soll. Es ist irgend etwas versehen, wenn das Gras lange bleichsüchtig und hellgrün aussehend sich erhält. Gewöhnlich ist ein solches Verfärben eine Folge zu vielen Wässerns, der Erkältung des Bodens.

In dieser Weise wird mit dem Wässern bis 8 bis 14 Tage vor dem zweiten Schnitt fortgefahren und dann alles wieder ganz trocken gelegt. Soll noch ein dritter später gewonnen werden, so wird vor und nach dem zweiten Schnitt eben so verfahren, wie nach dem ersten. Die Witterung ist dann warm, die nöthigen pflanzenernährenden Stoffe müssen durch die düngenden Wässerungen in dem Boden angesammelt und vorhanden sein, sie können wenigstens der Wärme wegen durch anhaltende Wässerungen in dieser Zeit nicht mehr gegeben werden, nur durch passende Anfeuchtung des Bodens ist die Vegetation zu fördern, und dazu wiederholt sich die vorher beschriebene Wässerungsweise.

Heuernte und Mähen.

§. 91.

a) Heuernte.

Zur guten Pflege der Rieselwiese gehört ferner außer der richtigen Benutzung des Wassers eine gewisse Sorgfalt bei der Gewinnung des Heues.

Vorher sei hierzu noch im allgemeinen bemerkt, daß das Gras einen gewissen Grad der Reife erreicht haben soll, ehe es mit Vortheil gemäht werden darf. Zum ersten Schnitt ist dieser Zeitpunkt da, wenn die späteren Gräser in die Blüthe getreten sind. Wird früher gemäht, so schwindet das Gras beim Trocknen sehr, und das Heu wird vom Vieh nicht so gern gefressen. Wird dagegen zu spät gemäht, so hat ein Theil der Gräser schon seinen Samen verloren und ist strohig geworden. Auch dadurch verliert dasselbe an Futterwerth.

Das Gras des ersten Schnittes sieht am Grunde immer weiß und deshalb im ganzen etwas hellgrün aus, weil es sehr dicht steht und 3 bis 4 Fuß (0,9414 bis 1,2552 Meter) lang wird. Trotzdem entwickelt es, wenn es gut getrocknet wird, den eigenthümlichen Heugeruch nach Cumarin sehr kräftig. Es erleidet dadurch auch an seinem Futterwerth keine Einbuße. Im ganzen lagert sich trotz seiner Länge das Rieselgras nicht sehr. In der Regel findet das nur an den Stellen statt, die zu viel Wasser bekommen haben, oder zu stark gewässert sind. Es wird dann unten auch wohl faulig und kann dadurch an Gehalt und Güte verlieren. Deshalb ist es gerathen, das Wässern bis zur Maht ganz auszusetzen, sobald sich viele Lagerstellen finden. Die frischen Stoppeln einer eben gemähten gut bewachsenen Rieselwiese sehen immer weiß oder grau aus, ohne jeden grünen Schimmer, weil das zur Entwickelung des Blattgrüns erforderliche Licht zu den unteren Theilen der Pflanzen nicht durchdringen konnte.

Die starken Schwade müssen gleich hinter der Sense auseinander gestoßen werden, weil sie zu dick liegen und schon das auseinander gestoßene Gras die Wiese mehrere Zoll hoch bedeckt, zuweilen sogar zum Trocknen abgefahren werden muß. Bleiben sie bei warmem Wetter nur einige Zeit unberührt liegen, so verliert das Heu den guten Geruch fast ganz und fängt statt dessen an, multrig zu riechen. Darum muß auch das Gras bald gekehrt, dann in Windhucken gebracht und öfter verstreut werden, ehe es Heu und zum Abfahren geeignet ist. Dasselbe besteht überwiegend aus hohlstengligen Gramineen, die in ihren starken Knoten viel Wasser enthalten und schwer durchtrocknen. Deshalb ist dieselbe Vorsicht geboten, wie bei fettem Heu von Flußwiesen.

Es dauert immer einige Zeit, ehe das Gras wieder auszugrünen anfängt. Auch wird der Nachwuchs desselben niemals wieder so hoch, als der erste Schnitt war. Er bleibt kurz, wird dafür aber sehr dicht, und besteht fast nur aus Blättern. Die Zeit zum Mähen der Nachmaht ist da, wenn das Gras zu Lager geht. Geschieht das so früh, daß noch ein dritter Schnitt nachwächst, so bestimmt die vorgerückte Jahreszeit dessen Ernte.

b) Das Mähen des Grases.

Nur selten ist es möglich, eine Rieselwiese so regelmäßig zu mähen, als eine natürliche. Die mehrfach vorkommenden Lagerstellen und die Stärke des Grases nöthigen zu einer Vertheilung der Mäher, von denen dann ein jeder die Richtung, in welcher er das Gras anzugreifen hat, selbst bestimmen muß. Dabei ist auf recht gleichmäßiges Abhauen des Grases zu halten. Faßt die Sense an einer Stelle zu tief, und werden die Pflanzen zu arg beschädigt, so wachsen sie nicht wieder nach; bleiben zu hohe Schwadbalken stehen, so geben diese, namentlich wenn sie wiederholt auf dieselbe Stelle treffen, leicht zu Unebenheiten Veranlassung, welche das gleichmäßige Ueberrieseln des Wassers stören. Die Wiese soll nach dem Abmähen des Grases wie ein geschorener Teppich aussehen. Nicht überall ist ein so regelmäßiges Mähen zu erzielen. Da soll man wenigstens dafür sorgen, daß die Richtung in den verschiedenen Schnitten jedesmal eine andere wird, damit die stehenbleibenden Schwadbalken wenigstens nicht auf dieselbe Stelle treffen, wie das der Entfernung und Lage der Gräben und Rinnen halber gar zu leicht geschehen kann.

c) Die Abfuhre des Heues.

Auch bei der Abfuhre des Heues ist Vorsicht geboten. Wenn auch bei der Anlage für die nöthigen Heuwege gesorgt und ihnen eine solche Breite gegeben ist, daß ein Theil des gewonnenen Heues darauf in großen Haufen aufgesetzt und von da abgeladen werden kann, so ist es doch gar nicht zu vermeiden, daß auch an manchen Stellen über die Wiesen gefahren werden muß. Da sind zunächst die nöthigen Brücken über die Gräben zu machen, wo solche nicht schon durch die Kastenschleusen ersetzt werden. In die kleinen Be- und Entwässerungsrinnen, über welche fortgefahren werden muß, sind

Faschinenbunde einzulegen, welche sie ausfüllen. Dieselben verhüten, daß die Räder der Heuwagen in die Rinnen hineinschlagen und die Wandungen derselben zu arg beschädigen. Um keine tiefen Geleise zu bekommen, ist es endlich gerathen, breite Puffräder an den Heuwagen aufzustecken. Bei Anwendung dieser Vorsichtsmaßregeln kann man Wiesen mit festem Boden überall befahren. Humusboden ist indeß an und für sich nicht allein weich, sondern trägt berieselt auch niemals eine zähe Grasnarbe, so daß das Fahren darauf möglichst beschränkt, und das Heu mehr nach geeigneten Stellen hin abgetragen werden muß.

Die durch das Abfahren des Heues entstandenen Beschädigungen, namentlich die Verletzungen der Kanten der Rieselrinnen, müssen gleich nach der Heuernte in möglichst kurzer Zeit wieder ausgebessert werden, damit mit dem Rieseln sogleich wieder vorgegangen werden kann. Geschieht das nicht, so steigt das Wasser gar nicht bis zum Ueberlaufen über die Oberfläche, sondern wird durch die Wagenspuren von einer Rinne zur andern nur spazieren geführt.

Die Unterhaltung der Anlage.

§. 92.

a) Allgemeines.

Wer eine Maschine gebrauchen will, muß nicht allein die Art ihrer Benutzung kennen, sondern auch deren Konstruktion und, wenn möglich, die bei dem Bau derselben leitenden Grundsätze und Regeln. Bei einer Berieselungsanlage ist das aus doppelten Gründen ganz besonders nöthig, und zwar

1) weil bei der Wandelbarkeit der dazu verwendeten Materialien immer wiederkehrende häufige Beschädigungen und Reparaturen unvermeidlich sind, und
2) diese Reparaturen an Ort und Stelle und von gewöhnlichen Arbeitern gemacht werden müssen.

Es wird darum gerathen sein, die beim rationellen Wiesenbau leitenden Prinzipien noch einmal kurz zu rekapituliren. Sie mögen in dieser Form zur besonderen Instruktion für den Wiesenwärter dienen.

1) Das ganze Graben- und Grippensystem soll so eingerichtet sein, daß dadurch einem jeden Wiesentheile das erforderliche Wasser zugeführt werden kann. Die Gräben, welche dasselbe zuzuführen bestimmt sind, müssen also, da

zu Zeiten stärker, als gewöhnlich gerieselt werden soll, etwas größer eingerichtet sein, als gerade für den mittleren Bedarf. In diesen Dimensionen müssen sie auch bei den jährlichen Reparaturen erhalten werden.

2) Das in den Gräben fließende Wasser soll die Wandungen derselben möglichst wenig anzugreifen vermögen. Daher darf ihr Gefälle nur ein geringes sein, die Oberfläche des darin fließenden Wassers muß sich der Horizontale so viel, wie möglich, nähern. Da, wo eine solche Veränderung des Gefälles durch Eintreiben von Schlamm rc. in die Gräben entstanden ist, ist die Wiederherstellung des früheren Zustandes zu erstreben. Die Verschwendung des Gefälles beeinträchtigt die rationelle Wiederbenutzung des Abwassers und damit die mögliche Ausdehnung der Berieselungsanlagen, oder giebt Veranlassung zu nachtheiligem Rückstau, wo sie später eingetreten ist.

3) Dasselbe gilt von den Wässerrinnen. Sie sollen ganz horizontal gemacht sein und sind deshalb auch später so zu erhalten. Geschieht das, so darf ihre Länge 5 Ruthen nicht übersteigen.

4) Die Entwässerung der Wiesen muß, wenn nicht gerieselt wird, eine vollkommene sein. Zu trocken kann eine Rieselwiese niemals gemacht werden, da der Wiesenwirth sie zu jeder Zeit anfeuchten kann, sobald das Bedürfniß dazu sich zeigt. Die Lokalität entscheidet darüber, ob dazu die Vertiefung der Wässergräben ausreicht, oder ob noch besondere tiefere Entwässerungsgräben, oder aber ob Drains dazu anzuordnen sind.

5) Die Größe der einzelnen Schichten muß dem geringsten Wasserzufluß entsprechen. Sie dürfen niemals größer gemacht werden, als es dieser gestattet. Aber auch da, wo größere Wassermassen zu Gebote stehen, wo also auch größere Abtheilungen gleichzeitig und hinreichend berieselt werden könnten, ist es doch besser, diese großen Schichten in kleinere Theile von etwa 4 bis 6 Morgen oder 1 bis $1^1/_2$ Hektare zu theilen, welche unabhängig von einander sich berieseln lassen. Solche kleineren Abtheilungen sind mit geringerer Mühe so einzurichten, und zu erhalten, daß sie überall ganz gleichmäßig überwässern. Mit wechselndem Zufluß oder behufs des stärkeren oder schwächeren Wässerns kann man dann mehrere oder weniger derselben zusammennehmen. Durch Anordnung besonderer kleiner Zubringer läßt sich das überall mit großer Leichtigkeit einrichten. Nur auf diese Weise wird der Wiesenwirth vollkommen Herr über das Wasser. Daß die einzelnen Abtheilungen auch unabhängig von einander trocken zu legen sein müssen, bedarf wohl kaum noch einer besonderen Erwähnung. Sind solche

kleineren Abtheilungen bei der Anlage nicht eingerichtet, so hat der Wiesenwärter sie sich wenigstens für die Wässerung selbst herzustellen.

6) Mit einer solchen Anordnung läßt sich die Anlage von eigenen Heuwegen sehr gut verbinden. Auf größeren Berieselungsanlagen können deren kaum zu viele sein.

7) Die nöthigen Schleusen von ausreichender Schützöffnung zur Regulirung des Zuflusses der Zubringer, sowie zur Entfernung des Wassers aus den Gräben behufs Trockenlegung der Wiesen sind an den geeigneten Stellen einzulegen. Die kleinen Kastenschleusen, deren Sicherheit nur von ihrer richtigen Konstruktion und soliden Verpackung abhängig ist, müssen vor allen Dingen recht dicht schließen, wenn sie geschützt sind, und kein Wasser hindurchlassen, und sorgfältig und so eingelegt werden, daß sie sich nebenher auch bequem zum Ueberfahren benutzen lassen.

Sind diese Gesichtspunkte bei der Anlage festgehalten, so dürfen sie bei der Unterhaltung nicht aus den Augen verloren werden. Die erforderlichen Reparaturen müssen alle Jahre gemacht werden.

b) Zeit der Instandsetzung.

In allen Fabriken, wie in Brennereien, Zuckersiedereien u. s. w. werden die größeren Reparaturen am liebsten in einer Zeit vorgenommen, wenn die Fabrik außer Thätigkeit ist. Man hütet sich wohl, die Arbeitszeit zu verkürzen, wenn nicht eine zwingende Nothwendigkeit dazu treibt. Eben so verhält es sich auf der Rieselwiese. Auf den hohen Werth der Zeit ist oben wiederholt aufmerksam gemacht. Wer würde sie muthwillig versäumen? Eben so wenig wird es aber auch jemand einfallen, im stehenden Grase große Reparaturen vorzunehmen. Die beste Zeit, eine Rieselwiese wieder in Ordnung zu bringen, ist aus diesen Gründen der Herbst, sobald der letzte Schnitt abgefahren, die Wiese frei ist. Werden dann die Gräben und Rinnen gehörig geräumt, so geht die erste düngende und darum so wichtige Herbstwässerung normal von statten. Ueber Herbst wachsen die Gräben und Rinnen wenig zu, im Winter hört die Vegetation darin ganz auf. Das Frühjahr und damit die zweite düngende Wässerung findet alles noch offen und klar. Hier und da sind im Winter kleine Beschädigungen durch den Frost oder dergl. entstanden, welche indeß in kurzer Zeit und mit Leichtigkeit sich repariren lassen. Auch diese Wässerung geht also gut. Wenn nun auch später Gras und Kraut in den Gräben zu wachsen anfängt, und deren Profil verengt, so schadet das gerade im Sommer am wenigsten, da es sich dann nur um eine bloße Anfeuchtung des Bodens handelt, dazu weniger Wasser erforderlich ist, und dieses geringere Quantum trotz der Verengung der Gräben sich noch leidlich genug vertheilen läßt. Zum zweiten Schnitt genügt ein scharfes Ausmähen des in den Gräben und Rinnen gewachsenen Grases, um die erste Wässerung dazu regelmäßig geben zu können. Auf die übrigen, nur anfeuchtenden seltenen Wässerungen nachher kommt weniger an.

Daß im Herbst keine Arbeitskräfte zu den regelmäßigen Räumungen vorhanden seien, oder daß dieselben anderweitig nothwendig gebraucht würden, kann niemals als eine Entschuldigung für das Unterlassen derselben gelten. Wer einmal Rieselwiesen besitzen will, muß es wissen, daß die nöthigen Kräfte da sein müssen, und wenn er nicht eigne Leute dazu hat, zu rechter Zeit für fremde, oder Vermehrung der eigenen sorgen. Schlechte Bestellung des Ackers läßt sich nimmer mit ungenügender Zugkraft entschuldigen. Ein solcher Wiesenwirth ist nebenbei auch ein schlechter Rechenmeister, denn nirgends bezahlt sich in der Landwirthschaft eine aufgewendete Arbeit direkt und indirekt höher, als die nöthige Wiederinstandsetzung einer Rieselwiese durch Erhöhung des Heugewinnes, und dadurch vermehrte Dünger-Produktion. Durch die letztere gewinnt sie sogar bedeutenden Einfluß auf den Reinertrag des Ackers. Steht derselbe doch im umgekehrten Verhältniß zu dem Preise des verwendeten animalischen Düngers.

c) Räumung der Gräben und Rinnen.

Es müssen also vor allem die Gräben in den normalen Dimensionen, gehörigen Breite und Tiefe erhalten, oder, wenn sie sich verändert, wieder hergestellt werden. Wo sie von Kraut oder Gras zugewachsen sind, wo Schlamm und Sand eingetrieben ist, sind sie deshalb zu räumen, und das gewonnene Material zunächst in kleinen Haufen neben dem Graben aufzusetzen.

Die Wässer- und Entwässerungsrinnen verwachsen jedes Jahr, und zwar um so mehr, je besser die Wiesen gedeihen. Auch sie sollen bei der Räumung ihre richtige Breite und Tiefe wieder bekommen. Sie müssen daher fast von neuem aufgeschnitten werden. Dazu gehört eine gewisse Geschicklichkeit und passendes Handwerkszeug. Die kleinen Rinnen sind einmal nach dem Schnur und gerade angelegt. Das ist gerade nicht wesentlich nothwendig, allein es beleidigt das Auge, wenn es nicht geschehen ist. Das Verlangen, daß eine so kostbare Anlage auch gut aussehe, ist gewiß kein unbilliges. Sie muß dann aber auch so erhalten werden. Außerdem ist ein gewisses Mißtrauen, daß auch in anderen Dingen die nöthige Akkuratesse fehlt, da gewiß gerechtfertigt, wo man den Mangel derselben bei einer Arbeit sieht, die vorher mit so großer Sorgfalt und Peinlichkeit ausgeführt worden ist. Wo also der Arbeiter das nöthige Augenmaaß nicht besitzt, die Rinnen nach gerader Linie wieder aufzuschneiden, da muß er auch bei dieser Arbeit das Schnur gebrauchen.

Bei dem Räumen der Rinnen werden zuerst die von der Seite hineingewachsenen Pflanzen abgeschnitten und auf diese Weise reine Bort geschaffen, und dann die Sohle mit der Schippe reingemacht. Oft wird bei jenem Abschneiden zu tief in das Ufer hineingegriffen; es schneidet sich dasselbe dann leichter rein ab, allein die Rinnen werden dadurch alle Jahre breiter und breiter. Das sieht nicht nur sehr schlecht aus, sondern beschränkt die Gras tragende Fläche nicht unbedeutend, und auf eine nicht zu rechtfertigende Weise. Die Rinnen und Gräben sind nun einmal ein nothwendiges Uebel, sie über das Maaß hinaus vergrößern, heißt den Ertrag vermindern. Ist jede Rinne nur 6 Zoll = 0,1569 Meter zu breit gerathen, so gehen bei der großen Masse von Rinnen 4 Procent der berieselungsfähigen Fläche und damit des Heugewinnes verloren. Die normale Breite derselben beträgt 9 bis 10 Zoll oder 0,2354 bis 0,2615 Meter. Eine größere Breite dürfen sie auch bei dem Aufräumen nicht bekommen. Findet dann an den Seiten sich nichts abzuschneiden, so genügt eine gründliche Reinigung der Sohle. Eben so groß soll ihre Tiefe sein.

d) Handwerkszeug.

Zum Reinigen und Abschneiden der Borten dient das Siegener Wiesenbeil oder das Hannoversche Wiesenmesser; das erstere ist mehr für festen Boden geeignet, und erfordert bedeutende Geschicklichkeit, das letztere ist für Humusboden ganz vortrefflich. Zum Reinigen der Sohle und zum Herausschaffen der abgeschnittenen, in die Rinnen gefallenen Borten gebraucht man eine Stechschippe, ganz von Eisen mit verstahlter Schneide. Sie darf aber der geringen Breite der Rinnen wegen, selbst nur eine Breite von 5 bis 6 Zoll = 0,1308 bis 0,1569 Meter erhalten, kann dafür aber 13 bis 14 Zoll = 0,3400 bis 0,3661 Meter lang gemacht werden.

Auf größeren Rieselwiesen kann man zum Räumen der Rinnen auch ein Instrument anwenden, welches Borten und Sohle gleichzeitig abschneidet. Dasselbe besteht aus zwei Messern, ähnlich den Wiesenmessern, welche unten durch eine Schneide, welche die Stelle der Schippe vertritt, und oben durch ein Quereisen, an welchem zwei vorwärts und eine rückwärts stehende Tüllen befestigt sind, in der gehörigen, der Breite der Rinne entsprechenden Entfernung auseinander gehalten werden. In den Tüllen sind einige Fuß (ungefähr 1 Meter) lange Stiele, welche am Ende einen Handgriff haben, befestigt. Durch die feste Verbindung der beiden Messer wird das Profil der Rinnen immer in gleicher Breite und Tiefe erhalten. Ist das Instrument gehörig scharf, so arbeiten damit 2 Mann, von denen der vordere zieht, der hintere die Richtung hält und schiebt. Ist aber die Rinne verwahrlost, sind namentlich viel Riedgräser darin gewachsen, so haben 3 Mann, 2 vorn und 1 hinten, damit zu thun. Ist der Boden außerdem noch weich, und sind die Messer nicht recht scharf, so schneiden sie nicht gut ab, sondern drücken die stehenbleibenden Graspflanzen nur an die Seite und liefern ungenügende Arbeit. Das ist zwar bei anderen Methoden der Räumung ganz eben so der Fall, allein es schien doch nöthig, hier besonders aufmerksam darauf zu machen, und dem Wahne entgegen zu treten, daß mit der Anschaffung eines solchen Instrumentes schon alles gethan sei. Auch bei Anwendung dieses müssen die in der Rinne liegen bleibenden Abschnitte mit der Stechschippe oder Forke heraus genommen, und wie bei den Gräben neben den Rinnen in kleinen Haufen zusammen geworfen werden.

Das Räumen und Aufschneiden geschieht während des Trockenliegens der Wiese.

Die dabei verwendete Arbeitskraft ist so zu bemessen, daß in je 14 Tagen eine zusammengehörige Hauptabtheilung fertig wird.

e) Das Verpacken des gewonnenen Materials.

Sobald das Aufschneiden der Rinnen und Auswerfen des Materials in einer Hauptabtheilung beendet ist, wird das Wasser vorgelassen.

Wie schon oben angeführt, ist in entsprechend kleinen Abthenilunge alles nach der Wage, d. h. horizontal gearbeitet. Das Mittel, diese Horizontale bei der Anlage, sowie später bei der Reparatur ganz genau und an jedem Punkte sichtbar darzustellen, ist das Halten des Wassers in Gräben und Rinnen in der gehörigen Höhe. Steht das Wasser still, so giebt dessen Spiegel die genaueste Horizontale. Bei der dann folgenden Planirung der geneigten Flächen wird zur Herstellung der richtigen Form an der einen Stelle etwas Boden fortgenommen, an einer andern wieder aufgetragen. Der Auftrag ist locker, der Boden der abgetragenen Stellen bleibt fest. Es ist unvermeidlich, daß jener mit der Zeit zusammensackt, sich setzt. Die horizontalen Kanten der Wässerinnen werden dadurch mangelhaft. Sie werden da niedriger, wo der Auftrag hingekommen war, während sie an den abgetragenen Stellen stehen bleiben. Dort wässert es stärker, und bringt Gras, hier giebt die schwächere Rieselung Veranlassung zur Moosbildung.

Dadurch erhöht sich der Boden auf den letzteren noch über die ursprüngliche Höhe hinaus. Man erkennt diese Mängel leicht, erhält aber erst einen richtigen Maaßstab für die Größe derselben, wenn das Wasser vorgelassen ist. Darum müssen die gesunkenen Kanten der Rinnen während des Wässerns mit den vorher ausgeschnittenen Rasenstücken und mit dem beim Räumen der Gräben gewonnenen Material wieder so weit erhöht werden, bis das Wasser überall wieder ganz gleichmäßig überläuft. Sind die Unregelmäßigkeiten so gering, daß nur wenig Material dazu verbraucht werden kann, so ist das übrigbleibende theils zur Ausfüllung der beim Abfahren des Heues entstandenen Geleise zu benutzen, theils nach gesunkenen und solchen Stellen hinzubringen, welche im Ertrage zurückgeblieben sind. Immer aber soll es so dünn verbreitet werden, daß dadurch die Wiese weder erhöht, noch die Planirung beschädigt wird. Nichts ist verkehrter, als die Räumerde neben den Gräben liegen zu lassen, oder sie nur eben auseinander zu werfen. Entweder bildet sie dann mit der Zeit einen Wall, welcher im Ertrage zurückbleibt, da er zu trocken liegt, und die Werbung erschwert, oder sie erhöht die Wiese neben dem Graben, so daß deren Berieselung nicht mehr möglich ist.

Etwas Material muß man im Herbst aber liegen lassen, damit im Frühjahr noch etwas zur Hand ist zur Ausbesserung derjenigen Beschädigungen, welche möglicherweise während des Winters vorkommen können. Findet dieser Rest dazu dann nicht hinreichende Verwendung, so wird der Ueberfluß eben so planirt, wie im Herbst. Auf schlechten Stellen wirkt er düngend. Deshalb ist er vorzugsweise mit Vorsicht dahin zu bringen, wo die Wiese noch schlecht ist, ohne sie aber dadurch zu erhöhen.

f) Dichtung der Maulwurfsgänge u. s. w.

Ehe indeß mit der Regulirung der Kanten der Wässergräben und Rinnen vorgegangen werden kann, muß der Boden selbst dicht sein, oder wo er das nicht ist, gemacht werden, damit das Wasser in den Gräben während der Arbeit, ohne eines besonderen Zuflusses zu bedürfen, ruhig stehend in gleicher Höhe erhalten werden kann. Auf jeder Rieselwiese finden sich nämlich, wenn sie trocken gelegt ist, Maulwürfe ein, welche ihre Gänge nach allen Richtungen hin, vorzugsweise aber unter der Sohle der Wässerinnen anlegen. Eben so sucht sich das Wasser oft unterirdische Wege von den Wässergräben nach dem Ende der Entwässerungsrinnen, oder von dem Ende der Wässerrinnen nach den nahe liegenden Entwässerungsgräben. Die Differenz der Wasserstände ist die Veranlassung dazu. Oft gehen auch

Wasserratten durch die Erdpackung über oder neben den Kastenschleusen hindurch. Kurz, es finden sich aus verschiedenen Ursachen eine Menge von unterirdischen Wegen, auf denen das Wasser von den Wässergräben und Rinnen nach den niedrigeren Entwässerungsgräben 2c. hinläuft. Dieselben erweitern sich sehr bald und machen es mit der Zeit sogar unmöglich, das Wasser so hoch zu spannen, oder so viel Wasser hinein zu jagen, daß es über die Oberfläche hinüber rieselt. Es ist ganz unglaublich, welche wirklich kolossalen Wassermassen der Wässerung auf diese Weise verloren gehen können. Ist es mir doch schon vorgekommen, daß mehrere Cubikfuß Wasser pro Sekunde in einen Wässergraben hineingejagt wurden, ohne eine tüchtige Rieselung von nur 1 Morgen Flächeninhalt erzielen zu können.

Solche Mängel sind, sobald sie bemerkt werden, schleunigst zu bessern, weil sie progressiv zunehmen. In Terrains mit starkem Gefälle und sehr beweglichem Sandboden ist in Folge solcher Unaufmerksamkeit schon mancher Ausriß entstanden, dessen Ausbesserung nachher viele Thaler erforderte. Ueberdies hat das Wasser, welches auf diese Weise von Graben zu Graben eigentlich nur spazieren geführt wird, auf den Graswuchs gar keinen Einfluß, es ist rein vergeudet. Hier wirkt nur das, welches über die Oberfläche fortläuft. Leider findet man trotzdem nur zu oft, daß darauf lange nicht genügende Rücksicht genommen und Undichtigkeiten geduldet werden, welche den ganzen Ertrag der Melioration vernichten. Wollte man sich so etwas nur immer in Zahlen etwas klar machen, so würde es bald besser werden. Es gehe z. B. auf solche ungerechtfertigte Weise pro Sekunde einer Anlage nur 1 Cubikfuß Wasser verloren, so kann damit 1 Morgen nicht bewässert werden. Reicht die Wassermasse für die berieselte Fläche gerade oder nur knapp aus, so kommt es auf eins heraus, ob dieser 1 Morgen gar nichts bringt, oder ob der Minderertrag sich auf die ganze Fläche vertheilt. Im letzteren Falle ist die Folge nur nicht so in die Augen fallend. Der Nutzeffect pro Morgen ist mit 36 Centnern Heu gewiß nicht zu hoch angesprochen. Den Centner Heu zu 10 Sgr. berechnet, kostet die Nachlässigkeit also jährlich 12 Thlr. Wird das Abwasser auf einer zweiten, dritten u. s. w. Schicht wieder benutzt und hier eben so unaufmerksam verfahren, so vervielfachen sich jene 12 Thlr. noch nach der Zahl der unter einander liegenden Schichten.

Wo also solche Stellen sich finden, da müssen sie sofort gedichtet werden. Im stehenden Grase wird man sich allerdings auf große Reparaturen nicht einlassen können und wollen (es würde damit zu viel zerstört werden), und sich zunächst mit dem Zustopfen der Löcher an ihren oberen Enden begnügen, allein im Herbst müssen die Gänge nachgesucht, aufgegraben und gründlich und fest zugefüllt werden. Das bloße Verstopfen und Zutreten hilft nur auf kurze Zeit. Es wird nie so dicht, daß nicht etwas Wasser hindurch sickerte und sich nach und nach die alten Wege wieder erweiterte.

Die erste Aufgabe ist dabei, die Löcher und Gänge zu finden. Ihre Lösung bietet keine großen Schwierigkeiten. Staut man beim Anlassen das Wasser in den Wässergräben und Rinnen nicht gleich zur vollen Höhe, sondern hält es einige Zoll niedriger, als es zum Rieseln gebraucht wird, so daß es eben in die Wässerinnen hineintritt, so zeigen sie sich von selbst. Man sieht das Wasser nicht allein hinein-, sondern in den Entwässerungsgräben und Rinnen auch herausfließen. Dem Verbindungsgange zwischen beiden Punkten gräbt man, wenn erst die Endpunkte gefunden, leicht nach.

g) Aufsicht bei den Schleusen.

Der Verlust, welcher durch die Undichtigkeit des Bodens entstehen kann, wurde so eben besprochen. Ein ähnlicher Verlust wird oft durch die Undichtigkeit der Schleusen herbeigeführt. Der hohe Druck der davor liegenden Wassersäule treibt große Quantitäten von Wasser durch kleine Oeffnungen. Bei der großen Menge von Schleusen, welche auf einer Berieselungsanlage nothwendig sind, vervielfacht sich derselbe zuweilen so bedeutend, daß auch dadurch viele Cubikfuß Wasser gar nicht zur Wirkung kommen. In der Regel ist Mangel an Akkuratesse bei der Anfertigung, oder aber das Alter der Schleusen die Ursache der Undichtigkeit. Im ersteren Falle müssen sie herausgenommen und nachgearbeitet, im letzteren durch neue ersetzt werden. Unzeitige Sparsamkeit an dieser Stelle wird, wie so oft, zur größten Verschwendung.

Werden die in dem Vorstehenden gegebenen Regeln genau beobachtet, so ist der Ertrag einer Rieselwiese so sicher, wie das Treibbeet des Gärtners, und keine Ausgabe in der Landwirthschaft rentirt höher, als die Kosten zur gründlichen Instandhaltung derselben. Jeder Wiesenwärter soll sie kennen, dun danach handeln, wenn er seine Pflicht erfüllen will.

Rieselung neuer Wiesen.

§. 93.

Das ist im allgemeinen das Verfahren bei älteren Rieselwiesen. Bei neuen Wiesen wird die Wässerung sehr häufig eine andere. Es kommt dabei auf die frühere Beschaffenheit der Wiese und auf die Art des Baues an.

Loser Sandboden, welcher keine Deckrasen bekommen, sondern nur angesäet werden konnte, darf nur von Zeit zu Zeit angefeuchtet werden, damit die Grassämereien aufgehen, anwachsen und nicht vertrocknen. Es dürfen aber die Gräben und Rinnen nicht beständig voll Wasser gehalten werden, weil dann das schon aufgegangene Gras leicht gelb wird, und wieder vergeht. Sehr empfindlich ist in dieser Beziehung das Thimothegras. Erst wenn dasselbe so weit gediehen ist, daß die Wurzeln den Boden einigermaßen festhalten, kann bei kühlem Wetter von Zeit zu Zeit schwach übergerieselt werden. Durch künstliches Auskälten erzeugt der eisenreiche Sandboden häufig Binsen, welche in den ersten Jahren in besonderer Ueppigkeit wachsen, mit der Zeit aber wieder von selbst verschwinden.

Eben so ist zu verfahren, wenn mit Haidekrautplaggen nur weitläuftig und locker gedeckt, und Grassamen darüber angesäet ist.

Hat man aber sehr reichliche Haidekrautplaggen oder Rasen von sauern, sehr schlechten Wiesen, genügt die Deckung, den Boden gegen Abspülungen zu schützen, braucht man also keine Einsaat, so rieselt man, sobald die Rasen aufgedeckt sind, sogleich kräftig und ohne Unterbrechung. Das Wasser soll hier zunächst die schlechten Pflanzen zerstören, denn von guten Wiesengräsern sind kaum erst Spuren vorhanden, und den Boden fett machen. Je mehr hier gewässert wird, desto schneller artet die Narbe um, je mehr der Boden erweicht wird, desto eher finden sich die besseren Gräser ein. Auch ist aus solchem Boden häufig etwas auszuwaschen, z. B. den Pflanzen nachtheilige Eisenverbindungen u. dergl. m., und je eher diese Stoffe entfernt werden, desto besser für die Wiese.

In diesem Falle kann sogar schon tüchtig gerieselt werden, wenn auch die aufgedeckten Rasen noch nicht angeklappt sind.

Ist endlich eine Grasnarbe, in welcher die auf den Rieselwiesen gewöhnlichen Grasarten schon vorhanden sind, aufgelegt, ist diese Narbe vielleicht gar schon an eine Wässerung oder Ueberfluthung gewöhnt gewesen, so behandelt man die Wiese in eben der Art, wie eine schon ältere Rieselwiese. Wird mit derartigem Material schnell genug gearbeitet, und sind die abgehackten Plaggen bis zum Wiederaufdecken nicht vertrocknet, so veranlaßt der Umbau kaum eine Störung im Graswuchs, und die im ersten Frühjahre umgebauten Wiesen geben in dem nämlichen Jahre gewöhnlich mehr Futter, als früher vor dem Umbau.

A'.

Berechnung

der Wassermenge, welche ein Graben von gegebenen Dimensionen in einer Sekunde schüttet.

Graben- Breite Meter	Graben- Tiefe Meter	Querprofil Q.-Meter	0,007 % Gefälle Cubikmet.	0,014 % Gefälle Cubikmet.	0,021 % Gefälle Cubikmet.	0,028 % Gefälle Cubikmet.	0,035 % Gefälle Cubikmet.	0,042 % Gefälle Cubikmet.
0,33	0,33	0,11	0,0005	0,0007	0,0008	0,0009	0,0010	0,0012
0,66	0,33	0,22	0,0374	0,0529	0,0674	0,0748	0,0836	0,0916
	0,66	0,44	0,0863	0,1221	0,1495	0,1726	0,1930	0,2114
1,00	0,33	0,33	0,0622	0,0879	0,1077	0,1243	0,1390	0,1523
	0,66	0,66	0,1487	0,2103	0,2576	0,2975	0,3326	0,3643
	1,00	1,00	0,2439	0,3450	0,4225	0,4879	0,5455	0,5975
1,33	0,33	0,44	0,0876	0,1232	0,1508	0,1742	0,1947	0,2134
	0,66	0,88	0,2135	0,3019	0,3697	0,4269	0,4773	0,5228
	1,00	1,33	0,3551	0,5022	0,6151	0,7103	0,7941	0,8699
	1,33	1,77	0,4976	0,7038	0,8619	0,9953	1,1127	1,2189
1,66	0,33	0,55	0,1125	0,1590	0,1948	0,2250	0,2515	0,2755
	0,66	1,10	0,2807	0,3969	0,4861	0,5620	0,6276	0,6875
	1,00	1,66	0,4723	0,6680	0,8181	0,9447	1,0562	1,1570
	1,33	2,21	0,6669	0,9431	1,1550	1,3337	1,4912	1,6335
	1,66	2,76	0,8661	1,2248	1,5001	1,7321	1,9366	2,1214
2,00	0,33	0,66	0,1389	0,1964	0,2406	0,2778	0,3106	0,3403
	0,66	1,32	0,3517	0,4973	0,6091	0,7033	0,7864	0,8614
	1,00	2,00	0,5975	0,8450	1,0349	1,1950	1,3361	1,4636
	1,33	2,66	0,8491	1,2008	1,4707	1,6983	1,8986	2,0799
	1,66	3,32	1,1081	1,5672	1,9194	2,2163	2,4778	2,7144
2,33	0,33	0,77	0,1647	0,2330	0,2853	0,3295	0,3684	0,4035
	0,66	1,54	0,4217	0,5964	0,7305	0,8435	0,9430	1,0330
	1,00	2,33	0,7222	1,0212	1,2508	1,4443	1,6148	1,7689
	1,33	3,10	1,0318	1,4592	1,7872	2,0636	2,3072	2,5274
	1,66	3,87	1,3251	1,9122	2,3420	2,7042	3,0234	3,3120
2,66	0,33	0,88	0,1907	0,2697	0,3303	0,3814	0,4264	0,4671
	0,66	1,76	0,4927	0,6967	0,8533	0,9853	1,1016	1,2667
	1,00	2,66	0,8491	1,2008	1,4707	1,6983	1,8987	2,0799
	1,33	3,54	1,2189	1,7238	2,1113	2,4379	2,7256	2,9858
	1,66	4,42	1,6032	2,2672	2,7767	3,2063	3,5847	3,9269
3,00	0,33	0,99	0,2175	0,3076	0,3767	0,4350	0,4863	0,5328
	0,66	1,98	0,5664	0,8010	0,9810	1,1327	1,2664	1,3873
	1,00	3,00	0,9818	1,3884	1,7006	1,9637	2,1904	2,4050
	1,33	3,99	1,4155	2,0017	2,4516	2,8309	3,1650	3,4671
	1,66	4,98	1,8678	2,6414	3,2351	3,7356	4,1765	4,5751
3,33	0,33	1,00	0,2436	0,3446	0,4220	0,4874	0,5449	0,5968
	0,66	2,00	0,6447	0,9116	1,1166	1,2894	1,4415	1,5791
	1,00	3,30	1,1121	1,5727	1,9262	2,2242	2,4867	2,7240
	1,33	4,30	1,6091	2,2755	2,7870	3,2181	3,5980	3,9414
	1,66	5,30	2,1294	3,0115	3,6882	4,2588	4,7615	5,2160

Graben-Breite Meter	Graben-Tiefe Meter	Quer-profil Q.-Meter	0,007 % Gefälle Cubikmet.	0,014 % Cubikmet.	0,021 % Cubikmet.	0,028 % Cubikmet.	0,035 % Cubikmet.	0,042 % Cubikmet.
3,66	0,33	1,21	0,2698	0,3816	0,4674	0,5397	0,6034	0,6610
	0,66	1,42	0,7108	1,0052	1,2312	1,4217	1,5894	1,7412
	1,00	3,66	1,2435	1,7586	2,1538	2,4865	2,7806	3,0460
	1,33	4,87	1,8050	2,5527	3,1264	3,6101	4,0361	4,4213
	1,66	6,08	2,4053	3,4016	4,1661	4,8106	5,3784	5,8918
4,00	0,33	1,32	0,2968	0,4198	0,5141	0,5937	0,6637	0,7271
	0,66	2,64	0,7858	1,1112	1,3641	1,5715	1,7570	1,9247
	1,00	4,00	1,3799	1,9515	2,3901	2,7598	3,0856	3,3802
	1,33	5,32	2,0090	2,8411	3,4796	4,0180	4,4922	4,9209
	1,66	6,64	2,6720	3,7788	4,6280	5,3440	5,9748	6,5451
4,33	0,33	1,43	0,3221	0,4569	0,5596	0,6461	0,7224	0,7914
	0,66	2,86	0,8587	1,2144	1,4874	1,7172	1,9202	2,1034
	1,00	4,33	1,5131	2,1398	2,6208	3,0262	3,3834	3,7063
	1,33	5,76	2,2086	3,1234	3,8254	4,4172	4,9385	5,4099
	1,66	7,19	2,9438	4,1631	5,0988	5,8875	6,5824	7,2107
4,66	0,33	1,54	0,3493	0,4940	0,6051	0,6987	0,7811	0,8557
	0,66	3,08	0,9319	1,3180	1,6142	1,8638	2,0839	2,2828
	1,00	4,66	1,6470	2,3291	2,8526	3,2939	3,6827	4,0342
	1,33	6,20	2,4096	3,4076	4,1735	4,8192	5,3880	5,9022
	1,66	7,74	3,2180	4,5509	5,5737	6,4359	7,1956	7,8823
5,00	0,33	1,65	0,3764	0,5323	0,6520	0,7528	0,8417	0,9220
	0,66	3,30	1,0075	1,4248	1,7450	2,0150	2,2528	2,4679
	1,00	5,00	1,7854	2,5250	3,0925	3,5709	3,9924	4,3735
	1,33	6,65	2,6179	3,7023	4,5344	5,2358	5,8589	6,4126
	1,66	8,30	3,5026	4,9535	6,0668	7,0053	7,8322	8,5797
5,33	0,33	1,76	0,4027	0,5695	0,6975	0,8054	0,9005	0,9864
	0,66	3,52	1,0810	1,5288	1,8724	2,1620	2,4172	2,6480
	1,00	5,33	1,9203	2,7158	3,3260	3,8407	4,2940	4,7039
	1,33	7,09	2,8212	3,9898	4,8865	5,6424	6,3084	6,9106
	1,66	8,85	3,7808	5,3469	6,5486	7,5116	8,4542	9,2611

B'.

Tabelle

der Wassermassen, welche in einer Sekunde durch eine Kastenschleuse fließen, deren Ein- und Ausflußöffnung ganz unter Wasser liegen.

Differenz zwischen Ober- und Unterwasser-spiegel	Höhe der Schützöffnung	Breite der Schützöffnung 0,33 Meter	0,66 Meter	1 Meter	Differenz zwischen Ober- und Unterwasser-spiegel	Höhe der Schützöffnung	Breite der Schützöffnung 0,33 Meter	0,66 Meter	1 Meter
Meter	Meter	Cubikmeter	Cubikmeter	Cubikmeter	Meter	Meter	Cubikmeter	Cubikmeter	Cubikmeter
0,025	0,05	0,0100	0,0200	0,0300	0,125	0,05	0,0223	0,0446	0,0669
	0,1	0,0200	0,0400	0,0600		0,1	0,0446	0,0892	0,1338
	0,15	0,0300	0,0600	0,0900		0,15	0,0669	0,1338	0,2007
	0,2	0,0400	0,0800	0,1200		0,2	0,0892	0,1784	0,2676
	0,25	0,0500	0,1000	0,1500		0,25	0,1115	0,2230	0,3345
	0,3	0,0600	0,1200	0,1800		0,3	0,1338	0,2676	0,4014
	0,35	0,0700	0,1400	0,2100		0,35	0,1561	0,3122	0,4683
	0,4	0,0800	0,1600	0,2400		0,4	0,1784	0,3568	0,5352
	0,45	0,0900	0,1800	0,2700		0,45	0,2007	0,4014	0,6021
	0,5	0,1000	0,2000	0,3000		0,5	0,2230	0,4460	0,6690
0,05	0,05	0,0141	0,0282	0,0423	0,150	0,05	0,0244	0,0488	0,0732
	0,1	0,0282	0,0564	0,0846		0,1	0,0488	0,0976	0,1464
	0,15	0,0423	0,0847	0,1269		0,15	0,0733	0,1466	0,2199
	0,2	0,0564	0,1129	0,1692		0,2	0,0977	0,1954	0,2931
	0,25	0,0705	0,1411	0,2116		0,25	0,1222	0,2444	0,3666
	0,3	0,0847	0,1694	0,2541		0,3	0,1466	0,2932	0,4398
	0,35	0,0988	0,1976	0,2964		0,35	0,1711	0,3422	0,5133
	0,4	0,1129	0,2258	0,3387		0,4	0,1955	0,3910	0,5865
	0,45	0,1270	0,2540	0,3810		0,45	0,2200	0,4400	0,6600
	0,5	0,1411	0,2822	0,4233		0,5	0,2445	0,4890	0,7335
0,075	0,05	0,0173	0,0346	0,0519	0,175	0,05	0,0264	0,0528	0,0792
	0,1	0,0346	0,0692	0,1038		0,1	0,0528	0,1056	0,1584
	0,15	0,0519	0,1038	0,1557		0,15	0,0792	0,1584	0,2376
	0,2	0,0692	0,1384	0,2076		0,2	0,1056	0,2112	0,3168
	0,25	0,0865	0,1730	0,2595		0,25	0,1320	0,2640	0,3960
	0,3	0,1038	0,2076	0,3114		0,3	0,1584	0,3168	0,4752
	0,35	0,1211	0,2422	0,3633		0,35	0,1848	0,3696	0,5544
	0,4	0,1384	0,2768	0,4152		0,4	0,2112	0,4224	0,6336
	0,45	0,1557	0,3114	0,4671		0,45	0,2376	0,4752	0,7128
	0,5	0,1730	0,3460	0,5190		0,5	0,2640	0,5280	0,7920
0,100	0,05	0,0199	0,0398	0,0597	0,200	0,05	0,0282	0,0564	0,0846
	0,1	0,0398	0,0796	0,1195		0,1	0,0564	0,1128	0,1692
	0,15	0,0597	0,1194	0,1791		0,15	0,0846	0,1692	0,2538
	0,2	0,0796	0,1592	0,2388		0,2	0,1129	0,2258	0,3387
	0,25	0,0996	0,1992	0,2988		0,25	0,1411	0,2822	0,4233
	0,3	0,1196	0,2392	0,3588		0,3	0,1693	0,3386	0,5079
	0,35	0,1395	0,2790	0,4185		0,35	0,1976	0,3952	0,5928
	0,4	0,1595	0,3190	0,4785		0,4	0,2258	0,4516	0,6774
	0,45	0,1795	0,3590	0,5385		0,45	0,2540	0,5080	0,7620
	0,5	0,1995	0,3990	0,5985		0,5	0,2822	0,5644	0,8466

Differenz zwischen Ober- und Unterwasser-spiegel Meter	Höhe der Schützöffnung Meter	Breite der Schützöffnung 0,33 Meter Cubikmeter	0,66 Meter Cubikmeter	1 Meter Cubikmeter	Differenz zwischen Ober- und Unterwasser-spiegel Meter	Höhe der Schützöffnung Meter	Breite der Schützöffnung 0,33 Meter Cubikmeter	0,66 Meter Cubikmeter	1 Meter Cubikmeter
0,225	0,05	0,0299	0,0598	0,0897	0,350	0,05	0,0374	0,0748	0,1121
	0,1	0,0598	0,1196	0,1794		0,1	0,0748	0,1496	0,2244
	0,15	0,0897	0,1794	0,2691		0,15	0,1121	0,2242	0,3362
	0,2	0,1197	0,2394	0,3591		0,2	0,1495	0,2990	0,4485
	0,25	0,1496	0,2992	0,4488		0,25	0,1868	0,3736	0,5604
	0,3	0,1795	0,3590	0,5385		0,3	0,2242	0,4484	0,6726
	0,35	0,2095	0,4190	0,6285		0,35	0,2615	0,5230	0,7845
	0,4	0,2394	0,4798	0,7192		0,4	0,2989	0,5978	0,8967
	0,45	0,2693	0,5386	0,8079		0,45	0,3362	0,6724	1,0086
	0,5	0,2993	0,5986	0,8979		0,5	0,3736	0,7472	1,1208
0,250	0,05	0,0316	0,0632	0,0947	0,375	0,05	0,0387	0,0774	0,1161
	0,1	0,0682	0,1264	0,1896		0,1	0,0774	0,1548	0,2322
	0,15	0,0947	0,1894	0,2841		0,15	0,1161	0,2322	0,3483
	0,2	0,1263	0,2526	0,3789		0,2	0,1548	0,3096	0,4644
	0,25	0,1578	0,3156	0,4734		0,25	0,1935	0,3870	0,5805
	0,3	0,1894	0,3788	0,5682		0,3	0,2322	0,4644	0,6966
	0,35	0,2209	0,4418	0,6627		0,35	0,2709	0,5418	0,8127
	0,4	0,2525	0,5050	0,7575		0,4	0,3096	0,6192	0,9288
	0,45	0,2840	0,5680	0,8520		0,45	0,3483	0,6966	1,0449
	0,5	0,3156	0,6312	0,9468		0,5	0,3870	0,7740	1,1610
0,275	0,05	0,0331	0,0662	0,0993	0,400	0,05	0,0399	0,0798	0,1197
	0,1	0,0662	0,1324	0,1986		0,1	0,0798	0,1596	0,2394
	0,15	0,0993	0,1986	0,2979		0,15	0,1197	0,2394	0,3591
	0,2	0,1324	0,2648	0,3972		0,2	0,1596	0,3192	0,4788
	0,25	0,1655	0,3310	0,4965		0,25	0,1995	0,3990	0,5985
	0,3	0,1986	0,3972	0,5958		0,3	0,2394	0,4788	0,7182
	0,35	0,2317	0,4634	0,6951		0,35	0,2793	0,5586	0,8379
	0,4	0,2648	0,5296	0,7944		0,4	0,3192	0,6384	0,9576
	0,45	0,2979	0,5958	0,8937		0,45	0,3591	0,7182	1,0773
	0,5	0,3310	0,6620	0,9936		0,5	0,3990	0,7980	1,1970
0,300	0,05	0,0346	0,0692	0,1038	0,425	0,05	0,0411	0,0822	0,1233
	0,1	0,0692	0,1384	0,2076		0,1	0,0822	0,1644	0,2466
	0,15	0,1038	0,2076	0,3114		0,15	0,1233	0,2466	0,3699
	0,2	0,1384	0,2768	0,4152		0,2	0,1644	0,3288	0,4932
	0,25	0,1730	0,3460	0,5190		0,25	0,2055	0,4110	0,6165
	0,3	0,2076	0,4152	0,6228		0,3	0,2466	0,4932	0,7398
	0,35	0,2422	0,4844	0,7266		0,35	0,2877	0,5754	0,8631
	0,4	0,2768	0,5536	0,8304		0,4	0,3288	0,6576	0,9864
	0,45	0,3114	0,6228	0,9342		0,45	0,3699	0,7398	1,1097
	0,5	0,3460	0,6920	1,0380		0,5	0,4110	0,8220	1,2330
0,325	0,05	0,0360	0,0720	0,1080	0,450	0,05	0,0423	0,0846	0,1269
	0,1	0,0720	0,1440	0,2160		0,1	0,0846	0,1692	0,2538
	0,15	0,1080	0,2160	0,3240		0,15	0,1269	0,2538	0,3807
	0,2	0,1440	0,2880	0,4320		0,2	0,1692	0,3384	0,5076
	0,25	0,1800	0,3600	0,5400		0,25	0,2115	0,4230	0,6345
	0,3	0,2160	0,4320	0,6480		0,3	0,2538	0,5076	0,7614
	0,35	0,2520	0,5040	0,7560		0,35	0,2961	0,5922	0,8883
	0,4	0,2880	0,5760	0,8640		0,4	0,3384	0,6768	1,0152
	0,45	0,3240	0,6480	0,9720		0,45	0,3807	0,7614	1,1421
	0,5	0,3600	0,7200	1,0800		0,5	0,4230	0,8460	1,2690

C'.

Tabelle

der Wassermassen, welche in einer Sekunde durch eine Kastenschleuse fließen, deren Ausflußöffnung ganz frei liegt.

Höhe des Wasserspiegels über der Oberkante der Schützöffn.	Höhe der Schützöffnung	Breite der Schützöffnung 0,33 Meter	0,66 Meter	1 Meter	Höhe des Wasserspiegels über der Oberkante der Schützöffn.	Höhe der Schützöffnung	Breite der Schützöffnung 0,33 Meter	0,66 Meter	1 Meter
Meter	Meter	Cubikm.	Cubikm.	Cubikm.	Meter	Meter	Cubikm.	Cubikm.	Cubikm.
0,15	0,05	0,0264	0,0528	0,0793	0,35	0,05	0,0387	0,0774	0,1160
	0,1	0,0565	0,1130	0,1695		0,1	0,0799	0,1598	0,2397
	0,15	0,0899	0,1798	0,2697		0,15	0,1235	0,2470	0,3706
	0,2	0,1263	0,2526	0,3790		0,2	0,1695	0,3390	0,5085
	0,25	0,1656	0,3312	0,4969		0,25	0,2177	0,4354	0,6530
	0,3	0,2076	0,4152	0,6228		0,3	0,2680	0,5360	0,8040
	0,35	0,2521	0,5042	0,7562		0,35	0,3204	0,6408	0,9611
	0,4	0,2990	0,5980	0,8969		0,4	0,3748	0,7496	1,1243
	0,45	0,3481	0,6962	1,0444		0,45	0,4311	0,8622	1,2933
	0,5	0,3995	0,7990	1,1985		0,5	0,4893	0,9786	1,4679
0,20	0,05	0,0299	0,0598	0,0898	0,40	0,05	0,0412	0,0824	0,1235
	0,1	0,0632	0,1264	0,1895		0,1	0,0847	0,1694	0,2542
	0,15	0,0994	0,1988	0,2981		0,15	0,1306	0,2612	0,3918
	0,2	0,1384	0,1768	0,4152		0,2	0,1786	0,3572	0,5358
	0,25	0,1801	0,3602	0,5402		0,25	0,2288	0,4576	0,6865
	0,3	0,2242	0,4484	0,6727		0,3	0,2811	0,5622	0,8432
	0,35	0,2708	0,5416	0,8123		0,35	0,3353	0,6706	1,0059
	0,4	0,3196	0,6392	0,9588		0,4	0,3914	0,7828	1,1743
	0,45	0,3706	0,7412	1,1119		0,45	0,4494	0,8988	1,3483
	0,5	0,4237	0,8474	1,2712		0,5	0,5093	1,0186	1,5278
0,25	0,05	0,0331	0,0662	0,0994	0,45	0,05	0,0435	0,0870	0,1306
	0,1	0,0692	0,1384	0,2076		0,1	0,0893	0,1786	0,2680
	0,15	0,1080	0,2160	0,3241		0,15	0,1373	0,2746	0,4119
	0,2	0,1495	0,2990	0,4484		0,2	0,1874	0,3748	0,5621
	0,25	0,1934	0,3868	0,5802		0,25	0,2395	0,4790	0,7185
	0,3	0,2397	0,4794	0,7191		0,3	0,2936	0,5872	0,8807
	0,35	0,2883	0,5766	0,8648		0,35	0,3496	0,6992	1,0487
	0,4	0,3390	0,6780	1,0170		0,4	0,4074	0,8148	1,2223
	0,45	0,3918	0,7836	1,1754		0,45	0,4671	0,9342	1,4013
	0,5	0,4467	0,8934	1,3400		0,5	0,5285	1,0570	1,5856
0,30	0,05	0,0360	0,0720	0,1080	0,50	0,05	0,0458	0,0916	0,1373
	0,1	0,0747	0,1494	0,2242		0,1	0,0937	0,1874	0,2811
	0,15	0,1160	0,2320	0,3481		0,15	0,1437	0,2874	0,4311
	0,2	0,1598	0,3196	0,4794		0,2	0,1957	0,3914	0,5871
	0,25	0,2059	0,4118	0,6177		0,25	0,2497	0,4994	0,7491
	0,3	0,2542	0,5084	0,7627		0,3	0,3056	0,6112	0,9167
	0,35	0,3047	0,6094	0,9142		0,35	0,3633	0,7266	1,0898
	0,4	0,3573	0,7146	1,0720		0,4	0,4228	0,8456	1,2684
	0,45	0,4119	0,8238	1,2358		0,45	0,4841	0,9682	1,4522
	0,5	0,4685	0,9370	1,4054		0,5	0,5470	1,0940	1,6411

Höhe des Wasserspiegels über der Oberkante der Schützöffn. Meter	Höhe der Schützöffnung Meter	Breite der Schützöffnung 0,33 Meter Cubikm.	0,66 Meter Cubikm.	1 Meter Cubikm.
0,55	0,05	0,0479	0,0958	0,1437
	0,1	0,0978	0,1958	0,2936
	0,15	0,1498	0,2996	0,4494
	0,2	0,2037	0,4074	0,6111
	0,25	0,2595	0,5190	0,7785
	0,3	0,3171	0,6342	0,9513
	0,35	0,3765	0,7530	1,1295
	0,4	0,4376	0,8753	1,3129
	0,45	0,5005	1,0009	1,5014
	0,5	0,5650	1,1300	1,6950
0,60	0,05	0,0499	0,0999	0,1498
	0,1	0,1018	0,2037	0,3055
	0,15	0,1557	0,3114	0,4671
	0,2	0,2114	0,4228	0,6342
	0,25	0,2689	0,5379	0,8068
	0,3	0,3282	0,6565	0,9847
	0,35	0,3893	0,7785	1,1678
	0,4	0,4520	0,9040	1,3560
	0,45	0,5164	1,0327	1,5491
	0,5	0,5824	1,1647	1,7471
0,65	0,05	0,0520	0,1039	0,1559
	0,1	0,1058	0,2115	0,3173
	0,15	0,1614	0,3228	0,4842
	0,2	0,2188	0,4377	0,6565
	0,25	0,2780	0,5561	0,8341
	0,3	0,3390	0,6779	1,0169
	0,35	0,4016	0,8032	1,2048
	0,4	0,4659	0,9318	1,3977
	0,45	0,5318	1,0637	1,5955
	0,5	0,5994	1,1987	1,7981
0,70	0,05	0,0538	0,1076	0,1614
	0,1	0,1094	0,2188	0,3282
	0,15	0,1668	0,3337	0,5005
	0,2	0,2260	0,4520	0,6780
	0,25	0,2869	0,5737	0,8606
	0,3	0,3494	0,6988	1,0482
	0,35	0,4136	0,8272	1,2408
	0,4	0,4794	0,9588	1,4382
	0,45	0,5468	1,0935	1,6403
	0,5	0,6157	1,2313	1,8470

D'.

Tabelle

der Wassermassen, welche durch kleine, oben offene, rechtwinklige Seitenöffnungen in den Staubrettern in einer Sekunde hindurchgehen, wenn der Ueberfall vollkommen, und der obere Wasserspiegel als stillstehend anzunehmen ist.

Breite der Durchfluß-öffnung	Höhe der Durchflußöffnung							
	0,025 Met.	0,05 Met.	0,075 Met.	0,1 Met.	0,125 Met.	0,15 Met.	0,175 Met.	0,2 Met.
Meter	Cubikmet.	Cubikmet.	Cubikmet.	Cubikmet.	Cubikmet.	Cubikmet.	Cubikmet.	Cubikmet.
0,025	0,00019	0,00053	0,00095	0,00149	0,00208	0,00274	0,00344	0,00420
0,030	0,00023	0,00063	0,00114	0,00179	0,00249	0,00329	0,00413	0,00504
0,035	0,00026	0,00074	0,00134	0,00208	0,00291	0,00383	0,00482	0,00588
0,040	0,00030	0,00084	0,00153	0,00238	0,00332	0,00438	0,00551	0,00672
0,045	0,00033	0,00095	0,00173	0,00267	0,00374	0,00492	0,00620	0,00756
0,050	0,00037	0,00105	0,00193	0,00297	0,00415	0,00547	0,00688	0,00840
0,055	0,00041	0,00116	0,00212	0,00327	0,00457	0,00602	0,00757	0,00924
0,060	0,00044	0,00126	0,00232	0,00357	0,00498	0,00657	0,00825	0,01008
0,065	0,00048	0,00137	0,00251	0,00386	0,00540	0,00712	0,00894	0,01092
0,070	0,00052	0,00147	0,00270	0,00416	0,00581	0,00767	0,00963	0,01176
0,075	0,00055	0,00158	0,00290	0,00446	0,00623	0,00821	0,01031	0,01260
0,080	0,00059	0,00168	0,00309	0,00475	0,00664	0,00876	0,01100	0,01344
0,085	0,00063	0,00179	0,00329	0,00505	0,00706	0,00931	0,01169	0,01428
0,090	0,00066	0,00189	0,00348	0,00535	0,00747	0,00986	0,01238	0,01512
0,095	0,00070	0,00200	0,00367	0,00564	0,00789	0,01040	0,01307	0,01596
0,100	0,00074	0,00210	0,00386	0,00594	0,00830	0,01094	0,01376	0,01680
0,105	0,00077	0,00221	0,00406	0,00624	0,00872	0,01149	0,01444	0,01764
0,110	0,00081	0,00231	0,00425	0,00653	0,00913	0,01204	0,01513	0,01848
0,115	0,00085	0,00242	0,00444	0,00683	0,00955	0,01259	0,01582	0,01932
0,120	0,00088	0,00252	0,00464	0,00713	0,00996	0,01314	0,01651	0,02016
0,125	0,00092	0,00263	0,00483	0,00742	0,01038	0,01368	0,01719	0,02100
0,130	0,00096	0,00273	0,00502	0,00772	0,01079	0,01423	0,01788	0,02184
0,135	0,00099	0,00284	0,00522	0,00802	0,01121	0,01478	0,01857	0,02268
0,140	0,00103	0,00294	0,00541	0,00831	0,01162	0,01533	0,01926	0,02352
0,145	0,00107	0,00305	0,00560	0,00861	0,01204	0,01587	0,02095	0,02436
0,150	0,00111	0,00315	0,00579	0,00891	0,01245	0,01641	0,02064	0,02520
0,155	0,00114	0,00326	0,00599	0,00920	0,01287	0,01696	0,02133	0,02604
0,160	0,00118	0,00336	0,00618	0,00950	0,01328	0,01751	0,02201	0,02688
0,165	0,00121	0,00347	0,00637	0,00980	0,01370	0,01806	0,02270	0,02772
0,170	0,00125	0,00357	0,00657	0,01009	0,01411	0,01861	0,02339	0,02856
0,175	0,00128	0,00368	0,00676	0,01039	0,01453	0,01915	0,02408	0,02940
0,180	0,00132	0,00378	0,00695	0,01069	0,01494	0,01970	0,02477	0,03024
0,185	0,00136	0,00389	0,00715	0,01099	0,01536	0,02025	0,02546	0,03108
0,190	0,00140	0,00399	0,00734	0,01128	0,01577	0,02080	0,02615	0,03192
0,195	0,00144	0,00410	0,00753	0,01158	0,01619	0,02134	0,02684	0,03276
0,200	0,00148	0,00420	0,00772	0,01188	0,01660	0,02188	0,02752	0,03360

E'.

Wenn zur Berieselung von 1 Hektare in einer Sekunde 0,12 Cubikmeter Wasserzufluß erforderlich ist, so werden verbraucht für

Hektare	Cubikmet.	Hektare	Cubikmet.	Hektare	Cubikmet.	Hektare	Cubikmet.	Hektare	Cubikmet.
0,005	0,0006	0,205	0,0246	0,405	0,0486	0,605	0,0726	0,805	0,0966
0,010	0,0012	0,210	0,0252	0,410	0,0492	0,610	0,0732	0,810	0,0972
0,015	0,0018	0,215	0,0258	0,415	0,0498	0,615	0,0738	0,815	0,0978
0,020	0,0024	0,220	0,0264	0,420	0,0504	0,620	0,0744	0,820	0,0984
0,025	0,0030	0,225	0,0270	0,425	0,0510	0,625	0,0750	0,825	0,0990
0,030	0,0036	0,230	0,0276	0,430	0,0516	0,630	0,0756	0,830	0,0996
0,035	0,0042	0,235	0,0282	0,435	0,0522	0,635	0,0762	0,835	0,1002
0,040	0,0048	0,240	0,0288	0,440	0,0528	0,640	0,0768	0,840	0,1008
0,045	0,0054	0,245	0,0294	0,445	0,0534	0,645	0,0774	0,845	0,1014
0,050	0,0060	0,250	0,0300	0,450	0,0540	0,650	0,0780	0,850	0,1020
0,055	0,0066	0,255	0,0306	0,455	0,0546	0,655	0,0786	0,855	0,1026
0,060	0,0072	0,260	0,0312	0,460	0,0552	0,660	0,0792	0,860	0,1032
0,065	0,0078	0,265	0,0318	0,465	0,0558	0,665	0,0798	0,865	0,1038
0,070	0,0084	0,270	0,0324	0,470	0,0564	0,670	0,0804	0,870	0,1044
0,075	0,0090	0,275	0,0330	0,475	0,0570	0,675	0,0810	0,875	0,1050
0,080	0,0096	0,280	0,0336	0,480	0,0576	0,680	0,0816	0,880	0,1056
0,085	0,0102	0,285	0,0342	0,485	0,0582	0,685	0,0822	0,885	0,1062
0,090	0,0108	0,290	0,0348	0,490	0,0588	0,690	0,0828	0,890	0,1068
0,095	0,0114	0,295	0,0354	0,495	0,0594	0,695	0,0834	0,895	0,1074
0,100	0,0120	0,300	0,0360	0,500	0,0600	0,700	0,0840	0,900	0,1080
0,105	0,0126	0,305	0,0366	0,505	0,0606	0,705	0,0846	0,905	0,1086
0,110	0,0132	0,310	0,0372	0,510	0,0612	0,710	0,0852	0,910	0,1092
0,115	0,0138	0,315	0,0378	0,515	0,0618	0,715	0,0858	0,915	0,1098
0,120	0,0144	0,320	0,0384	0,520	0,0624	0,720	0,0864	0,920	0,1104
0,125	0,0150	0,325	0,0390	0,525	0,0630	0,725	0,0870	0,925	0,1110
0,130	0,0156	0,330	0,0396	0,530	0,0636	0,730	0,0876	0,930	0,1116
0,135	0,0162	0,335	0,0402	0,535	0,0642	0,735	0,0882	0,935	0,1122
0,140	0,0168	0,340	0,0408	0,540	0,0648	0,740	0,0888	0,940	0,1128
0,145	0,0174	0,345	0,0414	0,545	0,0654	0,745	0,0894	0,945	0,1134
0,150	0,0180	0,350	0,0420	0,550	0,0660	0,750	0,0900	0,950	0,1140
0,155	0,0186	0,355	0,0426	0,555	0,0666	0,755	0,0906	0,955	0,1146
0,160	0,0192	0,360	0,0432	0,560	0,0672	0,760	0,0912	0,960	0,1152
0,165	0,0198	0,365	0,0438	0,565	0,0678	0,765	0,0918	0,965	0,1158
0,170	0,0204	0,370	0,0444	0,570	0,0684	0,770	0,0924	0,970	0,1164
0,175	0,0210	0,375	0,0450	0,575	0,0690	0,775	0,0930	0,975	0,1170
0,180	0,0216	0,380	0,0456	0,580	0,0696	0,780	0,0936	0,980	0,1176
0,185	0,0222	0,385	0,0462	0,585	0,0702	0,785	0,0942	0,985	0,1182
0,190	0,0228	0,390	0,0468	0,590	0,0708	0,790	0,0948	0,990	0,1188
0,195	0,0234	0,395	0,0474	0,595	0,0714	0,795	0,0954	0,995	0,1194
0,200	0,0240	0,400	0,0480	0,600	0,0720	0,800	0,0960	1,000	0,1200

Ta

der Wassermengen, welche durch kleine, rechtwinklige und oben offene

wenn der Ueberfall unvollkommen ist, und das

Breite der Durchfluß-öffnung.	Höhe der Durch						
	3,05 Meter	0,075 Meter		0,1 Meter			0,125
	bei 0,025 M.	bei 0,05 M.	bei 0,025 M.	bei 0,075 M.	bei 0,05 M.	bei 0,025 M.	bei 0,1 M.
	Gegendruck des						
Meter	Cubikmeter	Cubikmeter	Cubikmeter	Cubikmeter	Cubikmeter	Cubikmeter	Cubikmeter
0,025	0,00046	0,00074	0,00090	0,00100	0,00132	0,00145	0,00130
0,030	0,00055	0,00088	0,00108	0,00120	0,00158	0,00174	0,00156
0,035	0,00064	0,00103	0,00127	0,00140	0,00184	0,00203	0,00182
0,040	0,00074	0,00118	0,00145	0,00160	0,00210	0,00232	0,00208
0,045	0,00083	0,00133	0,00163	0,00180	0,00236	0,00261	0,00234
0,050	0,00093	0,00148	0,00182	0,00200	0,00263	0,00290	0,00260
0,055	0,00102	0,00163	0,00200	0,00220	0,00289	0,00319	0,00286
0,060	0,00111	0,00178	0,00218	0,00240	0,00315	0,00348	0,00312
0,065	0,00120	0,00193	0,00237	0,00260	0,00341	0,00377	0,00338
0,070	0,00130	0,00208	0,00255	0,00280	0,00367	0,00406	0,00364
0,075	0,00139	0,00223	0,00273	0,00300	0,00394	0,00435	0,00390
0,080	0,00148	0,00237	0,00292	0,00320	0,00420	0,00464	0,00416
0,085	0,00157	0,00252	0,00310	0,00340	0,00446	0,00493	0,00442
0,090	0,00167	0,00267	0,00328	0,00360	0,00473	0,00522	0,00468
0,095	0,00176	0,00282	0,00346	0,00380	0,00499	0,00552	0,00494
0,100	0,00186	0,00297	0,00365	0,00400	0,00525	0,00580	0,00520
0,105	0,00195	0,00312	0,00383	0,00420	0,00551	0,00609	0,00546
0,110	0,00204	0,00327	0,00401	0,00440	0,00578	0,00638	0,00572
0,115	0,00213	0,00342	0,00420	0,00460	0,00604	0,00667	0,00598
0,120	0,00223	0,00357	0,00438	0,00480	0,00630	0,00696	0,00624
0,125	0,00232	0,00371	0,00456	0,00500	0,00656	0,00725	0,00650
0,130	0,00241	0,00386	0,00475	0,00520	0,00683	0,00754	0,00676
0,135	0,00250	0,00401	0,00493	0,00540	0,00709	0,00783	0,00702
0,140	0,00260	0,00416	0,00511	0,00560	0,00735	0,00812	0,00728
0,145	0,00269	0,00431	0,00530	0,00580	0,00761	0,00841	0,00754
0,150	0,00279	0,00446	0,00548	0,00601	0,00788	0,00870	0,00781
0,155	0,00288	0,00461	0,00566	0,00621	0,00814	0,00899	0,00807
0,160	0,00297	0,00476	0,00585	0,00641	0,00830	0,00928	0,00833
0,165	0,00306	0,00491	0,00603	0,00661	0,00856	0,00957	0,00859
0,170	0,00316	0,00506	0,00621	0,00681	0,00883	0,00986	0,00885
0,175	0,00325	0,00520	0,00639	0,00701	0,00909	0,01015	0,00911
0,180	0,00334	0,00534	0,00658	0,00721	0,00935	0,01044	0,00937
0,185	0,00343	0,00549	0,00676	0,00741	0,00961	0,01073	0,00963
0,190	0,00353	0,00564	0,00694	0,00761	0,00998	0,01102	0,00989
0,195	0,00362	0,00579	0,00712	0,00781	0,01024	0,01131	0,01015
0,200	0,00372	0,00594	0,00730	0,00801	0,01051	0,01160	0,01041

F'.

belle

Seitenöffnungen der Staubretter in einer Sekunde hindurchfließen, Oberwasser als stillstehend betrachtet werden kann.

flußöffnung.

Meter			0,15 Meter				
bei 0,075 M.	bei 0,05 M.	bei 0,025 M.	bei 0,125 M.	bei 0,1 M.	bei 0,075 M.	bei 0,05 M.	bei 0,025 M.
Unterwassers.							
Cubikmeter	Cubikmeter	Cubikmeter	Cubikmeter	Cubikmeter	Cubikmeter	Cubikmeter	Cubikmeter
0,00180	0,00193	0,00205	0,00157	0,00210	0,00241	0,00260	0,00270
0,00214	0,00231	0,00246	0,00188	0,00252	0,00289	0,00312	0,00324
0,00248	0,00270	0,00287	0,00220	0,00294	0,00338	0,00364	0,00378
0,00282	0,00309	0,00327	0,00252	0,00336	0,00386	0,00416	0,00432
0,00316	0,00347	0,00368	0,00284	0,00378	0,00434	0,00468	0,00486
0,00340	0,00386	0,00409	0,00316	0,00420	0,00483	0,00520	0,00540
0,00374	0,00425	0,00450	0,00347	0,00462	0,00531	0,00572	0,00594
0,00408	0,00463	0,00491	0,00379	0,00504	0,00580	0,00624	0,00648
0,00442	0,00502	0,00532	0,00410	0,00546	0,00628	0,00676	0,00702
0,00476	0,00540	0,00572	0,00442	0,00588	0,00676	0,00728	0,00756
0,00510	0,00579	0,00613	0,00474	0,00630	0,00725	0,00780	0,00810
0,00544	0,00617	0,00654	0,00505	0,00672	0,00773	0,00832	0,00864
0,00578	0,00656	0,00695	0,00537	0,00714	0,00821	0,00884	0,00918
0,00612	0,00694	0,00736	0,00569	0,00756	0,00870	0,00936	0,00972
0,00646	0,00733	0,00776	0,00600	0,00798	0,00918	0,00988	0,01026
0,00681	0,00772	0,00817	0,00632	0,00841	0,00966	0,01040	0,01080
0,00715	0,00811	0,00858	0,00663	0,00883	0,01014	0,01092	0,01134
0,00749	0,00849	0,00899	0,00695	0,00925	0,01062	0,01144	0,01188
0,00783	0,00888	0,00940	0,00726	0,00967	0,01110	0,01196	0,01242
0,00817	0,00926	0,00980	0,00758	0,01009	0,01159	0,01248	0,01296
0,00851	0,00965	0,01021	0,00789	0,01051	0,01207	0,01300	0,01350
0,00885	0,01003	0,01062	0,00821	0,01093	0,01256	0,01352	0,01404
0,00919	0,01042	0,01103	0,00852	0,01135	0,01303	0,01404	0,01458
0,00953	0,01080	0,01144	0,00884	0,01177	0,01351	0,01456	0,01512
0,00987	0,01119	0,01185	0,00915	0,01219	0,01400	0,01508	0,01566
0,01022	0,01158	0,01226	0,00947	0,01261	0,01448	0,01561	0,01620
0,01056	0,01196	0,01267	0,00978	0,01303	0,01496	0,01613	0,01674
0,01090	0,01235	0,01308	0,01010	0,01345	0,01545	0,01665	0,01728
0,01124	0,01273	0,01348	0,01041	0,01387	0,01593	0,01717	0,01782
0,01158	0,01312	0,01389	0,01073	0,01429	0,01641	0,01769	0,01836
0,01192	0,01350	0,01430	0,01104	0,01471	0,01689	0,01821	0,01890
0,01226	0,01389	0,01471	0,01136	0,01513	0,01738	0,01873	0,01944
0,01260	0,01427	0,01512	0,01167	0,01555	0,01786	0,01925	0,01998
0,01294	0,01466	0,01553	0,01199	0,01597	0,01834	0,01977	0,02052
0,01328	0,01505	0,01594	0,01231	0,01639	0,01882	0,02029	0,02106
0,01362	0,01544	0,01635	0,01263	0,01682	0,01931	0,02081	0,02160

Leipzig,
Druck von Giesecke & Devrient.

Berichtigungen.

Seite 44,	Zeile 17	von	oben	statt	0,09 lies 0,08.
„ 45	„ 4	„	unten	„	0,055 lies 7,5312.
„ 90	„ 15	„	oben	„	§. 60 lies §. 61.
„ 92	„ 10	„	unten	„	Wasser lies Wetter.
„ 118	„ 8	„	oben	„	0,1569 lies 1,8828.
„ 142	„ 14	„	unten	„	0,1046 lies 0,0785.
„ 148	„ 16	„	oben	„	$14^3/_4$ lies $4^3/_4$.
„ 164	„ 12	„	unten	„	§. 64 lies §. 65.
„ 186	„ 11	„	oben	„	0,002 lies 0,23.
„ 187	„ 15	„	„	„	0,002 lies 0,23.
„ 257	„ 16	„	„	„	die Tabelle F. gilt lies: die Tabellen F. und F'. gelten.
„ 259	„ 10	„	„	„	$[(b+2h)H+h)^3$ — lies: $(b+2h)(H+h)^3]$.

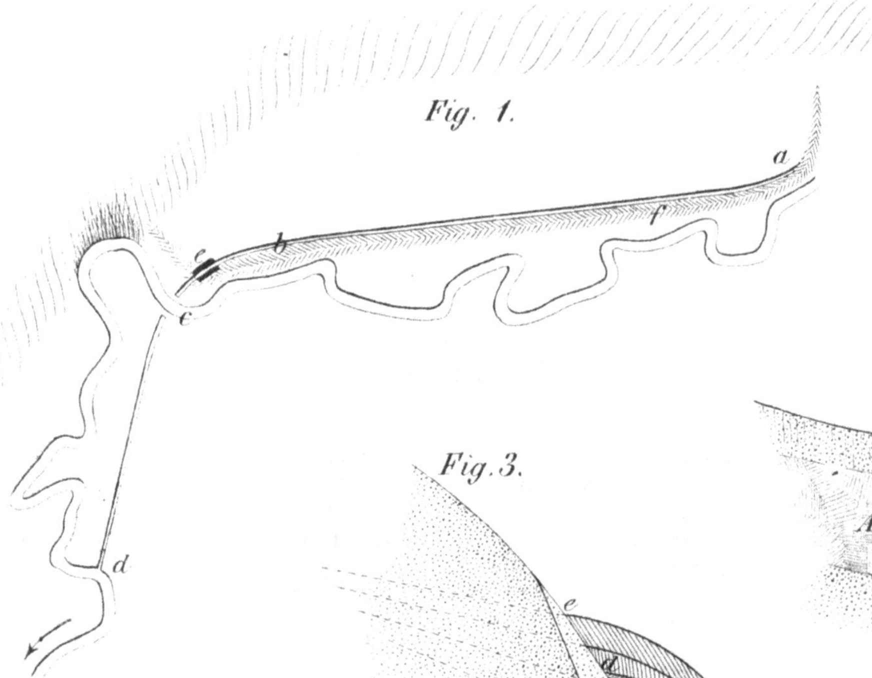

Fig. 1.

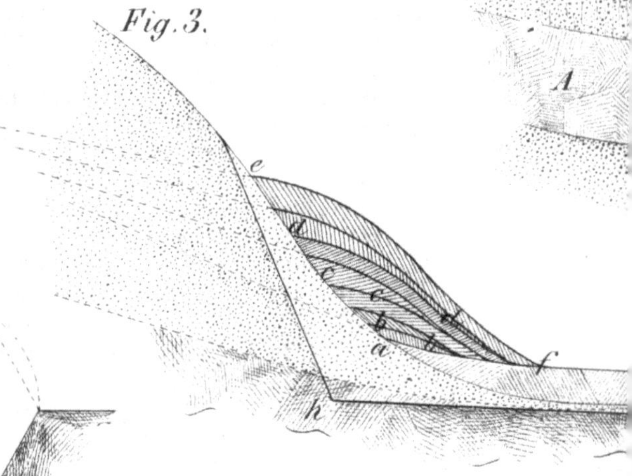

Fig. 3.

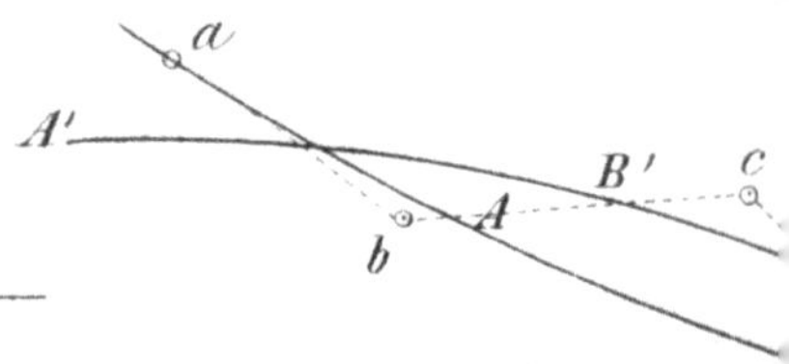

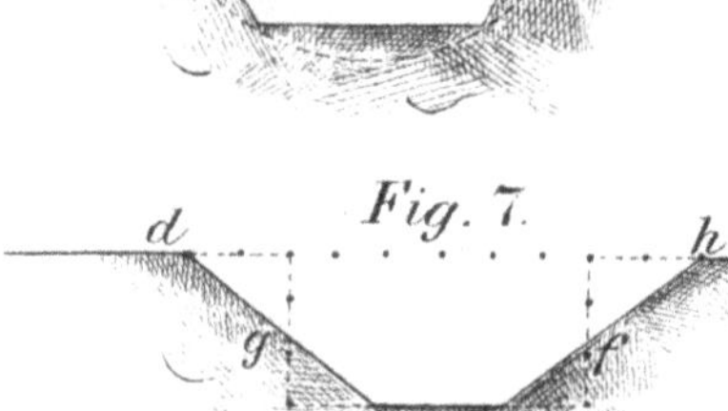

Fig. 6.

Fig. 7.

Fig. 2.

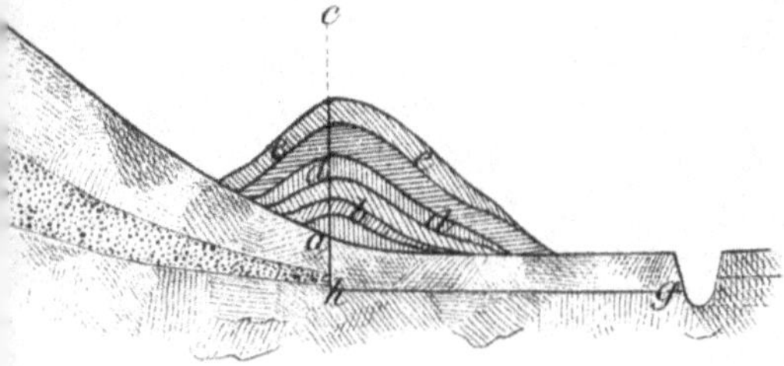

Fig. 4.

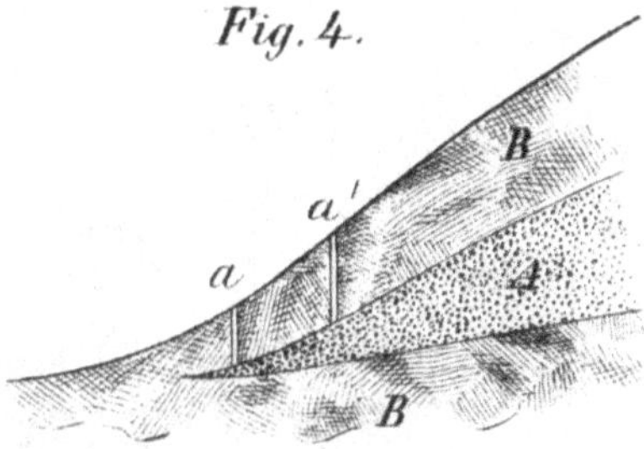

5.

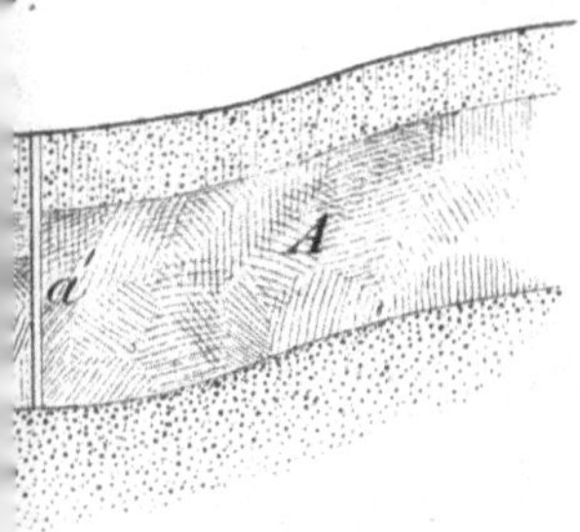

Fig. 8.

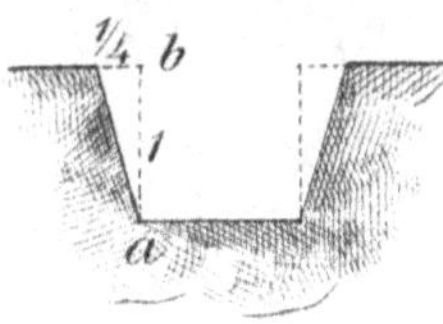

Fig. 9.

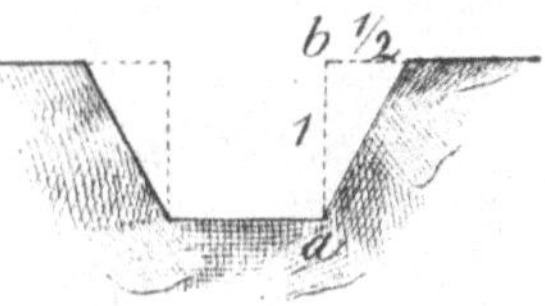

Fig. 10

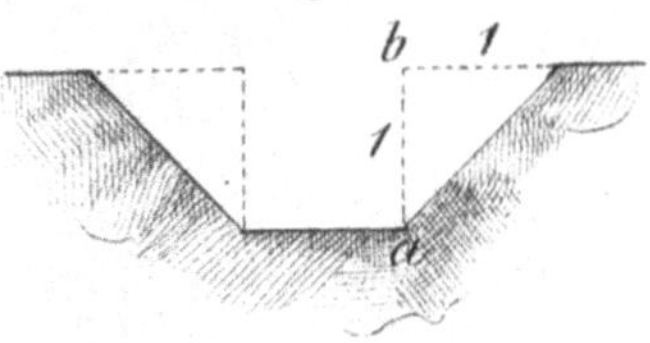

Fig. 11.

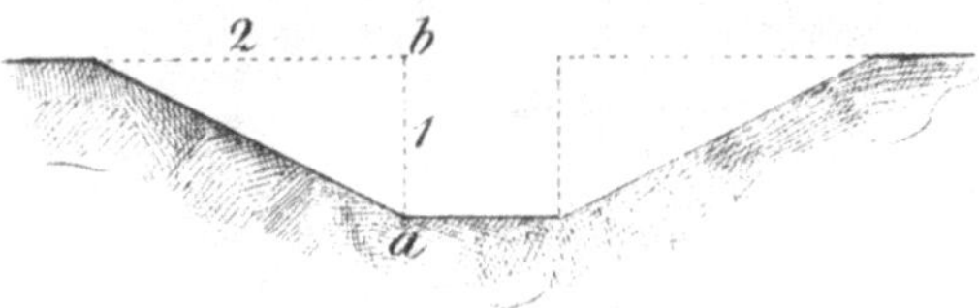

12.

Fig. 13.

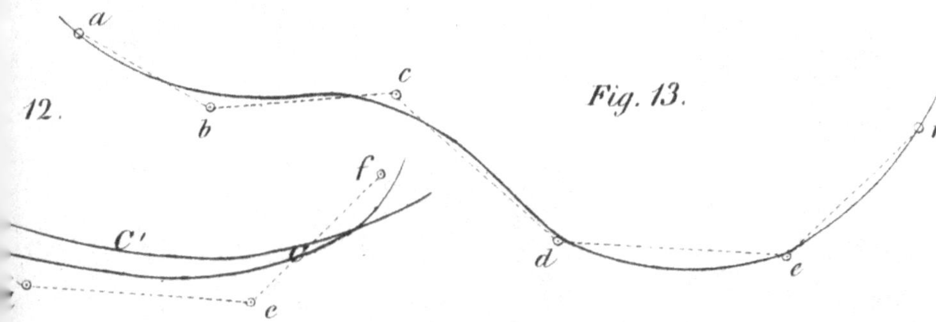

Leipzig, Veit & Comp.

Fig. 1. a

Fig. 1. b

Fig. 2.

Fig. 3.

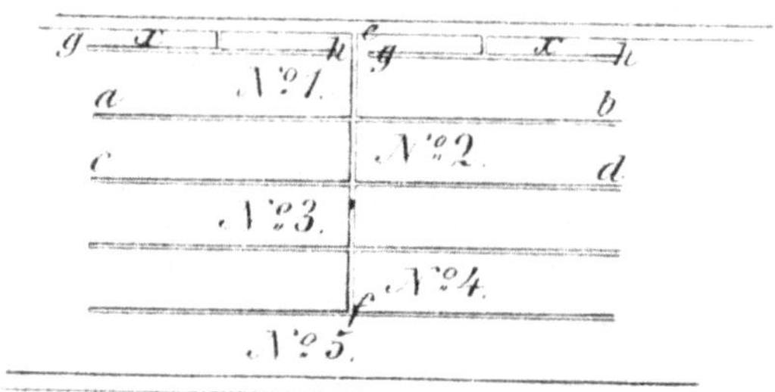

Fig. 4.

Fig. 5.

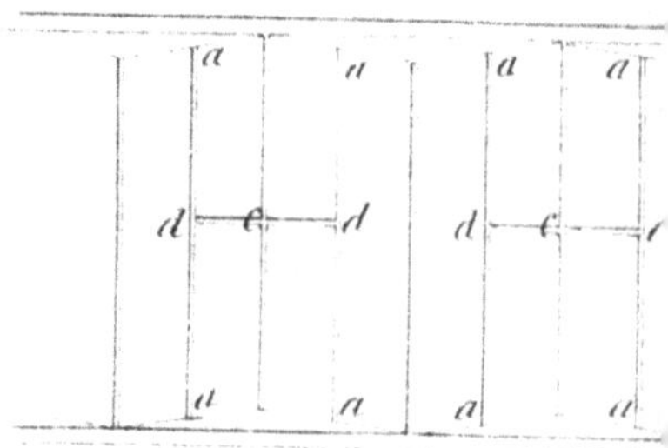

Fig. 6

Tab. II.

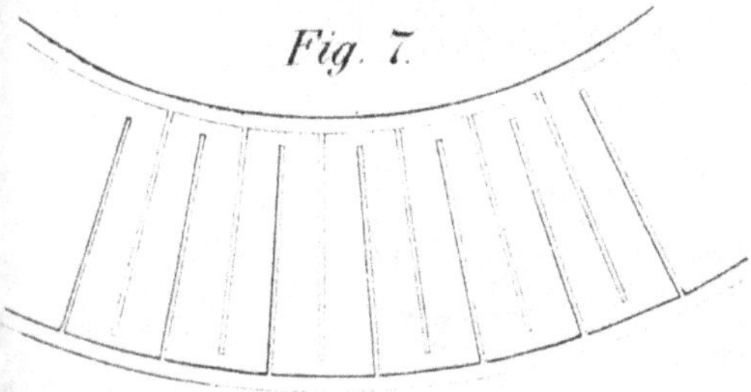

Fig. 7.

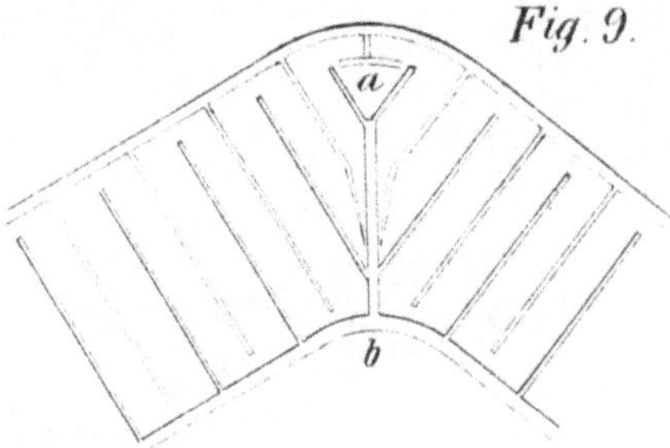

Fig. 9.

Fig. 11.

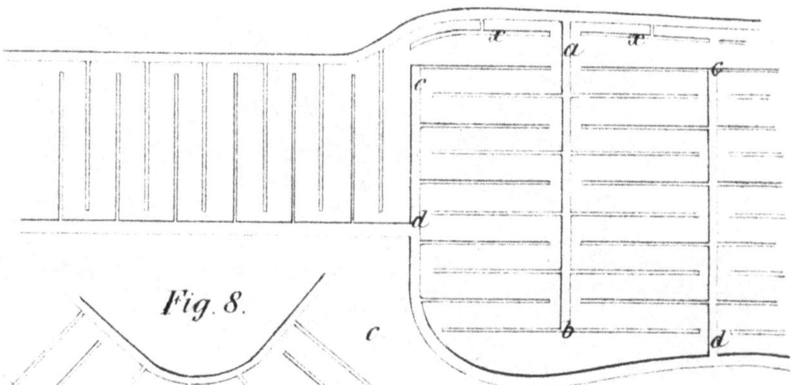

Fig. 8.

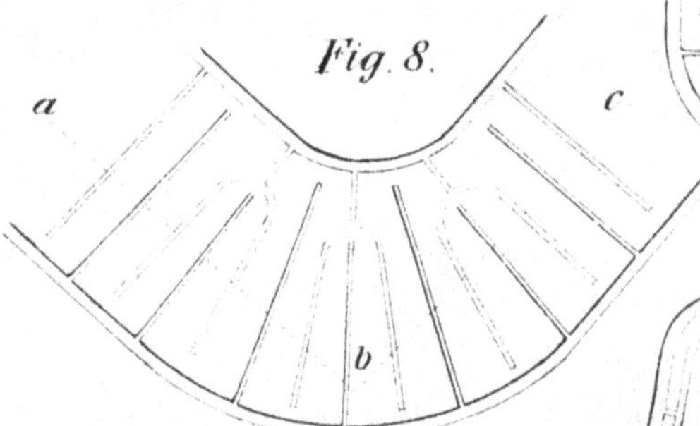

Fig. 10.

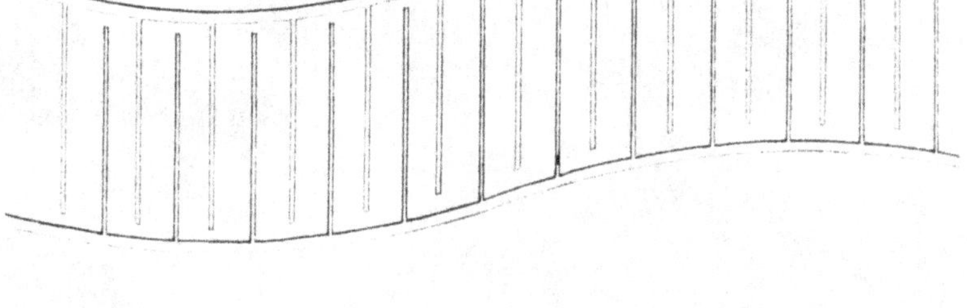

Leipzig, Veit & Comp.

Fig. 1.

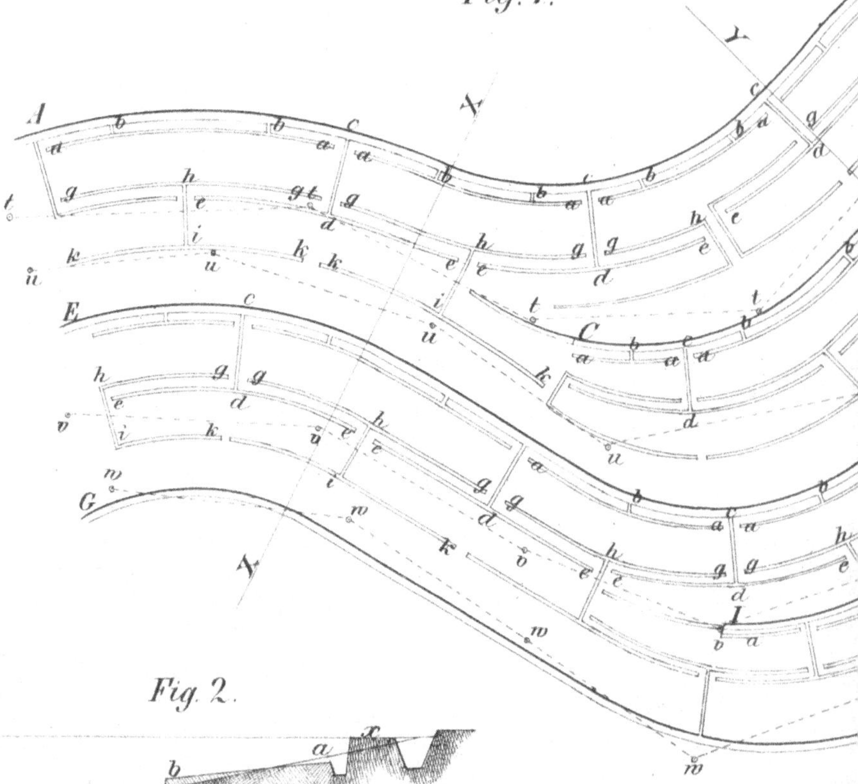

Fig. 2.

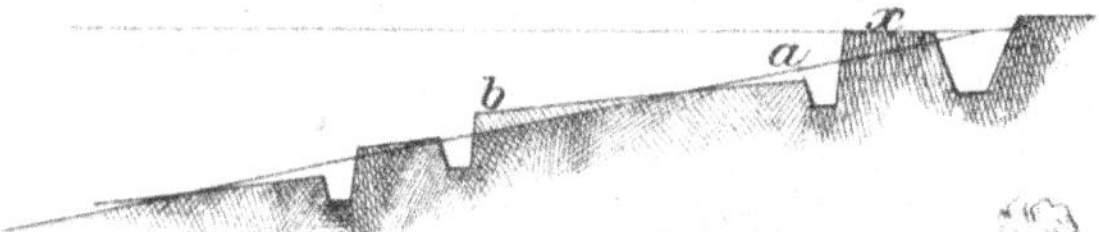

Fig. 5

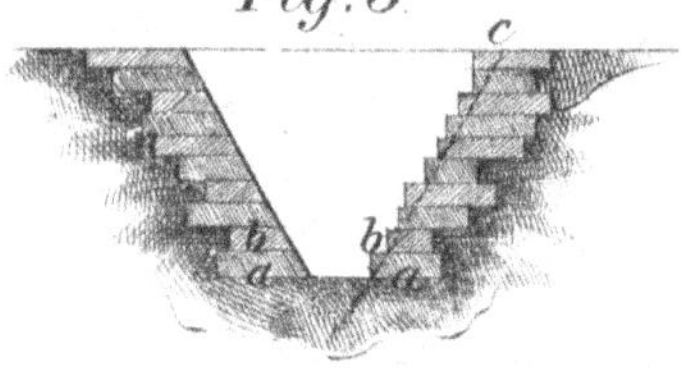

Fig. 6.

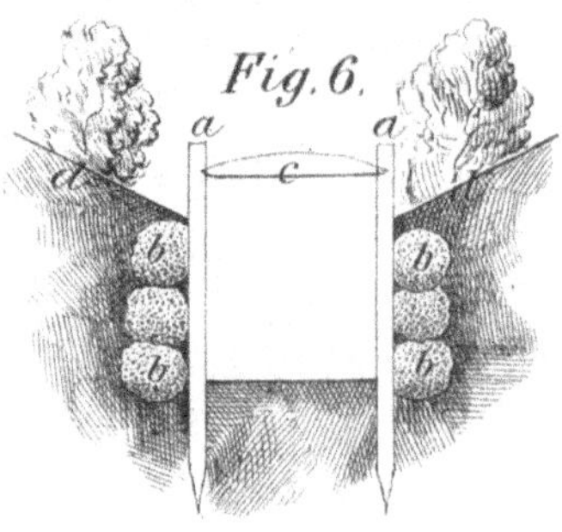

Vincent, Wiesenbau. III. Aufl.

Tab. III.

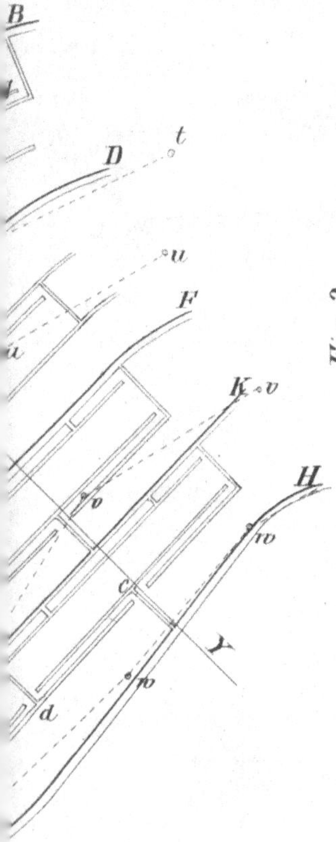

Fig. 3. Profil xx.

Fig. 4. Profil yy.

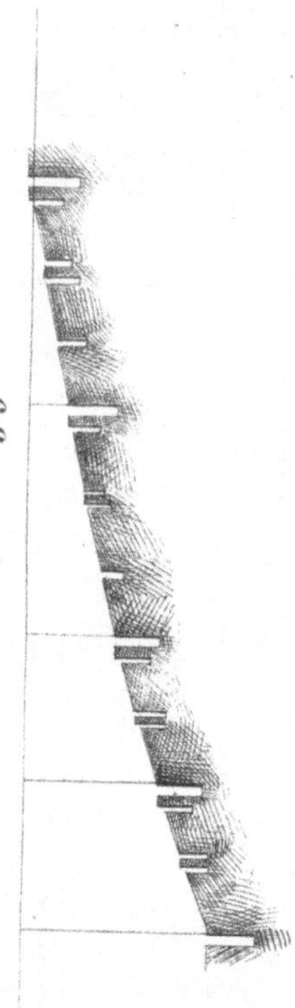

Fig. 7.

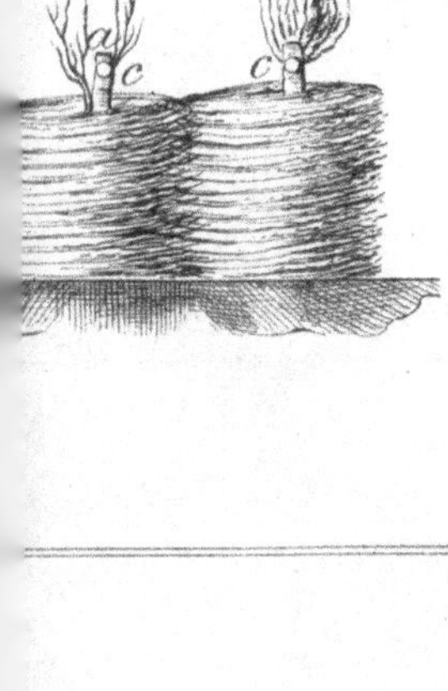

Fig. 8.

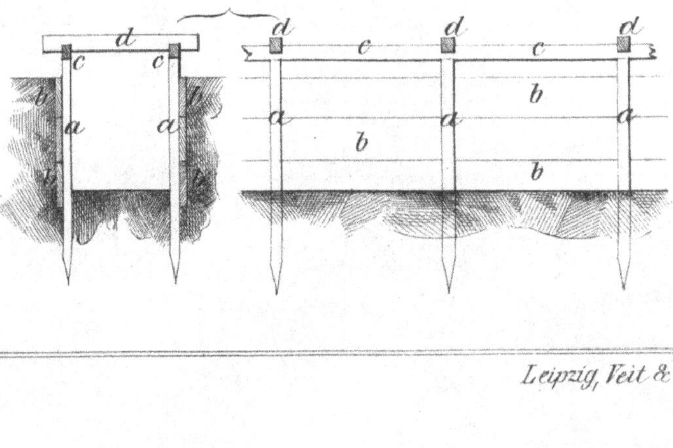

Leipzig, Veit & Comp.

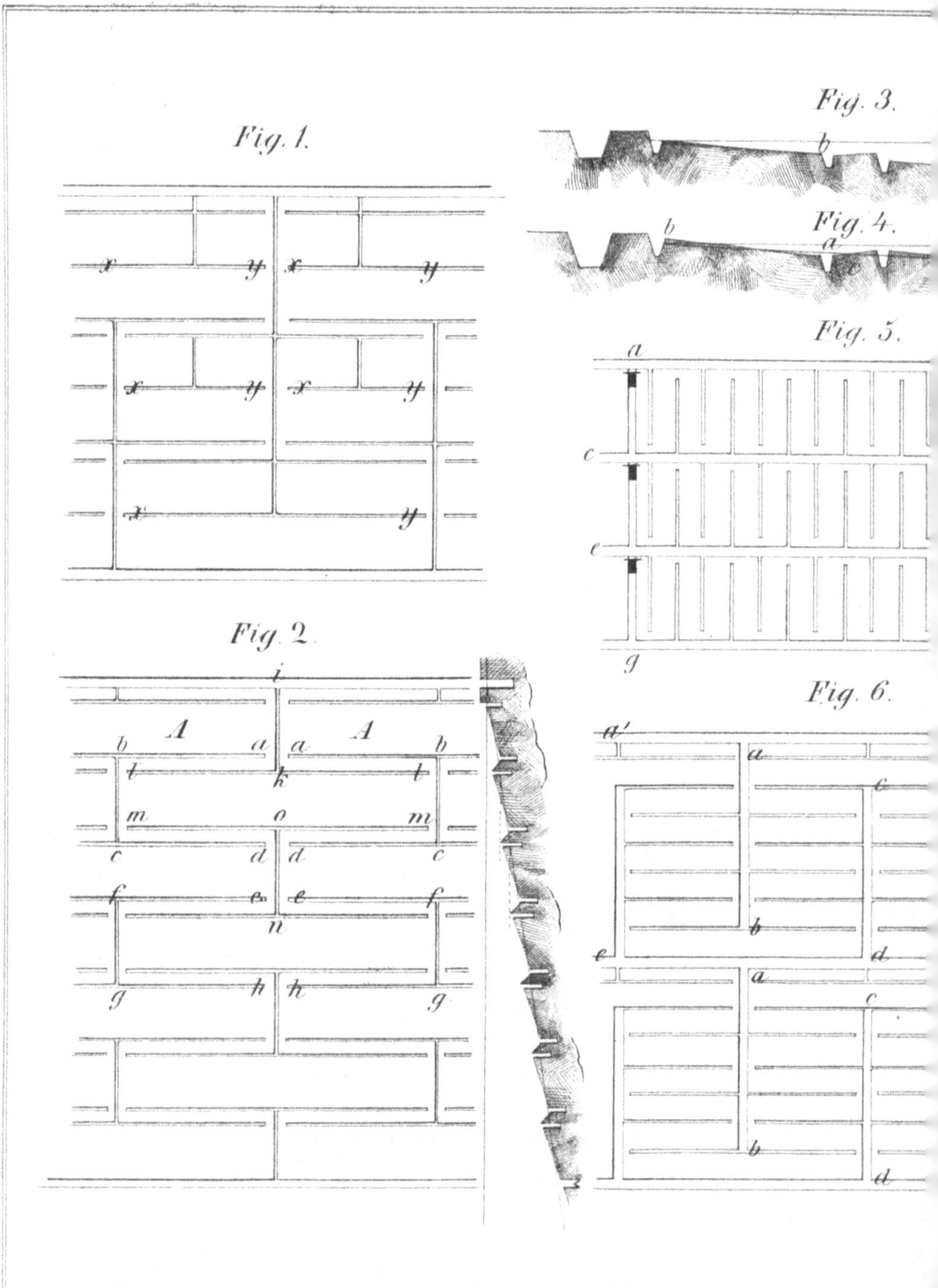

Vincent, Wiesenbau. III. Aufl.

Tab. IV.

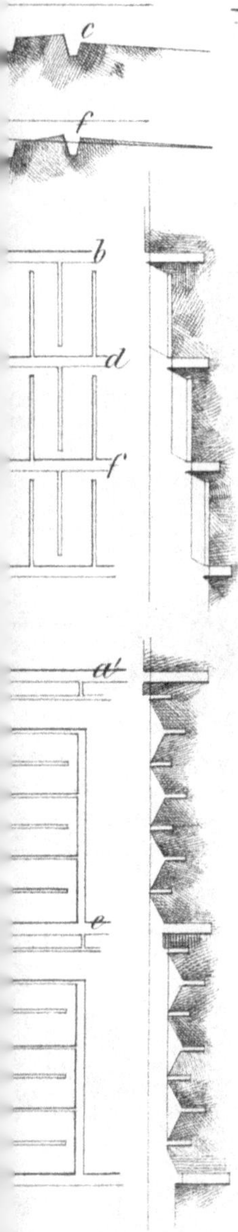

Fig. 7.

Fig. 8.

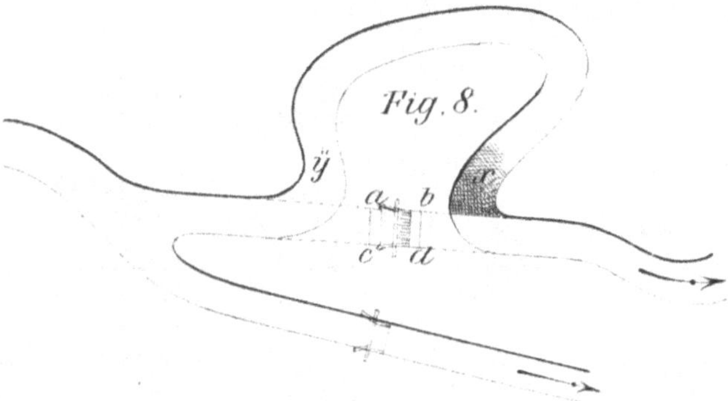

Leipzig, Veit & Comp

Fig. 1.

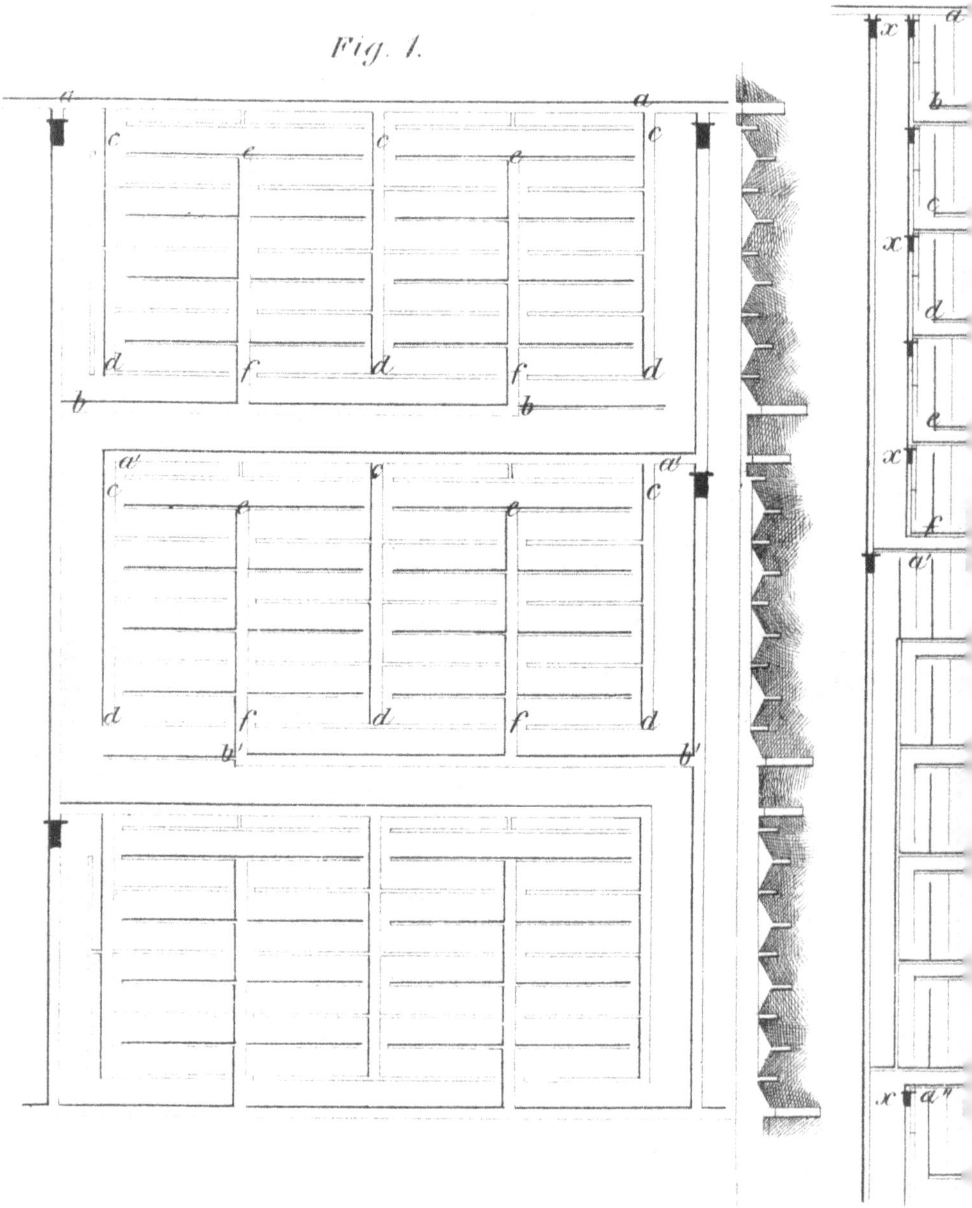

Fig. 2.

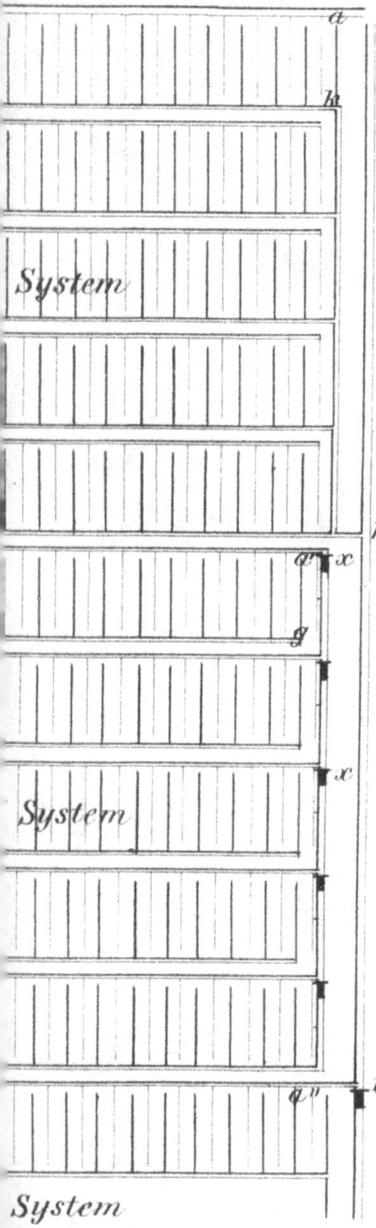

Fig. 3.

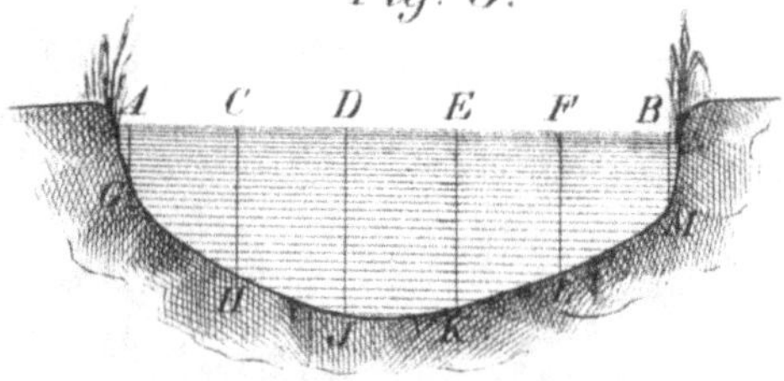

Fig. 4.

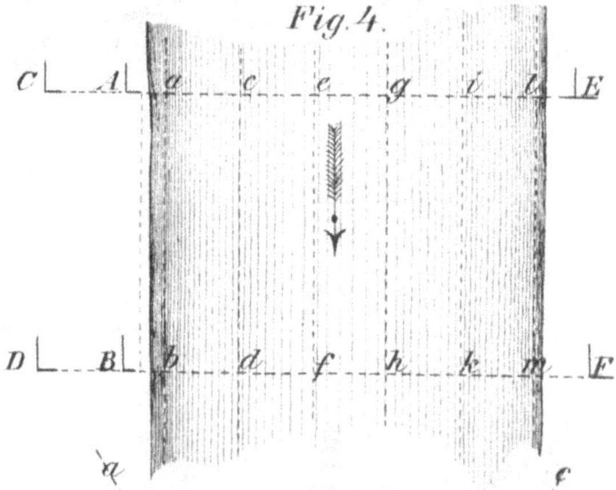

Fig. 5.

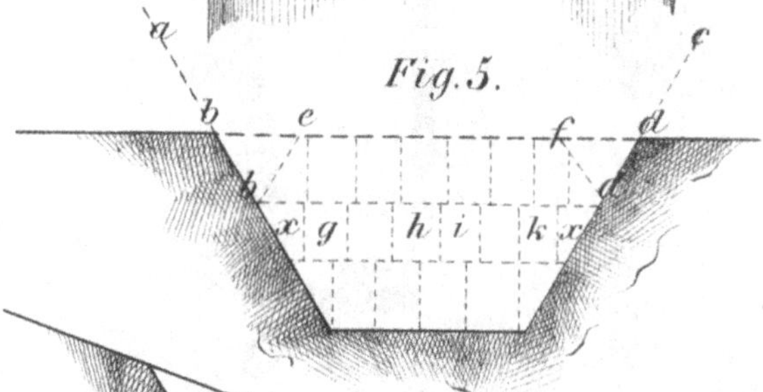

Fig. 6.

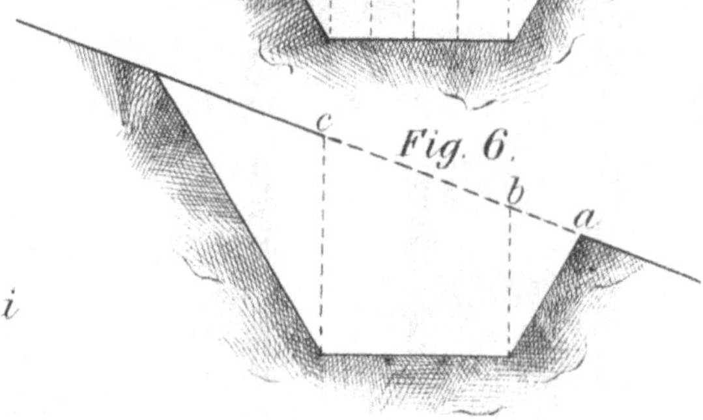

Leipzig, Veit & Comp.

Fig. 2.

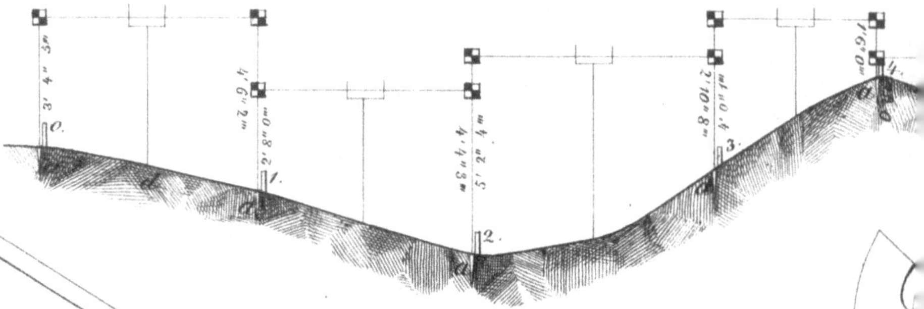

Fig. 16.

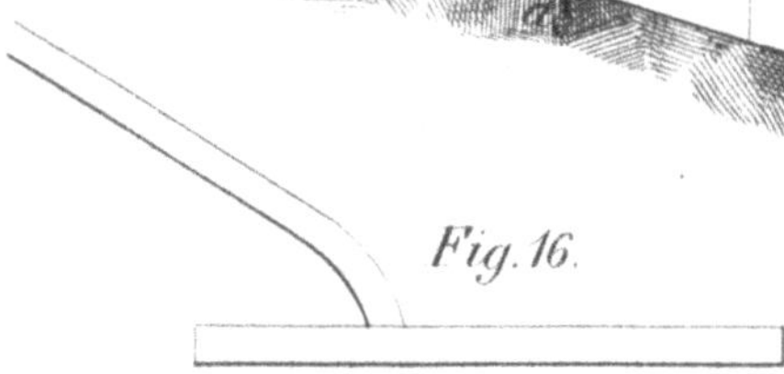

Fig. 4.

Fig. 5.

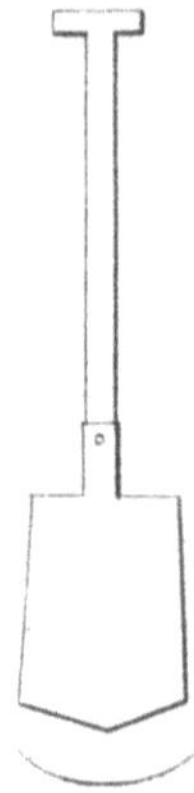

Fig. 6.

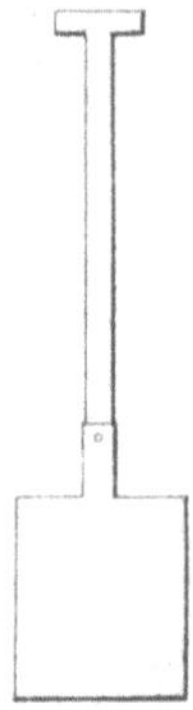

Fi

Fig. 1.

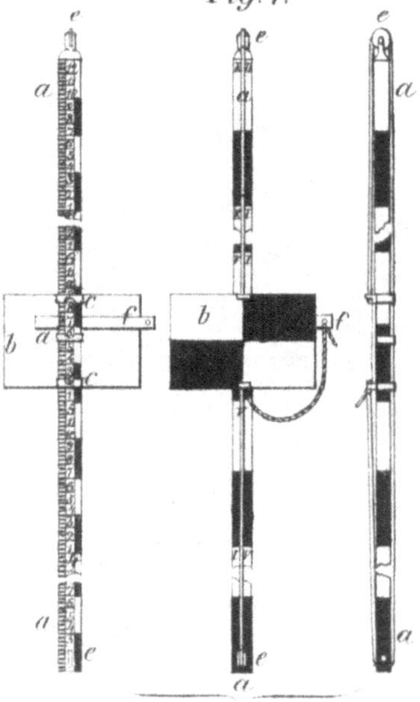

Fig. 3.

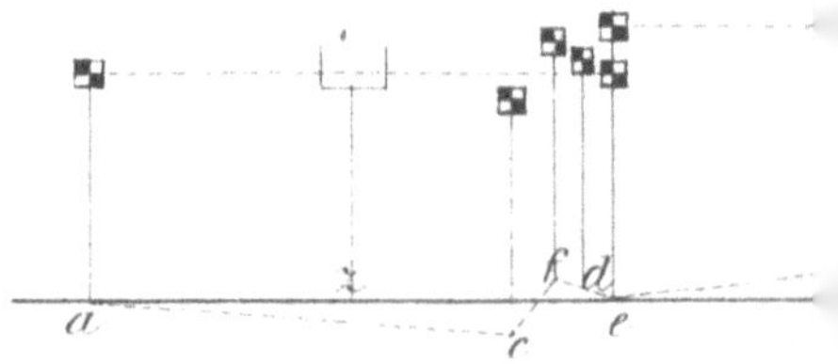

Tab. VI.

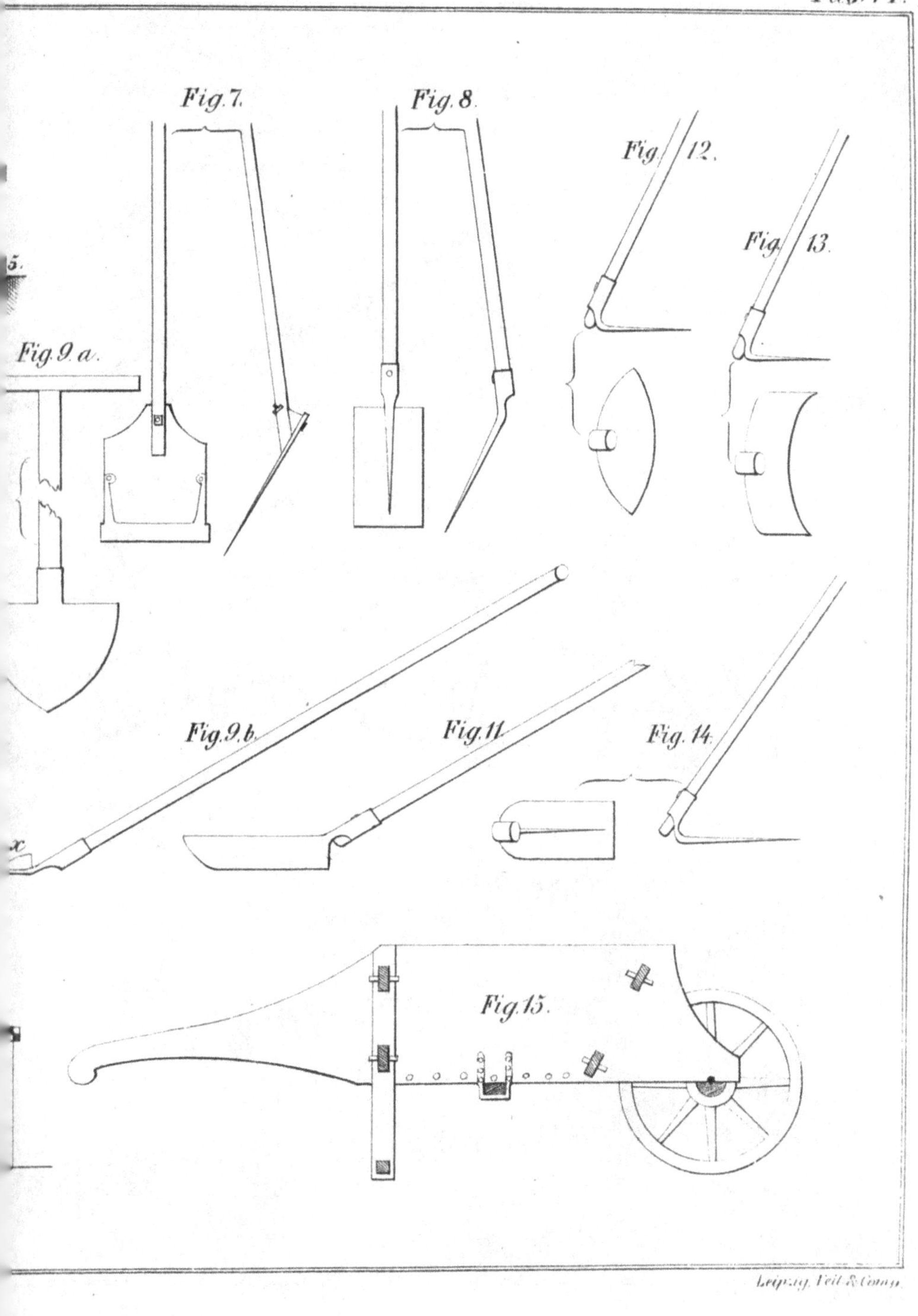

Leipzig, Veit & Comp.

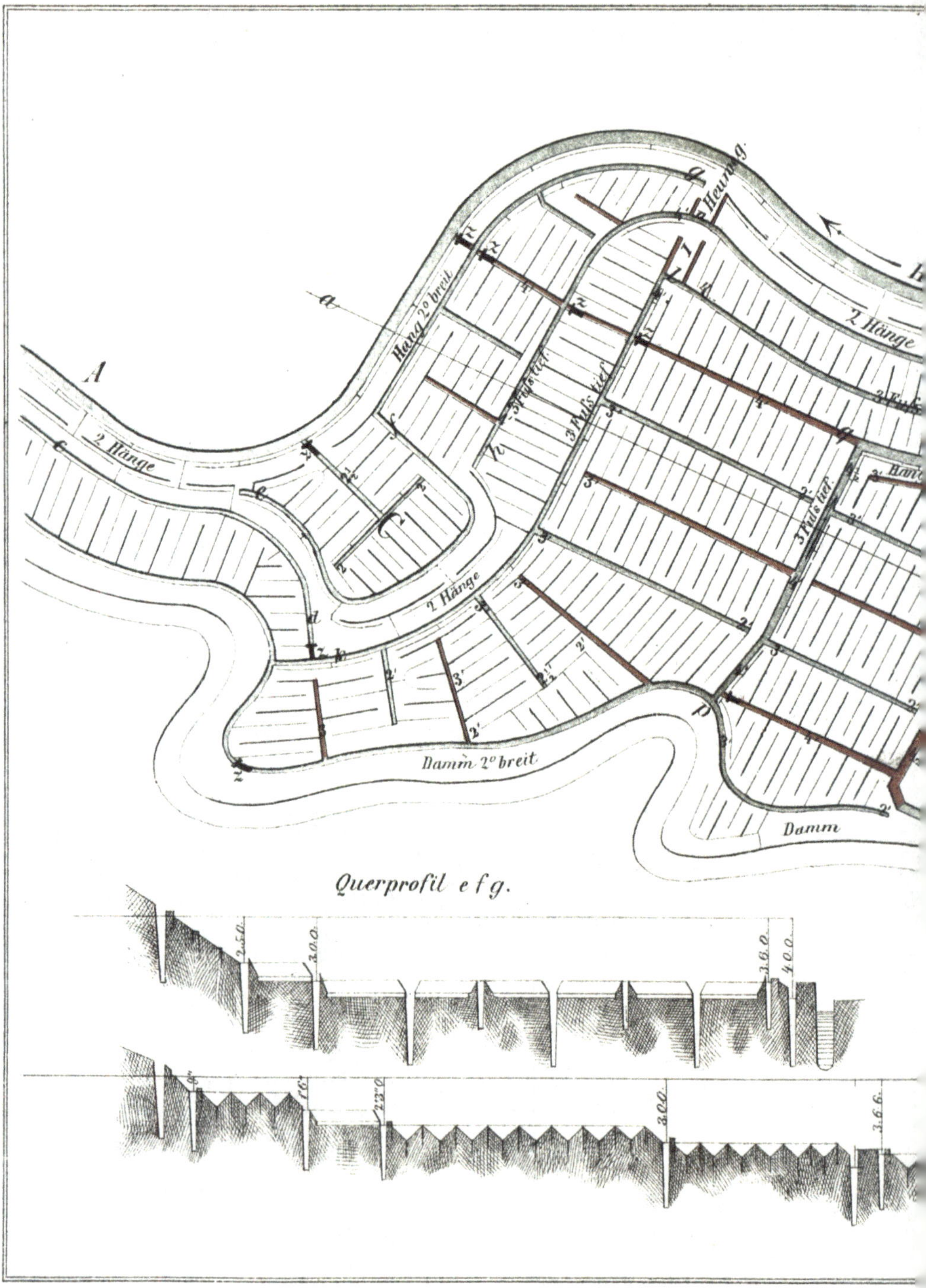

A
a
Hang 2° breit
Heuwag.
2 Hänge
1 Hänge
3 Fuss tief
Damm 2° breit
Damm
Querprofil e f g.

Tab. VII.

Profil a b c d.

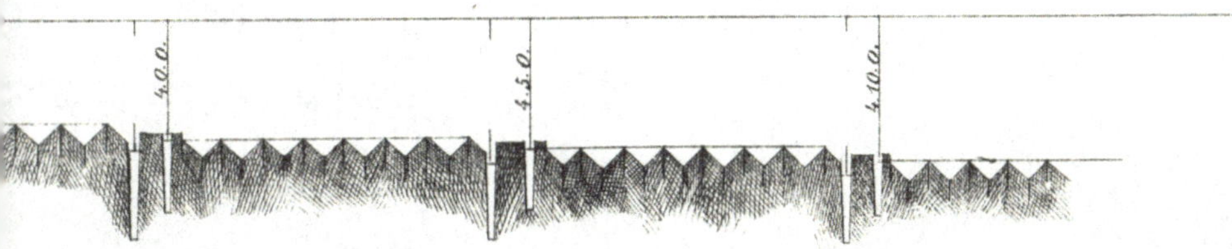

Leipzig, Veit & Comp.

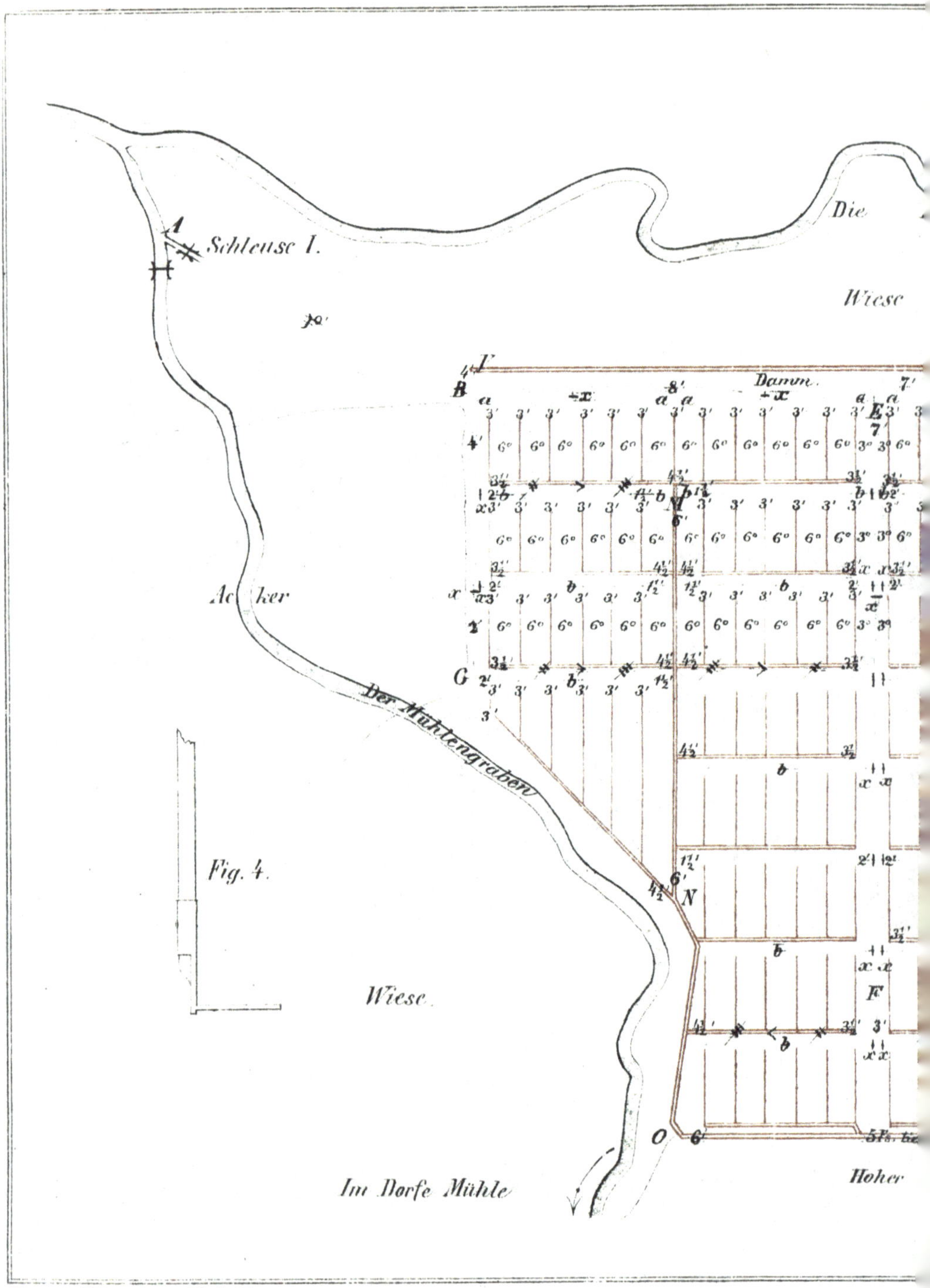

Vincent, Wiesenbau. III. Aufl.

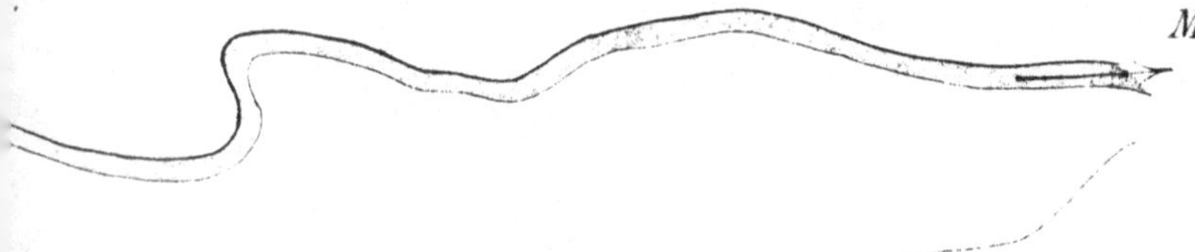

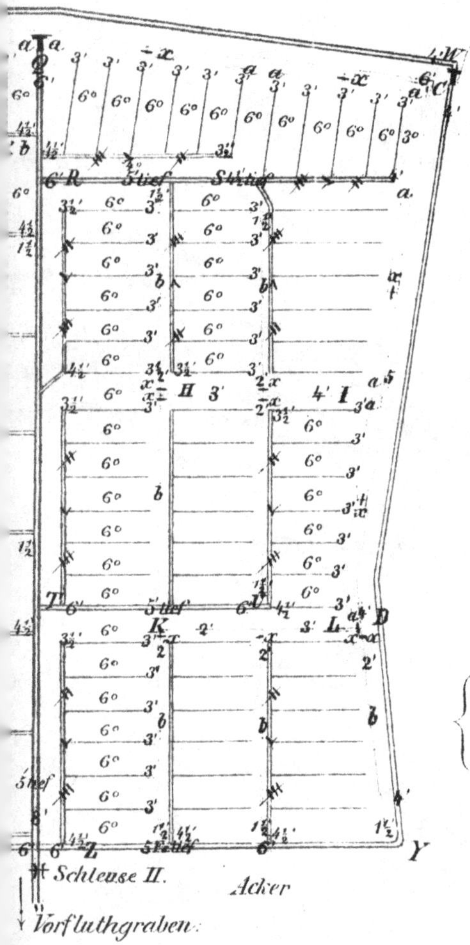

Fig. 2.

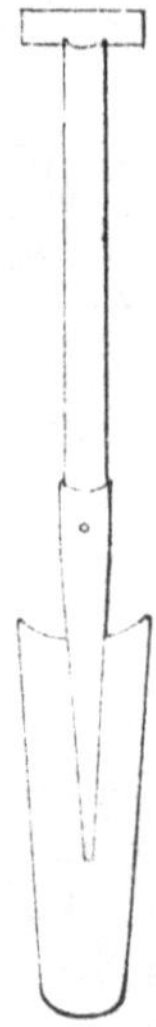

Fig. 3.

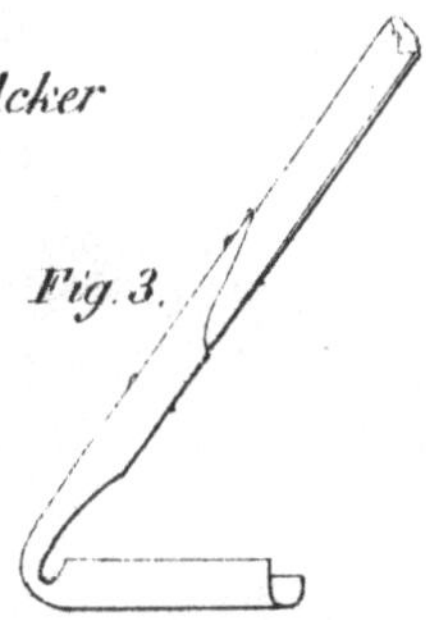

Fig. 5.

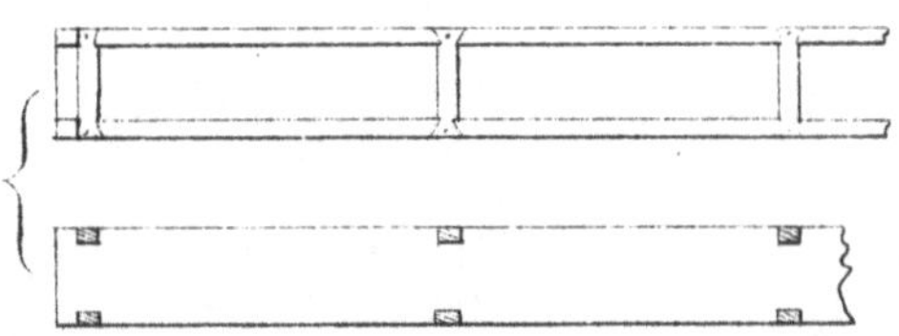

Leipzig, Veit & Comp.

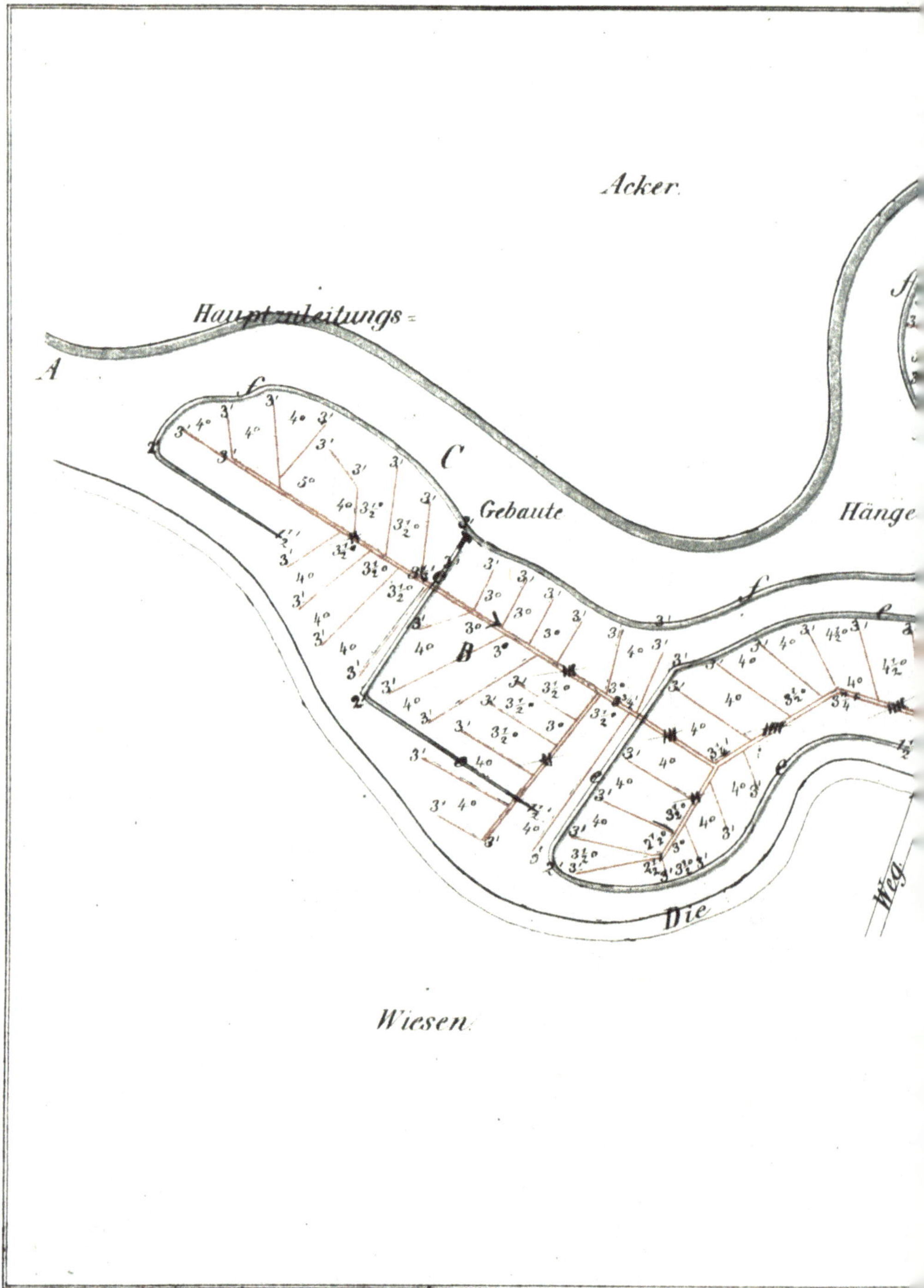
Acker.
Hauptzuleitungs=
A
C
Gebaute
Hänge
B
Die
Weg
Wiesen.

Tab. IX.

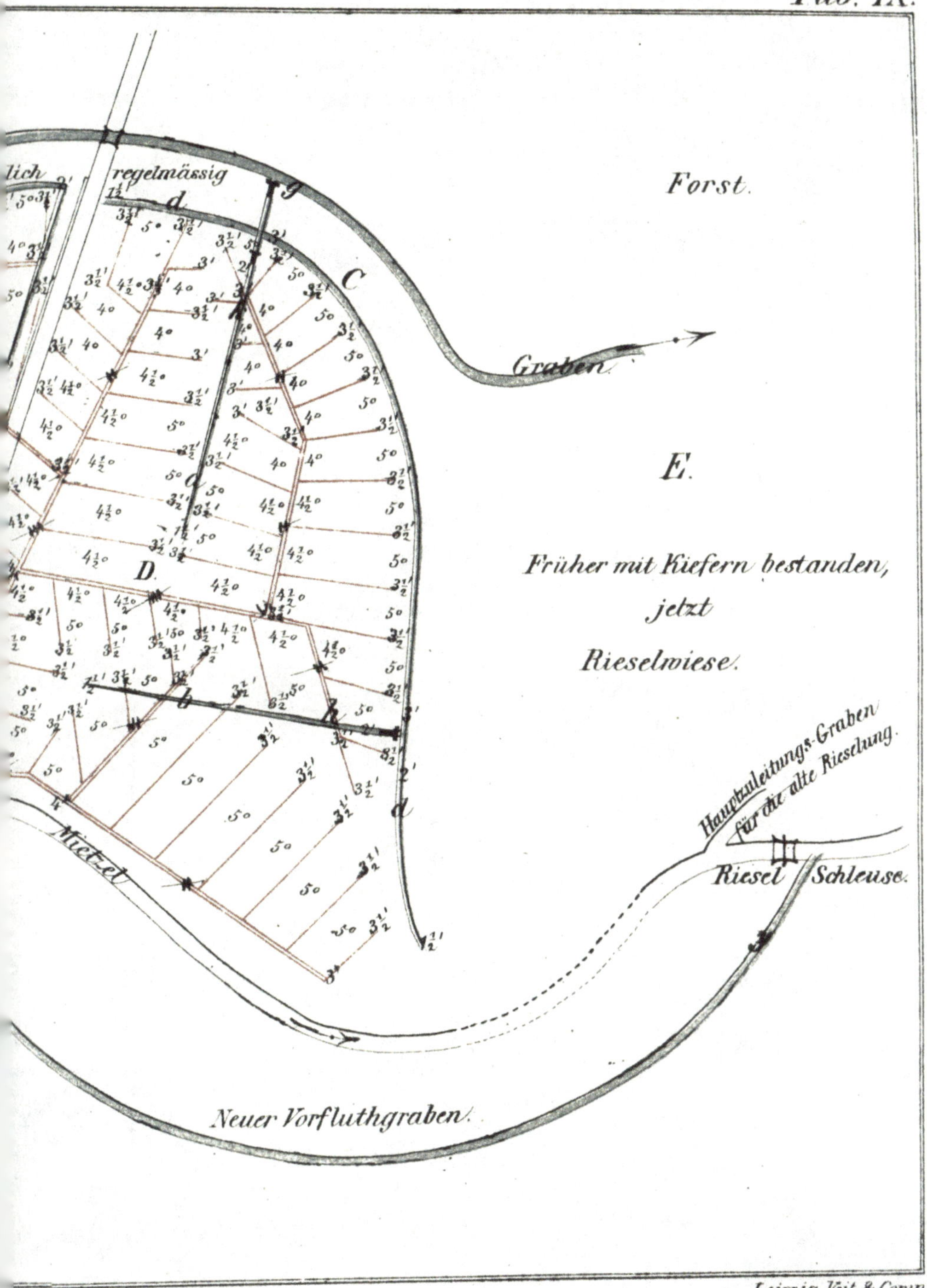

Leipzig, Veit & Comp

Fig. 1.

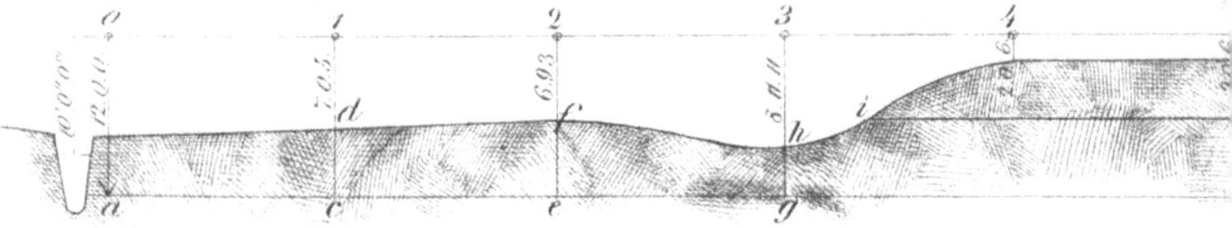

Fig. 2.

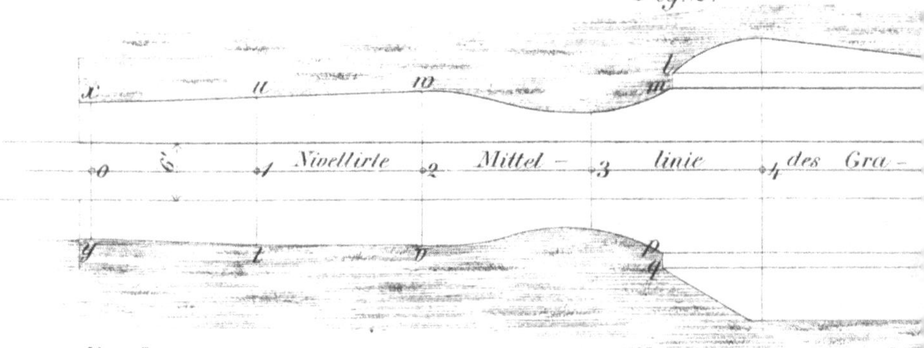

Fig. 8.

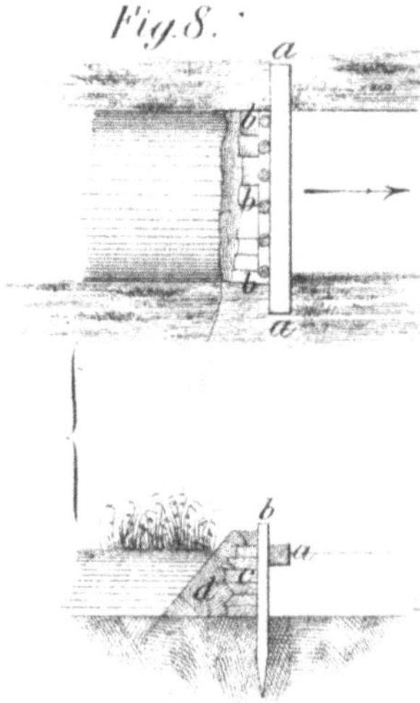

Fig. 9.

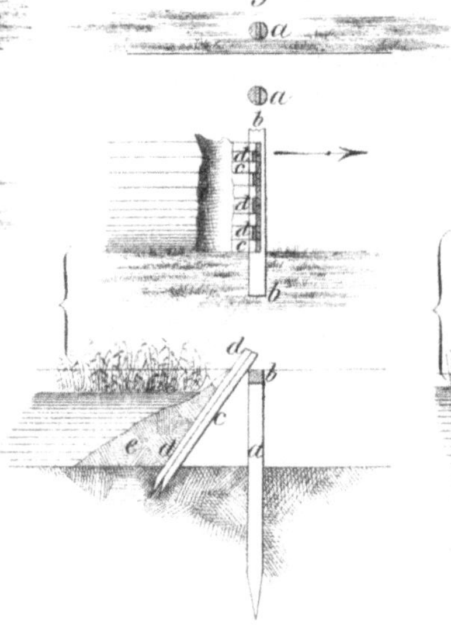

Fig. 10.

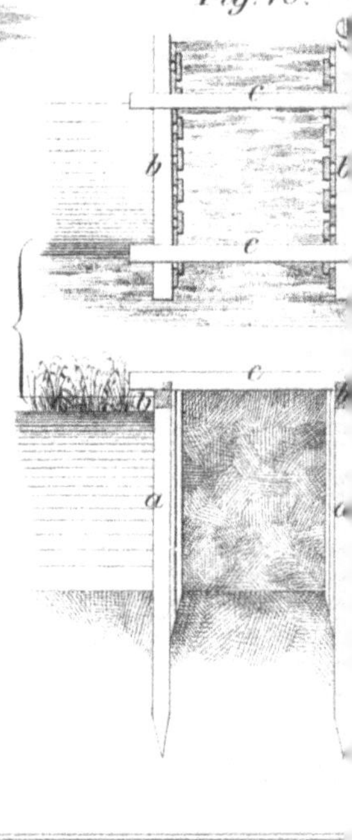

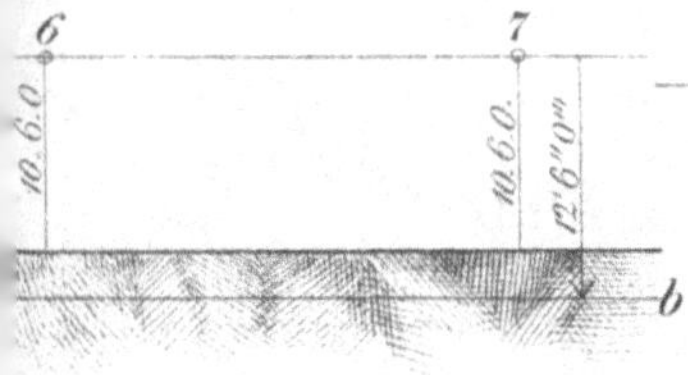

Fig. 3.

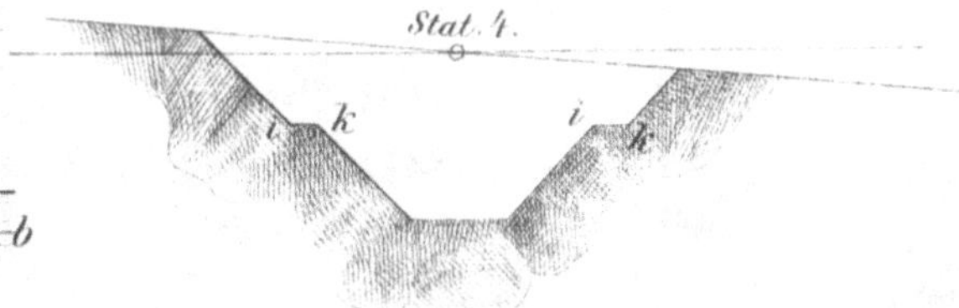

Fig. 4.

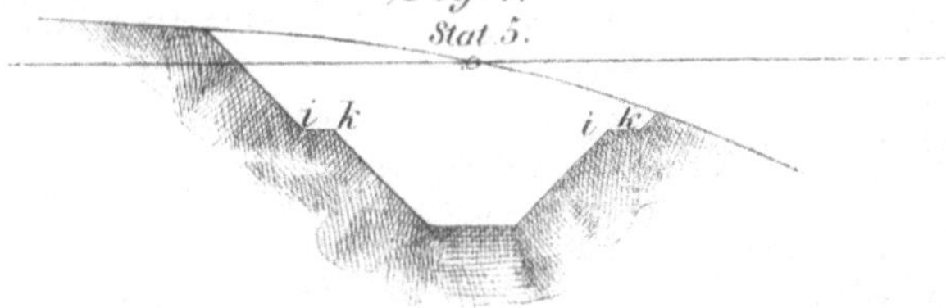

Fig. 5.

Fig. 6.

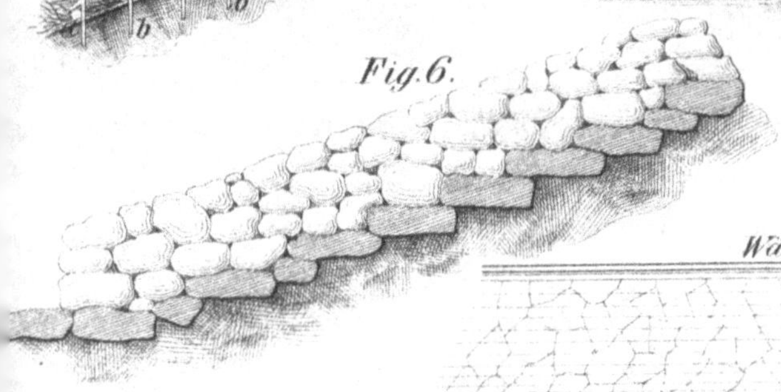

Fig. 7.

Wässerrinne.

Entwässerungsrinne.

Leipzig, Veit & Comp.

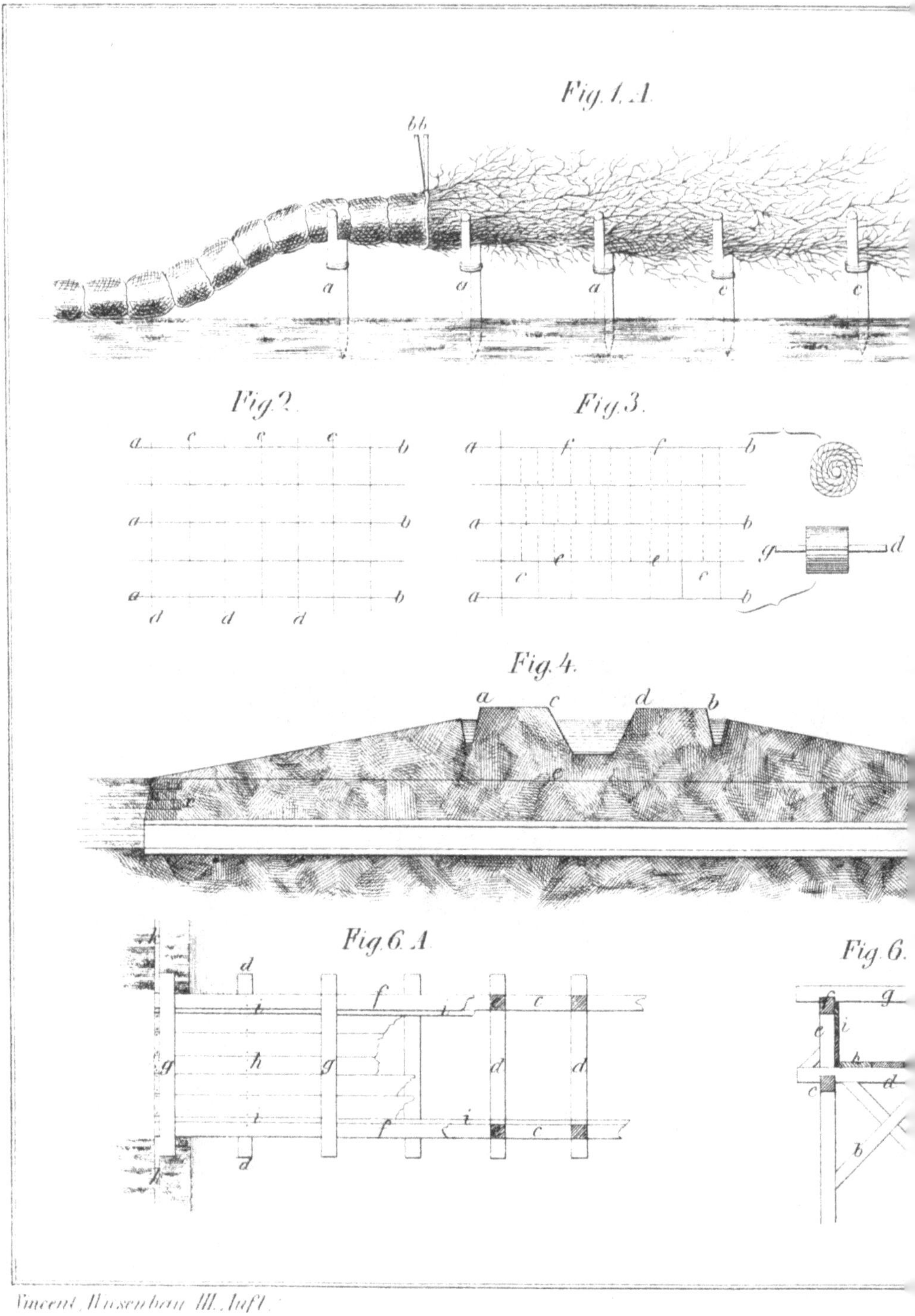

Vincent, Wiesenbau III. Aufl.

Fig. 1. B.

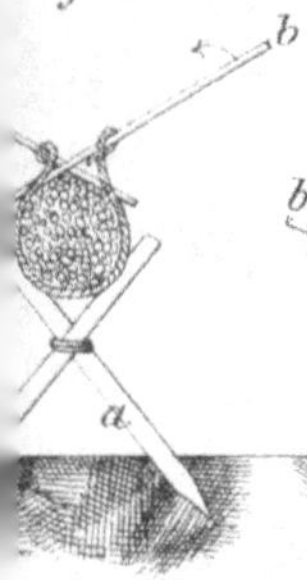

Fig. 1. C.

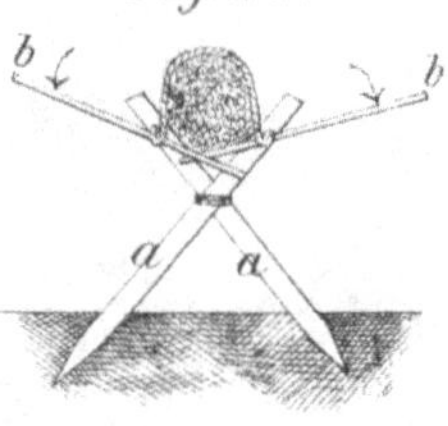

Fig. 7.

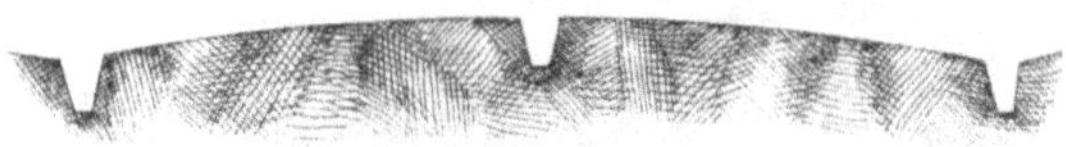

Fig. 8.

Fig. 9.

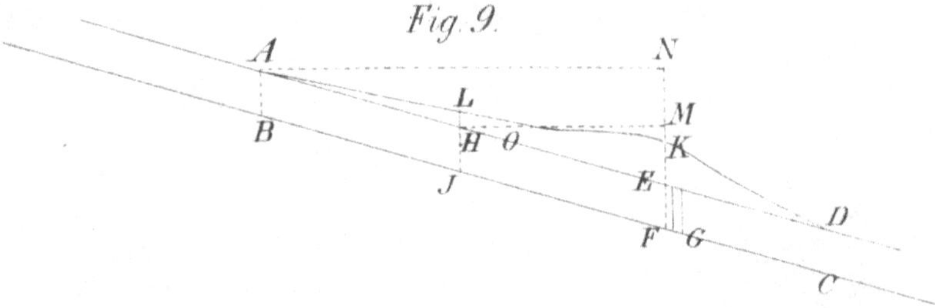

Fig. 5.

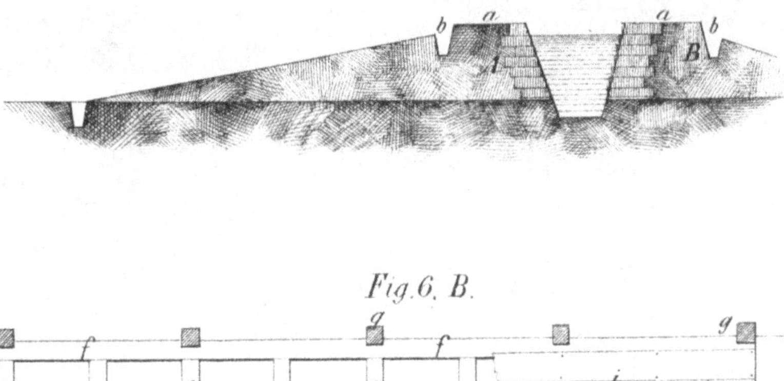

Fig. 6. B.

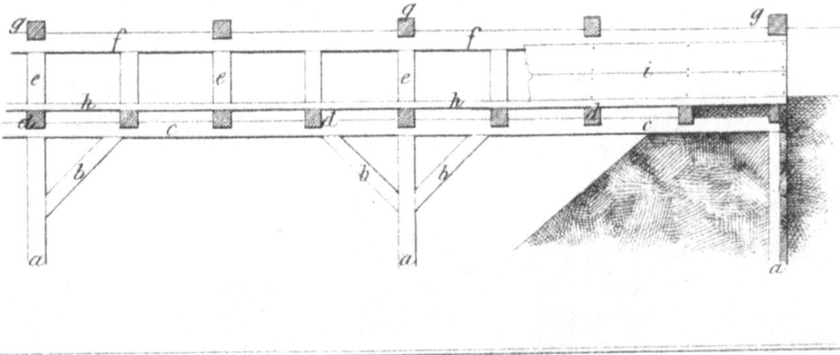

Leipzig, Veit & Comp.

Fig. 2.

Querprofil nach C.D.

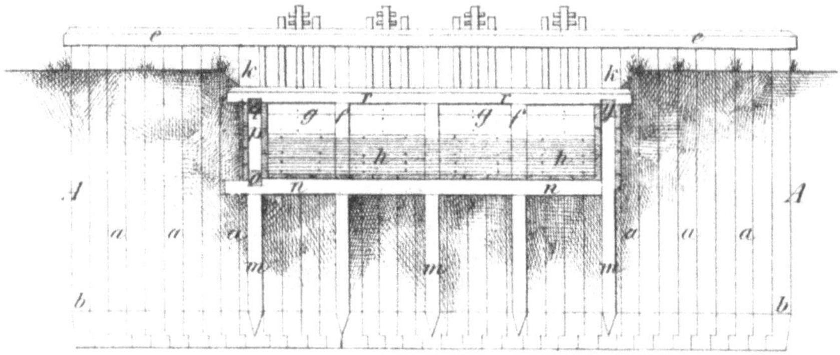

Fig. 1.

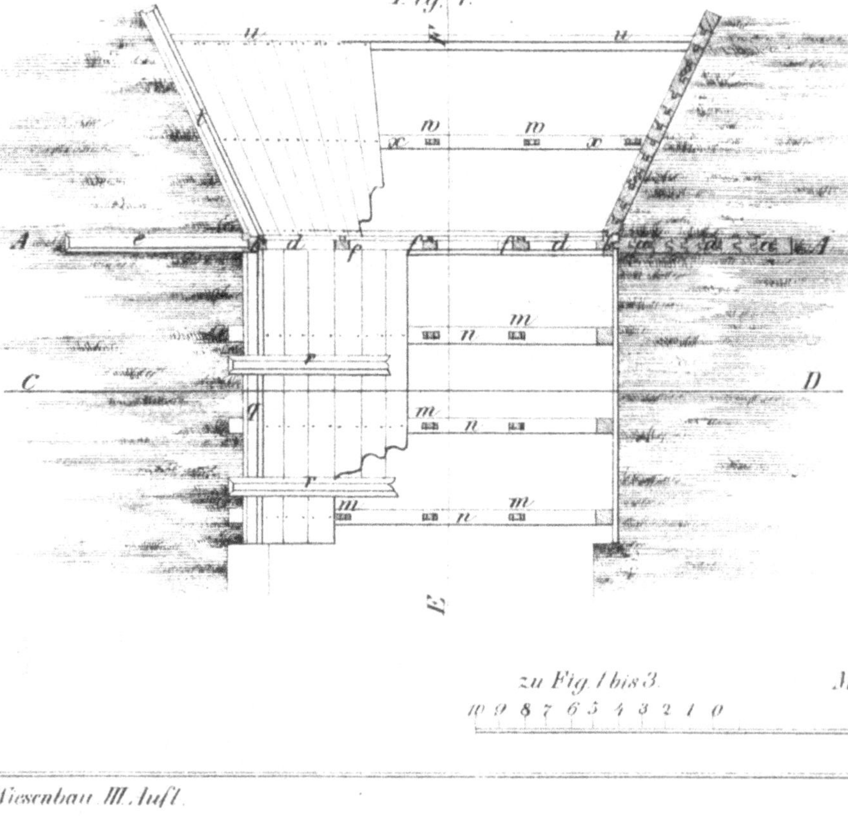

zu Fig. 1 bis 3. Maa

10 9 8 7 6 5 4 3 2 1 0

Tab. XII.

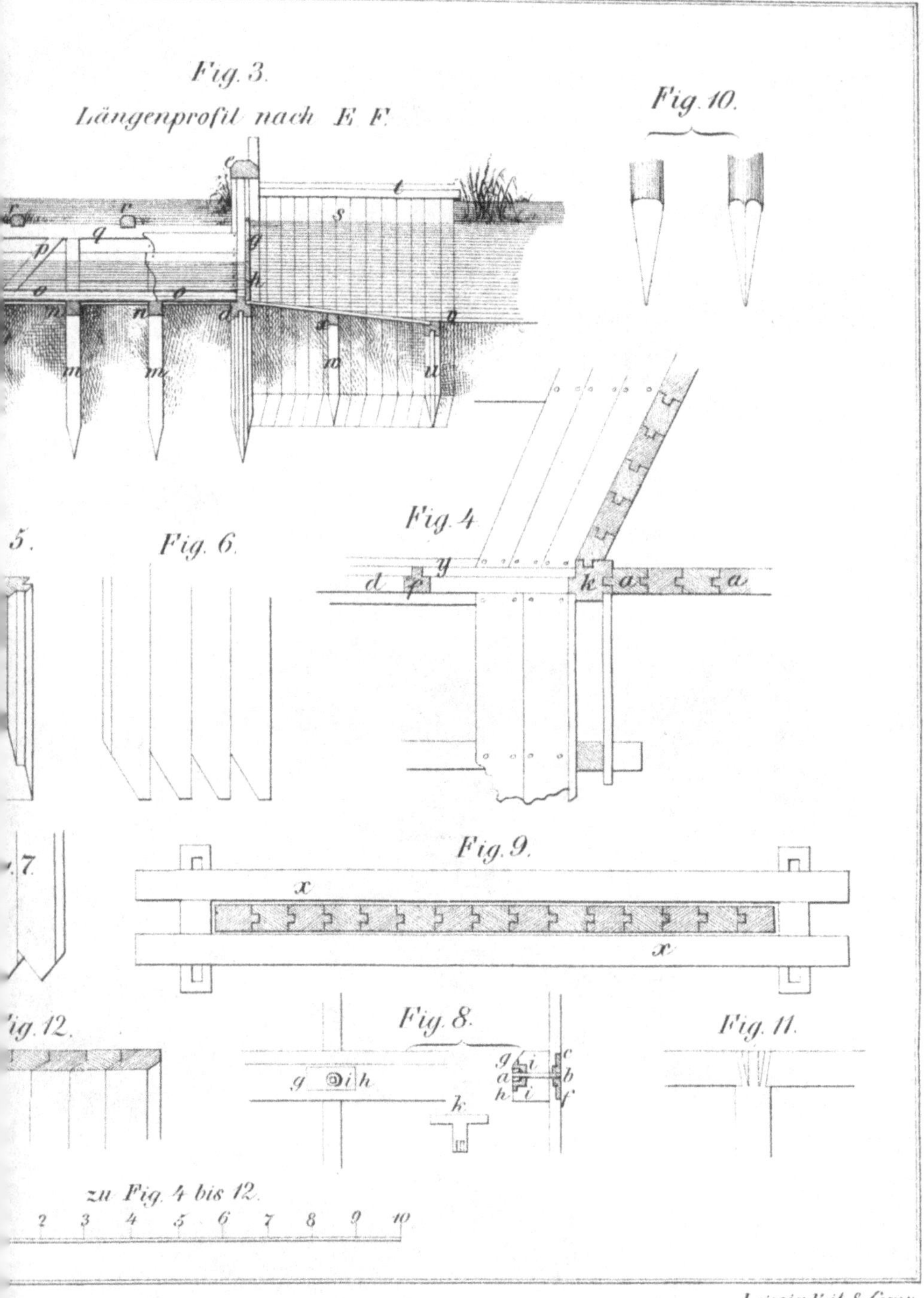

Leipzig, Veit & Comp.

Fig. 2.

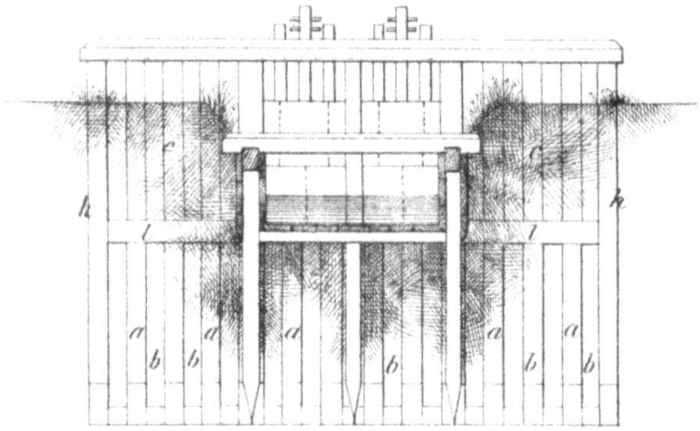

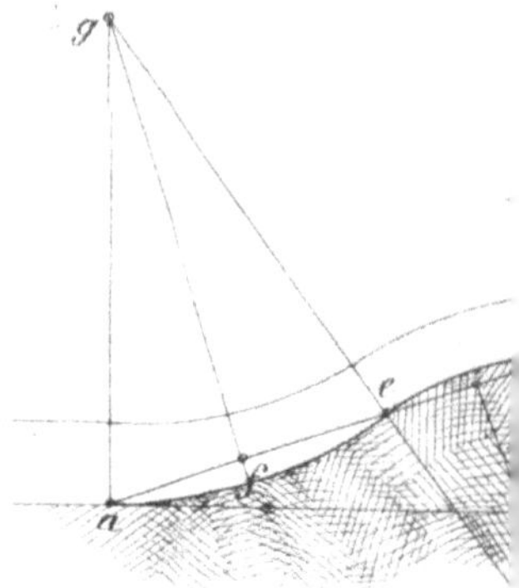

Fig. 3

Fig. 1.

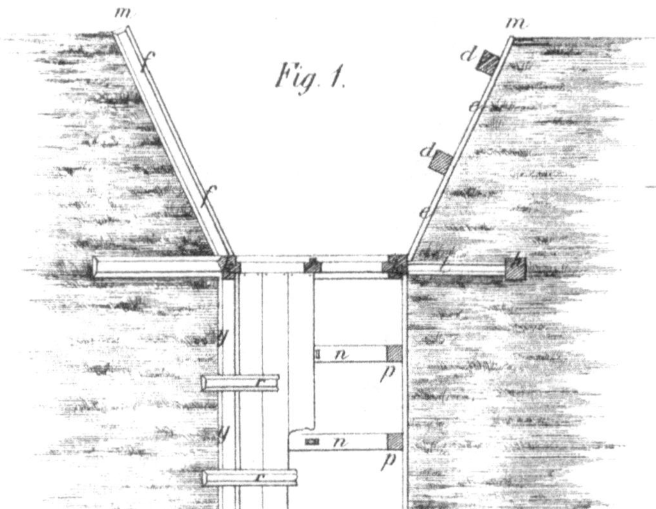

Fig

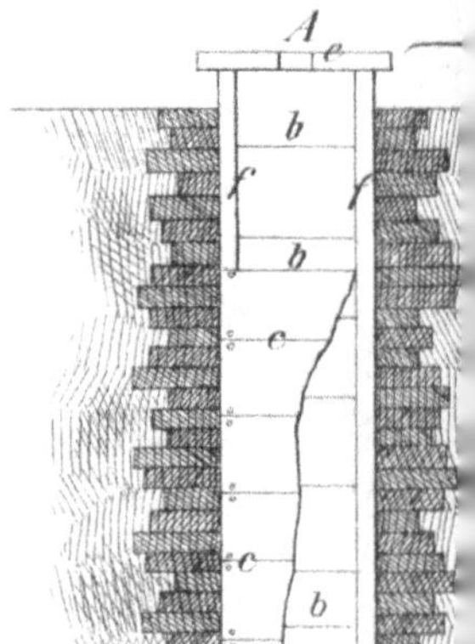

zu Fig. 1. 2. 6. 7.

Ma

Fig. 6.

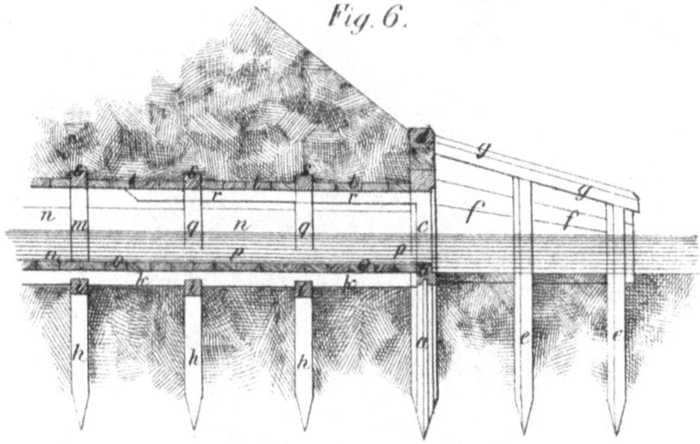

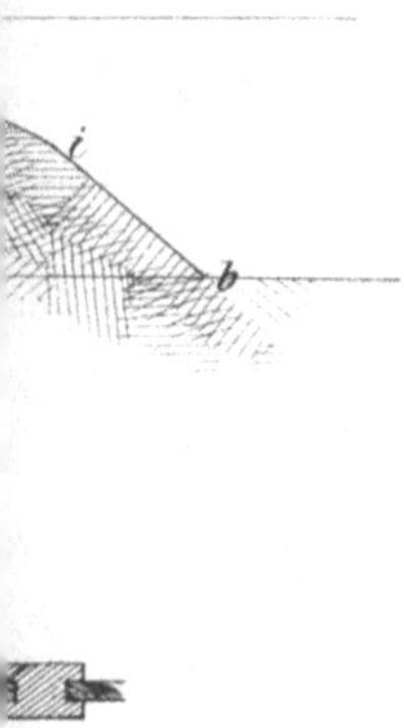

Fig. 7.

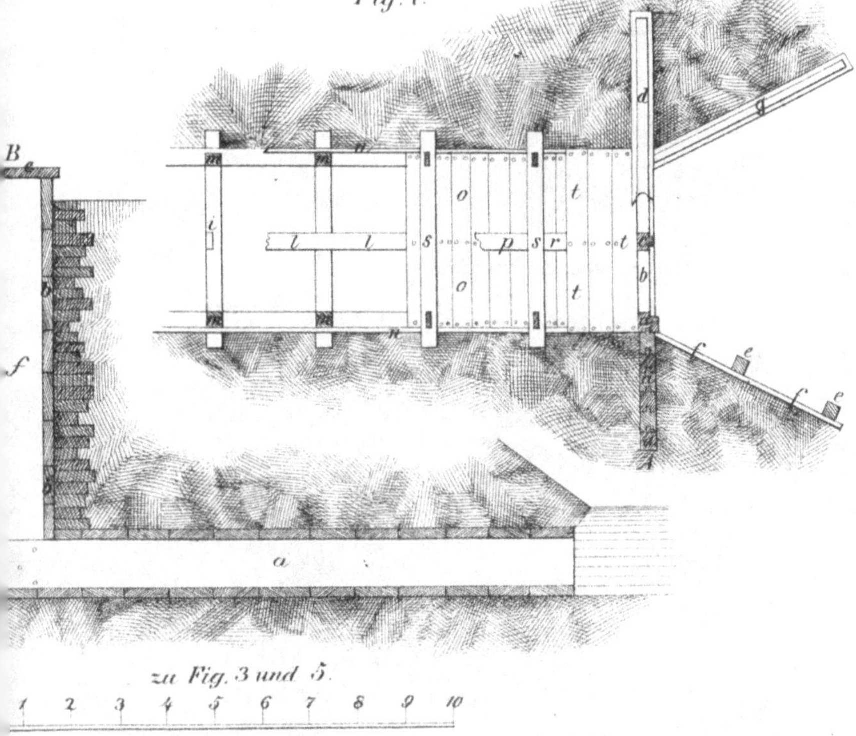

Leipzig, Veit & Comp.

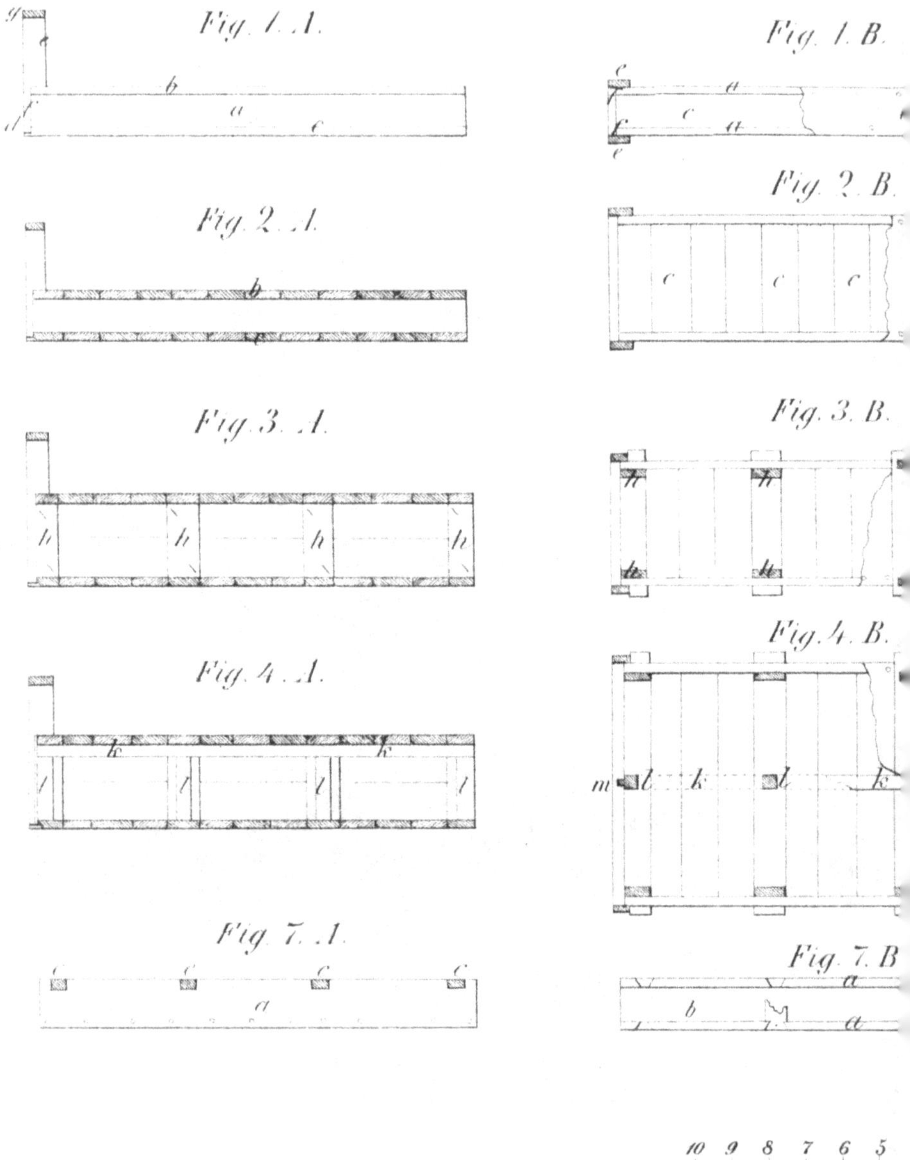

Vincent, Wiesenbau III. Aufl.

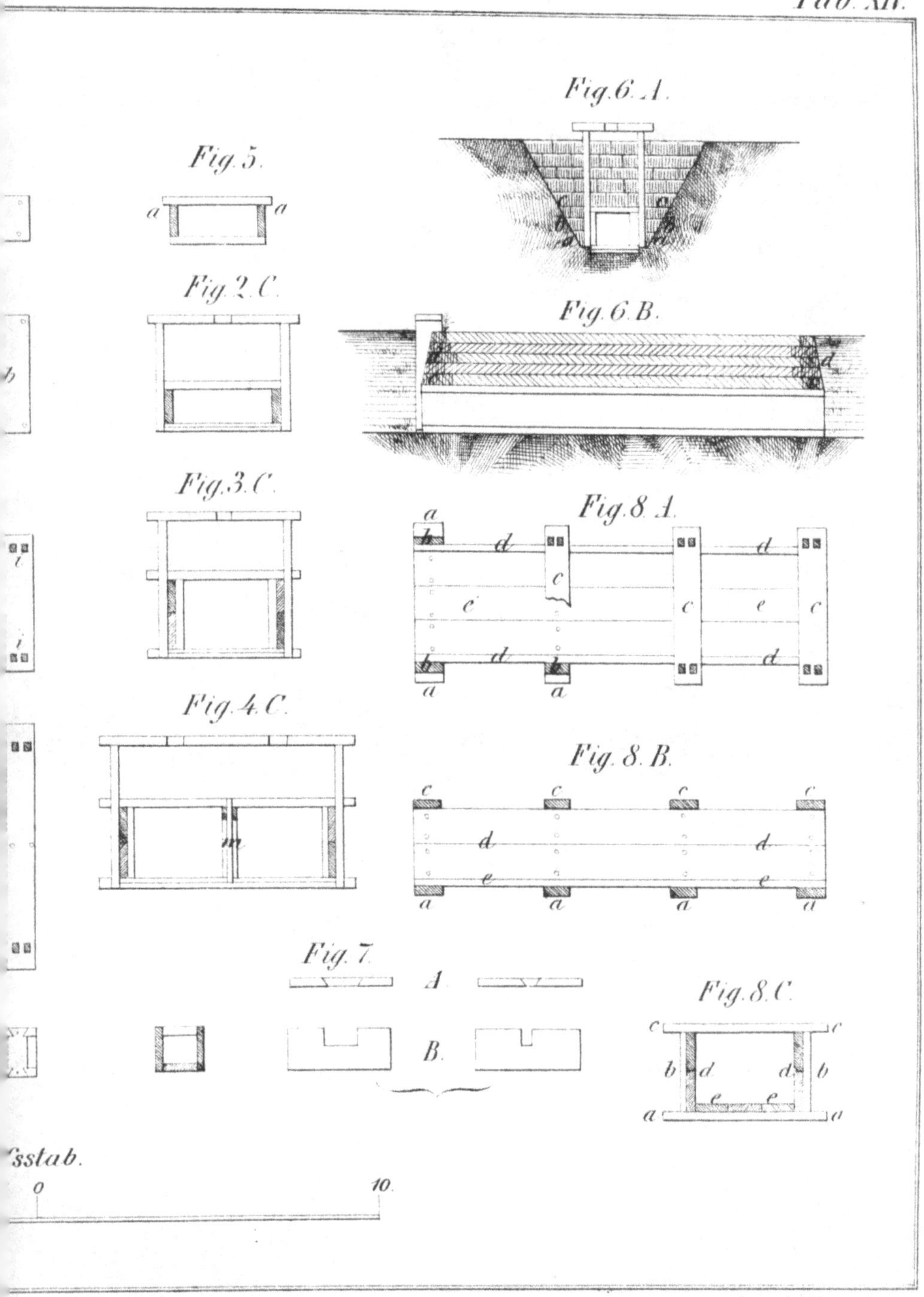

Leipzig, Veit & Comp.

FSC
www.fsc.org
MIX
Papier | Fördert gute Waldnutzung
FSC® C083411

Zeitfracht Medien GmbH
Ferdinand-Jühlke-Straße 7
99095 Erfurt, Deutschland
produktsicherheit@kolibri360.de